U0170358

外套钢管夹层混凝土加固混凝土结构

试验、理论与应用

Concrete Structure Strengthened with Jackets of Steel Tube and Sandwiched Concrete

Experiment, Theory, and Applications

卢亦焱 著

科学出版社

北京

内 容 简 介

本书总结了作者近二十年来在外套钢管夹层混凝土加固钢筋混凝土(RC)柱试验研究、计算理论和设计方法等方面取得的成果，为工程结构加固提供了一种新方法。主要内容包括：绪论、外套钢管夹层混凝土加固 RC 短柱轴压性能、外套钢管夹层混凝土加固 RC 中长柱轴压性能、外套钢管夹层混凝土加固 RC 短柱偏压性能、外套钢管夹层混凝土加固锈蚀 RC 柱受力性能、外套钢管夹层混凝土加固 RC 柱抗震性能。编写内容尽量反映了外套钢管夹层混凝土加固 RC 柱技术的最新科技成果和进展。全书力求语言简练，深入浅出，图文并茂。

本书对工程结构加固设计以及施工具有很好的参考价值和指导意义，可供土木工程、水利工程等专业的工程结构加固设计、施工和科研工作人员及高等院校土建专业老师、研究生、本科生等使用及参考。

图书在版编目(CIP)数据

外套钢管夹层混凝土加固混凝土结构 ：试验、理论与应用/卢亦焱著. —北京：科学出版社, 2023.8

ISBN 978-7-03-076080-7

Ⅰ. ①外… Ⅱ. ①卢… Ⅲ. ①钢管-钢筋混凝土结构-加固 Ⅳ. ①TU375

中国国家版本馆 CIP 数据核字(2023)第 143201 号

责任编辑：刘信力 田轶静／责任校对：彭珍珍
责任印制：吴兆东／封面设计：无极书装

科学出版社 出版
北京东黄城根北街 16 号
邮政编码：100717
http://www.sciencep.com
北京中科印刷有限公司 印刷
科学出版社发行 各地新华书店经销
*
2023 年 8 月第 一 版 开本：720×1000 1/16
2024 年 1 月第二次印刷 印张：18
字数：355 000

定价：178.00 元

(如有印装质量问题，我社负责调换)

作 者 简 介

卢亦焱，工学博士，武汉大学二级教授、博士生导师，享受国务院政府特殊津贴专家。兼任武汉大学土木建筑工程学院教授委员会主任委员，建筑物检测与加固教育部工程研究中心主任，岩土与结构工程安全湖北省重点实验室副主任，中国工程建设标准化协会建筑物鉴定与加固专业委员会副主任委员，中国建筑学会工程诊治与运维分会常务理事，湖北省灾害防御协会副理事长，湖北省土木建筑学会工程结构加固专业委员会主任委员等。

主要从事高性能土木工程材料与工程结构安全研究，包括：既有建筑物服役寿命评估与性能提升，高性能土木工程材料与新型工程结构，钢-混凝土组合结构基本理论及应用等。

先后主持国家自然科学基金重点项目和面上项目、GF 重点项目、湖北省科技创新专项重大项目、教育部博士点（博导类）基金等纵向科研项目 20 余项；主持并完成 50 余项工程应用技术研究项目。

研究成果分别获国家科技进步奖二等奖 1 项、湖北省技术发明奖一等奖 1 项、湖北省科技进步奖一等奖 2 项、教育部（高等学校科学研究优秀成果奖）科技进步奖一等奖 1 项及其他省部级科技进步奖 5 项；获得国际专利 5 项、国家发明专利授权 40 余项；在 *Engineering Structures*、《土木工程学报》、《建筑结构学报》等国内外期刊上发表学术论文 260 余篇，其中 SCI/EI 收录 180 余篇；出版著作 5 部；主编或参编《外套钢管混凝土加固混凝土柱技术规程》、《混凝土结构加固设计规范》等 18 部规范或标准。获武汉大学第六届“研究生教育杰出贡献校长奖”。

序

随着大量的既有建筑物进入维修、加固和改造阶段，我国建设行业提出了从传统粗放式发展模式向可持续高质量发展模式转变的要求。2022 年 1 月，国家住房和城乡建设部出台的《“十四五” 建筑业发展规划》明确指出，我国城市发展由大规模增量建设转为存量提质改造和增量结构调整并重。2022 年 6 月，国家发展改革委联合住房和城乡建设部下发的《城乡建设领域碳达峰实施方案》，要求 “严格既有建筑拆除管理，坚持从 ‘拆改留’ 到 ‘留改拆’ 推动城市更新”。因此，通过维修、加固和改造，提升建筑物的功能和性能，延长建筑物的安全使用寿命是当前建筑行业的一项重要任务。寻求安全可靠、经济合理的加固技术来提升工程结构的受力性能，是结构工程学科的一个重要发展方向。

在役混凝土结构由于受环境因素影响会引起性能退化，或者自然灾害导致结构损伤，或者设计与施工失误导致结构性能不满足规范要求，结构性能提升成为加固技术研究的难点。卢亦焱教授率领研究团队将钢–混凝土组合结构应用到混凝土结构加固领域，提出了新型外套钢管夹层混凝土加固方法，可高效、快速、可控地提升既有混凝土结构的受力性能。然而，对既有工程结构加固时不能做到完全卸载，使得外套钢管夹层混凝土必然存在应变和应力滞后现象。在极限状态下，夹层混凝土与既有核心混凝土无法同时达到各自的峰值应变，其受力机理更为复杂。卢亦焱教授在多项国家和省部级科研基金资助下，针对外套钢管夹层混凝土加固技术面临的关键科学技术难题，开展了系统深入的试验研究、理论分析和数值计算，建立了外套钢管夹层混凝土加固技术的设计理论，研发了施工成套技术，取得了丰硕的研究成果，相关成果入编《外套钢管混凝土加固混凝土柱技术规程》(T/CECS 1217—2022)，并成功应用于工程实践。

这本专著系统总结了卢亦焱教授近二十年来在外套钢管夹层混凝土加固技术方面的研究成果，阐述了外套钢管夹层混凝土加固混凝土柱的受力机理和抗震性能；揭示了外套钢管夹层混凝土加固锈蚀混凝土短柱性能退化规律，建立了可靠度分析模型；提出了基于不同截面形状的统一承载力计算理论和相应的设计方法。

著作内容完整丰富，系统性、创新性和实用性强，可供高等院校土木工程专业高年级本科生和研究生阅读学习，也可供相关领域科研人员、工程技术人员和高校教师参考。这本著作的出版将对混凝土结构加固的基础理论研究和技术进步起到重要的促进作用。

周绪红
中国工程院院士
重庆大学教授
2022 年 3 月

前　言

混凝土结构是我国土木工程中应用最广泛的结构形式之一，但大量在役混凝土结构面临物理老化和化学腐蚀等因素引起的结构性能退化，或者是水灾和火灾等自然灾害导致其损伤，或者是设计失误和施工错误等导致其不能满足规范要求，或者是技术改造、结构使用功能改变等要求其具有更高的承载力、延性和刚度等；另外，我国 20 世纪修建的混凝土结构，由于受当时经济和认识水平所限，有相当一大部分结构不满足抗震要求。因此，迫切需要通过行之有效的技术来提升这些结构的受力性能，使其能够发挥作用，继续为社会经济发展服务。这不仅符合"碳达峰""碳中和" 国家战略需求，也是我国社会和经济发展迫切需要解决的重要问题。

在混凝土结构维修加固工程中，柱子的维修加固占比接近一半。目前，对混凝土柱加固主要有增大截面加固法、置换混凝土加固法、外包型钢加固法、粘贴钢板加固法、外粘纤维复合材料加固法等，但各种加固方法均有其适用范围。当需要快速、大幅度提升混凝土柱承载力、刚度和延性时，这些方法已不能很好地满足混凝土柱受力性能提升的需求。钢–混凝土组合结构优越的力学性能为混凝土结构加固提供了新的思路，基于组合结构的原理，作者于 2005 年针对广西梧州某大桥的桥墩加固工程，提出了新型的外套钢管夹层混凝土加固混凝土 (RC) 柱技术，对桥墩进行加固，形成了性能优越的新型钢–混凝土组合结构，室内和现场试验均表明，该方法实现了墩柱承载力、刚度等的大幅度提高，并且加固施工高效便捷，随后相继对不同截面加固柱进行了系统的试验、计算理论和设计方法研究。

外套钢管夹层混凝土加固混凝土柱技术的思路是将两个半圆形 (或 [形) 钢外套于原混凝土柱，现场焊接成圆形 (或方形) 套管，在套管与原混凝土柱间隙内浇筑高流动性混凝土，使其形成整体性能优越的组合柱。外套钢管可以为夹层混凝土和原混凝土柱提供充分约束，提高被约束混凝土的强度和延性，充分发挥各组成材料的力学性能；夹层混凝土保证外套钢管和原混凝土柱共同工作，同时也作为重要的受力组成部分。外套钢管作为夹层混凝土浇筑的模板，减少支模和拆模程序，简化施工；外套钢管夹层混凝土易更换，当外套钢管夹层混凝土遭遇损伤情况时，可清除外套钢管夹层混凝土，进行再次维修加固。根据原混凝土柱的受力性能提升幅度的需求，可调整外套钢管壁厚、夹层混凝土面积等，实现受力性能提升幅度的可控设计，并具有优越的可靠性。外套钢管夹层混凝土加固混凝土技术可高效、快速、可控地实现提升混凝土柱受力性能的目的。

本书系统总结了作者近二十年在外套钢管夹层混凝土加固 RC 柱受力性能和设计理论等方面的研究成果，主要内容包括圆套圆、圆套方、方套方和方套圆四种截面加固 RC 柱的静力和抗震性能，全书按照加固 RC 短柱轴压性能，加固 RC 中长柱轴压性能，加固 RC 短柱偏压性能，加固锈蚀 RC 柱受力性能和耐久性能，加固 RC 柱抗震性能的顺序编写，这些成果为混凝土结构加固提供了一种新的方法。

此研究工作在国家自然科学基金 (编号：51078294)、湖北省技术创新专项 (编号：2019ACA142)、教育部博士点专项基金 (编号：20110141110002) 等项目的资助下完成。本书出版得到了科学出版社的大力支持，参考并引用了一些同行的研究成果，在此表示感谢。

由于作者水平所限，书中难免存在不妥和疏漏之处，并且科学是不断发展的，本书的一些论点仅代表作者当前对这些问题的认识。希望广大读者提出宝贵意见，对这些结果进行补充和完善。

卢亦焱

2023 年 2 月于珞珈山

目 录

第 1 章 绪　　论

1.1 研究背景与意义

混凝土结构是土木工程建设中用途最广、用量最大的结构形式，其安全性关系着国家社会经济的可持续发展。然而，大量在役混凝土结构经历长期使用后，结构性能劣化[1]，加之早年混凝土结构荷载设计值偏低或设计不当导致其不满足现行规范，使用功能改变等要求混凝土结构具有更高的承载力和延性等，自然灾害导致构件出现损伤等，已严重影响到结构的安全性和使用性[2]。全世界每年花费在结构加固和修复上的费用已超过 1000 亿美元[3]，中国工程院以及住房和城乡建设部的数据表明，我国约 40%建筑物的安全性降低[4,5]。若要对这些存在安全隐患的建筑物全部拆除重建，不仅耗费大量的资源，重建周期长，给国家带来不可估量的经济损失，而且容易产生大量难以降解的建筑废弃物，造成环境污染[6]。因此，为确保人民生命安全、保障社会经济持续发展，在正确评估混凝土结构损伤程度的基础上，迫切需要通过行之有效的维修加固方法来提升这些混凝土结构的服役性能，全面消除安全隐患，恢复和延长其使用寿命，这不仅符合“碳达峰”“碳中和”的国家战略需求，也是我国社会和经济发展迫切需要解决的重要问题。

在混凝土结构加固工程中，柱子加固约占维修加固工程中的 50%。目前，对钢筋混凝土 (RC) 柱的加固方式主要包括增大截面加固法[7-9]、外粘纤维增强聚合物 (FRP) 加固法[10-12]、外包钢加固法[13,14]、置换混凝土加固法等[15,16]，尽管这些加固方法均能提高混凝土柱受力性能，但它们有各自的适用范围。当遇到厂房改造、桥梁加固改造、高耸结构加固等需要大幅度提高承载力、刚度和延性时，这些方法已经不能很好地满足混凝土柱受力性能提升的需求。因此，探索新型的加固技术对混凝土柱结构加固具有重要的理论意义和工程实用价值。

钢–混凝土组合结构是由钢和混凝土这两种不同的建筑材料共同组成、共同受力的结构体系，充分利用了钢和混凝土各自的材料性能[17,18]。钢–混凝土组合结构具有承载力高、刚度大、抗震性能和动力性能好、构件截面尺寸小、施工快速等优点。组合结构优越的力学性能为混凝土结构加固提供了新的思路，作者于 2005 年针对广西梧州某大桥的桥墩加固工程，提出了新型的外套钢管夹层混凝土加固混凝土柱技术，对桥墩进行加固，如图 1.1 所示，使其形成了性能优异的新型组合结构，室内和现场试验均表明该方法大幅度提高了混凝土墩柱的承载力和刚度等。

(a) 现场加固作业

(b) 全桥实景

图 1.1　广西梧州某大桥的桥墩加固

外套钢管夹层混凝土加固技术的思路是将两个半圆形 (或 [形) 钢外套于原 RC 柱，现场焊接成圆形 (或方形) 套管，在套管与原 RC 柱间隙浇筑高流动性混凝土，使其形成整体性能优越的组合柱。外套钢管可以为夹层混凝土和原 RC 柱提供充分约束，提高被约束混凝土的强度和延性，充分发挥各组成材料的力学性能；夹层混凝土保证外套钢管和原 RC 柱共同工作，同时也作为重要的受力组成部分。外套钢管作为夹层混凝土浇筑的模板，减少支模和拆模程序，简化施工；加固后原 RC 柱被外部夹层混凝土和外层钢管所包裹，耐火性能显著提高。即使火灾导致外层钢管失效，原 RC 柱依然可以承担竖向荷载，不会导致结构的立刻坍塌。外套钢管夹层混凝土易更换，当外套钢管夹层混凝土遭遇损伤时，可清除外套钢管夹层混凝土，进行再次维修加固。根据原 RC 柱的受力性能提升幅度的需求，可调整外套钢管壁厚、夹层混凝土面积及材料的强度等，实现受力性能提升幅度的可控设计，并具有优越的可靠性。因此，外套钢管夹层混凝土加固技术具有明显的优势，可高效、快速、可控地提升混凝土柱受力性能，应用前景广阔[19]。

1.2　国内外研究现状

采用外套钢管夹层混凝土加固 RC 柱后，形成了新型钢管混凝土组合柱，原 RC 柱受到外套钢管的约束作用，这与钢管混凝土柱有一定相似之处，但两者又有本质区别。对于钢管混凝土柱，钢管与核心混凝土处于同时受力状态。而对于组合加固柱，由于加固时不能做到完全卸载，外套钢管夹层混凝土存在应变和应力滞后现象；另外，夹层混凝土和原核心混凝土材料不同。这使得混凝土和钢管的应力分布以及钢管所产生的约束作用与钢管混凝土完全不同。因此，要保证外套钢管夹层混凝土加固 RC 柱的安全性和可靠性，探索外套钢管夹层混凝土加固

RC 柱的静力和抗震性能是其重要的基础工作。经过多年的研究与工程应用，作者主编完成了中国工程建设标准化协会标准《外套钢管混凝土加固混凝土柱技术规程》(T/CECS 1217—2022)，随着该规程的实施，外套钢管夹层混凝土加固 RC 柱技术应用将进一步规范化、程序化和法律化。

1.2.1 外套钢管夹层混凝土加固 RC 短柱轴压性能的研究

外套钢管夹层混凝土加固 RC 短柱承受轴心受压是最基本的受力状态，是研究其工作机理的基础，也是研究复杂受力状态下外套钢管夹层混凝土加固 RC 柱力学性能的前提条件。因此，研究外套钢管夹层混凝土加固 RC 短柱轴压性能非常重要。

Sezen 等[20] 通过 15 个试件研究增大截面加固、外粘 FRP 加固和外套钢管混凝土加固 RC 柱的受力性能，分析不同加固方法对 RC 柱受力性能提升的影响，结果表明外套钢管混凝土加固 RC 柱的承载力、延性和刚度同时获得显著提高。Priestley 等[21,22] 进行了椭圆形钢套管混凝土加固 RC 方柱的试验，结果表明椭圆形钢套管混凝土加固显著提升了原 RC 方柱的侧向刚度和延性。蔡健等[23,24] 通过 11 个试件研究圆钢套管混凝土加固 RC 方柱的轴压性能，结果表明，组合加固柱承载力大于各组成部分纵向承载力的叠加，该方法显著提高了原 RC 方柱承载力。在此基础上，他们提出了基于叠加法的组合加固柱承载力计算公式。然而，钢套管和 RC 柱的间隙相对狭窄，因此普通混凝土很难填充密实，钢管和内填混凝土的界面粘结能力被严重削弱，进而影响到钢管对核心混凝土的约束作用。

结合工程实际情况，卢亦焱提出新型外套钢管夹层混凝土加固柱技术，采用流动性能好的微膨胀自密实混凝土填充于钢管与原 RC 柱间隙，并基于圆形和方形钢管的不同约束机理，针对工程上最普遍的圆套圆、圆套方、方套方、方套圆等四种截面形式，系统开展外套圆钢管夹层混凝土加固 RC 圆柱和 RC 方柱、外套方钢管夹层混凝土加固 RC 圆柱和 RC 方柱的试验研究、数值模拟及理论分析，研究参数为外套钢管径 (宽) 厚比、外套钢管强度、夹层混凝土强度、加载方式、加固方式、二次受力等[25-50]。结果表明：钢管径 (宽) 厚比对外套圆钢管夹层混凝土加固 RC 柱承载力和延性的影响显著，外套圆钢管夹层混凝土加固显著提高了其承载力、延性和刚度等，其中，承载力提高 2~5 倍；外套圆钢管夹层混凝土加固 RC 柱试件的提高幅度显著优于增大截面加固 RC 柱试件。对于外套圆钢管夹层混凝土加固 RC 柱，由于外套钢管对核心混凝土的约束作用，三向受压下核心混凝土的极限强度和延性得到显著提高。在试件达到极限承载力以后，钢管仍能对核心混凝土提供良好的约束，试件的最终极限应变可以达到 0.015，显著改善了原 RC 柱的脆性破坏特征。对于外套方钢管夹层混凝土加固 RC 柱，由于方钢管产生的约束力不均匀，其核心混凝土强度的提高、约束效果的发挥和加固材料的利用率方面不及外套圆钢管夹层混凝土加固 RC 柱；但是，与增大截面法相比，在用钢量基本相同且加固截面更小的情况下，其承载力和延性等显著优于后者，说明外套钢管的约束作用仍有较好发挥。

对于外套圆钢管和外套方钢管夹层混凝土加固 RC 柱，在全截面受压时，典型的相对荷载–位移曲线均可以分为三个阶段：弹性阶段、弹塑性阶段以及下降阶段。在试件加载初期，钢管纵、环向应变均线性增长，此阶段基本没有套箍作用，组合加固柱横截面各种材料按各自刚度承担荷载；在荷载达到极限荷载的约 80%后，曲线呈现明显的非线性特征，环向应变增长速率明显大于纵向应变，这一阶段外套钢管对核心混凝土的约束作用逐渐增强；极限荷载以后，曲线下降段较为平缓，表明试件具有较好的后期持荷能力。对于仅核心混凝土受压的组合加固试件来说，在加载初期外套钢管就可以对核心混凝土提供较好的约束，在进入弹塑性阶段以后，两种加载方式受力机理基本相同。在上述试验研究和理论分析的基础上，建立了各种截面工况下外套钢管夹层混凝土加固 RC 短柱的轴心受压承载力公式，计算结果与试验结果误差均在 5%以内。

对于锈蚀 RC 柱的加固，采用外套钢管夹层混凝土加固技术也是一种行之有效的方法，卢亦焱课题组开展了外套圆钢管夹层混凝土加固锈蚀 RC 短柱的轴压性能研究[51-56]，原 RC 柱的钢筋理论锈蚀率为 3%~25%，结果表明，组合加固锈蚀 RC 柱的延性和承载力均显著提高，其中，承载力提高幅度为 3.17~5.06 倍。与组合加固未锈蚀 RC 柱相比，锈蚀 RC 柱受到的约束作用力出现稍晚；但是，钢管厚度和夹层混凝土强度对组合加固锈蚀 RC 柱的承载力、延性和刚度等指标的影响规律与组合加固未锈蚀 RC 柱的影响趋势一致。

胡潇与钱永久[57-59] 研究了圆形钢套管加固 RC 短柱的轴心受压性能，试验中套管不直接承担纵向荷载，只提供约束作用，且套管与原柱的 25mm 间隙内填充灌浆料。结果表明，加固试件的强度和延性均得到成倍提高，较厚的管壁可提供更强的约束作用，而钢套管作用的发挥很大程度上依赖于新旧混凝土界面的剪应力传递情况，基于叠加法和极限平衡法建立了加固柱的轴压承载力计算公式。

一些学者研究了二次受力对组合加固 RC 柱轴压性能的影响[23,34,59-62]，文献 [23] 和 [62] 中的初应力比为 0.08~0.50，文献 [34] 中的初应力比为 0.15~0.40，文献 [59]~[61] 中的初应力比为 0.11。结果表明，当初应力比均较小时，二次受力对加固后构件的承载力、破坏特征及荷载–变形曲线均影响不显著。刘浪[63] 进行了二次受力下圆形钢套管加固 RC 短柱轴心受压性能的研究，初应力比为 0.3~0.9。结果表明，与一次受力试件相比，初应力比为 0.3 和 0.9 的试件承载力分别降低了 3.5%和 13.5%。实际工程应用中，要求加固前尽可能卸载，因此初应力比一般会小于 0.5，因此，在进行加固设计时，可以忽略二次受力对加固构件承载力的影响。

何岸等[64-66] 利用再生骨料混凝土 (RAC) 代替普通混凝土进行了钢套管混凝土加固 RC 柱的试验研究和理论分析。结果表明，随着再生骨料替代率的增加，RAC 的抗压强度和弹性模量降低，导致组合加固 RC 柱的承载力降低，但是 RAC 的影响程度很小，承载力公式中忽略了再生骨料的影响。

外套钢管夹层混凝土加固法充分发挥了钢材和混凝土各自的材料性能，相对于增大截面法来说，其材料利用率更高，相同条件下占地面积更小且施工更简便，具有良好的应用前景。

1.2.2 外套钢管夹层混凝土加固 RC 中长柱轴压性能的研究

在实际工程中，一般情况下，介于短柱和长柱之间的中长柱数量最为广泛。采用外套钢管夹层混凝土加固 RC 中长柱时，一方面，截面尺寸的增大在一定程度上降低了构件的长细比；另一方面，长细比过大时，外套钢管的约束作用势必会减小，且方钢管的约束效果与圆形钢管不会相同。因此，有必要开展各种形式的外套钢管夹层混凝土加固中长柱轴压性能研究。

蔡健等[24,67] 通过 6 根试件对圆形钢套管加固方形截面 RC 中长柱轴心受压性能进行了试验研究，长径比为 6~12，利用数值分析方法计算了构件的承载力–侧向挠度曲线。结果表明，组合加固中长柱中部侧向挠度一开始就存在，并随着加载过程缓慢发展，在长径比 $L/D \geqslant 4$ 时，应考虑其对构件承载力的影响。

卢亦焱等[28,30,34,35,47,68-71] 采用试验研究、理论分析和数值模拟相结合的方法研究了各种截面形式下的钢管自密实混凝土加固 RC 中长柱的轴压性能，其截面形式包括圆套圆、圆套方、方套方、方套圆，L/D 范围为 5~10。结果表明，组合加固中长柱的破坏形式由局部强度破坏转变为弹塑性失稳破坏，承载力提高 3 倍以上；极限荷载时组合加固中长柱纵向变形是原 RC 柱的 4~6 倍，且长径比越小，加固效果越明显。相同条件下，组合加固中长柱套箍约束作用小于同条件下的短柱，但受压侧钢管仍能对核心混凝土提供较为充分的约束。随长径比的增大，外套钢管的利用率降低。此外，方形截面钢管的约束效果仍不及圆形截面，特别是在 $L/D \geqslant 8$ 的情况下，组合加固中长柱的平均承载力试验值仅为按叠加法计算结果的 1.02 倍。因此，对于方形截面组合加固中长柱，在较大长宽比的情况下不宜考虑套箍约束作用。

1.2.3 外套钢管夹层混凝土加固 RC 短柱偏压性能的研究

在实际工程中，RC 柱上的竖向力或多或少存在一定的偏心，常处于压弯的受力状态。对于承受偏心受压的组合加固柱，其截面上仅局部产生约束力且约束分布不均匀，使得其承载力低于同条件下的组合加固轴压柱。

徐进等[72] 进行了圆形钢套管混凝土加固 RC 柱偏心受压试验研究，试件偏心率在 0~0.5，结果表明，随着偏心距的增大，试件的承载力降低。这主要是因为随着偏心距的增大，截面受压区面积减小，在极限荷载状态时，加固柱截面钢管对混凝土约束力分布不均匀。在分析试验成果的基础上，采用数值分析程序得出特征参数，并对其进行拟合，得出了偏心率影响系数的计算公式。

卢亦焱等对各种截面形式的外套钢管夹层混凝土加固 RC 柱轴压性能进行了系统研究，在此基础上，对同条件下组合加固 RC 柱的偏心受压性能进行了进一步研究[28,30,34,39,47,73-86]。主要研究参数包括偏心率、钢管壁厚和夹层混凝土强度等。结果表明，该加固法能显著提高原 RC 柱的偏压承载力和变形能力，组合加固柱的破坏形态由局部强度破坏变为弯曲型破坏。随着钢管径 (宽) 厚比的减小，组合加固柱的承载力和变形能力显著提高；夹层混凝土强度提高对组合加固柱承载力有一定提高，但影响不显著，且会导致组合加固柱延性降低；极限荷载时，随着偏心率的增加，组合加固柱挠度增大，承载力和延性均降低。同时，外套钢管截面形状的对比分析表明圆形钢管对核心混凝土的约束作用比方形钢管更好，延性也更好，但在直径与边长相等的条件下，方形截面的初始抗弯刚度更大。组合加固锈蚀 RC 柱的偏心受压研究表明，外套钢管夹层混凝土加固法可以显著提高锈蚀 RC 柱的延性和承载力。

不同偏心距作用下的荷载–柱中挠度曲线均呈现较明显的三阶段特征，包括弹性阶段、弹塑性阶段和下降阶段。初始受力阶段，各试件具有相近的抗弯刚度，曲线发展基本重合。这一阶段钢管弯曲内外侧泊松比均较小且存在差异，这表明钢管还未对核心混凝土产生约束作用；随着荷载的增加，偏心距大的试件进入弹塑性阶段越早，刚度也下降得越快。这一阶段试件弯曲内侧泊松比显著增加，超过钢管初始泊松比 (0.28 左右)，表明弯曲内侧钢管开始对核心混凝土产生约束作用，但弯曲外侧钢管泊松比有减小趋势，这是因为弯曲外侧的钢管纵向有从受压向受拉转变的趋势；极限荷载以后，偏心距越大的试件，曲线下降段越陡，这主要因为偏心距的存在导致组合加固柱截面纵向应力梯度分布，削弱了对原 RC 柱的约束，但弯曲内侧钢管仍能对核心混凝土提供稳定的约束作用，试件整体延性较好。典型试件的侧向挠度沿柱高分布曲线基本符合正弦半波曲线的特征。

为进一步了解组合加固偏压柱的受力机理，在试验的基础上进行了纤维模型法及有限元法的数值分析。在极限状态下受压侧夹层混凝土会受到明显的约束作用，其中圆形钢管的最大约束应力可达 10MPa，而弯曲外侧的夹层混凝土不受约束作用，原 RC 柱各处混凝土受到的约束力大致相同，由于外套钢管对受压侧原 RC 柱混凝土和夹层混凝土提供了有效约束作用，其最大应力可明显高于其单轴抗压强度。基于试验研究和有限元分析结果，得到了各种工况下的组合加固柱的轴力–弯矩相关曲线，可用于计算任意偏心距下组合加固柱的承载力。

二次受力组合加固柱偏压性能的研究较少。文献 [24] 和 [72] 的研究结果表明，在初应力比小于 0.5 的情况下，其对组合加固柱的力学性能影响不大，在承载力计算时可不考虑其影响。胡潇采用有限元方法研究了初应力比 β 在 0~0.9 的圆形钢套管加固 RC 柱偏心受压性能[59]，结果表明，在原柱无初始应力的情况下，极限荷载时组合加固短柱的各部分应力、应变均达到或接近极限值，加固材料可充分发挥其作用；当初应力较小时，夹层混凝土首先达到极限应变，原混凝土后达到极限应变；当初应力较大时，原混凝土在二次压力作用下先达到极限应变，夹层混凝土未达到应有的极限值，组合加固短柱的偏压承载力降低明显。特别是在 $\beta = 0.9$ 的情况下，其承载力相对于一次受力试件降低 20%以上，但研究结果缺乏试验数据的验证。

蒙何彬和陈庆军等[87,88] 进行了钢套管再生混凝土加固柱的偏压性能试验研究与有限元分析。结果表明，组合加固柱的承载力、刚度和延性均显著提高。不同取代率下组合加固柱的承载力及刚度无显著差异，内填普通混凝土的组合加固柱和内填再生混凝土的组合加固柱的力学性能相似。

1.2.4 外套钢管夹层混凝土加固 RC 柱抗震性能的研究

地震作用下，柱子在承受轴向压力的同时还要承受水平力。在满足受压承载力的前提下，提高结构柱的抗震性能显得尤为重要。研究表明，外套钢管夹层混凝土加固法能显著提高原 RC 柱的承载力和延性等。

卢亦焱等对外套钢管夹层混凝土加固 RC 柱进行了抗震性能研究[89-92]。主要研究参数包括轴压比、外套钢管径 (宽) 厚比及夹层混凝土强度等。结果表明，对于组合加固圆形 RC 柱，在试验轴压比范围内，增大轴压比可以提高组合加固柱的承载力，但会降低其延性和极限位移；对于组合加固方形 RC 柱，随轴压比的增加，组合加固柱极限荷载呈现先增高后降低的趋势，在轴压比为 0.3 左右达到峰值。此外，组合加固柱极限位移和延性随含钢率的增大显著提高；随夹层混凝土强度的增大，组合加固柱极限位移和延性均有所下降。与原 RC 柱相比，组合加固柱滞回曲线更为饱满，承载力、耗能能力及延性均有较大幅度提高。

何岸等[65,93] 和黄培州[94] 进行了钢套管再生混凝土加固柱的抗震性能研究，对 1 根未加固柱和 9 根圆形钢套管再生混凝土加固方形 RC 柱进行了低周反复加载试验，研究参数包括轴压比、钢管壁厚、再生骨料取代率、原 RC 柱受损及原 RC 柱初始应力。结果表明，加固后试件承载力及刚度有显著提高，耗能是原 RC 柱的 5~12 倍，延性比是原 RC 柱 2 倍以上；再生骨料取代率对其承载力和刚度的影响非常有限，在取代率为 100%时其承载力相比取代率为 0%时仅降低 4.2%；原 RC 柱受损会导致组合加固柱承载力略有降低。

少数学者对外套钢管混凝土加固受损 RC 柱的抗震性能进行了研究。国外方面，Youm 等[95] 对比研究了钢套管加固以及缠绕碳纤维增强聚合物 (CFRP) 加固震损 RC 柱的抗震性能，其钢套管直径为 320mm，只比原柱直径大 20mm，套管与原柱之间的间隙灌注砂浆。结果表明，两种加固方法都可以显著提高试件的承载力和延性。此外，在原柱配箍率较低的情况下，钢套管加固试件比 CFRP 加固试件具有更好的耗能能力。国内方面，鲁伟[96] 通过拟静力试验模拟桥墩的地震损伤，然后对受损试件用钢套管约束以及缠绕 FRP 的方法进行加固，分析了不同加固方法的加固效果以及经济性。结果表明钢套管加固可以同时提高试件的水平承载力以及延性，其中试件水平承载力提高约 34%。李松等[97] 和李雪琼[98] 对上述试验进行了有限元模拟，结果表明，钢套管加固的方法可以同时提高试件的承载力、刚度和延性，其中钢套管加固试件的承载力和刚度相比于原柱均提高 61%左右。采用缠绕 FRP 加固法则不能提高试件的承载力和刚度，仅可以提高其延性。

1.3　本书的主要内容

本书结合作者研究团队近二十年对外套钢管夹层混凝土加固 RC 结构技术的研究，详细阐述了外套钢管 (方/圆) 加固 RC 柱 (方/圆) 柱受力性能、计算理论和设计方法。主要内容如下所述。

第 1 章为绪论，简要介绍了混凝土结构加固的背景、目的和面临的问题，详细介绍了外套钢管夹层混凝土加固 RC 柱结构技术的研究现状，包括作者在该技术领域的研究工作。

第 2 章详细介绍了外套钢管夹层混凝土加固 RC 短柱轴压性能，包括圆套圆、圆套方、方套方和方套圆四种截面形式，采用试验研究、理论分析和数值计算相结合的方法揭示了外套钢管夹层混凝土加固 RC 短柱工作机理，建立了外套钢管夹层混凝土加固 RC 短柱的统一承载力计算理论，提出了相应的设计方法。

第 3 章详细介绍了外套钢管夹层混凝土加固 RC 中长柱轴压性能，通过试验研究圆套圆、圆套方、方套方和方套圆四种截面形式加固 RC 中长柱的受力性能，分析了长细比、夹层混凝土强度等加固中长柱承载力、变形等的影响规律，结合试验研究、理论分析和数值计算，提出了外套钢管夹层混凝土加固 RC 中长柱承载力设计方法。

第 4 章介绍了外套钢管夹层混凝土加固 RC 短柱偏压性能，通过试验研究圆套圆、圆套方、方套方和方套圆四种截面形式加固 RC 短柱的偏心受力性能，分析了外套钢管径 (宽) 厚比、偏心距、夹层混凝土强度等参数对轴力和弯矩相关关系曲线的影响规律，结合试验研究、理论分析和数值计算，提出了偏压组合加固柱承载力设计方法。

第 5 章介绍了外套钢管夹层混凝土加固锈蚀 RC 短柱受力性能，分析了不同钢筋锈蚀率、夹层混凝土强度、钢管锈蚀率等对外套钢管夹层混凝土加固锈蚀 RC

短柱的偏压和轴压性能的影响规律，建立了外套钢管夹层混凝土加固锈蚀 RC 柱承载力退化模型和可靠度分析模型。

第 6 章介绍了外套钢管夹层混凝土加固 RC 柱抗震性能，通过试验研究了外套钢管夹层混凝土加固 RC 柱破坏形态、破坏机理、滞回性能、延性、耗能能力、刚度退化和承载力退化等；结合试验研究、理论分析和数值计算，阐述了外套钢管夹层混凝土加固 RC 柱抗震的工作机理、弯矩–曲率曲线和骨架曲线计算方法。

第 2 章　外套钢管夹层混凝土加固 RC 短柱轴压性能

2.1　引　　言

外套钢管夹层混凝土加固 RC 柱可充分利用外套钢管对混凝土的有效约束作用，使得核心混凝土处于三向受压状态，大幅度提高 RC 柱承载力、刚度和延性等。为了充分掌握外套钢管夹层混凝土加固 RC 柱 (简称组合加固柱) 受力性能，需要深入揭示外套钢管对核心混凝土的约束作用机理。轴心受压性能是这种新型组合加固柱最基本的力学性能，也是分析其在压–弯–剪等复杂受力状态下力学性能的基础，因此，开展外套钢管夹层混凝土加固 RC 短柱的轴压性能研究十分重要。

本章对外套钢管夹层混凝土加固 RC 短柱的轴压性能进行系统研究，分析外套钢管径厚比、加固截面面积、夹层混凝土强度、加载方式、新旧混凝土界面处理方式等因素对组合加固柱的破坏形态、承载力、变形能力等的影响；在试验研究的基础上，采用内力分解法和有限元分析外套钢管夹层混凝土加固 RC 短柱的轴压力学性能和工作机理；针对不同截面形式的组合加固柱，采用截面统一转化，建立组合加固柱承载力统一计算理论。为了便于工程设计，提出外套钢管夹层混凝土加固 RC 短柱轴压承载力计算公式。

2.2　外套圆钢管夹层混凝土加固 RC 圆柱轴压性能试验研究

2.2.1　试验概述

试验设计制作了 13 个试件，包括 2 个未加固的 RC 圆柱、2 个增大截面加固 RC 圆柱、9 个外套圆钢管夹层混凝土加固 RC 圆柱，所有试件长度均为 657mm。试验参数为加固方法、加载方式、外套钢管径厚比、夹层混凝土强度、新旧混凝土界面处理方式，详见表 2.1。试验采用了两种不同的加固方法，即增大截面加固法与外套钢管夹层混凝土加固法，试件配筋情况及加固方法如图 2.1 所示。图 2.1(a) 为原 RC 圆柱截面配筋，原 RC 圆柱纵筋采用 6Φ12 钢筋，箍筋采用 ϕ6 钢筋，箍筋间距为 150mm，箍筋在柱两端加密，箍筋间距为 60mm；图 2.1(b) 为增大截面加固法截面配筋，后浇混凝土强度采用 C50；图 2.1(c) 为外套钢管夹层混凝土加固法示意图。

表 2.1 试件设计参数

试件编号	$D\times t\times L$ /mm	加载方式	f_{cu1} /MPa	f_{cu2} /MPa	A_{c1} /mm^2	A_{c2} /mm^2	A_{s} /mm^2	A_{t} /mm^2
SRC-1	154×0×657	—	32.93	—	18626	0	678	0
SRC-2	154×0×657	—	32.83	—	18626	0	678	0
SERC-1	240×0×657	—	32.83	45.07	18626	45238	678	1206
SERC-2	240×0×657	—	32.83	45.07	18626	45238	678	2281
SCFT-3.25-C50-C-P2	219×3.25×657	C	32.83	52.58	18626	16839	678	2203
SCFT-3.25-C50-A-P2	219×3.25×657	A	32.83	52.58	18626	16839	678	2203
SCFT-3.25-C50-B-P2	219×3.25×657	B	32.83	52.58	18626	16839	678	2203
SCFT-1.80-C50-C-P2	219×1.80×657	C	32.83	52.58	18626	17813	678	1228
SCFT-3.90-C50-C-P2	219×3.90×657	C	32.83	52.58	18626	16340	678	2701
SCFT-3.25-C40-C-P2	219×3.25×657	C	32.83	43.01	18626	16839	678	2203
SCFT-3.25-C60-C-P2	219×3.25×657	C	32.83	61.26	18626	16839	678	2203
SCFT-3.25-C50-C-P1	219×3.25×657	C	32.83	52.58	18626	16839	678	2203
SCFT-3.25-C50-C-P3	219×3.25×657	C	32.83	52.58	18626	16839	678	2203

注：D、t 和 L 分别表示试件外径、外套钢管厚度和试件长度；f_{cu1}、f_{cu2} 分别为原柱混凝土和夹层混凝土立方体抗压强度；A_{c1}、A_{c2} 分别为原柱混凝土和夹层混凝土截面面积；A_{s} 为原柱钢筋截面面积；A_{t} 为加固钢材截面面积。

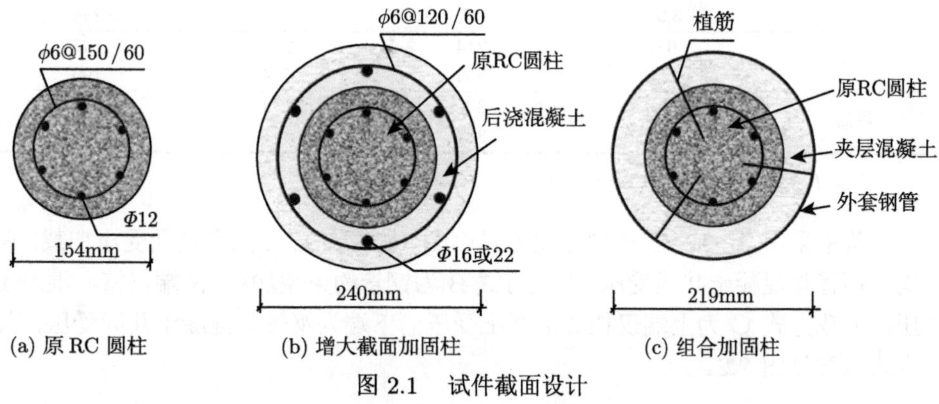

(a) 原 RC 圆柱 (b) 增大截面加固柱 (c) 组合加固柱

图 2.1 试件截面设计

为了对比增大截面加固法与外套钢管夹层混凝土加固法的加固效果，增大截面加固柱采用两种配筋方案：试件 SERC-1 的新增纵筋为 6Φ16 (1206mm^2) 钢筋，其用钢量与外套钢管壁厚为 1.80mm (1228mm^2) 的组合加固柱相当；试件 SERC-2 的新增纵筋为 6Φ22 (2281mm^2) 钢筋，其用钢量与外套钢管壁厚为 3.25mm (2203mm^2) 的组合加固柱相当；新增箍筋采用 ϕ6 钢筋，箍筋间距为 120mm，箍筋在柱两端加密，箍筋间距为 60mm。组合加固柱的夹层混凝土截面面积与原 RC 圆柱截面面积基本相等，相对于增大截面加固法，加固截面面积减小较多，外套钢管壁厚 t 取为 1.80~3.90mm，外径 D 均为 219mm，径厚比 $D/t>40$，均可视为薄壁钢管。

采用界面凿毛和化学植筋相结合的复合界面处理技术，对组合加固柱的新旧混凝土界面进行处理，植筋率 (植入钢筋横截面积之和与柱侧面积之比) 设置为三个等级：P1(植筋率为 0.05%)、P2(植筋率为 0.11%)、P3(植筋率为 0.19%)，植筋方式如图 2.1(c) 所示。

根据《混凝土物理力学性能试验方法标准》(GB/T 50081—2019)[99] 的规定，对原 RC 圆柱混凝土和夹层混凝土的工作性能、力学性能进行测试。所有混凝土的塌落扩展度均超过 650mm，满足规范和施工的要求。原 RC 圆柱的混凝土立方体抗压强度为 32.83MPa，增大截面加固柱的后浇混凝土立方体抗压强度为 45.07MPa，组合加固柱的夹层混凝土立方体抗压强度分别为 43.01MPa、52.58MPa 和 61.26MPa。根据《钢及钢产品力学性能试验取样位置及试样制备》(GB/T 2975—2018)[100] 和《金属材料 拉伸试验 第 1 部分：室温试验方法》(GB/T 228.1—2021)[101] 的规定，对试验用钢材 (包括钢筋和钢管) 进行力学性能测试，测试结果见表 2.2。

表 2.2 钢材力学性能测试结果

钢材类型	厚度 (直径)/mm	f_y/MPa	f_u/MPa	E_t/GPa
钢管	1.80	390	587	191
	3.25	352	425	211
	3.90	342	522	234
箍筋	6.0	214	278	203
	12.0	365	527	190
纵筋	16.0	326	478	196
	22.0	334	531	198

注：f_y、f_u 分别为钢材屈服强度和极限强度；E_t 为钢材弹性模量。

试验中采用 A、B、C 三种加载方式，其中加载方式 A 为全截面受压加载，两端均为钢管与混凝土共同受压；加载方式 B 为钢管约束型加载，两端仅核心混凝土受压；加载方式 C 为上端仅核心混凝土受压而下端为钢管和混凝土共同受压，加载方式示意见图 2.2。

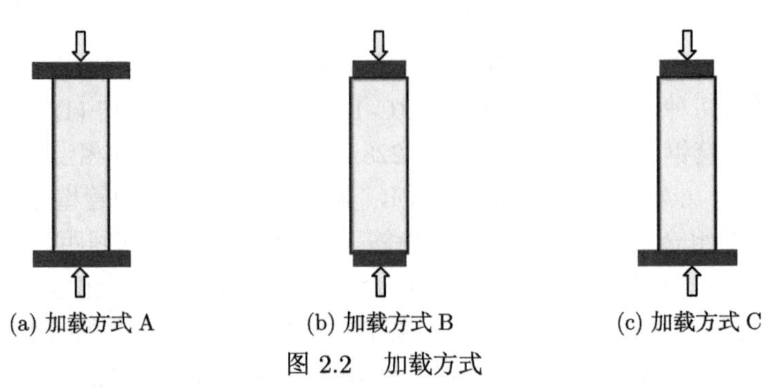

(a) 加载方式 A (b) 加载方式 B (c) 加载方式 C

图 2.2 加载方式

试验加载装置和测点布置如图 2.3 所示。试件中截面沿环向均匀布置四个测点，每个测点各粘贴一对纵、环向应变片，用以测量钢管的纵、环向应变。试件两侧对称布置两个竖向位移传感器，用以测量试件的纵向变形。加载中，荷载由力传感器测得，所有数据均由 DH3815N 静态应变采集系统进行采集。对于加载方式 C，通过打磨试件上端混凝土使其相对钢管内凹 2mm 左右，钢垫板放置在核心混凝土上，钢管不直接承压。加载制度参考《混凝土结构试验方法标准》(GB/T 50152—2012)[102] 规定，主要分以下几个步骤：① 对试件进行预加载，预加载最大值取预计极限荷载的 20%，以压紧加载板与试件的接触面，同时查看仪器及装置是否正常工作，并根据试采样数值判断和调整试件位置，以保证试件轴心受压；② 正式加载时，当试件处于弹性阶段时，每级荷载为预计极限荷载的 1/10，当钢管进入屈服阶段后，每级荷载取为预计极限荷载的 1/15，每级荷载持荷时间为 2~3min，待荷载稳定后采集数据；③ 在荷载值下降到极限荷载的 80%以下或变形过大时，试验停止，宣告试验结束。

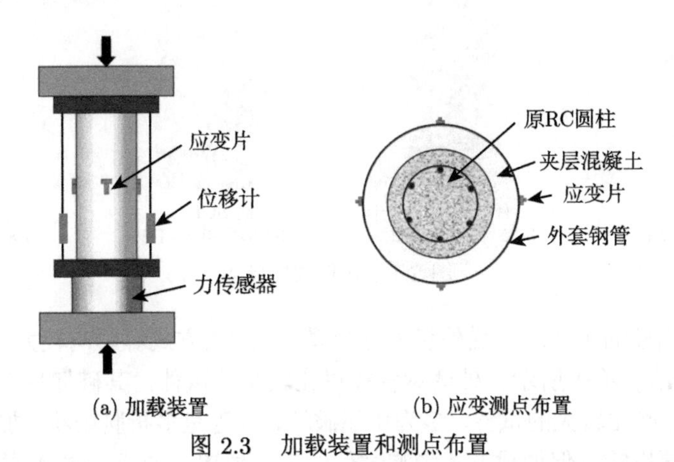

图 2.3 加载装置和测点布置

2.2.2 试验结果与分析

1. 破坏形态

对于未加固的 RC 圆柱，在加载初期，RC 圆柱中钢筋与混凝土均处于弹性阶段，钢筋的纵向应变、柱子的纵向位移随着荷载的增大而线性增加，柱子外观无明显变化；当荷载增大到极限荷载的 70%左右时，柱子上端部开始出现多条纵向裂缝，并可听到连续且轻微的混凝土劈裂声；随着荷载的进一步增大，纵向裂缝开始斜向下发展；加载至极限荷载时，伴随着一声巨响，大量混凝土剥落，受压纵筋鼓曲，混凝土表面出现多条纵向裂缝，未加固 RC 圆柱的破坏形态如图 2.4(a) 所示。

对于增大截面加固柱，试件的破坏过程与未加固柱基本相似，但极限荷载有较大幅度的提高。加载至极限荷载的 70%左右时，柱子出现微细纵向裂缝。随着荷载持续增大，裂缝数量不断增加，裂缝宽度不断增大。当加载至极限荷载时，柱四周出现明显的纵向裂缝，混凝土被压碎，箍筋间的纵筋被压屈外凸，柱子破坏，增大截面加固柱的破坏形态如图 2.4(b) 所示。

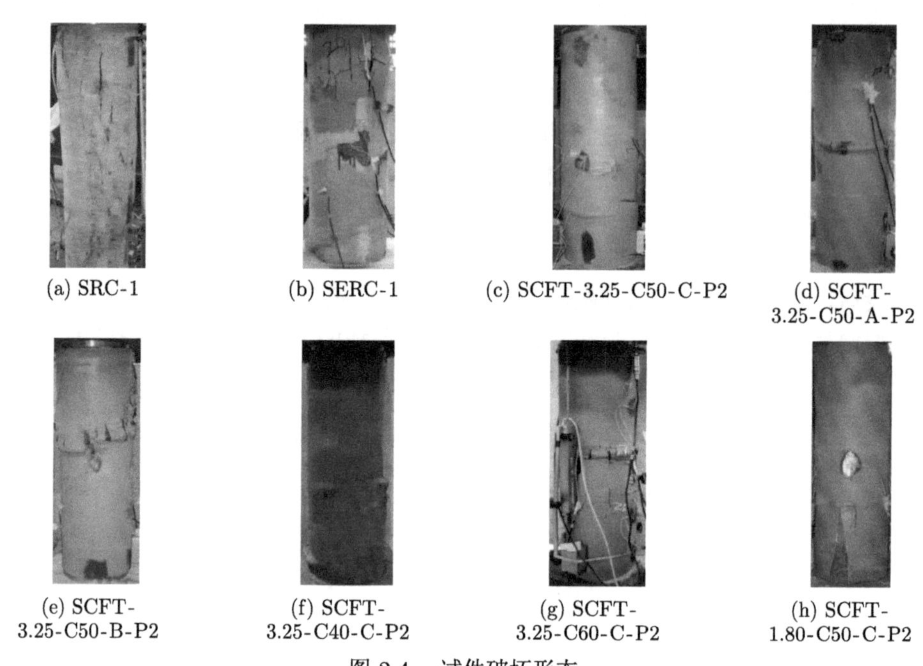

(a) SRC-1　(b) SERC-1　(c) SCFT-3.25-C50-C-P2　(d) SCFT-3.25-C50-A-P2

(e) SCFT-3.25-C50-B-P2　(f) SCFT-3.25-C40-C-P2　(g) SCFT-3.25-C60-C-P2　(h) SCFT-1.80-C50-C-P2

图 2.4　试件破坏形态

组合加固柱的破坏形态受外套钢管径厚比、加载方式等影响较大，其典型破坏形态如图 2.4(c)~(h) 所示。外套钢管径厚比较小的试件，其破坏也形态为典型的剪切破坏；径厚比较大的试件，多为压屈破坏，钢管呈多折腰鼓状。加载方式对破坏形态无显著影响，但加载方式影响试件的破坏位置，加载方式 A 的试件其破坏位于试件的中上部；加载方式 B 的试件其破坏也位于试件的中上部，由于加载方式 B 中外套钢管仅提供约束作用，在一定程度上延缓了其破坏过程；加载方式 C 的试件其破坏位于试件的中下部。由于新旧混凝土之间存在约束应力，破坏时界面没有发生滑移，无裂缝出现，新旧混凝土粘结性能良好，不同界面处理方式对组合加固柱的破坏形态无影响。

2. 荷载–纵向变形曲线

不同加固方法对加固柱荷载–纵向变形曲线的影响如图 2.5(a) 所示，由图 2.5(a) 可以看出，在加固用钢量相同的前提下，组合加固柱 (试件 SCFT-3.25-C40-C-P2) 初始曲线的斜率明显大于增大截面加固柱 (试件 SERC-2)，表明其轴压刚度增强效果更为明显。组合加固柱的极限荷载大于增大截面加固柱。在曲线下降段，组合加固柱的曲线下降更平缓，展现出较好的变形能力。这是由于外套钢管可对新旧混凝土起到套箍约束作用，延缓了混凝土的破坏，提高了混凝土的强度和变形能力。由此可知，组合加固柱的承载力和延性均优于增大截面加固柱，且其破坏为延性破坏。

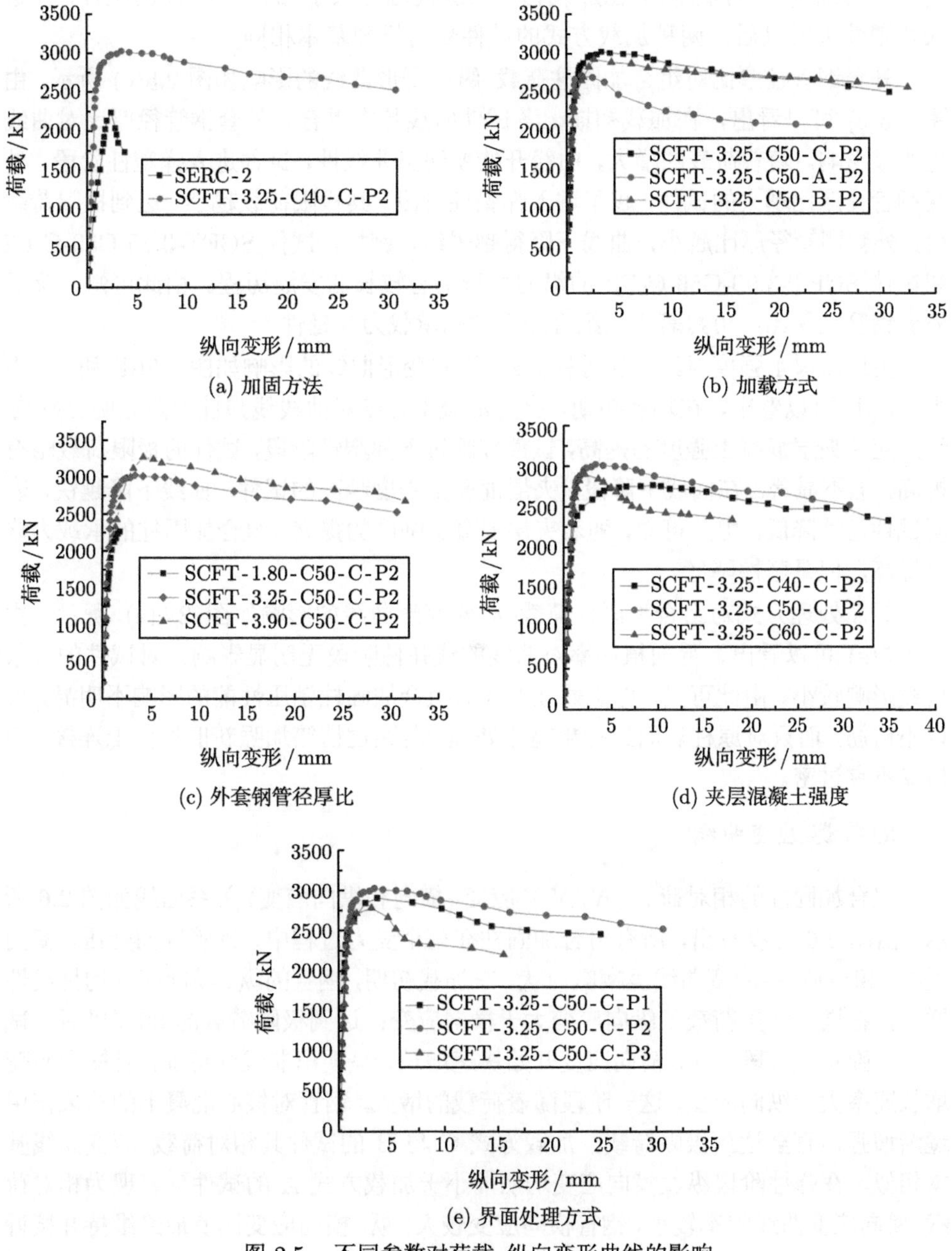

图 2.5 不同参数对荷载–纵向变形曲线的影响

加载方式对组合加固柱荷载–纵向变形曲线的影响如图 2.5(b) 所示，由图 2.5(b) 可以看出，约束型加载方式 B 从弹性阶段开始对核心混凝土形成良好的约束作用，因而具有更好的后期承载能力；对于加载方式 C 的试件，由于一端钢管与混凝土共同受力，在加载初期其纵向应力大于加载方式 B 的试件，在进入弹塑性阶段以后，两种加载方式的试件受力机理基本相同。

外套钢管径厚比对组合加固柱荷载–纵向变形曲线的影响如图 2.5(c) 所示，由图 2.5(c) 可以看出，在加载初期，各试件曲线基本重合，外套钢管径厚比对曲线无明显影响。随着荷载的增大，曲线开始展现出非线性，试件进入弹塑性阶段，外套钢管径厚比越大的试件，越早进入弹塑性阶段，其极限荷载越小。达到极限荷载后，外套钢管径厚比越小，曲线下降得越平缓，例如，试件 SCFT-3.25-C50-C-P2 和试件 SCFT-3.90-C50-C-P2 的纵向变形仍有较长的发展历程。由此可知，降低外套钢管径厚比，可显著提高组合加固柱的承载力和延性。

夹层混凝土强度对组合加固柱荷载–纵向变形曲线的影响如图 2.5(d) 所示，由图 2.5(d) 可以看出，在加载初期，夹层混凝土强度对曲线线弹性阶段无明显影响，但是随着夹层混凝土强度的提高，试件较晚进入弹塑性阶段，试件的极限荷载略有提高，但不显著。在曲线下降段，夹层混凝土强度越高的试件，曲线下降越快，表明试件延性降低。由此可知，随着夹层混凝土强度的提高，组合加固柱的承载力略有提高，但是延性降低。

界面处理方式对组合加固柱荷载–纵向变形曲线的影响如图 2.5(e) 所示，由图 2.5(e) 可以看出，界面植筋率对曲线的线弹性阶段无明显影响，对试件的极限荷载影响较小。由此可见，界面处理方式对组合加固柱轴压性能的影响不明显，可以不植筋，而只对原柱表面进行粗糙化处理。若通过植筋加强新旧混凝土连接，则植筋不宜过密。

3. 荷载–应变曲线

组合加固柱的相对荷载 (N/N_{u})–应变 (横向和纵向应变) 关系曲线如图 2.6 所示，由图 2.6 可以看出，所有组合加固柱在整个受力过程中，钢管纵向受压，横向受拉，相对荷载–应变曲线呈喇叭口状。在加载初期，钢管的纵、横向应变均呈线性增长，在同一水平荷载下纵向应变大于横向应变；达到极限荷载的 80%以后，试件进入弹塑性阶段，纵、横向应变开始快速增长，呈现出非线性特征，且横向应变增长速率大于纵向应变，这一阶段随着荷载的增大，钢管对核心混凝土的约束作用逐渐增强，直至达到极限荷载。加载方式 C 与 B 的试件其相对荷载–应变曲线基本相似，在弹性阶段纵、横向应变均明显小于加载方式 A 的试件，表现为相对荷载–横向应变曲线斜率较小，钢管横向应变较大，纵、横向应变比值最终维持并接近于 1。对于加载方式 A，试件弹性阶段的曲线斜率较大，即弹性阶段钢管主要纵向承压，横向应变较小；进入弹塑性阶段以后，由于外套钢管对核心混凝土的约束作用，横向应变快速增长，但其极限荷载对应的横向应变小于其他加载方式的试件，说明外套钢管对核心混凝土的约束作用小于其他两种加载方式。

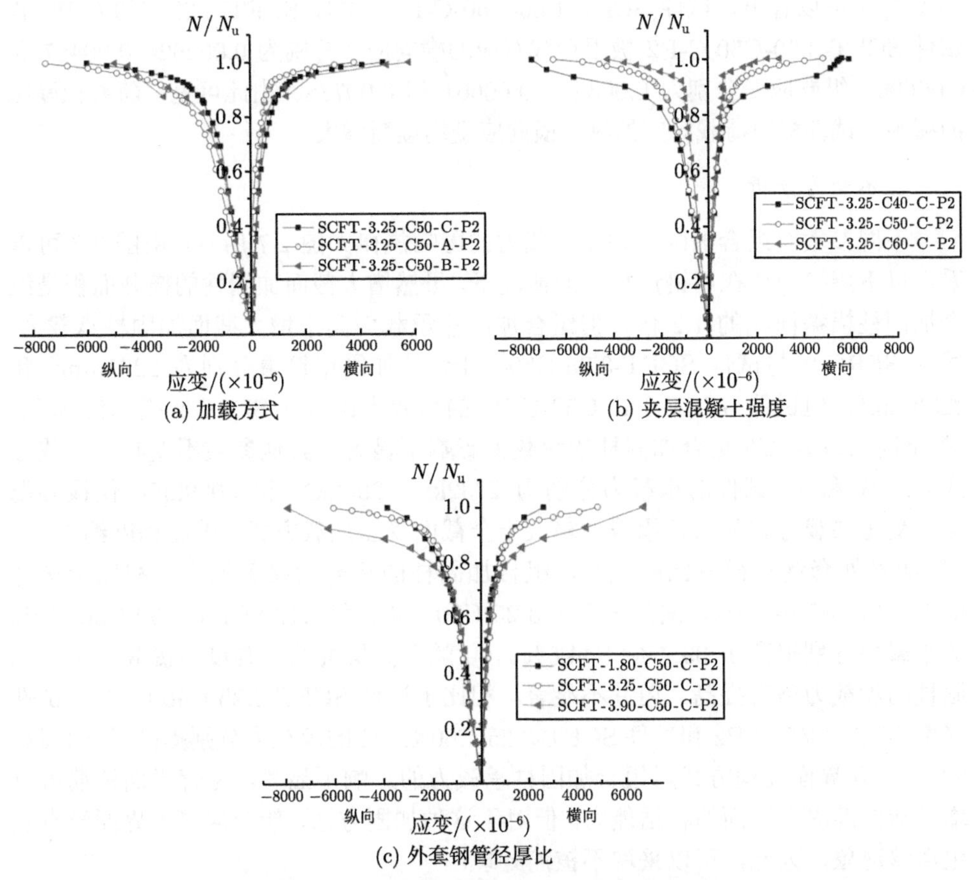

(a) 加载方式

(b) 夹层混凝土强度

(c) 外套钢管径厚比

图 2.6 不同参数对相对荷载–应变曲线的影响

加载方式对组合加固柱相对荷载–应变曲线的影响如图 2.6(a) 所示，由图 2.6(a) 可以看出，试件 SCFT-3.25-C50-C-P2、试件 SCFT-3.25-C50-A-P2 和试件 SCFT-3.25-C50-B-P2 极限荷载对应的横向应变分别为 0.00488、0.00381 和 0.00580，纵向应变分别为 0.00601、0.00754 和 0.00501。由此可见，极限荷载对应的横向应变，加载方式 B 最大，加载方式 C 次之，加载方式 A 最小；极限荷载对应的纵向应变，加载方式 A 最大，加载方式 C 次之，加载方式 B 最小。

夹层混凝土强度对组合加固柱相对荷载–应变曲线的影响如图 2.6(b) 所示，由图 2.6(b) 可以看出，试件 SCFT-3.25-C40-C-P2、试件 SCFT-3.25-C50-C-P2 和试件 SCFT-3.25-C60-C-P2 极限荷载对应的横向应变分别为 0.00565、0.00486 和

0.00308，纵向应变分别为 0.00742、0.00653 和 0.00421。由此可见，随着夹层混凝土强度的增大，试件极限荷载对应的纵、横向应变均逐渐降低。

外套钢管径厚比对组合加固柱相对荷载–应变曲线的影响如图 2.6(c) 所示，由图 2.6(c) 可以看出，试件 SCFT-1.80-C50-C-P2、试件 SCFT-3.25-C50-C-P2 和试件 SCFT-3.90-C50-C-P2 极限荷载对应的横向应变分别为 0.00262、0.00487 和 0.00696，纵向应变分别为 0.00381、0.00601 和 0.00788。由此可见，随着径厚比的减小，试件极限荷载对应的纵、横向应变均逐渐增大。

4. 承载力分析

不同参数对组合加固柱轴压承载力的影响规律如图 2.7 所示，由图 2.7 可以看出以下规律。① 在用钢量相等的情况下，虽然增大截面加固柱的横截面积是组合加固柱横截面积的 1.2 倍，但组合加固柱承载力高于增大截面加固柱承载力。试件 SERC-2 与试件 SCFT-3.25-C50-C-P2 的加固用钢量分别为 2281mm^2 和 2203mm^2，但试件 SCFT-3.25-C50-C-P2 的承载力比试件 SERC-2 提高约 35%。② 不同加载方式对组合加固柱的承载力影响不显著。其他参数不变时，加载方式 A、B 和 C 试件的承载力分别为 2732kN、2932kN 和 3029kN，仅核心混凝土受压加载方式的试件承载力略大于全截面受压加载方式，提高幅度约 10%。③ 随着外套钢管径厚比的减小，组合加固柱的承载力显著增大。相比于试件 SCFT-1.80-C50-C-P2，试件 SCFT-3.25-C50-C-P2 和试件 SCFT-3.90-C50-C-P2 的承载力分别提高了 33.7%和 44.5%。④ 随着夹层混凝土强度的提高，组合加固柱的承载力略有提高，但并不显著。相比于试件 SCFT-3.25-C40-C-P2，试件 SCFT-3.25-C50-C-P2 和试件 SCFT-3.25-C60-C-P2 的承载力分别提高了 9.4%和 5.3%。⑤ 界面处理方式对组合加固柱承载力的影响不显著，尽管界面植筋可以增强新旧混凝土界面的粘结能力，但对于这种加固方法，新旧混凝土界面没有发生滑移现象，因此，可以采取不植筋处理。

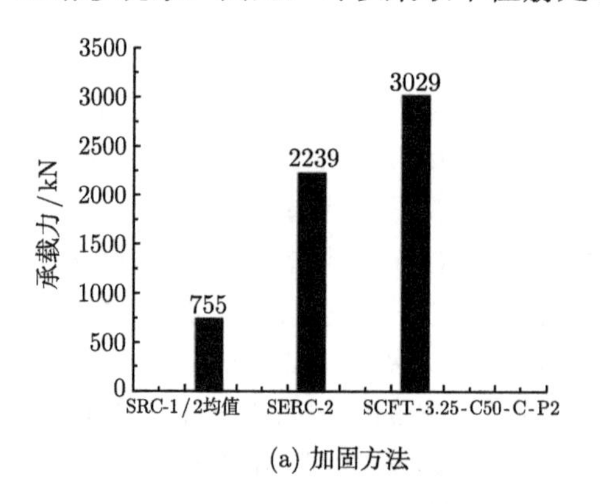

(a) 加固方法

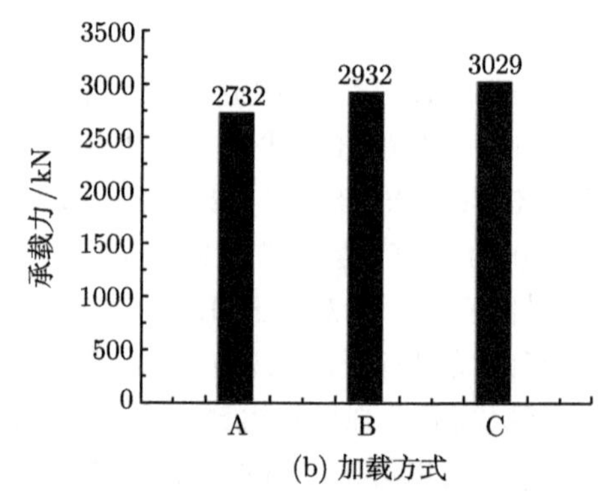

(b) 加载方式

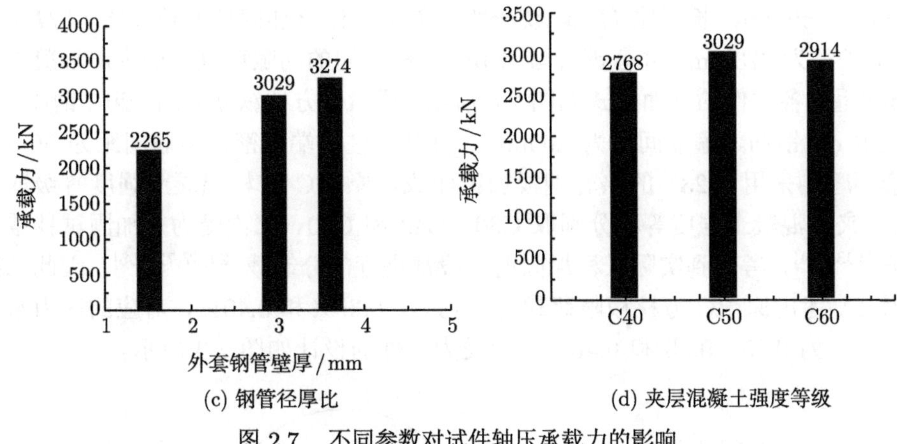

(c) 钢管径厚比　　(d) 夹层混凝土强度等级

图 2.7　不同参数对试件轴压承载力的影响

2.3 外套圆钢管夹层混凝土加固 RC 方柱轴压性能试验研究

2.3.1 试验概述

试验设计制作了 18 个试件，包括 2 个未加固的 RC 方柱、9 个一次受力和 7 个二次受力的外套圆钢管夹层混凝土加固 RC 方柱。试验参数为外套钢管径厚比、夹层混凝土强度、二次受力水平，详见表 2.3。RC 方柱的截面尺寸为

表 2.3　试件设计参数

组别	试件编号	$D(b)\times t\times L$/mm	f_{cu1}/MPa	f_{cu2}/MPa	β
未加固	SRC1	150×0×800	31.52	—	—
	SRC2	150×0×800	31.52	—	—
一次受力	S-t2-C30	273×2.10×800	31.52	36.63	0
	S-t2-C40	273×2.10×800	31.52	44.87	0
	S-t2-C50	273×2.10×800	31.52	54.69	0
	S-t3-C30	273×3.16×800	31.52	36.63	0
	S-t3-C40	273×3.16×800	31.52	44.87	0
	S-t3-C50	273×3.16×800	31.52	54.69	0
	S-t4-C30	273×4.14×800	31.52	36.63	0
	S-t4-C40	273×4.14×800	31.52	44.87	0
	S-t4-C50	273×4.14×800	31.52	54.69	0
二次受力	S-t3-C40-0.15	273×3.16×800	31.52	44.87	0.15
	S-t3-C40-0.30	273×3.16×800	31.52	44.87	0.30
	S-t3-C40-0.40	273×3.16×800	31.52	44.87	0.40
	S-t2-C40-0.30	273×2.10×800	31.52	44.87	0.30
	S-t4-C40-0.30	273×4.14×800	31.52	44.87	0.30
	S-t3-C30-0.30	273×3.16×800	31.52	36.63	0.30
	S-t3-C50-0.30	273×3.16×800	31.52	54.69	0.30

150mm×150mm，长宽比 (L/b) 统一取为 5.33；组合加固柱的长径比 (L/D) 为 2.93，外径为 273mm；外套钢管与原 RC 方柱之间的间隙可以保证夹层混凝土的浇筑质量，各试件的截面形式如图 2.8 所示。原 RC 方柱纵筋采用 4Φ12 钢筋，箍筋采用 ϕ6 钢筋，箍筋间距为 200mm，箍筋在柱两端加密，箍筋间距为 50mm；外套钢管均采用 Q235 的热轧钢板加工而成。原 RC 方柱混凝土强度等级取为 C25，夹层混凝土强度等级分别取 C30、C40 和 C50。二次受力是加固试件重要特征 [103,104]，考虑到实际工程加固前一般都进行部分卸载 [24,67,72,105]，因此二次受力分别考虑原 RC 方柱极限荷载的 0.15%、0.30%和 0.40%，对应的应力水平指标 (β) 为 0.15、0.30 和 0.40，二次受力试件的设计如图 2.9 所示。

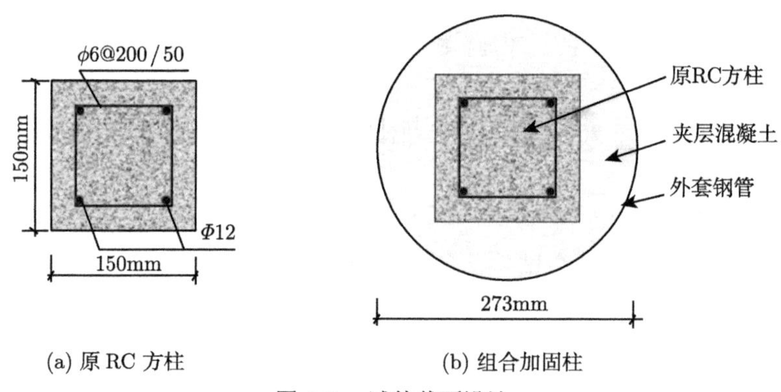

(a) 原 RC 方柱　　　　(b) 组合加固柱

图 2.8　试件截面设计

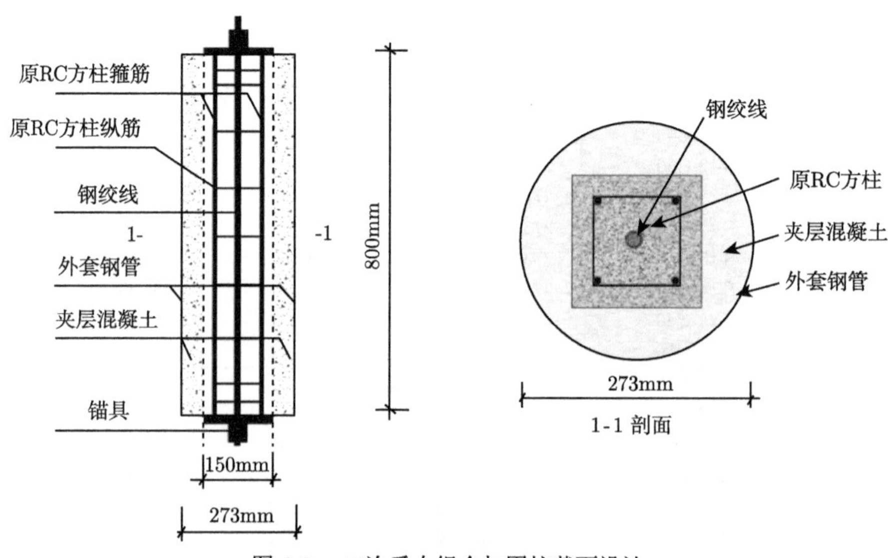

图 2.9　二次受力组合加固柱截面设计

试验所用钢材和混凝土材性试验方法参考 2.2.1 节，钢筋和钢管力学性能见表 2.4。经实测，原 RC 方柱的混凝土立方体抗压强度为 31.52MPa，组合加固柱的夹层混凝土立方体抗压强度分别为 36.63MPa、44.87MPa 和 54.69MPa。试验加载装置及测点布置见 2.2.1 节。

表 2.4 钢材力学性能测试结果

钢材类型	厚度 (直径)/mm	f_y/MPa	f_u/MPa	E_t/GPa
钢管	2.10	369	438	191
	3.16	350	442	211
	4.14	340	455	234
箍筋	6.00	310	356	189
纵筋	12.00	458	615	195

2.3.2 试验结果与分析

1. *破坏形态*

对于未加固的 RC 方柱，在加载初期，试件处于弹性阶段，试件外观无明显变化；当荷载增大到极限荷载的 60%左右时，试件上端开始出现裂缝并伴有轻微的混凝土开裂声；随着荷载的增加，裂缝数逐渐增多，宽度不断加大并向柱中发展；达到极限荷载时，RC 方柱表面保护层混凝土出现剥落，上部混凝土被压碎，钢筋屈服。随着进一步地加载，RC 方柱表面形成数道纵向贯穿裂缝，混凝土开裂严重，试验停止，RC 方柱的破坏形态如图 2.10(a) 所示。

对于一次受力的组合加固柱，在加载初期，试件处于弹性阶段，组合加固柱外形无明显变化。当荷载达到极限荷载的 80%左右时，组合加固柱上部及中部开始鼓曲，防锈漆开始剥落，钢管径厚比较小的试件，其鼓曲较为明显。达到极限荷载时，组合加固柱的中上部出现多处皱曲。当荷载降低到极限荷载的 85%以下时，组合加固柱的端部和中部多处鼓曲，并且表面出现明显的剪切滑移面，试验结束。一次受力的组合加固柱破坏形态如图 2.10(b)~(d) 所示。试验结束后，将组合加固柱的钢管割开，可以观察到内部混凝土破坏情况，如图 2.11 所示，由图2.11 可以看出，夹层混凝土在钢管鼓曲处被压碎，并形成明显的贯穿斜裂缝，少部分组合加固柱 (如试件 S-t3-C50) 的斜裂缝从中上部发展延伸到中下部，其余大部分斜裂缝都从端部开始发展，一直延伸到中下部区域。凿去表面夹层混凝土，发现原 RC 方柱破坏形态与组合加固柱破坏形态一致，原 RC 方柱表面出现明显的剪切斜裂缝。

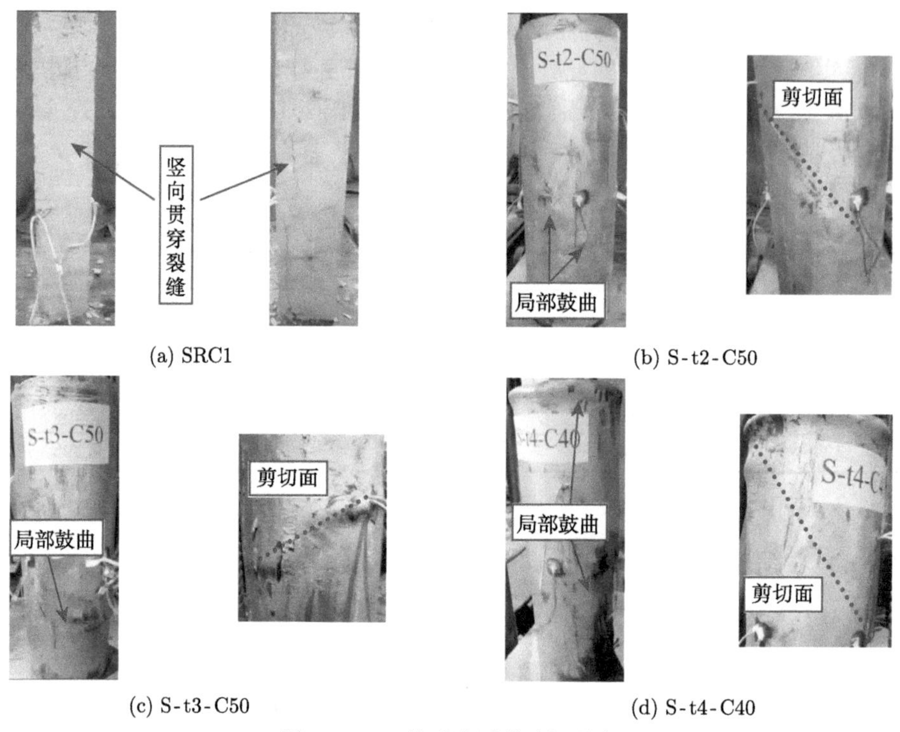

(a) SRC1　　(b) S-t2-C50

(c) S-t3-C50　　(d) S-t4-C40

图 2.10　一次受力试件破坏形态

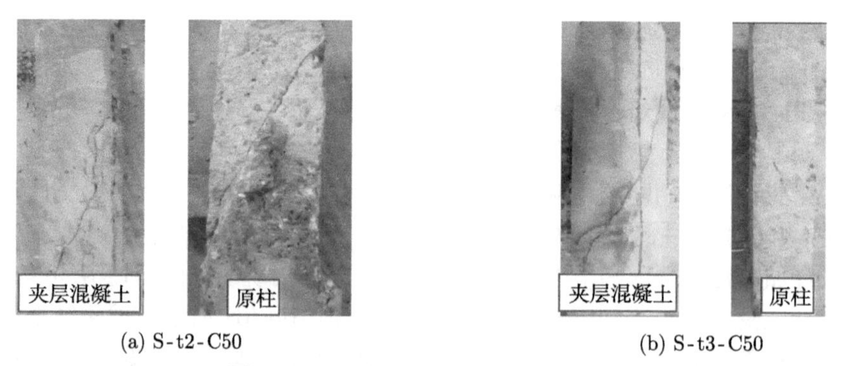

(a) S-t2-C50　　(b) S-t3-C50

图 2.11　一次受力试件内部破坏形态

对于二次受力的组合加固柱，其破坏过程与一次受力的组合加固柱基本相同，典型的破坏形态如图 2.12 所示，组合加固柱的端部和中部出现多处皱曲，外套钢管表面出现明显的剪切滑移面。试验结束后，将二次受力组合加固柱的钢管割开，如图 2.13 所示，观察到其破坏形态与一次受力组合加固柱相似。

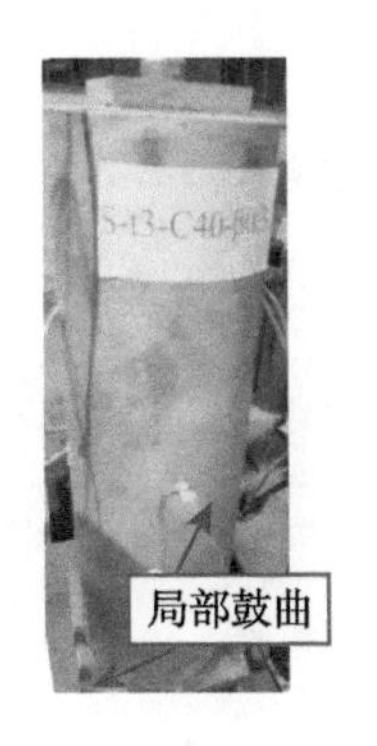

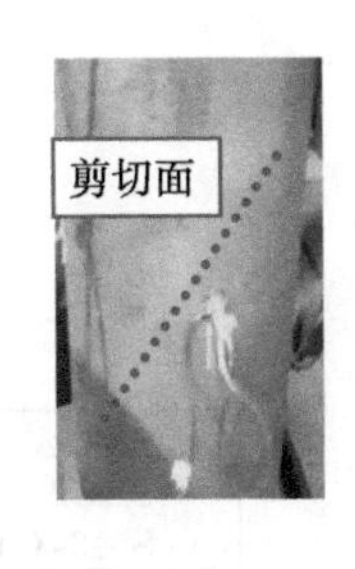

(a) S-t3-C40-0.3

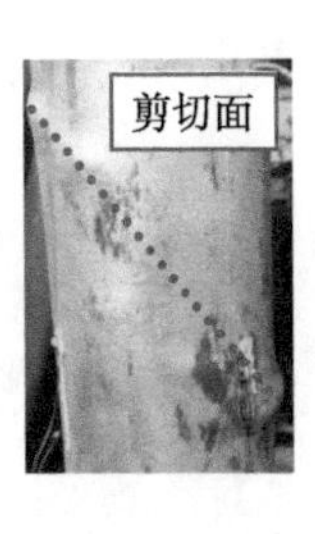

(b) S-t3-C40-0.15

图 2.12 二次受力试件破坏形态

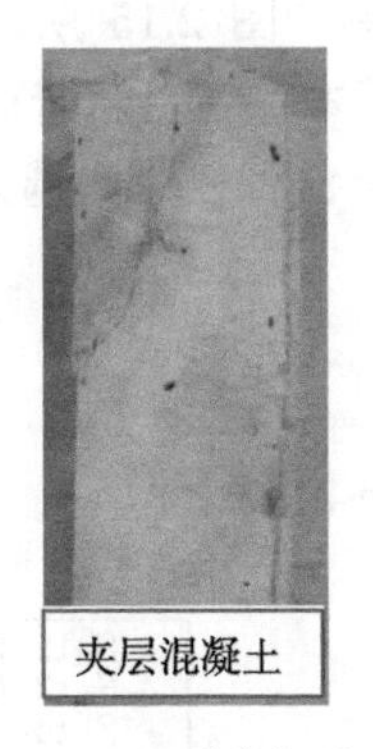

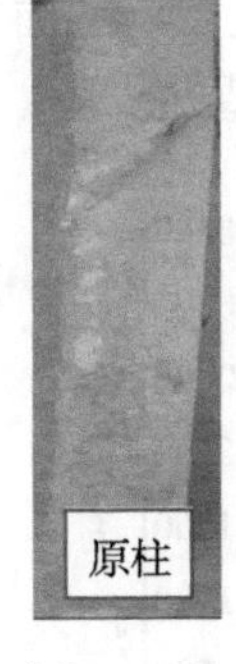

(a) S-t3-C40-0.3

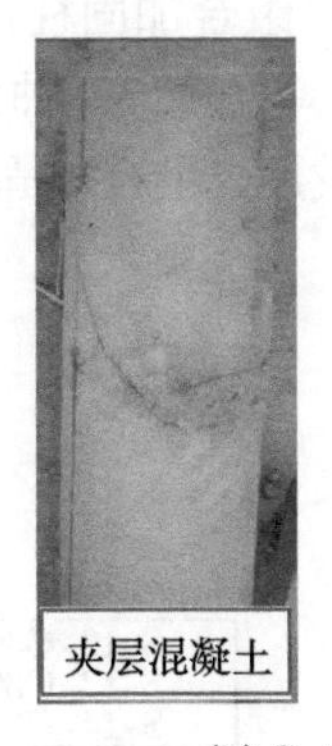

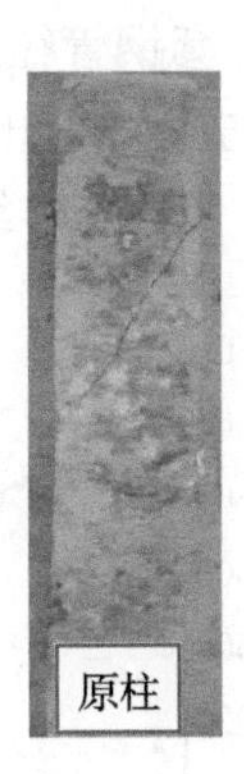

(b) S-t3-C40-0.4

图 2.13 二次受力试件内部材料破坏形态

2. 荷载–纵向变形曲线

未加固的 RC 方柱和组合加固柱荷载–纵向变形曲线如图 2.14 所示。由图 2.14 可以看出，在弹性阶段，未加固的 RC 方柱和组合加固柱荷载–纵向位移曲线基本呈线性变化，但由于组合加固柱的截面面积增大，其轴压刚度增大。随着荷载的增大，未加固的 RC 方柱达到极限荷载的 60%左右时开始进入塑性阶段，而组合加固柱达到极限荷载的 80%时仍处于弹性阶段，组合加固柱的弹性阶段长于未加固的 RC 方柱。达到极限荷载以后，组合加固柱的纵向变形仍有一定的发展，荷载下降较平缓，而未加固的 RC 方柱在达到极限荷载后迅速破坏，延性较差。破坏时，组合加固柱 (试件 S-t3-C40) 的纵向压缩变形达到 20.5mm，远大于未加固的 RC 方柱 (试件 SRC1) 的纵向压缩变形 (5.8mm)，表明采用外套钢管夹层混凝土加固可以大幅度提高原 RC 方柱的延性。

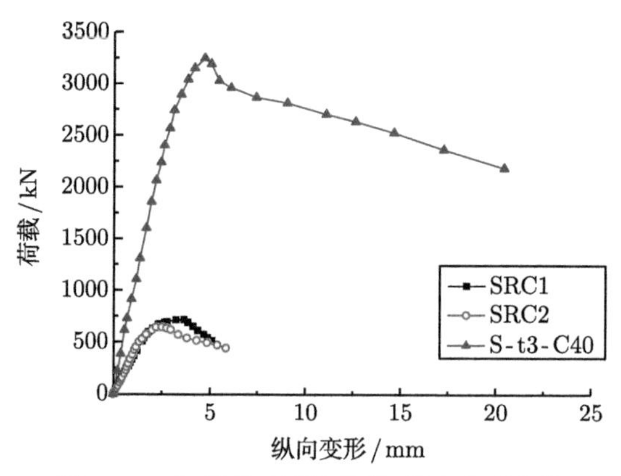

图 2.14　加固前后试件荷载–纵向变形曲线

外套钢管径厚比对组合加固柱荷载–纵向变形曲线的影响如图 2.15 所示。由图 2.15 可以看出，在弹性阶段，曲线呈线性发展，各曲线基本重合。随着荷载的增大，曲线呈非线性发展，组合加固柱进入弹塑性阶段；外套钢管径厚比越大，则

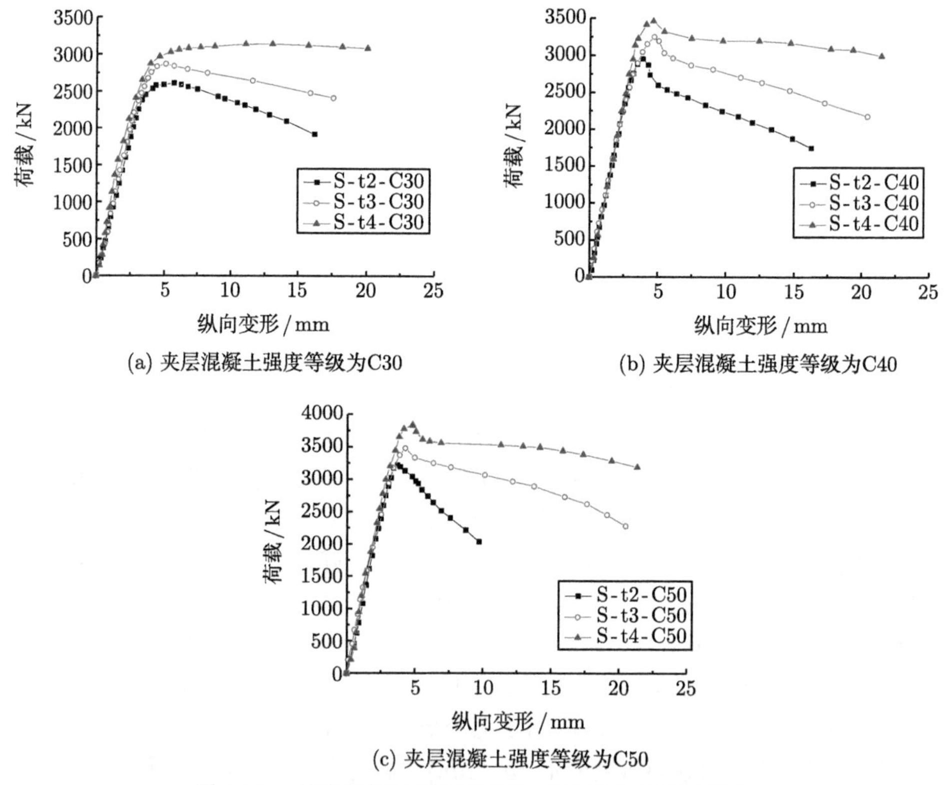

(a) 夹层混凝土强度等级为C30

(b) 夹层混凝土强度等级为C40

(c) 夹层混凝土强度等级为C50

图 2.15　外套钢管径厚比对荷载–纵向变形曲线的影响

组合加固柱越早进入弹塑性阶段。达到极限荷载后，外套钢管径厚比越小，则曲线下降得越平缓，纵向变形的发展历程越长。这表明，降低外套钢管径厚比，可显著提高组合加固柱承载力与延性。

夹层混凝土强度对组合加固柱荷载–纵向变形曲线的影响如图 2.16 所示。由图 2.16 可以看出，在弹性阶段，曲线基本呈线性发展，夹层混凝土强度越高的组合加固柱，其曲线的斜率越大，弹性阶段越长。随着荷载的不断增大，曲线开始呈现非线性发展，组合加固柱进入弹塑性阶段，夹层混凝土强度越低，则组合加固柱越早进入弹塑性阶段。达到极限荷载以后，夹层混凝土强度越高，则曲线下降越快，延性越差。由此可知，提高夹层混凝土强度可以提高组合加固柱承载力，但却降低了延性。

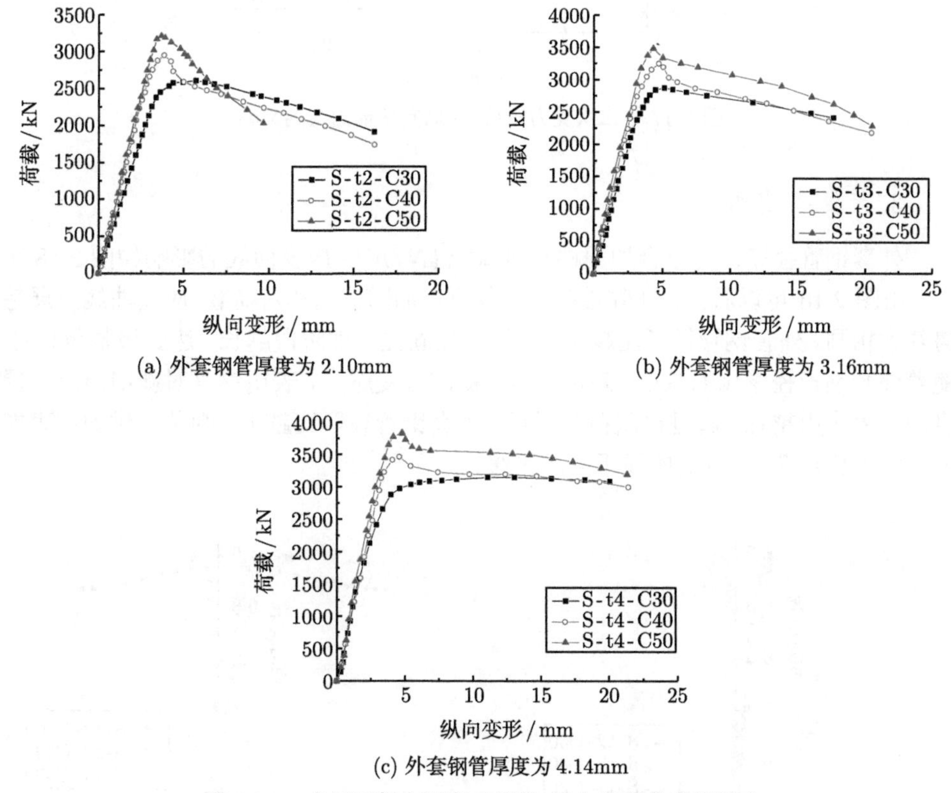

(a) 外套钢管厚度为 2.10mm

(b) 外套钢管厚度为 3.16mm

(c) 外套钢管厚度为 4.14mm

图 2.16 夹层混凝土强度对荷载–纵向变形曲线的影响

二次受力对组合加固柱荷载–纵向变形曲线的影响如图 2.17 所示。由图 2.17 可以看出，在弹性阶段，组合加固柱的曲线基本重合，荷载–纵向变形曲线呈线性发展趋势。二次受力组合加固柱极限荷载均略低于一次受力组合加固柱，但区别已不明显；超过极限荷载以后，组合加固柱荷载–纵向变形曲线的发展基本相同，并表现出良好的延性。总体上可以看出，在此试验的二次受力工况下 (应力水平指标为 0.4)，二次受力对组合加固柱的承载力与延性影响较小。

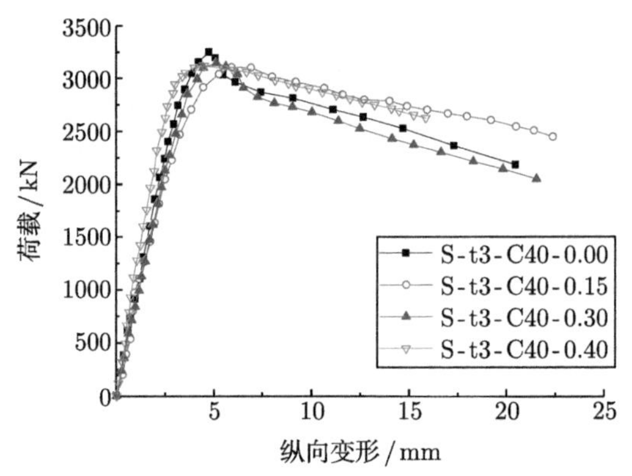

图 2.17　二次受力对荷载–纵向变形曲线的影响

3. 荷载–应变曲线

外套钢管径厚比对组合加固柱相对荷载 (N/N_{u})–应变曲线的影响如图 2.18 所示。由图 2.18 可以看出，在弹性阶段，各组合加固柱的相对荷载–应变曲线发展趋势基本相同，外套钢管径厚比越小，则组合加固柱弹性阶段越长。达到极限荷载时，随着外套钢管径厚比的减小，对应的纵、横向应变越大，表明钢管对新旧混凝土提供的约束作用越强。超过极限荷载以后，外套钢管径厚比越小，则其提供的约束能力越强，相对荷载–应变曲线下降越平缓。

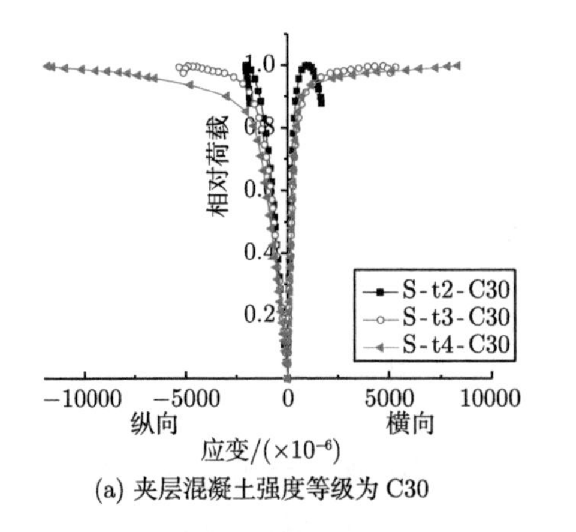

(a) 夹层混凝土强度等级为 C30

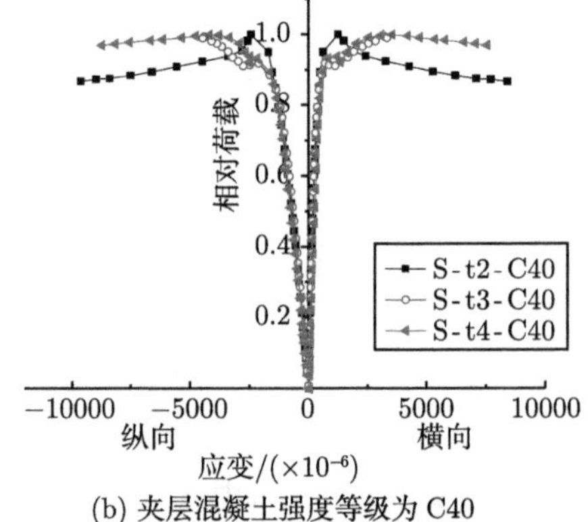

(b) 夹层混凝土强度等级为 C40

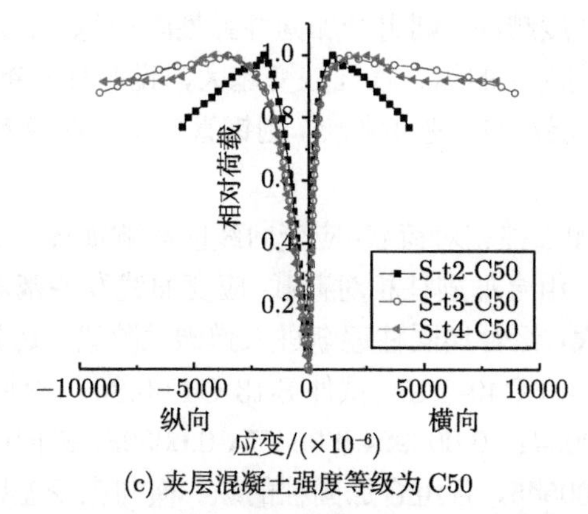

(c) 夹层混凝土强度等级为 C50

图 2.18 外套钢管径厚比对相对荷载–应变曲线的影响

夹层混凝土强度对组合加固柱相对荷载–应变曲线的影响如图 2.19 所示。由图 2.19 可以看出，加载初期，组合加固柱均处于弹性阶段，相对荷载–应变曲线基

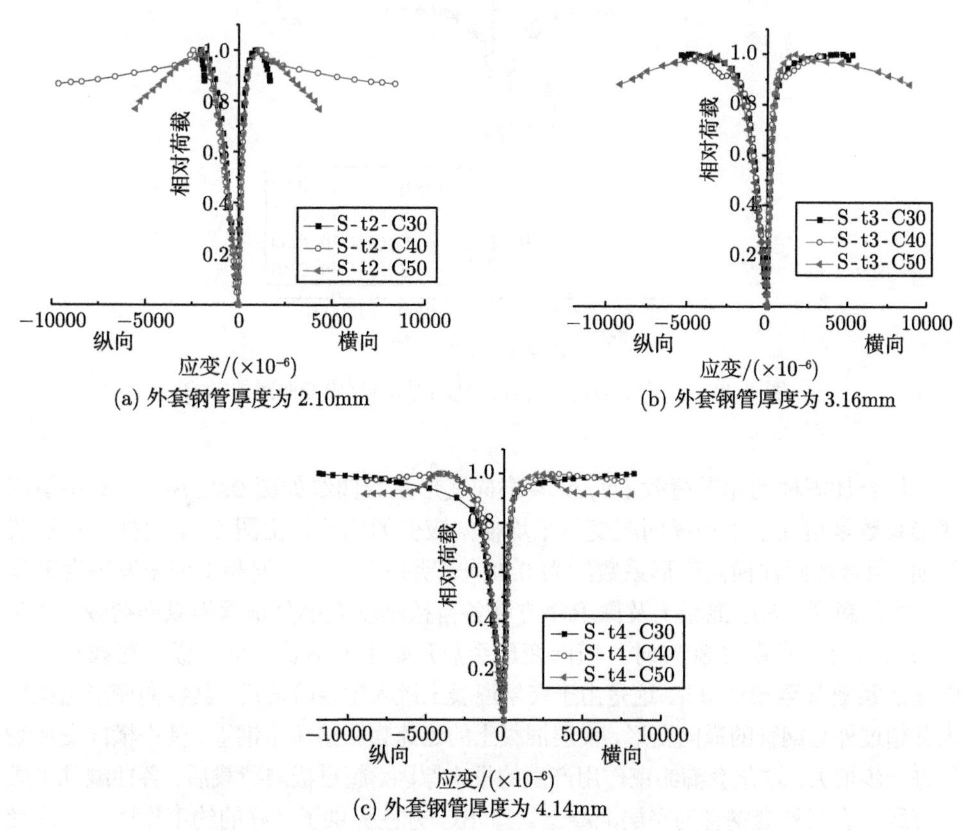

(c) 外套钢管厚度为 4.14mm

图 2.19 夹层混凝土强度对相对荷载–应变曲线的影响

本重合，夹层混凝土强度越高，则组合加固柱弹性阶段越长。达到极限荷载时，夹层混凝土强度越低，则对应的纵、横向应变越大，说明外套钢管提供的约束越强。超过极限荷载以后，夹层混凝土强度越低，则钢管提供的约束越强，其相对荷载–应变曲线下降越平缓。

二次受力对组合加固柱相对荷载–应变曲线的影响如图 2.20 所示。由图 2.20 可以看出，加载初期，组合加固柱相对荷载–应变曲线发展基本重合，均处于弹性阶段。随着荷载的增大，组合加固柱逐渐进入弹塑性阶段。达到极限荷载时，试件 S-t3-C40-0.00、试件 S-t3-C40-0.15、试件 S-t3-C40-0.30、试件 S-t3-C40-0.40 对应的纵向应变分别为 0.00341、0.00392、0.00405、0.00398，横向应变分别为 0.00448、0.00531、0.00532、0.00545，各组合加固柱的纵、横向应变差别不大。总体上可以看出，在试验的二次受力工况下 (应力水平指标为 0.4)，二次受力对组合加固柱相对荷载–应变曲线无明显影响。

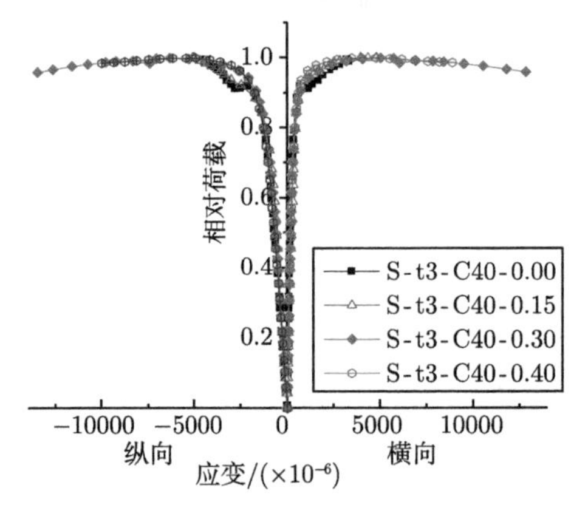

图 2.20　二次受力对组合加固柱相对荷载–应变曲线的影响

组合加固柱的相对荷载 (N/N_u)–横向变形系数曲线如图 2.21 所示，其中横向变形系数是指柱子平均纵向应变与平均横向应变的比值。由图 2.21 可知，在加载初期，组合加固柱横向变形系数约为 0.23，表明外套钢管对混凝土尚未发挥套箍作用，外套钢管、夹层混凝土及原 RC 方柱各自按刚度大小分别承担纵向荷载。当荷载增大到极限荷载的 80%时，横向变形系数开始迅速增长，达到极限荷载时，横向变形系数甚至超过 0.5。这是由于夹层混凝土进入塑性阶段后，其横向变形迅速增大并超过外套钢管的横向变形，夹层混凝土的迅速膨胀挤压了钢管，使得横向变形系数进一步增大，这是套箍约束作用产生的根本原因。超过极限荷载后，各曲线几乎成一直线，表明外套钢管为夹层混凝土、原 RC 方柱提供了良好的约束作用。二次受力组合加固柱相对荷载–横向变形系数曲线的发展与一次受力组合加固柱基本类似。

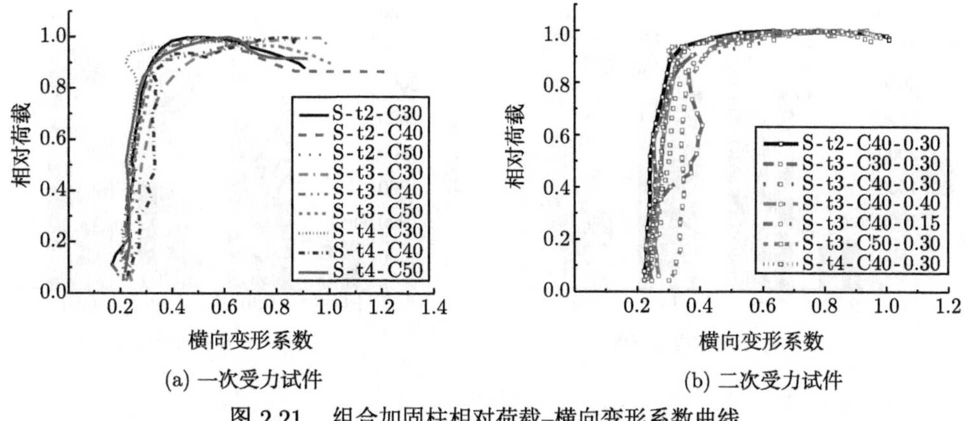

(a) 一次受力试件　　(b) 二次受力试件

图 2.21　组合加固柱相对荷载–横向变形系数曲线

4. 承载力分析

不同参数对组合加固柱轴压承载力的影响规律如图 2.22 所示。由图 2.22 可知以下规律:① 组合加固柱承载力介于 2608~3845kN,为原 RC 方柱的 3.65~5.39 倍，外套钢管夹层混凝土加固法大幅度提高了原 RC 方柱的承载力。② 夹层混凝土强度对组合加固柱承载力有一定的影响，当外套钢管壁厚为 2.10mm 时，与试件 S-t2-C30 相比，试件 S-t2-C40 和试件 S-t2-C50 的承载力分别提高 13.15%和 23.43%；当外套钢管壁厚为 3.16mm 时，与试件 S-t3-C30 相比，试件 S-t3-C40 和试件 S-t3-C50 的承载力分别提高 13.19%和 21.27%；当外套钢管壁厚为 4.14mm 时，与试件 S-t4-C30 相比，试件 S-t4-C40 和试件 S-t4-C50 的承载力分别提高 10.24%和 22.34%。③ 随着外套钢管径厚比的降低，组合加固柱承载力逐渐提高。当夹层混凝土强度等级为 C30 时，与试件 S-t2-C30 相比，试件 S-t3-C30 和试件 S-t4-C30 的承载力分别提高 10.16%和 20.51%；当夹层混凝土强度等级为 C40 时，与试件 S-t2-C40 相比，试件 S-t3-C40 和试件 S-t4-C40 的承载力分别提高 10.20%和 17.24%；当夹层混凝土强度等级为 C50 时，与试件 S-t2-C50 相比，试件 S-t3-C50 和试件 S-t4-C50 的承载力分别提高 8.23%和 19.45%。④ 二次受力对组合加固柱承载力影响不显著，相比于试件 S-t3-C40-0.00，试件 S-t3-C40-0.15、试件 S-t3-C40-0.30 和试件 S-t3-C40-0.40 的承载力分别降低 4.38%、3.19%和 4.00%，二次受力组合加固柱承载力略低于一次受力组合加固柱，但降幅不明显，可忽略不计。

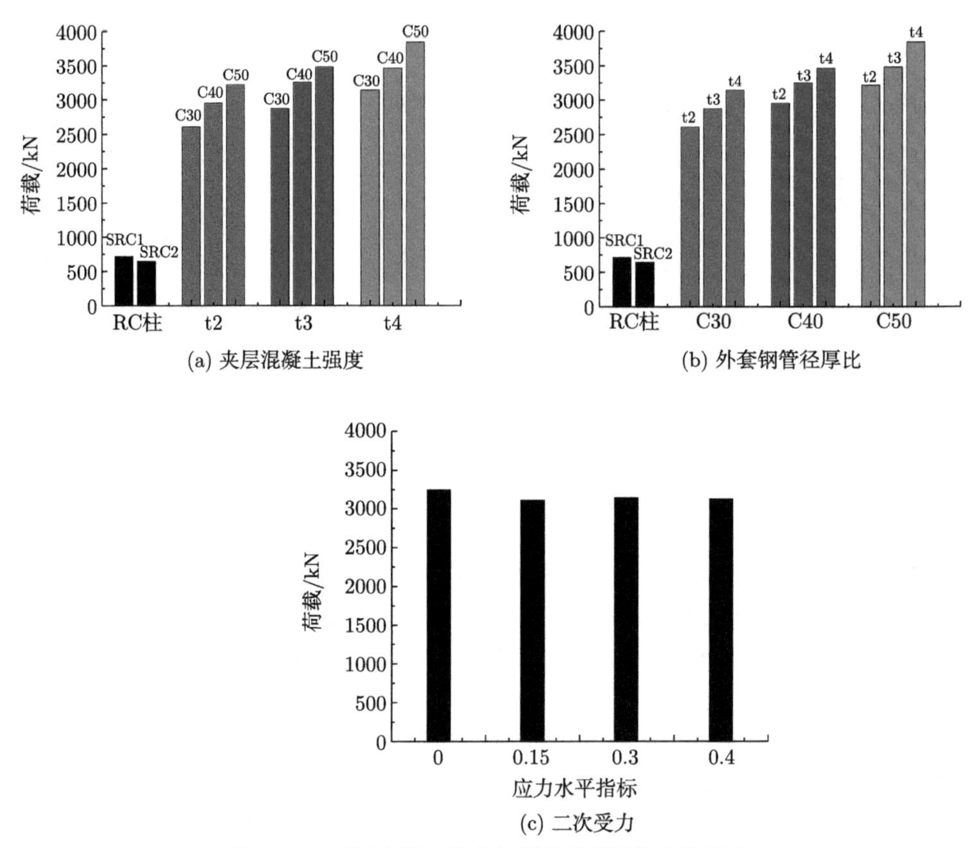

图 2.22 不同参数对组合加固柱轴压承载力的影响

2.4 外套方钢管夹层混凝土加固 RC 圆柱轴压性能试验研究

2.4.1 试验概述

试验设计制作了 30 个试件，包括 3 个未加固的 RC 圆柱、27 个外套方钢管夹层混凝土加固 RC 圆柱。试验参数为夹层混凝土强度、外套钢管宽厚比和组合加固柱截面尺寸，详见表 2.5。原 RC 圆柱的直径取为 154mm，纵筋采用 6Φ12 钢筋，箍筋采用 ϕ8 钢筋，箍筋间距为 120mm，箍筋在柱两端加密，箍筋间距为 60mm。外套钢管均采用 Q235 的热轧钢板加工而成，截面宽度取为 200mm、250mm 和 300mm，具体截面形式如图 2.23 所示。对于加固截面宽度 B 为 200mm、250mm 和 300mm 的试件，其高度 L 分别取为 600mm、750mm 和 900mm，对应原 RC 圆柱的长径比 (L/d) 为 3.90、4.87 和 5.84，组合加固柱的长宽比 (L/B) 统一为 3.00。

表 2.5 试件设计参数

组别	试件编号	$B(b)\times t\times L$/mm	B/t	f_{cu1}/MPa	f_{cu2}/MPa
原 RC 柱	S-RC	154×0×600	—	32.0	—
	M-RC	154×0×750	—	32.0	—
	L-RC	154×0×900	—	32.0	—
组合加固柱 (SS 系列)	SS-a-0.76	200×2.5×600	80.0	32.0	44.0
	SS-a-0.99	200×3.5×600	57.1	32.0	44.0
	SS-a-1.23	200×4.5×600	44.4	32.0	44.0
	SS-b-0.67	200×2.5×600	80.0	32.0	53.2
	SS-b-0.88	200×3.5×600	57.1	32.0	53.2
	SS-b-1.09	200×4.5×600	44.4	32.0	53.2
	SS-c-0.62	200×2.5×600	80.0	32.0	59.9
	SS-c-0.80	200×3.5×600	57.1	32.0	59.9
	SS-c-1.00	200×4.5×600	44.4	32.0	59.9
组合加固柱 (SM 系列)	SM-a-t3.5	250×3.5×750	71.4	32.0	44.0
	SM-a-t4.5	250×4.5×750	55.6	32.0	44.0
	SM-a-t5.5	250×5.5×750	45.5	32.0	44.0
	SM-b-t3.5	250×3.5×750	71.4	32.0	53.2
	SM-b-t4.5	250×4.5×750	55.6	32.0	53.2
	SM-b-t5.5	250×5.5×750	45.5	32.0	53.2
	SM-c-t3.5	250×3.5×750	71.4	32.0	59.9
	SM-c-t4.5	250×4.5×750	55.6	32.0	59.9
	SM-c-t5.5	250×5.5×750	45.5	32.0	59.9
组合加固柱 (SL 系列)	SL-a-0.76	300×4.5×900	66.7	32.0	44.0
	SL-a-0.99	300×6.0×900	50.0	32.0	44.0
	SL-a-1.23	300×7.5×900	40.0	32.0	44.0
	SL-b-0.67	300×4.5×900	66.7	32.0	53.2
	SL-b-0.88	300×6.0×900	50.0	32.0	53.2
	SL-b-1.09	300×7.5×900	40.0	32.0	53.2
	SL-c-0.62	300×4.5×900	66.7	32.0	59.9
	SL-c-0.80	300×6.0×900	50.0	32.0	59.9
	SL-c-1.00	300×7.5×900	40.0	32.0	59.9

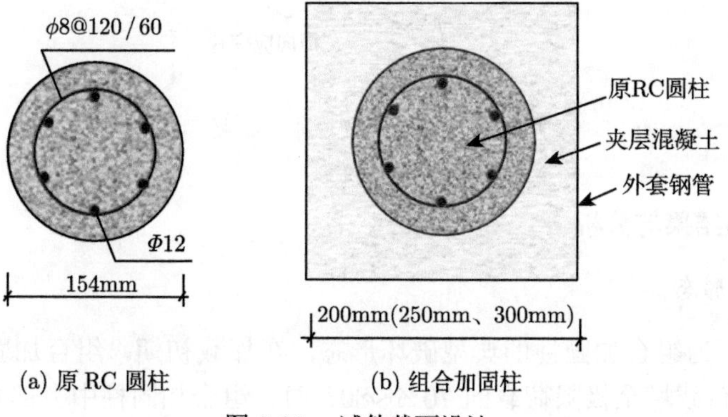

(a) 原 RC 圆柱　　(b) 组合加固柱

图 2.23 试件截面设计

以 SM 系列 ($B = 250$mm) 试件为基准，设置 3.5mm、4.5mm 和 5.5mm 三个梯度的外套钢管壁厚。原 RC 圆柱的混凝土设计强度等级为 C25，夹层混凝土强度等级取为 C40、C50、C60。实测原 RC 圆柱的混凝土立方体抗压强度为 32.0MPa，组合加固柱的夹层混凝土立方体抗压强度分别为 44.0MPa、53.2MPa 和 59.9MPa。试验中采用的钢筋、钢管力学性能见表 2.6。试验加载装置见 2.2.1 节，考虑到方钢管约束的不均匀性，在组合加固柱的棱角部位布置 3 对横向应变片，以分析钢管棱角部位横向约束效应，应变片测点布置如图 2.24 所示。

表 2.6　钢材力学性能测试结果

钢材类型	厚度 (直径)/mm	f_y/MPa	f_u/MPa	E_t/GPa
钢管	2.5	365.7	483.6	207
	3.5	350.0	498.4	205
	4.5	352.3	499.3	210
	5.5	348.9	479.8	208
	6.0	330.4	502.6	213
	7.5	314.6	507.7	204
箍筋	8.0	310.4	446.5	189
纵筋	12.0	512.0	634.2	195

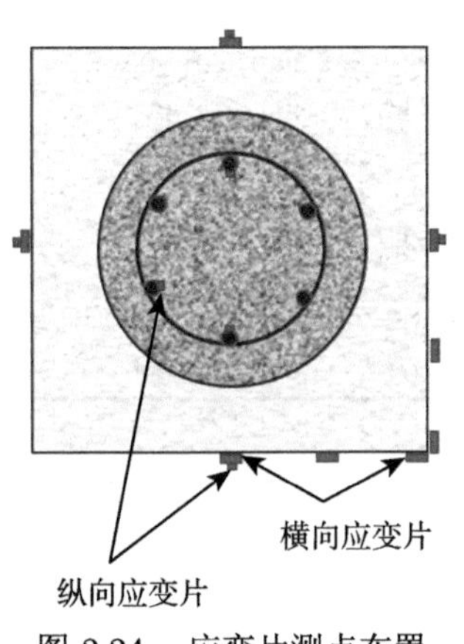

图 2.24　应变片测点布置

2.4.2　试验结果与分析

1. *破坏形态*

图 2.25 为组合加固柱的典型破坏形态，在加载初期，组合加固柱外观无明显变化；当荷载增至极限荷载的 70%~80%时，组合加固柱中上部开始鼓曲，伴随着较大的混凝土破碎声，鼓曲位置处角部的防锈漆开始剥落；超过极限荷载以

后，不同高度处逐渐发展出新的鼓曲变形，而较早出现的鼓曲则继续发展，变形更大。组合加固柱表现出了良好的后期持荷能力，破坏形态为典型的腰鼓型或剪切型破坏。

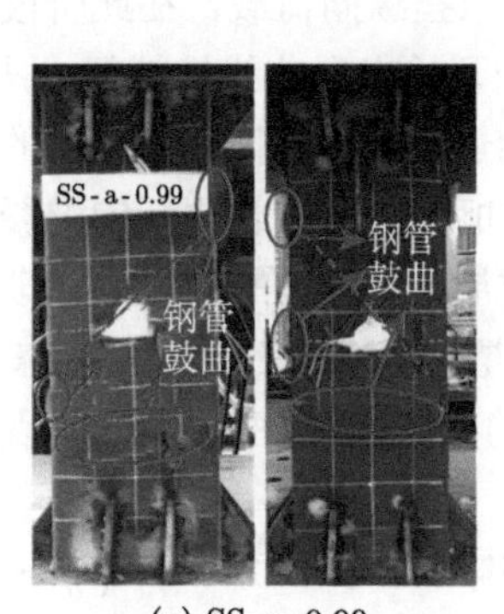

(a) SS-a-0.99

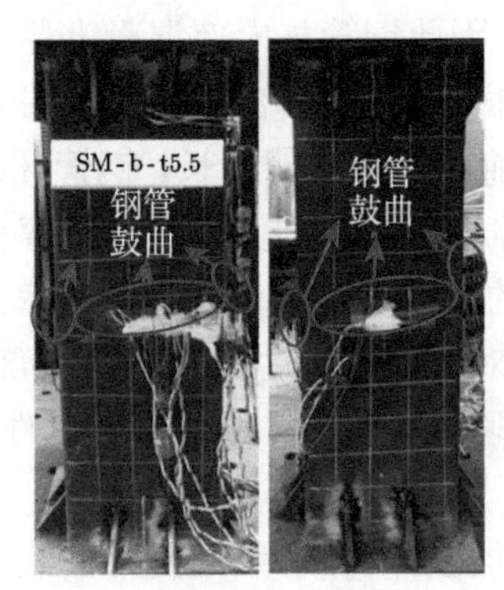

(b) SM-b-t5.5

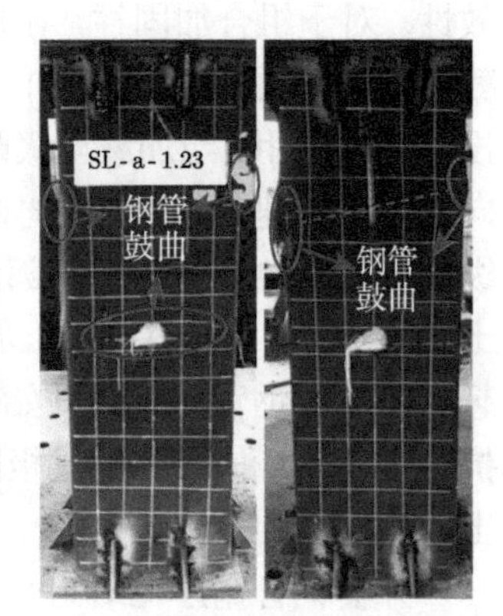

(c) SL-a-1.23

图 2.25　组合加固柱破坏形态

将组合加固柱外部钢管切开，其中试件 SM-a-t3.5 内部形态如图 2.26 所示，可以看到夹层混凝土表面有明显的贯穿剪切裂缝。在外部钢管鼓曲位置，夹层混凝土被压碎，而剪切斜裂缝出现在混凝土压碎位置之间的区域。剥去夹层混凝土，观察到原 RC 圆柱出现贯穿斜裂缝，其位置与夹层混凝土剪切斜裂缝位置一致。原 RC 圆柱混凝土表面还粘贴有残余的夹层混凝土，表明组合加固柱中不同组成材料之间能协同工作。

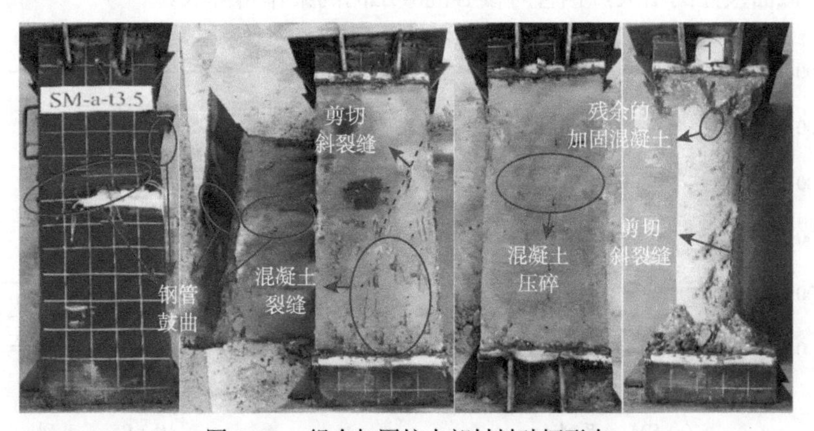

图 2.26　组合加固柱内部材料破坏形态

2. 荷载–纵向变形曲线

组合加固柱荷载–纵向变形曲线如图 2.27 所示。由图 2.27(a) 可以看出，原 RC 圆柱加固后，其承载力、刚度和延性都有了显著提高，证明了该加固方法的有效性。对于组合加固柱，在加载初期，外套钢管的泊松比 (0.28~0.30) 大于内部混凝土的泊松比 (0.17~0.20)，因此钢管与内部混凝土各自承担纵向荷载，在此阶段没有相互作用；当加载至极限荷载的 60%~80%时，曲线开始出现非线性特征，纵向变形增长速率加快，不再随荷载呈比例增长。钢管开始进入弹塑性阶段，截面的纵向应力开始在钢管和内部混凝土之间重新分布，钢管承担的纵向荷载逐渐向混凝土转移。同时，内部混凝土的微裂缝开始以较快的速率发展，混凝土的泊松比逐渐赶上并超过钢管，钢管开始对混凝土产生约束力，内部混凝土处于三向应力状态，抗压强度逐渐提高；超过极限荷载以后，绝大多数试件的荷载–纵向变形曲线呈现出较为明显的下降段。

外套钢管宽厚比对组合加固柱荷载–纵向变形曲线的影响如图 2.27(b)~(e) 所示，由图 2.27(b)~(e) 可以看出，随着钢管宽厚比的减小，曲线上升段具有更大的斜率，即更高的轴压刚度，且在极限荷载后仍具有一定的持荷能力，即延性更高。这是因为随钢管宽厚比的减小，钢管不仅自身承担更多的纵向荷载，还能提供更好的约束效应，从而提高混凝土的强度并改善其变形性能。

加固截面尺寸对组合加固柱荷载–纵向变形曲线的影响如图 2.27(f)~(h) 所示。由图 2.27(f)~(h) 可以看出，在套箍系数相同的情况下，组合加固柱轴压刚度和承载力随截面尺寸的增大而增大。一方面是因为截面增大；另一方面，随截面面积的增大，强度更高的夹层混凝土占比也更大，新旧混凝土的平均强度有所提高。随着截面尺寸的增大，曲线下降段变陡峭，延性降低，说明在套箍系数相同的情况下，随加固截面尺寸的增大，钢管对核心混凝土的约束作用降低。

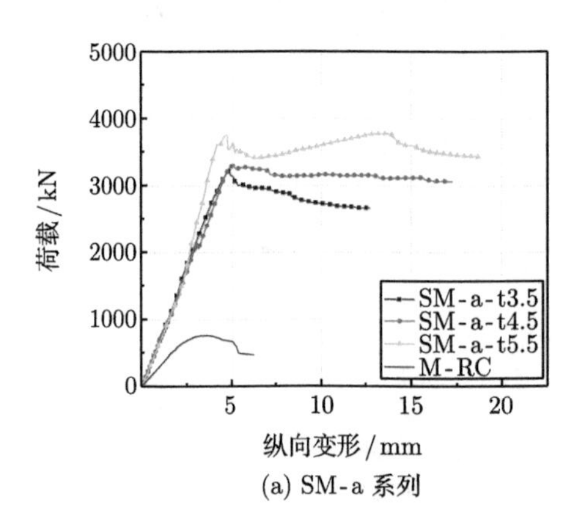

(a) SM-a 系列

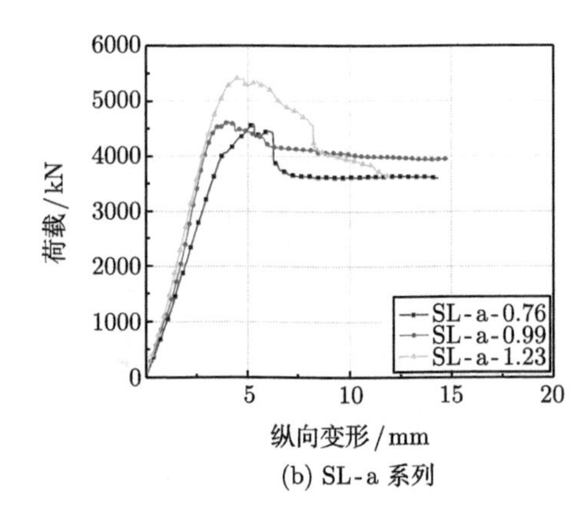

(b) SL-a 系列

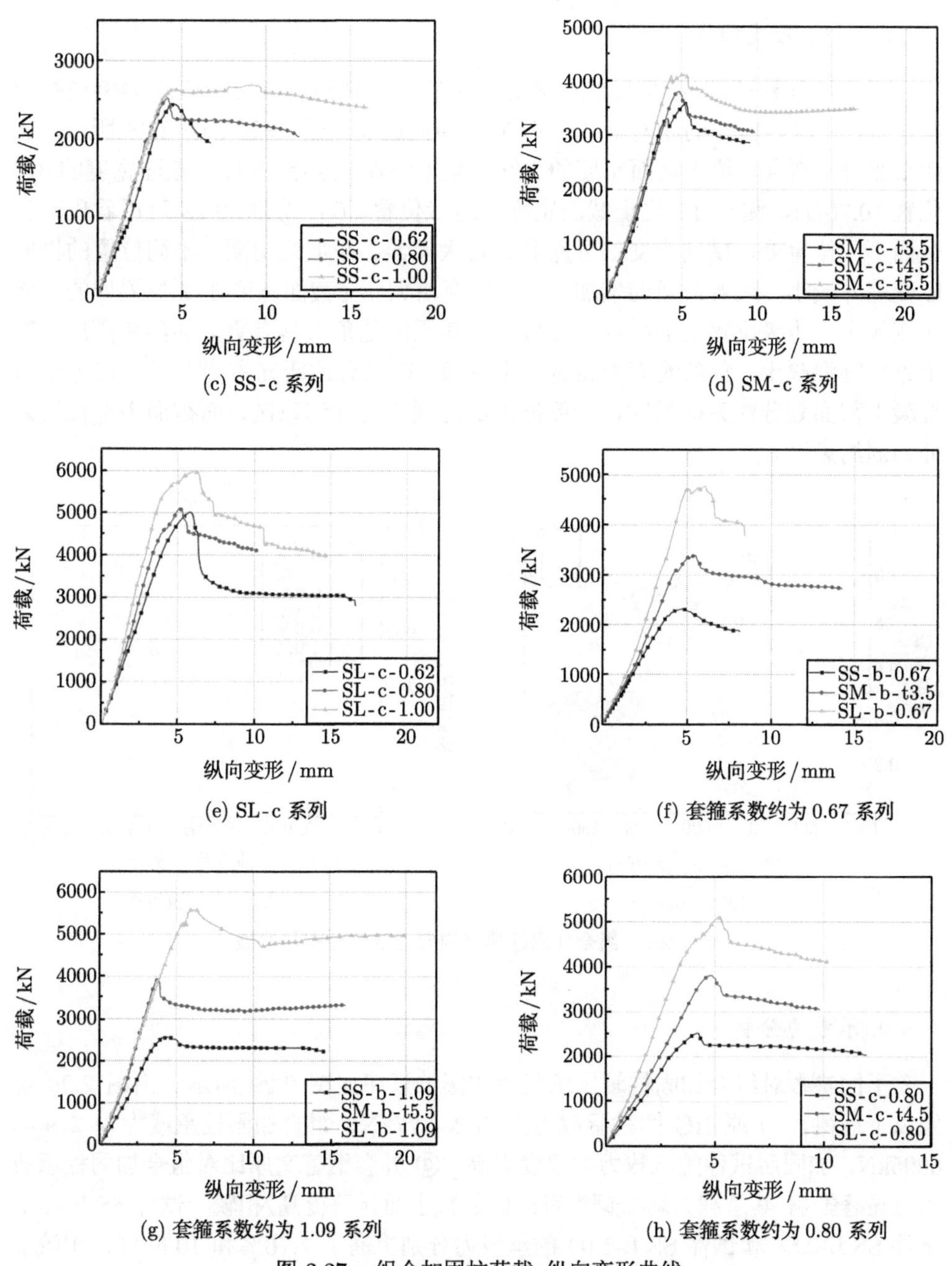

(c) SS-c 系列

(d) SM-c 系列

(e) SL-c 系列

(f) 套箍系数约为 0.67 系列

(g) 套箍系数约为 1.09 系列

(h) 套箍系数约为 0.80 系列

图 2.27 组合加固柱荷载–纵向变形曲线

3. 荷载–应变曲线

组合加固柱荷载–应变曲线具有相似的特征，以试件 SM-c-t5.5 为例进行说明，试件 SM-c-t5.5 的相对荷载 (N/N_u)–横向应变 (ε_h) 曲线如图 2.28 所示，在图2.28 中，测点 1 位于截面宽度的 1/2 位置 (0.5B)，测点 12 位于截面宽度的 3/4 位置 (0.75B)，测点 13 位于截面宽度的边缘位置 (B)。从图 2.28 可以看出，在截面不同位置处，横向应变的分布具有较大差异。在加载初期，不同位置的横向应变差异较小，随着荷载的增加，差异逐渐增大，在截面宽度 1/2 位置处的横向应变最大，边缘位置处的横向应变较小，其原因是角部具有更大的约束刚度。对于方钢管混凝土，角部约束力显著大于中部，在已有的研究中[106-111]，对方钢管混凝土截面划分约束区域时，一般把角部区域作为强约束区，而截面中部位置划分为弱约束区。

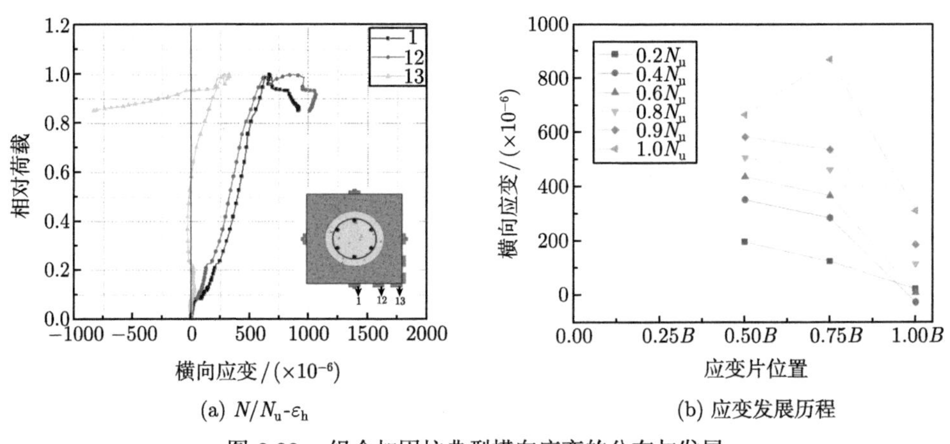

(a) N/N_u-ε_h　　(b) 应变发展历程

图 2.28 组合加固柱典型横向应变的分布与发展

4. 承载力分析

不同参数对组合加固柱轴压承载力的影响规律如图 2.29 所示。由图 2.29 可知以下规律。① 原 RC 圆柱承载力为 762~777kN，组合加固柱承载力为 2196~6005kN，加固后试件的承载力大幅度提高。② 外套钢管宽厚比对组合加固柱承载力有显著影响，其承载力随着钢管宽厚比的减小而显著提高，相较于试件 SS-b-0.67，试件 SS-b-0.88 和试件 SS-b-1.09 的承载力分别提高了 7.76%和 10.56%；相较于试件 SM-b-t3.5，试件 SM-b-t4.5 和试件 SM-b-t5.5 的承载力分别提高了 9.09%和 15.88%。③ 随着夹层混凝土强度的提高，试件的承载力有所提高。与外套钢管宽厚比相比，夹层混凝土强度对试件承载力的影响较小，相较于试件 SM-a-t3.5，试件 SM-b-t3.5 和试件 SM-c-t3.5 的承载力分别提高了 4.99%和 11.01%；相较于试件 SL-a-0.76，试件 SL-b-0.67 和试件 SL-c-0.62 的承载力分别提高了 4.55% 和 9.64%。

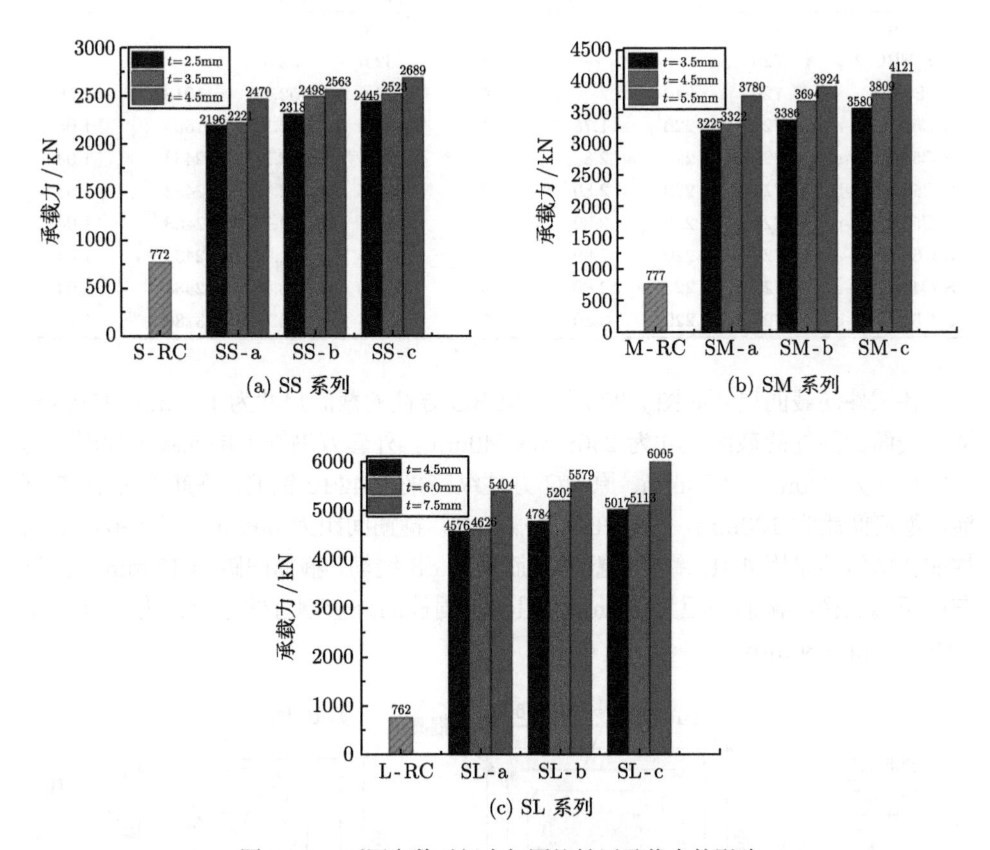

图 2.29 不同参数对组合加固柱轴压承载力的影响

2.5 外套方钢管夹层混凝土加固 RC 方柱轴压性能试验研究

2.5.1 试验概述

试验设计制作了 10 个试件，包括 2 个未加固的 RC 方柱、1 个增大截面加固 RC 方柱、7 个外套方钢管夹层混凝土加固 RC 方柱。试验参数为加固方式、外套钢管宽厚比、夹层混凝土强度和加载方式，详见表 2.7，加载方式见 2.1 节中的图 2.2。为防止试件因长宽比过大而出现弯曲变形或过短而出现端部效应问题，所有试件长度均为 720mm，加固后试件长宽比约为 3。

表 2.7 试件设计参数

试件编号	L /mm	B /mm	t /mm	加载方式	f_{cu1} /MPa	f_{cu2} /MPa	A_t /mm^2	A_{c2}/A_{c1}
S-ERC-1	720	—	—	A	32.6	32.6	—	—
S-ERC-2	720	—	—	A	32.6	32.6	—	—
S-ARC	720	240	—	A	32.6	52.1	1018	1.56
S-C50-t1.78-a	720	220	1.78	A	32.6	52.1	1553	1.08
S-C50-t2.80-a	720	220	2.80	A	32.6	52.1	2433	1.04
S-C50-t2.80-b	720	220	2.80	B	32.6	52.1	2433	1.04
S-C50-t2.80-c	720	220	2.80	C	32.6	52.1	2433	1.04
S-C60-t2.80-a	720	220	2.80	A	32.6	61.1	2433	1.04
S-C40-t2.80-a	720	220	2.80	A	32.6	48.8	2433	1.04
S-C50-t3.80-a	720	220	3.80	A	32.6	52.1	3286	1.01

各试件的截面尺寸如图 2.30 所示，原 RC 方柱的截面尺寸为 150mm×150mm，增大截面加固柱的截面尺寸为 240mm×240mm，外套方钢管夹层混凝土加固柱的截面尺寸为 220mm×220mm。原 RC 方柱纵筋采用 4Φ12 钢筋，箍筋采用 ϕ6.5 钢筋，箍筋间距为 120mm，箍筋在柱两端加密，箍筋间距为 60mm。增大截面加固柱的新增纵筋采用 4Φ18 钢筋，新增箍筋采用 ϕ8 钢筋，箍筋间距为 120mm，箍筋在柱两端加密，箍筋间距为 60mm。组合加固柱的外套钢管壁厚分别为 1.78mm、2.80mm 和 3.80mm。

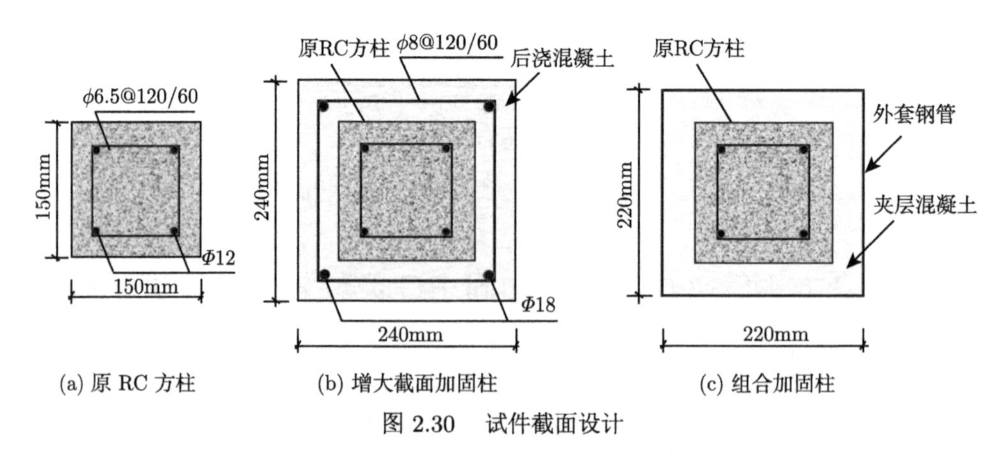

(a) 原 RC 方柱　(b) 增大截面加固柱　(c) 组合加固柱

图 2.30 试件截面设计

原 RC 方柱的混凝土强度等级为 C25；增大截面加固柱的后浇混凝土采用自密实混凝土，设计强度等级为 C50；组合加固柱的夹层混凝土采用自密实混凝土，设计强度等级分别为 C40、C50 和 C60。经测试，原 RC 方柱的混凝土立方体抗压强度为 32.6MPa，增大截面加固柱的后浇混凝土立方体抗压强度为 52.1MPa，组合加固柱的夹层混凝土立方体抗压强度分别为 48.8MPa、52.1MPa 和 61.1MPa。

试验中采用的钢筋、钢管力学性能见表 2.8。试验加载装置如 2.2.1 节，测点布置见 2.4.1 节。

表 2.8 钢材力学性能测试结果

钢材类型	厚度 (直径)/mm	f_y/MPa	f_u/MPa	E_t/GPa
钢管	1.78	307.1	421.3	202
	2.80	296.3	398.4	205
	3.80	265.2	352.1	209
箍筋	6.5	310.4	356.3	189
	8.0	286.6	386.4	208
纵筋	12	384.2	563.3	195
	18	437.1	613.3	197

2.5.2 试验结果与分析

1. *破坏形态*

对于增大截面加固 RC 方柱，其破坏形态与未加固的 RC 方柱相似，但当临近极限荷载时，裂缝基本贯通整个柱子，下部混凝土压碎，柱子破坏，其破坏形态如图 2.31(a) 所示。卸载后，将压碎区域混凝土剥落，加固部分的纵向钢筋压曲外凸，但新旧混凝土之间无空鼓现象，表明新旧混凝土之间协同工作良好。

(a) S-ARC

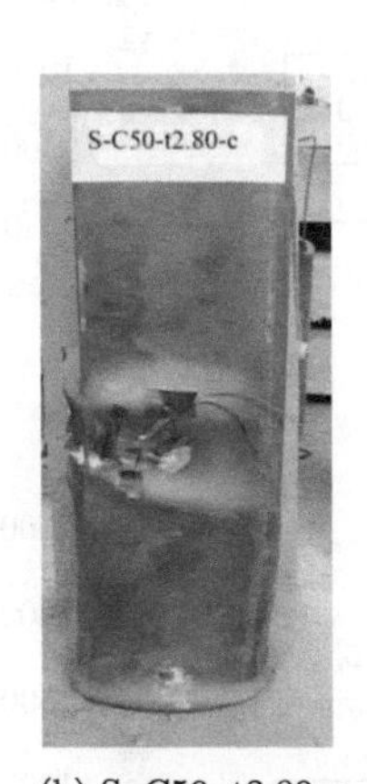

(b) S-C50-t2.80-c

(c) S-C50-t2.80-b

图 2.31 典型试件破坏形态

对于组合加固柱，其破坏多为压屈破坏，破坏形态呈腰鼓形，如图 2.31(b) 和 (c) 所示。在加载初期，组合加固柱处于弹性工作状态，纵向变形均匀增长。当荷载增长至极限荷载的 70%~80%时，纵向变形增长加快，中部开始鼓曲。当加载至极限荷载时，试件鼓曲加剧，钢管出现严重褶皱。继续加载，荷载开始下降，但下降速率较缓慢。当荷载下降至极限荷载的 80%左右时，组合加固柱纵向变形超过 6mm，加载终止。不同加载方式下，组合加固柱的破坏形态基本相似。外套钢管宽厚比较小的试件 S-C50-t3.80-a，钢管向外鼓曲严重，沿柱高方向甚至出现多处鼓曲；外套钢管宽厚比较大的试件 S-C50-t1.78-a，钢管壁褶皱严重，焊缝位置有被撕裂的迹象；夹层混凝土强度的变化对组合加固柱破坏形态无影响。

2. 荷载–纵向变形曲线

外套钢管宽厚比对组合加固柱荷载–纵向变形曲线的影响如图 2.32(a) 所示。由图 2.32(a) 可知，在加载初期，组合加固柱处于线弹性阶段，曲线呈线性增长，外套钢管宽厚比越小，其轴压刚度越大，曲线斜率越大。随着荷载持续增大，钢管逐渐进入弹塑性阶段，其切线模量不断减小，钢管和内部混凝土之间应力重分布，混凝土的泊松比不断增大，逐渐超过钢管的泊松比，钢管对内部混凝土的约束作用开始凸显。随着组合加固柱外套钢管壁厚增大而宽厚比减小，套箍系数越大，则钢管对混凝土的约束作用越明显，组合加固柱的极限荷载越大，试件 S-C50-t2.80-a 和试件 S-

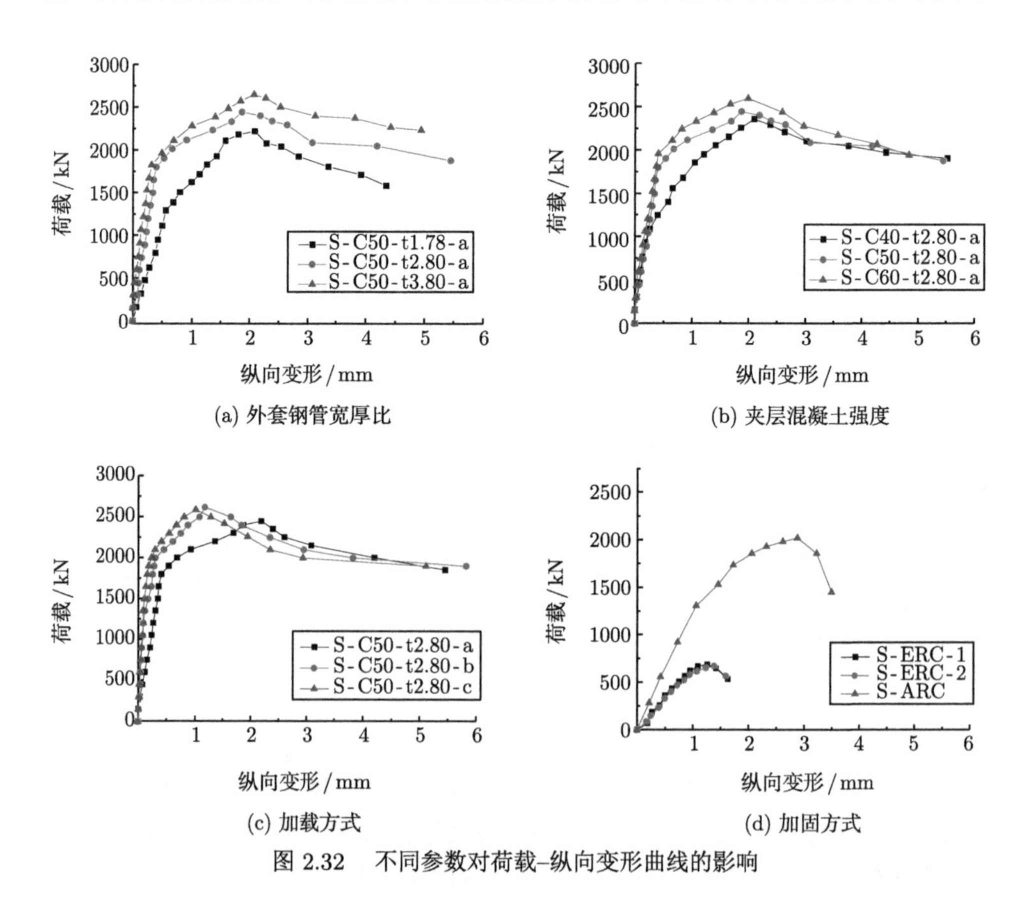

(a) 外套钢管宽厚比　(b) 夹层混凝土强度

(c) 加载方式　(d) 加固方式

图 2.32　不同参数对荷载–纵向变形曲线的影响

C50-t3.80-a 的极限荷载比试件 S-C50-t1.78-a 分别提高 9.3%和 19.5%；超过极限荷载以后，随着外套钢管宽厚比的减小，曲线下降段越平缓，说明组合加固柱的延性越好。

夹层混凝土强度对组合加固柱荷载–纵向变形曲线的影响如图 2.32(b) 所示。由图 2.32(b) 可知，夹层混凝土强度越大，其线性阶段曲线的斜率越大，极限荷载略有提高，但提高幅度并不显著，试件 S-C50-t2.80-a 和试件 S-C60-t2.80-a 的极限荷载比试件 S-C40-t2.80-a 分别提高 5.4%和 12.3%，超过极限荷载后，曲线下降段更加陡峭。这是因为：一方面，夹层混凝土强度越高，则轴压刚度越大，极限荷载越高，延性越差；另一方面，夹层混凝土强度越高，则在相同的外套钢管宽厚比下，钢管对内部混凝土的约束作用越小，极限荷载越低，延性越差；所以，在两方面综合作用下，夹层混凝土强度增大对组合加固柱刚度和极限荷载提高幅度不大。

加载方式对组合加固柱荷载–纵向变形曲线的影响如图 2.32(c) 所示。由图 2.32(c) 可知，在加载初期，组合加固柱处于线弹性阶段，曲线呈线性增长。加载方式 A 的试件，外套钢管直接承受纵向荷载，在纵向受压而横向受拉情况下其屈服强度比加载方式 B 的试件低，因此，加载方式 A 下的钢管先屈服，试件 S-C50-t2.80-a 的线弹性阶段稍短。进入弹塑性阶段以后，加载方式 A 的试件钢管切线模量不断减小，钢管纵向应力开始减小，而钢管横向应力不断增大，钢管主要起套箍约束作用，与加载方式 B、C 相似，因此加载方式 A 的试件极限荷载与加载方式 B、C 相差不大，试件 S-C50-t2.80-a 的极限荷载比试件 S-C50-t2.80-b 和试件 S-C50-t2.80-c 分别降低 6.7%和 5.6%。超过极限荷载以后，曲线下降段较平缓，显示出三种加载方式下，组合加固柱均具有良好的延性。

增大截面加固柱和原 RC 方柱的荷载–纵向变形曲线如图 2.32(d) 所示。由图 2.32(d) 可知，由于增大截面加固法增加原 RC 方柱的截面面积，使得轴压刚度大幅度提高，所以其线性阶段斜率明显大于未加固 RC 方柱，极限荷载也较大，增大截面加固柱的极限荷载比未加固 RC 方柱增大 198%。试件 S-C50-t2.80-a 在加固用钢材和截面面积与增大截面加固柱 (试件 ARC) 基本相同的情况下，其极限荷载比未加固 RC 方柱提高了 227%，提高幅度大于增大截面加固法。由此可见，外套钢管夹层混凝土加固法的加固效果更好。此外，由图 2.32 可见，组合加固柱曲线下降段比增大截面加固柱、未加固 RC 方柱平缓，说明外套钢管夹层混凝土加固法能大幅度改善原 RC 方柱的延性，而增大截面加固法不能改善原 RC 方柱的延性。

3. 荷载–应变曲线

图 2.33 为所有柱的荷载–应变曲线，水平坐标轴负向表示纵向应变，正向表示横向应变。在加载初期，组合加固柱的纵、横向应变均呈线性增长；在达到极限荷

载的 80%时，试件进入弹塑性阶段，纵、横向应变开始快速增加，但横向应变增长速率大于纵向应变，钢管开始对内部混凝土产生约束作用，荷载增长速率开始放缓。达到极限荷载后，纵、横向应变迅速增长，荷载开始缓慢下降。

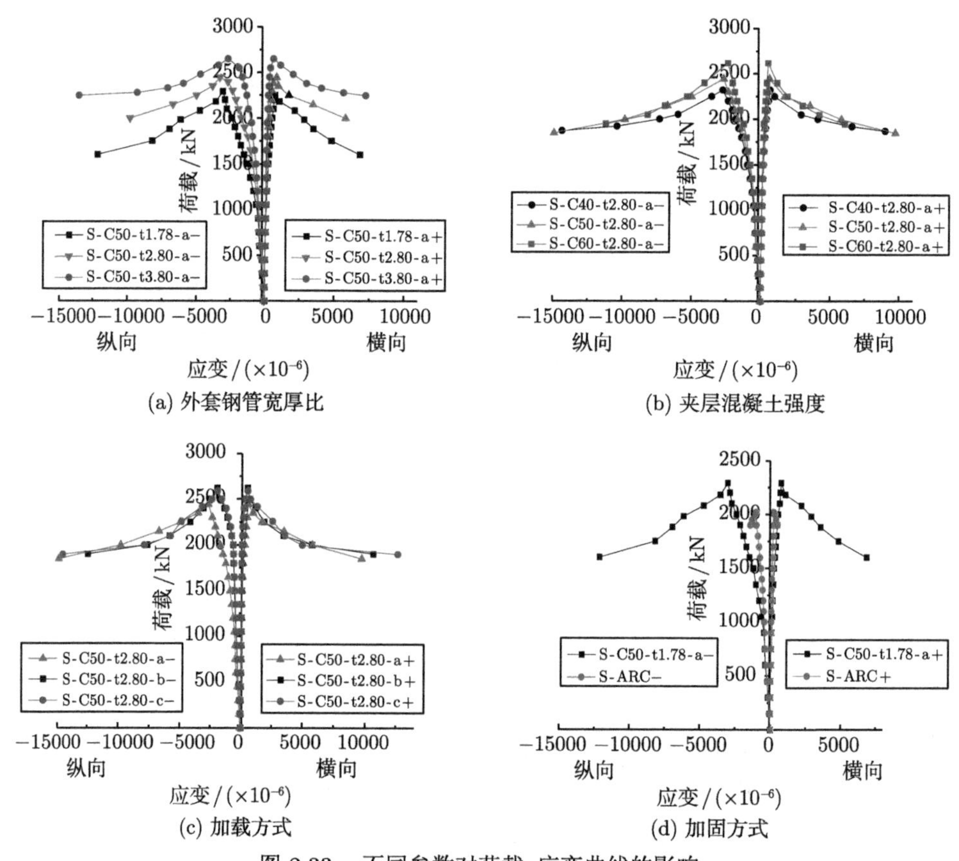

图 2.33　不同参数对荷载–应变曲线的影响

外套钢管宽厚比对组合加固柱荷载–应变曲线的影响如图 2.33(a) 所示。由图 2.33(a) 可知，随着外套钢管宽厚比的减小，约束作用越强，则混凝土的峰值应变 (极限荷载时对应的应变) 提高越大。试件 S-C50-t1.78-a、试件 S-C50-t2.80-a 和试件 S-C50-t3.80-a 达到极限荷载时，纵向应变分别是 0.00305、0.00324 和 0.00469，横向应变分别是 0.00072、0.00088 和 0.00206。

夹层混凝土强度对组合加固柱荷载–应变曲线的影响如图 2.33(b) 所示。由图 2.33(b) 可知，组合加固柱刚度和承载力的提高幅度不及钢管宽厚比明显。同时，随着夹层混凝土强度的增大，峰值应变减小。试件 S-C40-t2.80-a、试件 S-C50-t2.80-a 和试件 S-C60-t2.80-a 达到极限荷载时，纵向应变分别是 0.00275、0.00265

和 0.00235，横向应变分别是 0.00065、0.00063 和 0.00054。

加载方式对组合加固柱荷载–应变曲线的影响如图 2.33(c) 所示。由图 2.33(c) 可知，三种加载方式下试件的横向应变差别不大，但加载方式 A 试件的纵向应变增长快于其他两种加载方式。这是由于，加载方式 A 是全截面加载，在加载初期，钢管与内部混凝土共同承受纵向荷载，钢管的纵向应变主要由纵向应力引起，而加载方式 B 属于钢管约束型加载，荷载仅作用于内部混凝土上，钢管纵向应变的增大主要是由横向应力增加所致，从而应变增长较慢；加载方式 C 属于上端仅核心混凝土受压而下端共同受压型加载，其纵向应变居于加载方式 A、B 之间。试件 S-C50-t2.80-a、试件 S-C50-t2.80-b 和试件 S-C50-t2.80-c 达到极限荷载时，纵向应变分别是 0.00265、0.00191 和 0.00195。

加固方式对组合加固柱荷载–应变曲线的影响如图 2.33(d) 所示。由图 2.33(d) 可知，由于试件 S-ARC(增大截面加固柱) 的截面面积比试件 S-C50-t2.80-a(组合加固柱) 稍大，且在线弹性阶段，组合加固柱的外套钢管的泊松比大于混凝土的泊松比，外套钢管起不到约束作用。因此，在加载初期，试件 S-ARC 的轴压刚度略大于试件 S-C50-t2.80-a，试件 S-ARC 的纵、横向应变均略小。但进入弹塑性阶段以后，外套钢管的约束作用凸显，对内部混凝土产生侧向压应力，使内部混凝土的峰值应变大幅度提高。试件 S-C50-t2.80-a 和试件 S-ARC 达到极限荷载时，纵向应变分别是 0.00305 和 0.00102，横向应变分别是 0.00072 和 0.00023，可见组合加固柱的外套钢管较好地约束了内部混凝土的变形，显著改善了原 RC 方柱的延性，而增大截面加固法并不能显著改善原 RC 方柱的变形能力。

4. *承载力分析*

不同参数对组合加固柱轴压承载力影响规律如图 2.34 所示，由图 2.34 可知以下规律。① 原 RC 方柱加固之后，承载力均得到大幅度的提高，相对于增大截面加固法，外套钢管夹层混凝土加固法的提高幅度最大。相对于原 RC 方柱，试件 S-ARC 和试件 S-C50-t1.78-a 的承载力分别提高了 2.18 倍和 2.38 倍。② 外套钢管宽厚比对组合加固柱承载力影响显著，其承载力随着外套钢管宽厚比的减小而逐渐提高，相对于试件 S-C50-t1.78-a，试件 S-C50-t2.80-a 和 S-C50-3.80-a 承载力分别提高了 6.77%和 15.7%。③ 随着夹层混凝土强度的增大，试件的承载力有所提高。与外套钢管宽厚比相比，夹层混凝土强度提高对组合加固柱承载力的影响较小。相较于试件 S-C40-t2.80-a，试件 S-C50-t2.80-a 和试件 S-C60-t2.80-a 的承载力分别提高了 5.4%和 12.9%。④ 三种加载方式的组合加固柱承载力相差不大，且全截面受压方式的组合加固柱承载力最低。采用上下两端均为核心混凝土受压加载方式时，钢管不直接承担纵向荷载，只对核心混凝土提供约束作用，避免了钢管过早地屈曲，使钢管的套箍约束作用充分发挥，从而内部混凝土承载能力得到大幅度提高。

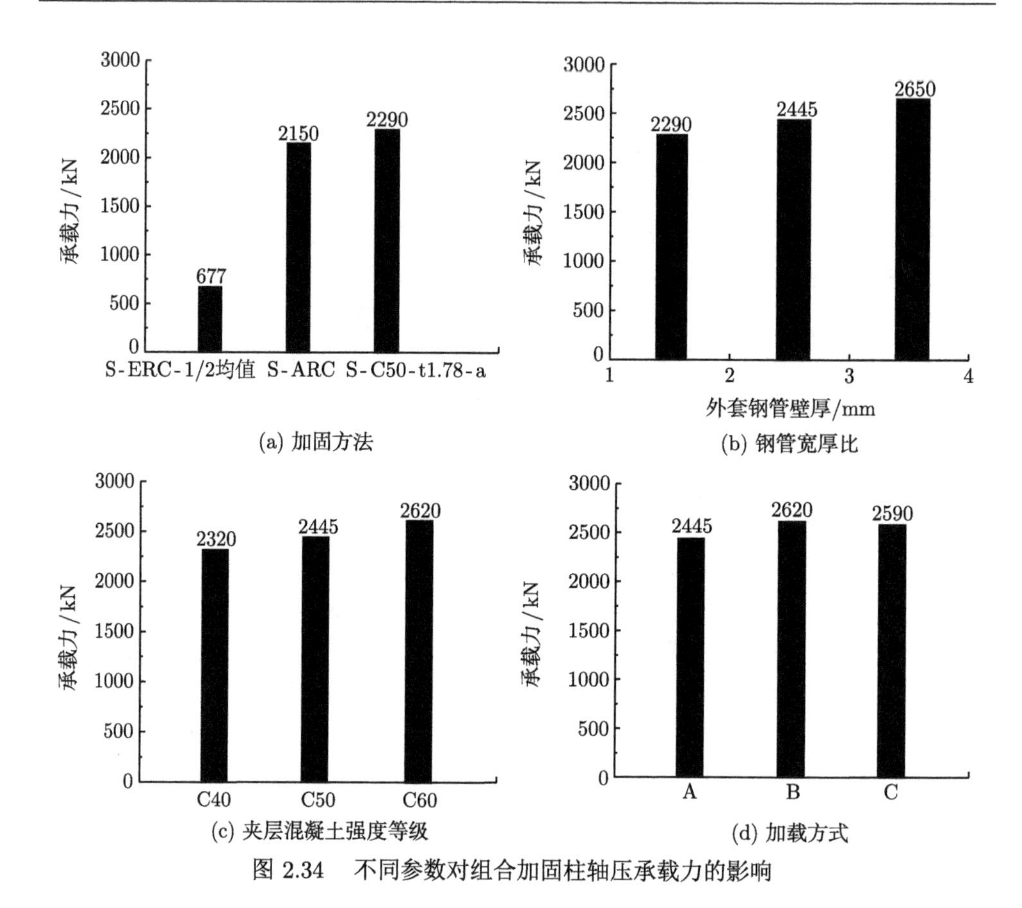

图 2.34 不同参数对组合加固柱轴压承载力的影响

2.6 数值分析

2.6.1 内力分解法

组合加固柱在轴心受压时，钢管、新旧混凝土及钢筋三者之间的内力变化关系可以借鉴普通钢管混凝土的分析方法，采用内力分解法对加载过程中组合加固柱的钢管、新旧混凝土、原柱纵筋的内力进行分析和计算，以此来揭示轴心压力下组合加固柱的工作机理。

1. 基本假定

在试验研究的基础上，对组合加固柱在内力分解分析时作以下假设：

(1) 新旧混凝土粘结良好，两者不发生粘结滑移，混凝土整体受力；

(2) 由于钢管径向应力较小，忽略其径向应力影响；

(3) 由于钢管壁厚较薄，假设其横向应力沿壁厚均匀分布，视为处于平面应力状态；

(4) 纵向钢筋处于单向受力状态。

2. 本构关系

钢材 (钢管和钢筋) 的单向应力–应变关系曲线由标准试件拉伸数据回归得到，这里采用应用较为广泛的二次塑流模型 [112]，其主要分为弹性阶段、弹塑性阶段、塑性阶段、强化阶段及二次塑流阶段等五个阶段，如图 2.35 所示。其中 $f_{\rm p}$、$f_{\rm y}$、$f_{\rm u}$ 分别为钢材的比例极限、屈服强度及极限强度，其中 $\varepsilon_{\rm e}=0.8f_{\rm y}/E_{\rm s}$，$\varepsilon_{\rm e1}=1.5\varepsilon_{\rm e}$，$\varepsilon_{\rm e2}=10\varepsilon_{\rm e1}$，$\varepsilon_{\rm e3}=100\varepsilon_{\rm e1}$。

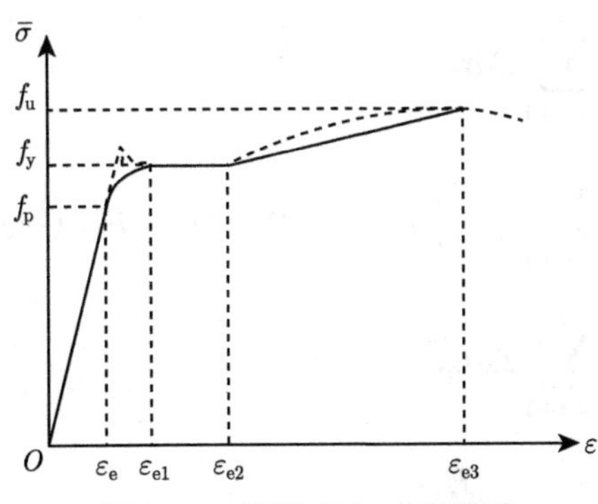

图 2.35 钢材应力–应变关系

1) 弹性阶段 ($\bar{\sigma}\leqslant f_{\rm p}$)

此阶段，钢材应力–应变符合胡克定律：

$$\begin{bmatrix}\sigma_{\rm h}\\ \sigma_{\rm v}\end{bmatrix}=\frac{E_{\rm s}}{1-\mu_{\rm s}^2}\begin{bmatrix}1 & \mu_{\rm s}\\ \mu_{\rm s} & 1\end{bmatrix}\begin{bmatrix}\varepsilon_{\rm h}\\ \varepsilon_{\rm v}\end{bmatrix} \tag{2.1}$$

式中，$\sigma_{\rm h}$、$\varepsilon_{\rm h}$ 分别为钢材横向应力与横向应变；$\sigma_{\rm v}$、$\varepsilon_{\rm v}$ 分别为钢材纵向应力与纵向应变；$E_{\rm s}$、$\mu_{\rm s}$ 分别为钢材弹模与泊松比。

$$\text{应力强度}\qquad \bar{\sigma}=\sqrt{\sigma_{\rm h}^2+\sigma_{\rm v}^2-\sigma_{\rm h}\sigma_{\rm v}} \tag{2.2}$$

2) 弹塑性阶段 ($f_{\rm p}<\bar{\sigma}\leqslant f_{\rm y}$)

此阶段，采用弹塑性增量理论公式：

$$\begin{bmatrix}{\rm d}\sigma_{\rm h}\\ {\rm d}\sigma_{\rm v}\end{bmatrix}=\frac{E_{\rm s}^{\rm t}}{1-(\mu_{\rm s}^{\rm t})^2}\begin{bmatrix}1 & \mu_{\rm s}^{\rm t}\\ \mu_{\rm s}^{\rm t} & 1\end{bmatrix}\begin{bmatrix}{\rm d}\varepsilon_{\rm h}\\ {\rm d}\varepsilon_{\rm v}\end{bmatrix} \tag{2.3}$$

$$E_{\rm s}^{\rm t}=\frac{(f_{\rm y}-\bar{\sigma})\,\bar{\sigma}}{(f_{\rm y}-f_{\rm p})\,f_{\rm p}}E_{\rm s} \tag{2.4}$$

$$\mu_{\rm s}^{\rm t}=0.217\frac{\bar{\sigma}-f_{\rm p}}{f_{\rm y}-f_{\rm p}}+0.283 \tag{2.5}$$

式中，$E_{\rm s}^{\rm t}$ 为钢材切线模量，按式 (2.4) 确定；$\mu_{\rm s}^{\rm t}$ 为钢材泊松比，按式 (2.5) 确定。

根据微积分原理，将弹塑性曲线 ab 段分为 n 级加载，根据每级荷载下的纵横应变增量 $\mathrm{d}\varepsilon_{\rm v}$ 和 $\mathrm{d}\varepsilon_{\rm h}$，采用式 (2.3) 计算出相应应力增量，从而根据式 (2.6) 确定出弹塑性阶段钢材纵横向应力值。

$$\begin{aligned}
\sigma_{\rm v}&=\sigma_{\rm vt}+\sum_{i=k+1}^{j}\Delta\sigma_{{\rm v}i}\\
&=\sigma_{\rm vt}+\sum_{i=k+1}^{j}\frac{E_{\rm s}^{\rm t}}{1-\mu_{\rm sp}^{2}}\left(\varepsilon_{{\rm v}(i+1)}-\varepsilon_{{\rm v}i}+\mu_{\rm sp}\left(\varepsilon_{{\rm h}(i+1)}-\varepsilon_{{\rm h}i}\right)\right)\\
\sigma_{\rm h}&=\sigma_{\rm ht}+\sum_{i=k+1}^{j}\Delta\sigma_{{\rm h}i}\\
&=\sigma_{\rm ht}+\sum_{i=k+1}^{j}\frac{E_{\rm s}^{\rm t}}{1-\mu_{\rm sp}^{2}}\left(\varepsilon_{{\rm h}(i+1)}-\varepsilon_{{\rm h}i}+\mu_{\rm sp}\left(\varepsilon_{{\rm v}(i+1)}-\varepsilon_{{\rm v}i}\right)\right)
\end{aligned} \tag{2.6}$$

式中，$\sigma_{\rm vt}$、$\sigma_{\rm ht}$ 分别为弹性末端钢材纵横应力值。

3) 塑性阶段、强化阶段及二次塑流阶段 ($\bar{\sigma}>f_{\rm y}$)

进入塑性阶段后，钢材体积保持不变，$\mu_{\rm s}=0.5$，钢材服从冯 · 米泽斯 (von Mises) 屈服准则与普朗特–罗伊斯 (Prandtl-Reuss) 流动准则，其刚度矩阵为

$$[D]=\frac{E}{Q}\begin{bmatrix}
\sigma_{\rm h}'^{2}+2p & & \text{对称}\\
-\sigma_{\rm v}'\sigma_{\rm h}'+2\mu p & \sigma_{\rm v}'^{2}+2p & \\
-\dfrac{\sigma_{\rm v}'+\mu\sigma_{\rm h}'}{1+\mu}\tau_{\rm vh} & -\dfrac{\sigma_{\rm h}'+\mu\sigma_{\rm v}'}{1+\mu}\tau_{\rm vh} & \dfrac{R}{2(1+\mu)}+\dfrac{2H'}{9E}(1-\mu)\,\bar{\sigma}^{2}
\end{bmatrix} \tag{2.7}$$

$$Q=\sigma_{\rm v}'^{2}+\sigma_{\rm h}'^{2}+2\mu\sigma_{\rm v}'\sigma_{\rm h}'+2(1-\mu)\,\tau_{\rm vh}^{2}+\frac{2H'(1-\mu)\,\bar{\sigma}^{2}}{9G} \tag{2.8}$$

$$\bar{\sigma}=\sqrt{3\left(\sigma_{\rm v}'^{2}+\sigma_{\rm v}'\sigma_{\rm h}'+\sigma_{\rm h}'^{2}+\tau_{\rm vh}^{2}\right)} \tag{2.9}$$

$$R=\sigma_{\rm v}'^{2}+2\mu\sigma_{\rm v}'\sigma_{\rm h}'+\sigma_{\rm h}'^{2} \tag{2.10}$$

$$G = \frac{E}{2(1+\mu)} \tag{2.11}$$

式中，σ'_{v} 为钢材横向应力偏量，$\sigma'_{\mathrm{v}} = \sigma_{\mathrm{v}} - \sigma_{\mathrm{m}}$；$\sigma'_{\mathrm{h}}$ 为钢材纵向应力偏量，$\sigma'_{\mathrm{h}} = \sigma_{\mathrm{h}} - \sigma_{\mathrm{m}}$；$\sigma_{\mathrm{m}}$ 为平均应力，$\sigma_{\mathrm{m}} = \dfrac{\sigma_{\mathrm{v}} + \sigma_{\mathrm{h}}}{3}$；$p$ 为计算参数，$p = \dfrac{2H'}{9E}\bar{\sigma}^2$；$H'$ 为计算参数，$H' = \dfrac{10^{-3}}{1-10^{-3}}E_{\mathrm{s}}$。

进入塑性强化阶段，钢材切向模量 $E_{\mathrm{s}}^{\mathrm{p}} = 0.001E_{\mathrm{s}}$，泊松比取 $\mu_{\mathrm{s}}^{\mathrm{p}} = 0.5$，则有

$$\begin{aligned} \mathrm{d}\sigma_{\mathrm{v}} &= \frac{E_{\mathrm{s}}^{\mathrm{p}}}{Q}\left[\left(\sigma_{\mathrm{h}}'^2 + 2p\right)\mathrm{d}\varepsilon_{\mathrm{v}} + \left(-\sigma'_{\mathrm{v}}\sigma'_{\mathrm{h}} + 2\mu_{\mathrm{s}}^{\mathrm{p}}p\right)\mathrm{d}\varepsilon_{\mathrm{h}}\right] \\ \mathrm{d}\sigma_{\mathrm{h}} &= \frac{E_{\mathrm{s}}^{\mathrm{p}}}{Q}\left[\left(\sigma_{\mathrm{v}}'^2 + 2p\right)\mathrm{d}\varepsilon_{\mathrm{h}} + \left(-\sigma'_{\mathrm{v}}\sigma'_{\mathrm{h}} + 2\mu_{\mathrm{s}}^{\mathrm{p}}p\right)\mathrm{d}\varepsilon_{\mathrm{v}}\right] \end{aligned} \tag{2.12}$$

同理，将塑性强化阶段曲线分为 n 级加载，则钢材的纵横向应力分别为

$$\begin{aligned} \sigma_{\mathrm{v}} &= \sigma_{\mathrm{vpt}} + \sum_{i=j+1}^{m}\Delta\sigma_{\mathrm{v}} \\ &= \sigma_{\mathrm{vpt}} + \frac{E_{\mathrm{s}}^{\mathrm{p}}}{Q}\sum_{i=j+1}^{m}\left[\left(\sigma_{\mathrm{h}}'^2 + 2p\right)\left(\varepsilon_{\mathrm{v}(i+1)} - \varepsilon_{\mathrm{v}i}\right)\right] \\ &\quad + \frac{E_{\mathrm{s}}^{\mathrm{p}}}{Q}\sum_{i=j+1}^{m}\left[\left(-\sigma'_{\mathrm{v}}\sigma'_{\mathrm{h}} + 2\mu_{\mathrm{s}}^{\mathrm{p}}p\right)\left(\varepsilon_{\mathrm{h}(i+1)} - \varepsilon_{\mathrm{h}i}\right)\right] \\ \sigma_{\mathrm{h}} &= \sigma_{\mathrm{hpt}} + \sum_{i=j+1}^{m}\Delta\sigma_{\mathrm{h}} \\ &= \sigma_{\mathrm{hpt}} + \frac{E_{\mathrm{s}}^{\mathrm{p}}}{Q}\sum_{i=j+1}^{m}\left[\left(\sigma_{\mathrm{v}}'^2 + 2p\right)\left(\varepsilon_{\mathrm{h}(i+1)} - \varepsilon_{\mathrm{h}i}\right)\right] \\ &\quad + \frac{E_{\mathrm{s}}^{\mathrm{p}}}{Q}\sum_{i=j+1}^{m}\left[\left(-\sigma'_{\mathrm{v}}\sigma'_{\mathrm{h}} + 2\mu_{\mathrm{s}}^{\mathrm{p}}p\right)\left(\varepsilon_{\mathrm{v}(i+1)} - \varepsilon_{\mathrm{v}i}\right)\right] \end{aligned} \tag{2.13}$$

式中，σ_{vpt}、σ_{hpt} 分别为钢材弹塑性阶段末纵、横向应力。

3. 计算程序编制

根据组合加固轴压短柱受力过程中钢管和钢筋的应变读数，采用以上本构关系编制数值计算程序，计算程序框图如图 2.36 所示。最终可以计算得出各级荷载下钢管纵向应力 σ_{v}、横向应力 σ_{h} 及应力强度 $\bar{\sigma}$。

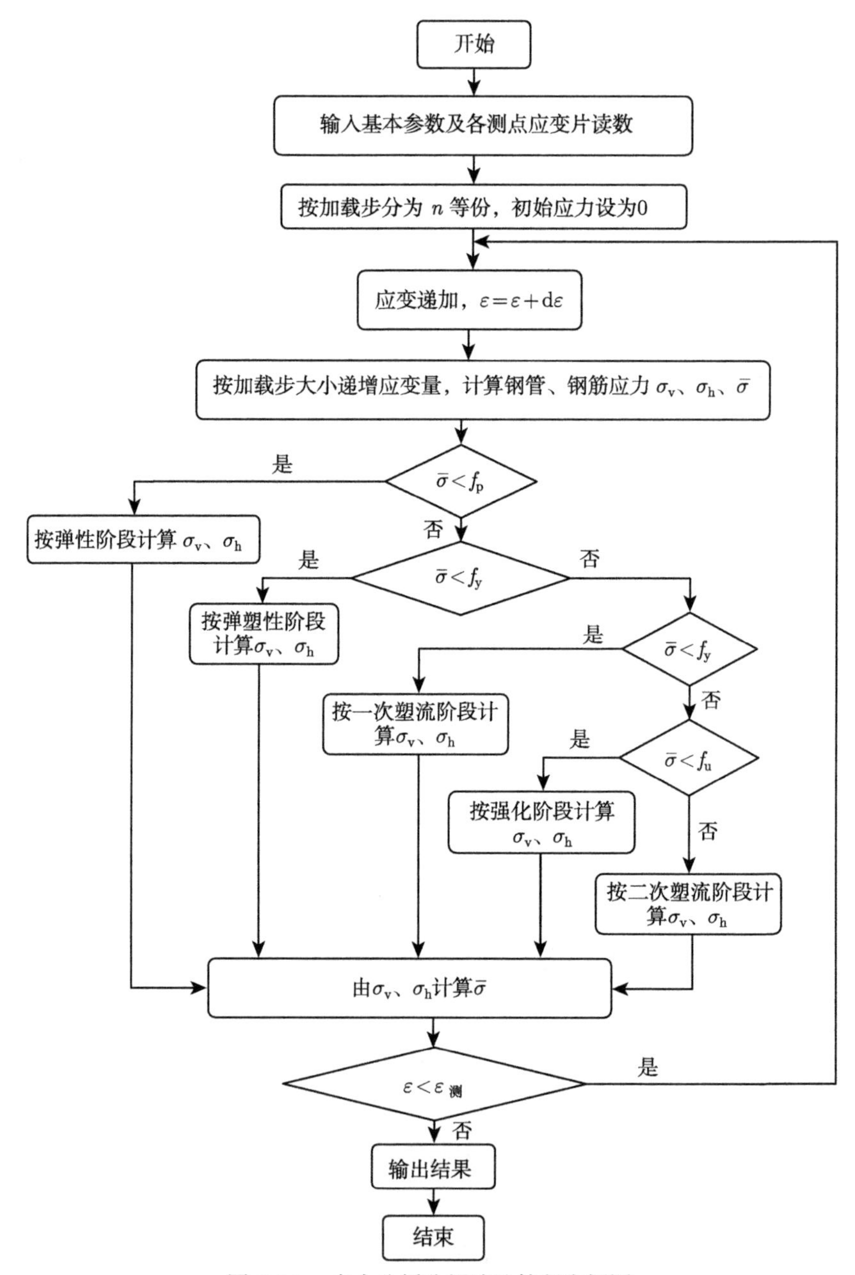

图 2.36　内力分析分解法计算程序框图

钢管及钢筋纵向内力可按式 (2.14) 和式 (2.15) 计算得出：

$$N_{\mathrm{s}} = \sigma_{\mathrm{v}} A_{\mathrm{s}} \tag{2.14}$$

$$N_{\mathrm{t}} = \sigma_{\mathrm{v}} A_{\mathrm{t}} \tag{2.15}$$

式中，N_{s}、N_{t} 分别为钢管、钢筋纵向内力；A_{s}、A_{t} 分别为钢管、钢筋横截面积。

新旧混凝土的纵向平均应力 σ_{c} 为

$$\sigma_{\mathrm{c}} = (N - N_{\mathrm{s}} - N_{\mathrm{t}})/(A_{\mathrm{c1}} + A_{\mathrm{c2}}) \tag{2.16}$$

式中，A_{c1}、A_{c2} 分别为原柱及夹层混凝土截面面积。由此可以得出新旧混凝土纵向应力 σ_{c} 与纵向应变 ε 的关系曲线。

在求解钢材在某一级荷载下的应力时，可采用两种方法：一种是平均应力法，另一种是平均应变法。平均应力法是根据在同级荷载下获得各测点的应变，由应力–应变关系求出相应测点处的应力，最后计算得出相应应力平均值。平均应变法则先将同级荷载下获得的各测点的应变进行平均值计算，再根据应力–应变关系得出其平均应力。考虑到组合加固柱发生剪切破坏，当钢管进入弹塑性阶段后，受粘贴应变片位移及混凝土破坏面的影响，钢管中截面各测点获得的应变值差异较大，采用平均应变法来进行计算，可能会造成较大误差，无法反映截面真实受力，故本次计算采用平均应力法进行计算。

4. 结果分析

以外套圆钢管夹层混凝土加固 RC 方柱为例，试件的钢管中截面设有 4 个测点，编号 1~4，内部纵筋设置 4 个测点，编号 5~8。为方便叙述，纵向应力为正表示受压，反之表示受拉，横向应力为正表示受拉，反之表示受压。由于很多测点在加载后期的应变值在应变仪器上溢出，故无法获得加载末期的应力–应变关系曲线。

1) 钢管应力分析

图 2.37 为典型试件 S-t3-C40 钢管中截面 4 个测点的钢管应力–应变关系曲线，为方便表述，将钢材纵向应变 σ_{v} 取与实际相反符号绘于图中。需要说明的是，由于受到应力片读数量程的限制，加载后期，部分应变片读数已经溢出，故无法得到加载后期的应力–应变关系曲线。由图 2.37 可知，试件的钢管各测点处应力–应变曲线在加载初期基本相同，各测点处横向应力很小且发展较为缓慢，纵向应力发展较快，纵向应力–应变曲线与应力强度–应变曲线发展基本重合。到了加载后期，钢管各测点纵横向应变的发展并不相同，呈现一定的差异性。这主要是因为加载后期，受到应变片布置位置及混凝土剪切破坏面的影响，钢管各测点的纵横向应变读数出现明显差异，部分测点处钢管仍处于弹塑性阶段，而部分测点已经进入塑性强化阶段。

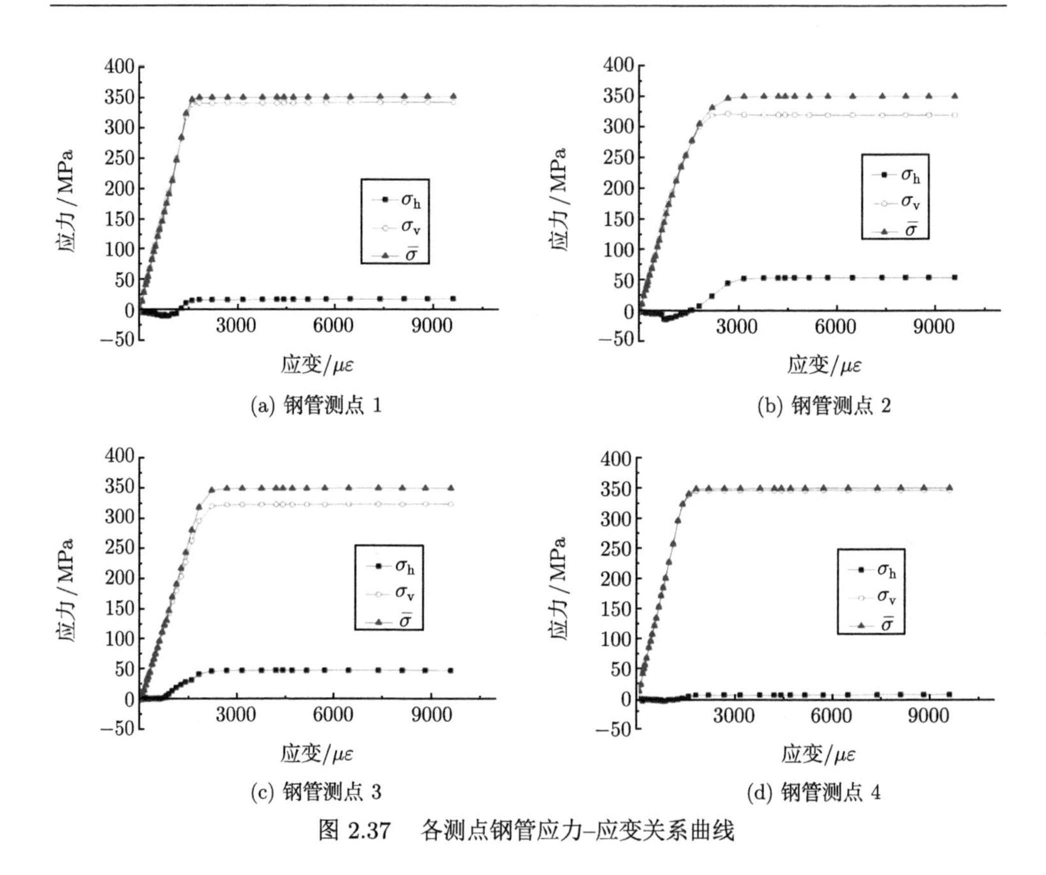

图 2.37　各测点钢管应力–应变关系曲线

2) 混凝土应力分析

根据计算所得的钢管及钢筋的轴力，可以得出新旧混凝土所承担的轴力，将新旧混凝土所承担的轴力除以其截面积可得新旧混凝土的折算纵向应力，图 2.38 为典型试件 S-t3-C40 中新旧混凝土折算纵向应力–应变关系曲线。由图 2.38 可知，

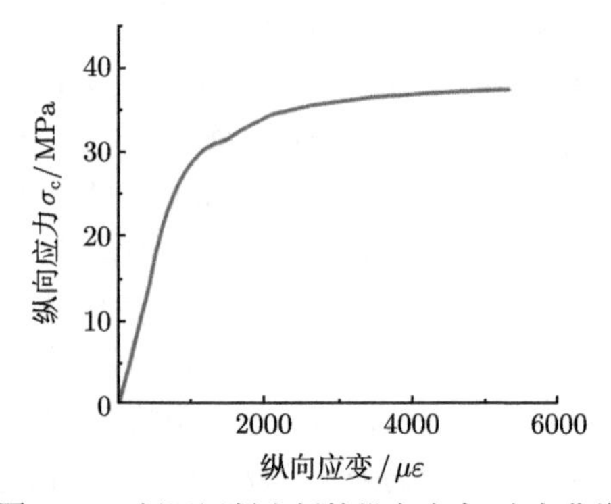

图 2.38　新旧混凝土折算纵向应力–应变曲线

加载初期，新旧混凝土处于弹性工作阶段，钢管尚未发挥套箍作用；当试件进入弹塑性阶段后，钢管横向应力增大，钢管开始对新旧混凝土产生套箍作用，混凝土的抗压强度增强，延性得到改善；继续加载，钢管对新旧混凝土提供较为稳定的约束，混凝土的抗压强度仍能缓慢增长，此时纵向应力已明显超过其单轴折算抗压强度。

3) 内力分解分析

图 2.39 为组合加固柱轴力 N 在外套钢管、核心新旧混凝土及钢筋三者之间的分配关系曲线。由图 2.39 可以看出，在加载初期，钢管、新旧混凝土及钢筋三者根据其轴压刚度的大小分别承担相应的轴力。随着荷载的增大，钢管开始发挥套箍作用，核心混凝土承担荷载的比重不断增加；最终钢管进入塑流阶段，钢管、核心混凝土及钢筋承担的轴力维持在一个较为稳定的阶段。

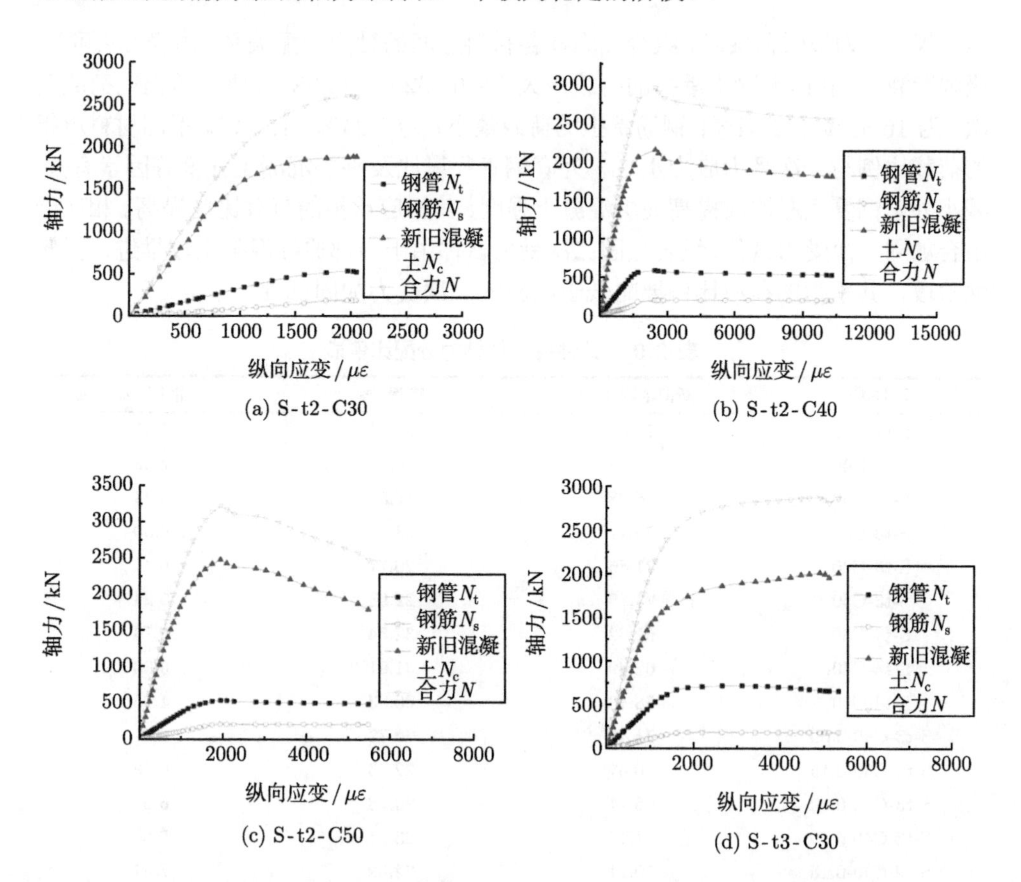

(a) S-t2-C30　(b) S-t2-C40

(c) S-t2-C50　(d) S-t3-C30

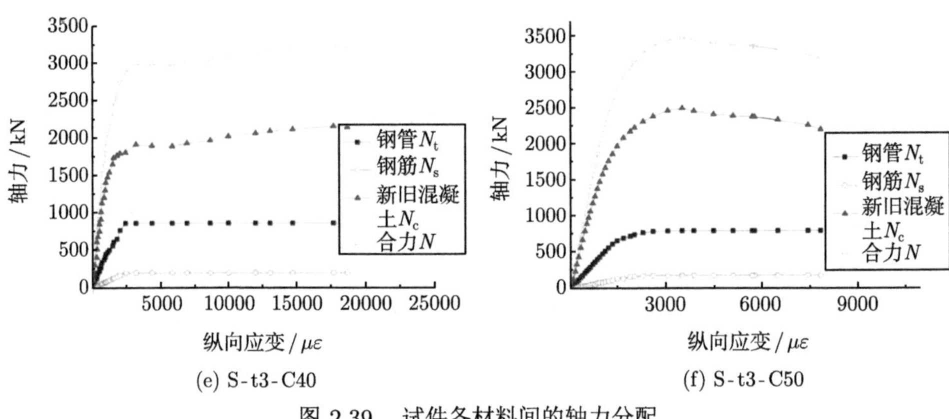

(e) S-t3-C40 (f) S-t3-C50

图 2.39 试件各材料间的轴力分配

表 2.9 为极限荷载时，组合加固柱各材料之间的轴力分配关系。由表 2.9 可知，极限荷载时，新旧混凝土承担的荷载最大，为 61.92%~76.98%；钢管承担的荷载其次，为 16.59%~32.34%；钢筋承担的荷载最小，为 5.24%~7.47%。不同材料承担的荷载比例与二次受力应力水平、外套钢管径厚比及夹层混凝土强度等因素有关。减小外套钢管径厚比或提高夹层混凝土强度，其相应承担的荷载比例提高。相比于组合加固一次受力试件，组合加固二次受力试件由于内部原柱混凝土较早进入弹塑性阶段，其承担的荷载比例要略低于相应的一次受力加固试件。

表 2.9 试件各材料轴力分配比例表

试件编号	新旧混凝土/%	钢管/%	钢筋/%
S-t2-C30	72.54	20.31	7.15
S-t2-C40	72.93	20.04	7.03
S-t2-C50	76.98	16.59	6.44
S-t3-C30	70.11	23.39	6.50
S-t3-C40	71.46	26.77	6.41
S-t3-C50	71.79	22.98	5.24
S-t4-C30	61.92	32.34	5.74
S-t4-C40	62.69	31.01	6.30
S-t4-C50	68.43	26.83	4.75
S-t3-C40-0.00	71.46	26.77	6.41
S-t3-C40-0.15	70.37	22.73	6.89
S-t3-C40-0.30	66.71	26.68	6.60
S-t3-C40-0.40	71.14	23.01	5.85
S-t2-C40-0.15	70.21	22.32	7.47
S-t4-C40-0.15	62.26	32.01	5.73
S-t3-C30-0.15	64.76	28.54	6.70
S-t3-C50-0.15	66.82	26.57	6.61

2.6.2 有限元计算

利用内力分析分解法对外套钢管夹层混凝土加固 RC 柱进行了全过程分析，可以得到各材料 (钢管、新旧混凝土及钢筋) 的应力发展情况及轴力在这三者之间的分配情况，但却无法了解组合加固柱在受力过程中截面应力分布。本节利用大型有限元软件对组合加固柱进行数值分析，进一步了解轴压荷载下组合加固柱受力性能与工作机理。

1. 模型建立与验证

对于钢材的本构模型取值如下：由于钢垫板刚度较大，加载过程中基本不发生变形，所以钢垫板采用线弹性模型，且设定一个较大的弹性模量，泊松比取 0.30，且不考虑自重，其本构关系表达式如下所示：

$$\sigma_{\mathrm{s}} = E_{\mathrm{s}}\varepsilon_{\mathrm{s}} \tag{2.17}$$

钢管及钢筋同样采用五段式的二次塑流模型，其本构关系表达式如下所示：

$$\sigma_{\mathrm{s}} = \begin{cases} E_{\mathrm{s}}\varepsilon_{\mathrm{s}}, & \varepsilon_{\mathrm{s}} \leqslant \varepsilon_{\mathrm{e}} \\ -A\varepsilon_{\mathrm{s}}^2 + B\varepsilon_{\mathrm{s}} + C, & \varepsilon_{\mathrm{e}} < \varepsilon_{\mathrm{s}} \leqslant \varepsilon_{\mathrm{e1}} \\ f_{\mathrm{y}}, & \varepsilon_{\mathrm{e1}} < \varepsilon_{\mathrm{s}} \leqslant \varepsilon_{\mathrm{e2}} \\ f_{\mathrm{y}} + \dfrac{\varepsilon_{\mathrm{s}} - \varepsilon_{\mathrm{e2}}}{\varepsilon_{\mathrm{e3}} - \varepsilon_{\mathrm{e2}}}(f_{\mathrm{u}} - f_{\mathrm{y}}), & \varepsilon_{\mathrm{e2}} < \varepsilon_{\mathrm{s}} \leqslant \varepsilon_{\mathrm{e3}} \\ f_{\mathrm{u}}, & \varepsilon_{\mathrm{s}} > \varepsilon_{\mathrm{e3}} \end{cases} \tag{2.18}$$

式中，σ_{s}、ε_{s} 分别为钢材 (钢管和钢筋) 的应力与应变；f_{y}、E_{s} 分别为钢材 (钢管和钢筋) 的屈服强度和弹性模量；ε_{e} 分别为比例极限对应的应变；$\varepsilon_{\mathrm{e}} = 0.8f_{\mathrm{y}}/E_{\mathrm{s}}$，$\varepsilon_{\mathrm{e1}} = 1.5\varepsilon_{\mathrm{e}}$，$\varepsilon_{\mathrm{e2}} = 10\varepsilon_{\mathrm{e1}}$，$\varepsilon_{\mathrm{e3}} = 100\varepsilon_{\mathrm{e2}}$，$A = 0.2f_{\mathrm{y}}/(\varepsilon_{\mathrm{e1}} - \varepsilon_{\mathrm{e}})^2$，$B = 2A\varepsilon_{\mathrm{e1}}$，$C = 0.8f_{\mathrm{y}} + A\varepsilon_{\mathrm{e}}^2 - B\varepsilon_{\mathrm{e}}$。

对于原 RC 柱混凝土和夹层混凝土均使用“塑性损伤模型”(CDP)，混凝土弹性模量 E_{c} 取为 $4700\sqrt{f_{\mathrm{c}}'}$，泊松比取为 0.2 [71,113]。在已有研究中 [114-116] 常将膨胀角 φ 取 20°、30° 和 40°。本研究经过参数敏感性分析之后，确定 φ 为 30°。双轴等压混凝土强度与单轴抗压强度比 ($f_{\mathrm{b0}}/f_{\mathrm{c0}}$) 和拉伸子午线上的第二个应力不变量与压缩子午线上的第二个应力不变量之比 (K_{c})，则用来定义屈服面在偏平面和平面应力平面上的形状。针对 $f_{\mathrm{b0}}/f_{\mathrm{c0}}$，Papanikolaou 和 Kappos 等 [117] 根据对收集到的试验数据的分析，提出了下列公式：

$$f_{\mathrm{b0}}'/f_{\mathrm{c}}' = 1.5\left(f_{\mathrm{c}}'\right)^{-0.075} \tag{2.19}$$

根据式 (2.19) 可知，当 f_{c}' 为 30MPa 时，$f_{\mathrm{b0}}/f_{\mathrm{c0}}$ 值为 1.162；当 f_{c}' 为 100MPa 时，$f_{\mathrm{b0}}/f_{\mathrm{c0}}$ 值为 1.062。计算得到的承载力会随着该值增加而增加，但影响不大。

参数 K_c 是一个与屈服面方程有关的参数，对于不同的 K_c 值，沿静水轴破坏面的偏横截面形状和大小不同。K_c 越大，极限荷载也越低。该值主要影响材料屈服后的阶段，对初始受力阶段基本无影响，K_c 按照下列公式计算[118]：

$$K_c = \frac{5.5}{5 + 2\left(f_c'\right)^{0.075}} \tag{2.20}$$

试件端部钢板的弹性模量和泊松比分别设置为 210GPa 和 0.3，两块端板分别与试件两端绑定，其中端板接触面设置为主面，柱端接触面设置为从属面。将纵筋和箍筋按实际位置合并成为钢筋笼之后嵌入整个模型中。对于钢管和夹层混凝土的接触面以及夹层混凝土与原柱混凝土的接触面均使用 “Surface-to-surface contact”，该接触类型在法向为硬接触，在切向符合库仑摩擦准则 (摩擦系数为 0.6)[71,117]。在试件下端板底部施加 “Encastre” 的约束固定其所有自由度，荷载的施加则通过向耦合在上端板顶面的参考点分配竖向位移实现，另外两个方向的线位移固定为零。混凝土、钢管和端板均使用 8 节点六面体线性减缩积分单元 (C3D8R)。纵筋和箍筋使用 2 节点 3D 桁架单元 (T3D2)，单元尺寸为 12mm。网格划分密度会对有限元计算结果产生较大的影响，因此，在正式建模前进行了网格密度敏感性分析。表 2.10 显示了三种网格密度下 (M0、M1 和 M2，对应纵向分别划分 15 个、20 个和 30 个单元格) 的计算结果比较，包括荷载–位移曲线、承载力变化幅度和计算耗时，其中划分方式 M1 的承载力差异以 M0 为基准，M2 的则以 M1 为基准，即比较相邻划分方式之间的变化幅度。图 2.40 显示了三种划分方式下的荷载–纵向变形曲线对比，由图 2.40 和表 2.10 可以看出，对比 M2 和 M1 网格密度，M1 计算耗时为 M2 的 1/3 左右，两种计算得到的承载力差别非常小 (0.2%)，但考虑到 M2 在可接受的时间代价下能得到更为精确的结果，后续有限元分析均以网格划分方式 M2 为基准，最终有限元模型如图 2.41 所示。

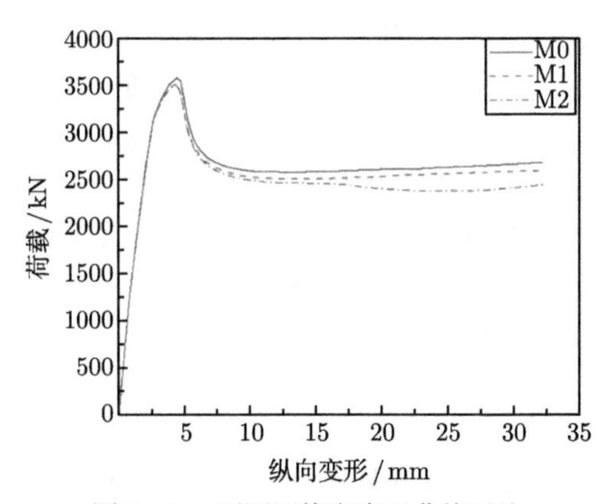

图 2.40 不同网格密度下曲线对比

表 2.10 不同网格密度下计算结果

网格划分方法代号	试件承载力/kN	承载力变化幅度	计算耗时
M0	3579	—	2 分 11 秒
M1	3522	−1.6%	3 分 12 秒
M2	3514	−0.2%	10 分 46 秒

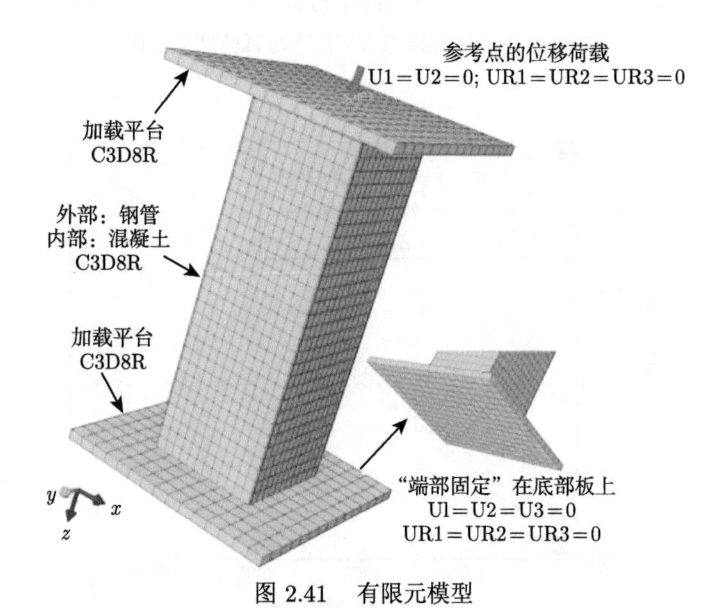

图 2.41 有限元模型

以外套方钢管夹层混凝土加固 RC 圆柱为例进行说明，有限元模拟的试件破坏形态与试验结果对比如图 2.42 所示。由图 2.42 可以看出，对于不同尺寸的试件，均能较好地模拟中部高度附近的鼓曲形态。有限元计算得到的承载力计算值 (N_{FE}) 与试验值 ($N_{\mathrm{sa,e}}$) 的对比如图 2.43 所示。由图 2.43 可知，当不考虑混凝土的尺寸效应时，承载力计算值与试验值的差距随着试件尺寸的增加而变大，即承载力计算值偏大；考虑尺寸效应影响后，这种偏大的趋势能得到较好的修正。典型试件 SS-a-0.99、SM-a-t4.5 和 SL-c-0.62 的荷载–纵向变形曲线的对比如图 2.44 所示。由图 2.44 可知，建立的有限元模型所得结果与试验结果吻合较好，可用来进一步研究组合加固柱的受力性能。

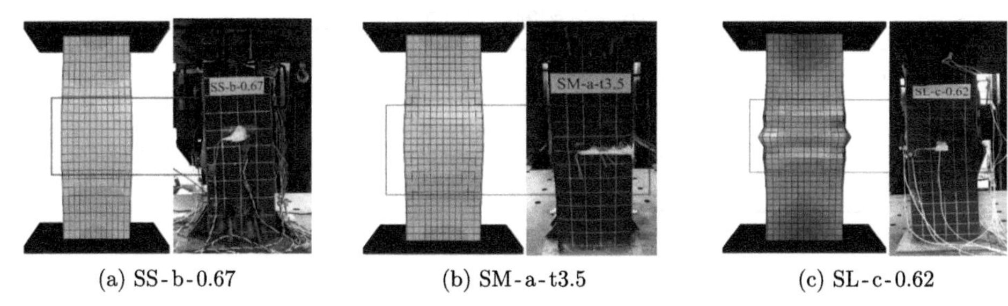

(a) SS-b-0.67　　(b) SM-a-t3.5　　(c) SL-c-0.62

图 2.42　有限元模拟破坏形态与试验结果对比

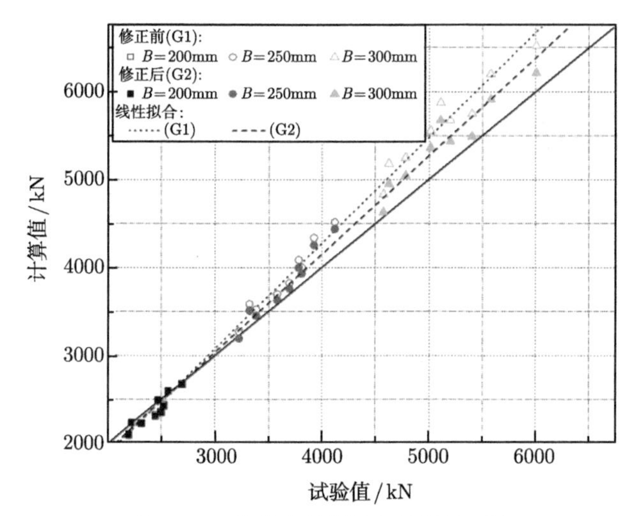

图 2.43　承载力计算值与试验值对比

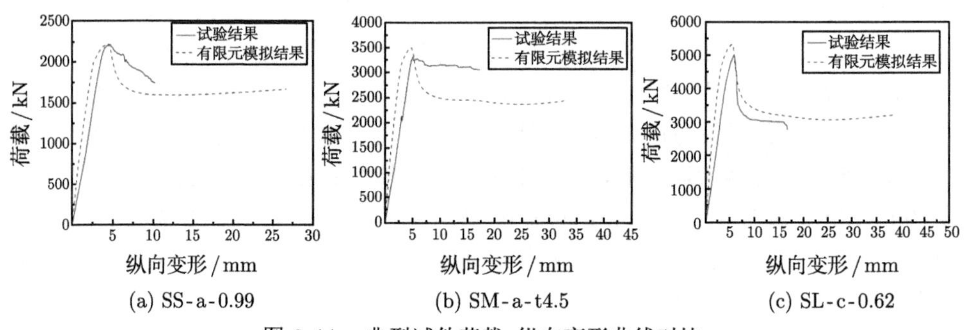

(a) SS-a-0.99　　(b) SM-a-t4.5　　(c) SL-c-0.62

图 2.44　典型试件荷载–纵向变形曲线对比

2. 计算结果分析

1) 各部分承担荷载分析

试件 SS-a-0.99、试件 SM-a-t4.5 和试件 SL-a-0.99 的荷载–纵向变形曲线、截面各组成部分 (原 RC 方柱、夹层混凝土和外套钢管) 的荷载–纵向变形曲线分别如图 2.45(a)~(c) 所示，其中垂直虚线的位置即试件达到极限荷载时所对应的纵向变形值。理论上，三个试件具有相同的套箍系数，因此对应三个试件的原 RC 方柱部分所承担的荷载应该保持一致。但是，当外套钢管截面尺寸由 200mm 变化至 300mm 时，相应原 RC 方柱所承担的荷载由 625kN 降低至 591kN，下降 5.44%。主要是由于外套钢管的套箍约束作用受截面尺寸影响，所以，随试件尺寸增加，原 RC 方柱混凝土受到的套箍约束作用减小，则其承担的荷载降低。此外，达到极限荷载时，随试件尺寸的增大，钢管所承担的荷载在总荷载中的占比提高，原 RC 方柱混凝土和夹层混凝土分担的荷载降低。

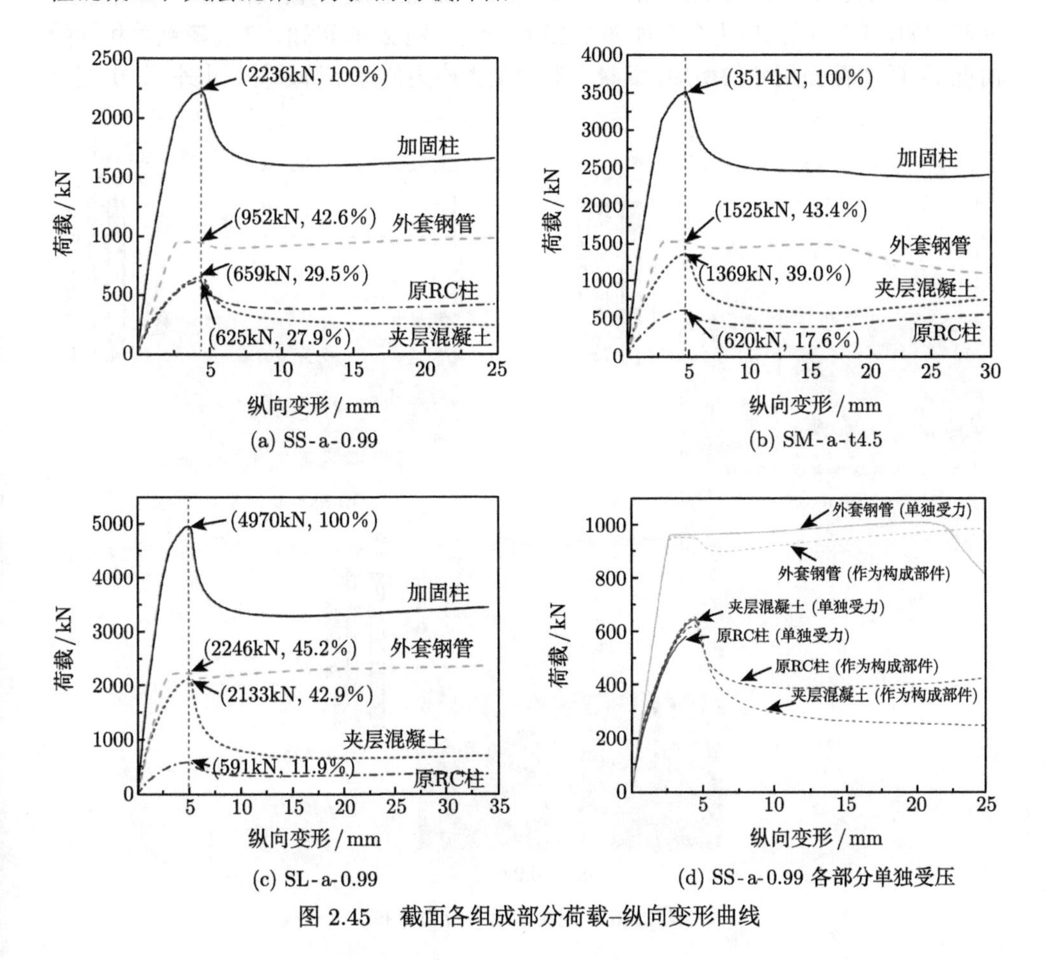

图 2.45 截面各组成部分荷载–纵向变形曲线

以试件 SS-a-0.99 为例说明套箍约束作用对各部分承担荷载的影响，如图 2.45(d) 所示，图中实线部分是组合加固柱各组成部分单独受压时的情况，虚线则是相应部分作为组合加固柱受压时承担的情况。由图 2.45(d) 可知，在加载初期，实线部分与相应虚线部分几乎重合，说明此阶段没有套箍约束作用产生，截面各组成部分实际上处于单独受压的状态；随着荷载继续增加，相比于单独受压的混凝土，相应各部分作为组合加固柱受压时不仅承载力有所提高，延性也有较大改善，这种改善得益于外套钢管对内部混凝土的约束作用，这种约束作用限制了混凝土的膨胀变形 [17,64,119]。而对于外套钢管来说，其单独受压时承担的荷载稍高于其作为组合加固柱时的荷载值，这是由于在组合加固柱中，钢管承受横向受拉、纵向受压的双向应力状态，其纵向承载能力降低。

2) 混凝土纵向应力分析

试件 SS-a-0.99、试件 SM-a-t4.5 和试件 SL-a-0.99 达到极限荷载时，中部位置处截面的混凝土纵向应力分布如图 2.46 所示。由图 2.46 可知，在套箍系数相同的情况下，随着截面尺寸的增加，混凝土截面最大应力值呈下降趋势。此外，处于四个

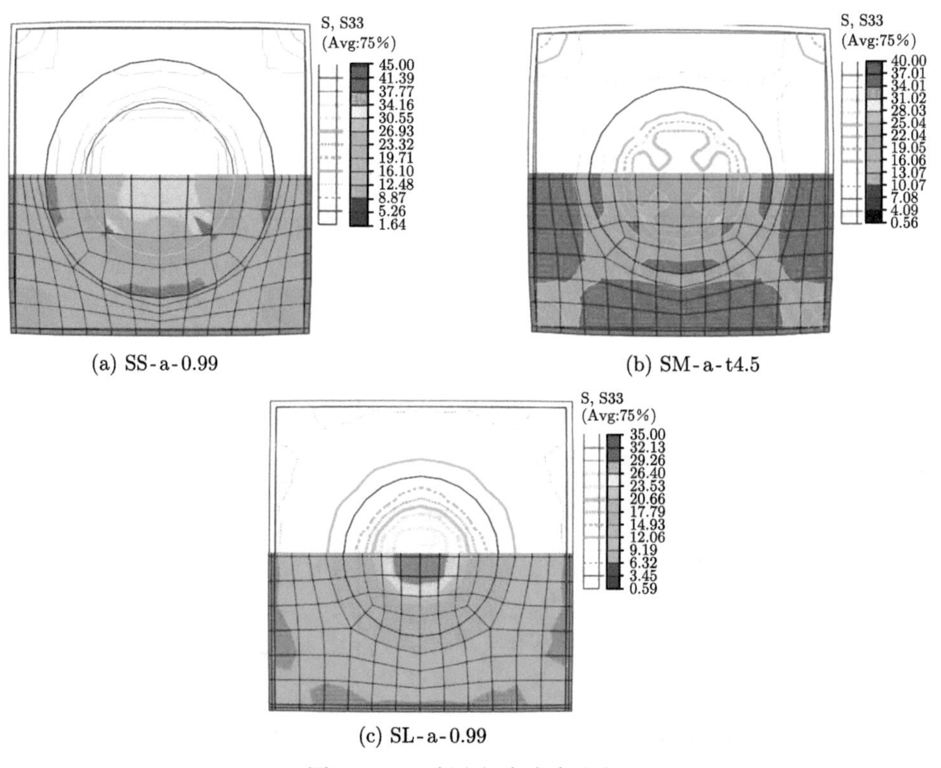

(a) SS-a-0.99

(b) SM-a-t4.5

(c) SL-a-0.99

图 2.46　混凝土纵向应力分布

角部和截面中部位置处的混凝土纵向应力高于截面其他位置 (主要是边长中部位置附近区域) 处的混凝土的纵向应力。这是因为外套方钢管对截面角部和中部位置处的混凝土提供的约束作用强，对截面边长中部位置附近混凝土提供的约束作用弱。这说明相对于角部来说，截面边长中部位置处的钢管平面外刚度较小，因此变形较大，所能提供的约束作用也较小。

3) 钢管约束应力分析

以试件 SS-a-0.99、试件 SM-a-t4.5 和试件 SL-a-0.99 为例，提取钢管内壁与夹层混凝土界面的法向接触力，如图 2.47 所示。钢管对混凝土的约束力主要分布在角部位置，截面高度中部位置则几乎无约束力存在。将各侧面的法向接触力的合力除以相应侧面面积可得其平均约束应力，当试件截面尺寸由 200mm 增加至 300mm 时，平均约束应力从 1.38MPa 降低至 1.33MPa。上述结果说明，在组合加固柱中，约束混凝土的尺寸效应不仅来源于其材料本身的尺寸效应，还源于其受到的约束作用。

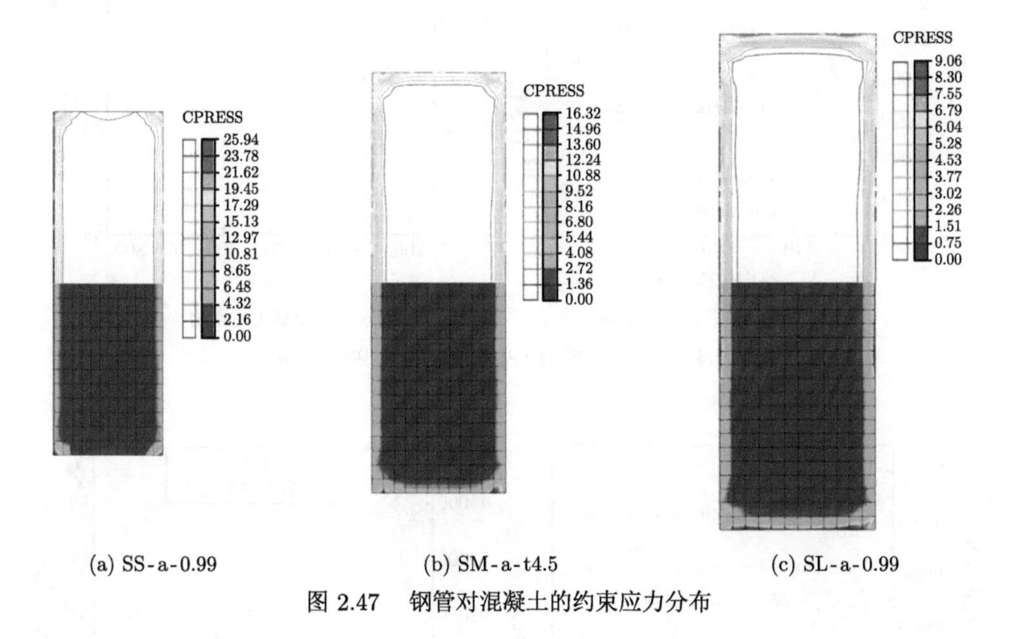

(a) SS-a-0.99 (b) SM-a-t4.5 (c) SL-a-0.99

图 2.47 钢管对混凝土的约束应力分布

4) 尺寸效应分析

在实际工程中，加固柱的截面尺寸往往比测试试件的尺寸要大得多 [120,121]。以试件 SS-a-0.99、试件 SM-a-t4.5 和试件 SL-a-0.99 为基准，分别建立了不同尺寸试件 (组合加固柱截面边长分别增大至原来的 2 倍、3 倍和 4 倍) 的有限元模型，以探究组合加固柱的尺寸效应。材料的本构关系、有限元建模过程等均与相应基准试件相同。

尺寸变化对试件的荷载–纵向位移曲线以及试件承载力和名义峰值应力影响规律如图 2.48 ~ 图 2.50 所示。从图 2.48 ~ 图 2.50 可以看出，随着尺寸的增大，试件荷载–纵向位移曲线的下降段也变得更加陡峭，即极限荷载后的延性也在变差。试件尺寸的增加还会导致其名义峰值应力的降低。外套钢管对内部混凝土的平均约束应力随尺寸的变化趋势如图 2.51 所示，其中γ_p 是指试件平均约束应力与基准试件 SS-a-0.99 的平均约束应力值之比。由图 2.51 可知，γ_p 随着截面尺寸 B 的增大而减小，图中实线为数据的拟合曲线，拟合公式见式 (2.21)。

$$\gamma_p = 2.21B^{-0.146} \tag{2.21}$$

在工程实际中，组合加固柱具有更大的尺寸，因而展现出了比试验柱更为显著的尺寸效应。

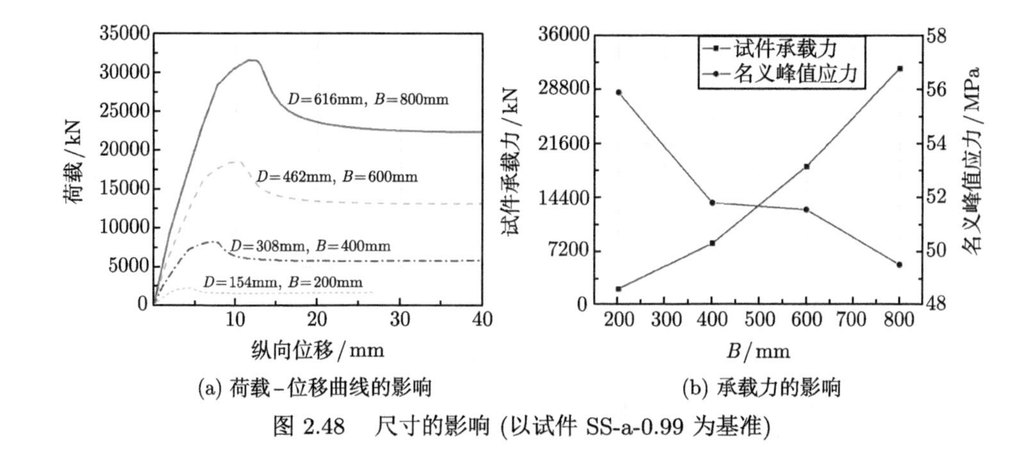

(a) 荷载–位移曲线的影响 (b) 承载力的影响

图 2.48 尺寸的影响 (以试件 SS-a-0.99 为基准)

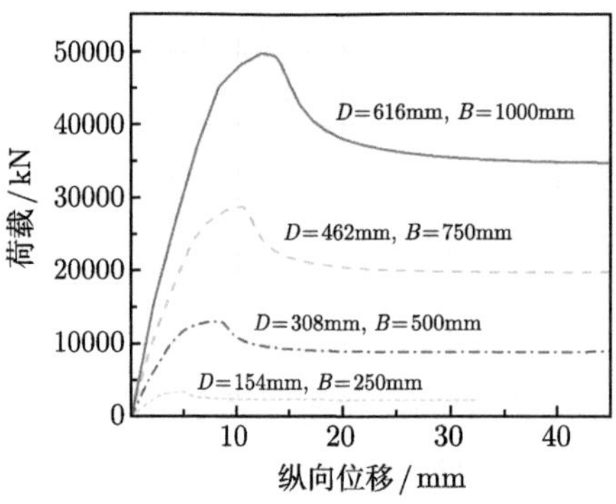

(a) 荷载–位移曲线的影响 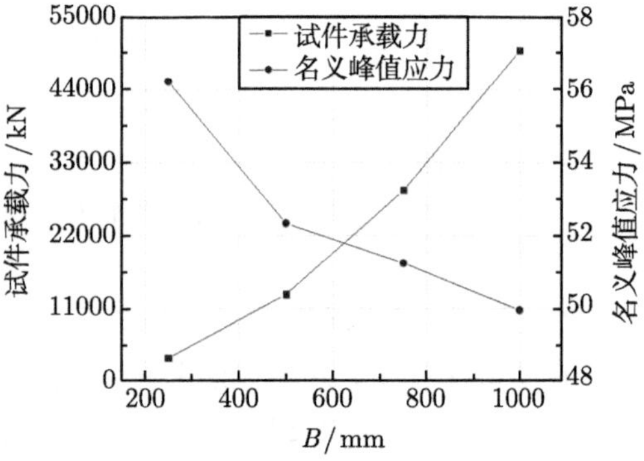 (b) 承载力的影响

图 2.49 尺寸的影响 (以试件 SM-a-t4.5 为基准)

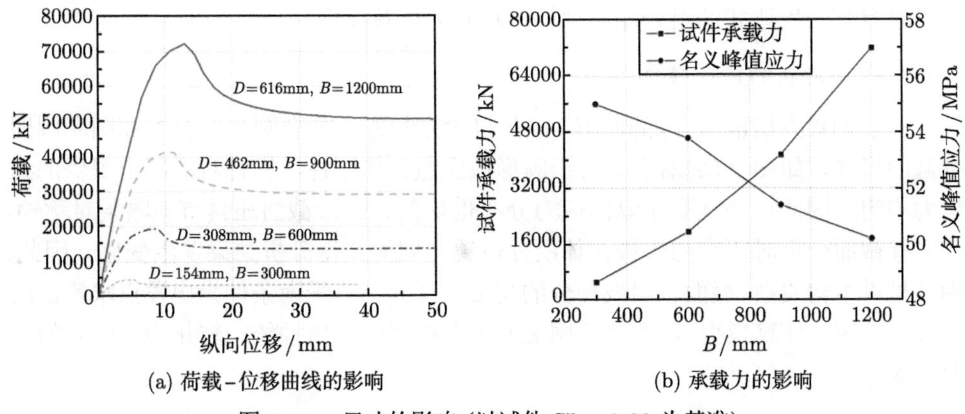

(a) 荷载–位移曲线的影响

(b) 承载力的影响

图 2.50 尺寸的影响 (以试件 SL-a-0.99 为基准)

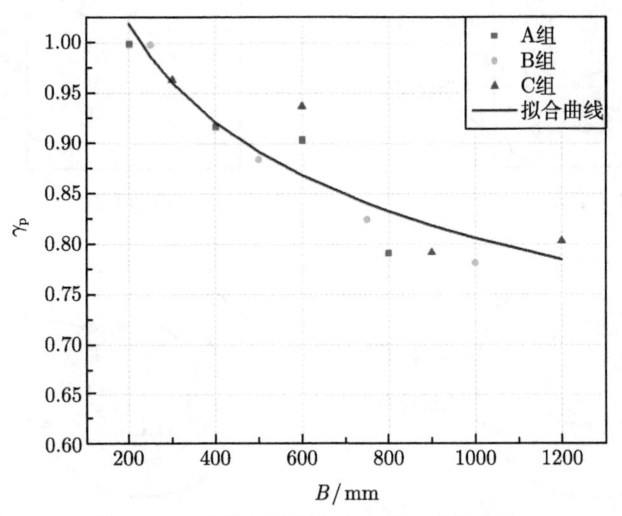

图 2.51 试件平均约束应力随尺寸的变化

2.7 承载力统一计算模型

考虑到原 RC 柱为方形和圆形的不同情况，基于不同截面形式下钢管的不同约束机理，上文已对工程上最普遍的四种截面工况的组合加固柱进行了全面的试验研究、数值计算及理论分析。由于不同截面形式组合加固柱工作机理的不同、各部分材料本构关系及刚度的差异、不同材料峰值应力的不同步性，常规的承载力计算原理和方法对各截面形式的组合加固柱不具有统一性和广泛的适应性。因此，本节对不同截面形式组合加固柱的截面形状进行统一转化，然后基于统一的承载力计算理论框架，从截面受力平衡、材料本构方程以及不同材料之间的变形协调出发，推导出具有统一表达式的组合加固柱轴压承载力计算模型。

1. 截面形状的统一转化

外套钢管夹层混凝土加固 RC 柱共包含方套方、方套圆、圆套方和圆套圆四种截面形式，如图 2.52 所示。对于圆形截面组合加固柱，钢管对混凝土提供的约束力均匀，因此核心混凝土纵向应力分布也均匀。圆形截面还具有无限条对称轴，在进行截面分析时不会由于微元体所处位置不同而使得分析结果发生变化。因此，为从材料本构关系、截面各组成部分的变形协调和力的平衡条件为出发点求解截面承载力的统一计算模型，需要将不同截面工况的组合加固柱统一转化为圆套圆的截面形式。

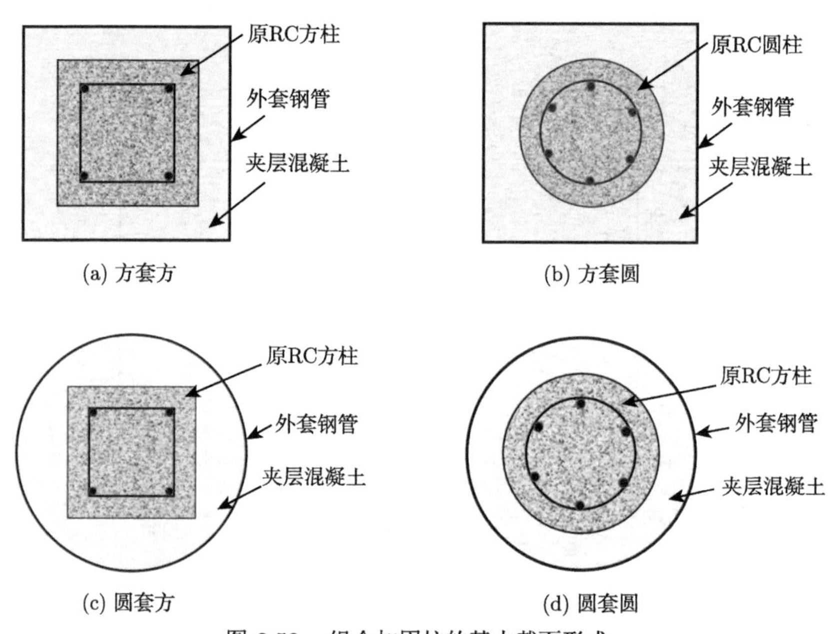

图 2.52 组合加固柱的基本截面形式

1) 等面积转化

对 RC 方柱来说，假设其边长为 b_2，转化后的 RC 圆柱半径为 r_2，则有

$$b_2^2 = \pi r_2^2 \tag{2.22}$$

假设方钢管边长和壁厚分别为 b_1 和 t，转化后的圆钢管内半径和壁厚分别为 r_1 和 t_1，则有

$$\begin{cases} b_1^2 = \pi\left(r_1 + t_1\right)^2 \\ 4\left(b_1 - t\right)t = \pi\left(2r_1 + t_1\right)t_1 \end{cases} \tag{2.23}$$

2) 约束作用等效

方形截面的钢管对核心混凝土的约束作用不均匀[64,65,67]，位于截面中部及方钢管角部处的混凝土受到的约束作用较强，方钢管边长中部位置处的混凝土受到的约束作用则较弱，典型约束区域分布[122]如图 2.53 所示。图中虚线所示为抛物线，阴影部分为弱约束区，b_c 为核心混凝土边长。则根据与外套钢管的相对尺寸不同，原 RC 柱混凝土可能部分或全部处于强约束区范围内。

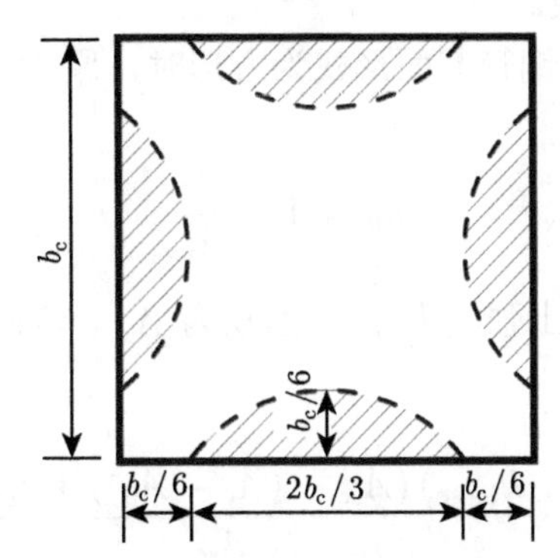

图 2.53　外套方钢管约束区域分布

对原 RC 圆柱来说，假设其直径为 d，原 RC 圆柱混凝土位于非有效约束区的面积为 A_0，则有

$$A_0=\begin{cases}0, & b_c\geqslant 1.5d\\ d^2\arcsin\dfrac{2x_1}{d}-\dfrac{8}{3}b_cx_1+4\left(x_1\sqrt{\dfrac{d^2}{4}-x_1^2}-\dfrac{x_1^3}{b_c}\right), & d<b_c<1.5d\end{cases}\tag{2.24}$$

$$x_1=\frac{\sqrt{2}b_c}{3}\left[\left(3+\left(\frac{3d}{2b_c}\right)^2\right)^{0.5}-2\right]^{0.5}\tag{2.25}$$

对原 RC 方柱来说，假设其边长为 b_2，原 RC 方柱混凝土位于非有效约束区的面积为 A_0，则有

$$A_0=\begin{cases}0, & b_c\geqslant 1.5b_2\\ \dfrac{8}{27}\left(3b_2-2b_c\right)^{1.5}b_c^{0.5}, & b_2<b_c<1.5b_2\end{cases}\tag{2.26}$$

由此，假设原 RC 柱混凝土强度为 f_{ic}、面积为 A_{ic}、侧向约束力为 p_{ic}，则原

RC 柱混凝土等效强度 $f_{\mathrm{ic,eq}}$ 为

$$
\begin{aligned}
f_{\mathrm{ic,eq}} &= \frac{\left(f_{\mathrm{ic}}+k_1 p_{\mathrm{ic}}\right)\left(A_{\mathrm{ic}}-A_0\right)+f_{\mathrm{ic}} A_0}{A_{\mathrm{ic}}} \\
&= f_{\mathrm{ic}}+k_1 p_{\mathrm{ic}}\left(1-\frac{A_0}{A_{\mathrm{ic}}}\right)
\end{aligned} \tag{2.27}
$$

式中，k_1 为约束强度系数。

由上式可知，当外套钢管截面形式为方形时，原 RC 柱混凝土的约束力折减系数 k_{ic} 为

$$
k_{\mathrm{ic}}=1-\frac{A_0}{A_{\mathrm{ic}}} \tag{2.28}
$$

同理，假设夹层混凝土强度为 f_{sc}、面积为 A_{sc}、侧向约束力为 p_{sc}，则夹层混凝土等效强度 $f_{\mathrm{sc,eq}}$ 为

$$
\begin{aligned}
f_{\mathrm{sc,eq}} &= \frac{\left(f_{\mathrm{sc}}+k_1 p_{\mathrm{sc}}\right)\left(A_{\mathrm{sc}}-\left(A_{\mathrm{e}}-A_0\right)\right)+f_{\mathrm{sc}}\left(A_{\mathrm{e}}-A_0\right)}{A_{\mathrm{sc}}} \\
&= f_{\mathrm{sc}}+k_1 p_{\mathrm{sc}}\left(1-\frac{A_{\mathrm{e}}-A_0}{A_{\mathrm{sc}}}\right)
\end{aligned} \tag{2.29}
$$

$$
A_{\mathrm{e}}=4\left(\frac{4}{3} \cdot \frac{1}{2} \cdot \frac{2}{3} b_{\mathrm{c}} \cdot \frac{1}{6} b_{\mathrm{c}}\right)=\frac{8}{27} b_{\mathrm{c}}^2 \tag{2.30}
$$

即当外套钢管截面形式为方形时，夹层混凝土的约束力折减系数 k_{sc} 为

$$
k_{\mathrm{sc}}=1-\frac{A_{\mathrm{e}}-A_0}{A_{\mathrm{sc}}} \tag{2.31}
$$

3) 直壁钢管局部屈曲

除混凝土约束作用差别外，对于直边钢管来说，还应考虑到其在轴向荷载作用下的局部屈曲，即应力分布不均问题，如图 2.54 所示，其中 f_{ty} 和 f_{te} 分别为钢管的屈服强度与等效屈服强度。在组合加固柱达到极限荷载时，外套方钢管由于截面纵向应力分布差异，等效强度达不到屈服强度。因此，采用有效宽度法来考虑其对承载能力的影响，钢管的有效宽度 b_{e} 按下列公式计算：

$$
\frac{b_{\mathrm{e}}}{b_1}=\begin{cases}1, & \lambda \leqslant 0.673 \\ \dfrac{1}{\lambda}\left(1-\dfrac{0.22}{\lambda}\right), & \lambda>0.673\end{cases} \tag{2.32}
$$

$$\lambda=\frac{1.037}{\sqrt{k_{\mathrm{cr}}}}\left(\frac{b_1}{t}\right)\sqrt{\frac{f_{\mathrm{ty}}\left(1-\nu_{\mathrm{s}}^2\right)}{E_{\mathrm{s}}}} \tag{2.33}$$

式中，k_{cr} 为板面屈曲系数，对于钢管混凝土来说，取值为 10.311[123,124]。

则外套方形钢管等效屈服强度为

$$f_{\mathrm{te}}=\frac{b_{\mathrm{e}}}{b_1}f_{\mathrm{ty}} \tag{2.34}$$

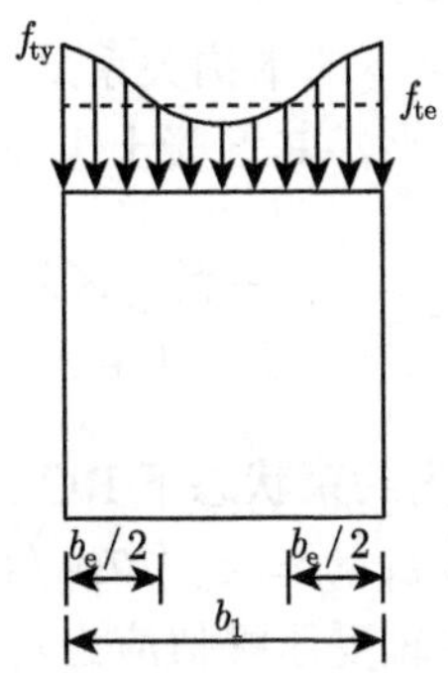

图 2.54 方钢管极限应力分布及有效宽度

2. 基本假设

在分析过程中，进行如下假设：

(1) 在轴心压力作用下，同一时刻原 RC 柱混凝土、夹层混凝土、纵向受力钢筋和外套钢管的纵向应变一致，均为 ε_z；

(2) 原 RC 柱混凝土的泊松比和夹层混凝土相同；

(3) 外套钢管的环向应力沿壁厚均匀分布，忽略外套钢管的径向应力；

(4) 试件达到极限荷载时，内部纵向受力钢筋已达到屈服状态；

(5) 在对原 RC 柱混凝土进行分析时，忽略纵筋与箍筋对其的影响。

在承载力的推导过程中，对应力和应变的正负方向的规定与弹塑性力学一致，即以指向截面外法线方向的应力和应变为正。按此规定，试件在轴心受压时的纵向应力与应变均为负，各材料在轴压荷载下的纵向应力符号也为负。

3. 截面承载力

将不同截面工况的组合加固柱转化为图 2.52(d) 所示的截面形式后，记外套钢管内半径 (即夹层混凝土半径) 和钢管壁厚分别为 r_1 和 t_1，原 RC 柱半径为 r_2，组合加固柱截面各组成部分的受力模型如图 2.55 所示。

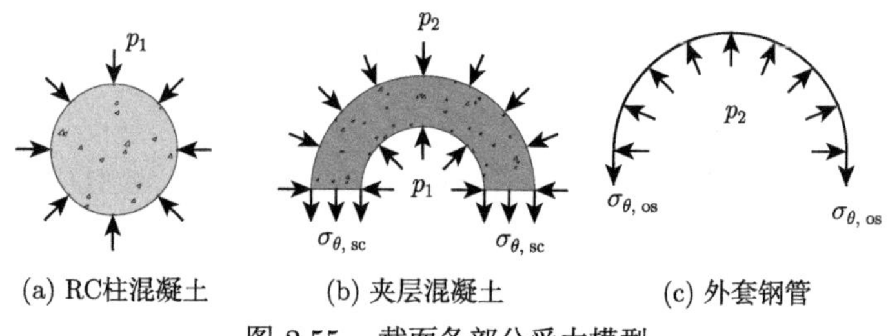

图 2.55 截面各部分受力模型

1) 原 RC 柱混凝土受力与变形分析

原 RC 柱混凝土在约束作用下的本构关系采用如图 2.56 所示的二阶段模型。OA 段采用的是 Mander 模型 [125]，其混凝土纵向应力 $\sigma_{z,\mathrm{ic}}$ 的表达式如下：

$$\sigma_{z,\mathrm{ic}}=\frac{-f'_{\mathrm{ic,co}}XZ}{Z-1+X^Z} \tag{2.35}$$

式中，$X=\varepsilon_z/\varepsilon_{\mathrm{ic,co}}$，这里 $\varepsilon_{\mathrm{ic,co}}$ 为约束状态下 RC 柱混凝土受压峰值应力对应的应变，参考 Attard 等 [126] 的研究，$\varepsilon_{\mathrm{ic,co}}=\varepsilon_{\mathrm{ic}}\left[17p_1/\left(\gamma_{\mathrm{ic}}f'_{\mathrm{ic}}\right)-0.06p_1+1\right]$，$\varepsilon_z$ 为纵向受压应变，$\varepsilon_{\mathrm{ic}}$ 为 RC 柱混凝土单轴受压峰值应力对应的应变，假设为 -0.0022[127]；$-f'_{\mathrm{ic,co}}=-\gamma_{\mathrm{ic}}f'_{\mathrm{ic}}+4.1k_{\mathrm{c}}\sigma_{\mathrm{r,ic}}$，$\sigma_{\mathrm{r,ic}}=-p_1$；$Z=E_{\mathrm{ic}}/\left(E_{\mathrm{ic}}-E_{\mathrm{ic,\ sec}}\right)$，$E_{\mathrm{ic}}=4700\sqrt{\gamma_{\mathrm{ic}}f'_{\mathrm{ic}}}$ 是 RC 柱混凝土的切线模量，$\gamma_{\mathrm{ic}}=1.65A_{\mathrm{ic}}^{-0.056}$ 为 RC 柱混凝土尺寸效应系数，$E_{\mathrm{ic,sec}}=-f'_{\mathrm{ic,co}}/\varepsilon_{\mathrm{ic,co}}$ 为约束状态下 RC 柱混凝土达到峰值应力时的割线模量，f'_{ic} 和 $f'_{\mathrm{ic,co}}$ 分别为 RC 柱混凝土在单轴受压状态和约束状态下的强度(正值)。

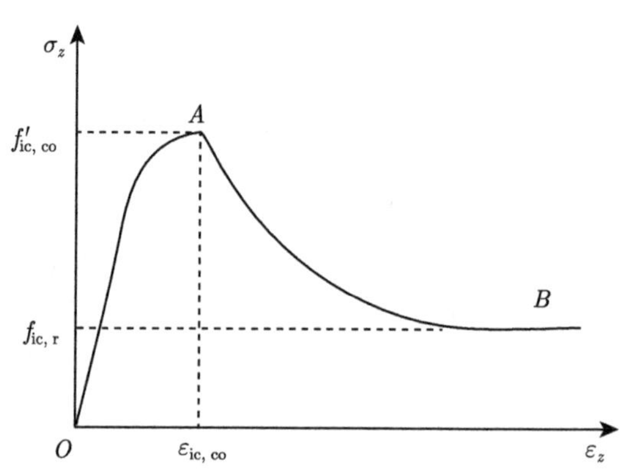

图 2.56 原 RC 柱混凝土应力–应变本构关系

整理得

$$\sigma_{z,\mathrm{ic}}=\frac{E_{\mathrm{ic}}\varepsilon_z}{1-\left(1+\dfrac{E_{\mathrm{ic}}\varepsilon_{\mathrm{ic,co}}}{f'_{\mathrm{ic,co}}}\right)\left(\dfrac{\varepsilon_z}{\varepsilon_{\mathrm{ic,co}}}\right)^{\frac{1}{1+\frac{f'_{\mathrm{ic,co}}}{E_{\mathrm{ic}}\varepsilon_{\mathrm{ic,co}}}}}} \tag{2.36}$$

式中，$f'_{\mathrm{ic,co}}=\gamma_{\mathrm{ic}}f'_{\mathrm{ic}}+4.1k_{\mathrm{c}}p_1$；$\varepsilon_{\mathrm{ic,co}}=-0.0022\left(17\dfrac{p_1}{\gamma_{\mathrm{ic}}f'_{\mathrm{ic}}}-0.06p_1+1\right)$。

参考 Tao 等[113] 的研究，曲线的下降段取为

$$\sigma_{z,\mathrm{ic}}=-f_{\mathrm{ic,re}}+\left(-f'_{\mathrm{ic,co}}+f_{\mathrm{ic,re}}\right)\exp\left[-\left(-\frac{\varepsilon_z-\varepsilon_{\mathrm{ic,co}}}{\alpha}\right)^{1.2}\right] \tag{2.37}$$

式中，$\alpha=0.04-\dfrac{0.036}{1+\mathrm{e}^{\beta}}$；$\beta=12.16p_1/\left(\gamma_{\mathrm{i}}f'_{\mathrm{ic}}\right)-3.49$。

残余应力 $f_{\mathrm{ic,re}}$ 的取值参考 Samani 和 Attard 的研究[128]：

$$-f_{\mathrm{ic,re}}=-f'_{\mathrm{ic,co}}\left(1-\frac{1}{a\left[p_1/\left(\gamma_{\mathrm{ic}}f'_{\mathrm{ic}}\right)\right]^k+1}\right) \tag{2.38}$$

式中，$a=795.7-3.291\gamma_{\mathrm{ic}}f'_{\mathrm{ic}}$；$k=5.79\left[p_1/\left(\gamma_{\mathrm{ic}}f'_{\mathrm{ic}}\right)\right]^{0.694}+1.301$。

除纵向应力–应变关系外，为建立原 RC 柱混凝土和夹层混凝土的环向变形协调条件，还需要得到原 RC 柱混凝土的环向应变–纵向应变关系。影响原 RC 柱混凝土环向应变的因素包括纵向应变 ε_z、环向作用力 p_1 以及 RC 柱混凝土强度 f'_{ic}。参考 Dong 等[129] 的研究，原 RC 柱混凝土环向应变在弹塑性阶段可看作弹性部分和塑性部分的叠加：

$$\varepsilon_{\theta,\mathrm{ic}}=\varepsilon^{\mathrm{e}}_{\theta,\mathrm{ic}}+\varepsilon^{\mathrm{p}}_{\theta,\mathrm{ic}} \tag{2.39}$$

对于原 RC 柱混凝土环向应变弹性部分 $\varepsilon^{\mathrm{e}}_{\theta,\mathrm{ic}}$，由弹性力学，可得原 RC 柱混凝土在弹性阶段的应力–应变关系：

$$\varepsilon_{r,\mathrm{ic}}=\frac{\sigma_{r,\mathrm{ic}}}{E_{\mathrm{ic}}}-\nu_{\mathrm{ic}}\frac{\sigma_{\theta,\mathrm{ic}}}{E_{\mathrm{ic}}}-\nu_{\mathrm{ic}}\frac{\sigma_{z,\mathrm{ic}}}{E_{\mathrm{ic}}} \tag{2.40}$$

$$\varepsilon_{\theta,\mathrm{ic}}=-\nu_{\mathrm{ic}}\frac{\sigma_{r,\mathrm{ic}}}{E_{\mathrm{ic}}}+\frac{\sigma_{\theta,\mathrm{ic}}}{E_{\mathrm{ic}}}-\nu_{\mathrm{ic}}\frac{\sigma_{z,\mathrm{ic}}}{E_{\mathrm{ic}}} \tag{2.41}$$

$$\varepsilon_z=-\nu_{\mathrm{ic}}\frac{\sigma_{r,\mathrm{ic}}}{E_{\mathrm{ic}}}-\nu_{\mathrm{ic}}\frac{\sigma_{\theta,\mathrm{ic}}}{E_{\mathrm{ic}}}+\frac{\sigma_{z,\mathrm{ic}}}{E_{\mathrm{ic}}} \tag{2.42}$$

式中，$\varepsilon_{r,\mathrm{ic}}$、$\varepsilon_{\theta,\mathrm{ic}}$ 和 ε_z 分别为原 RC 柱混凝土的径向、环向和纵向应变；$\sigma_{r,\mathrm{ic}}$、$\sigma_{\theta,\mathrm{ic}}$ 和 $\sigma_{z,\mathrm{ic}}$ 分别为其径向、环向和纵向应力；ν_{ic} 和 E_{ic} 分别为原 RC 柱混凝土的泊松比和弹性模量。

假设原 RC 柱混凝土沿径向受到的侧压力沿厚度方向不变，图 2.57 为原 RC 柱混凝土径向取单元体后的受力图。由图 2.57 可得

$$2\int_0^{\pi/2} p_1 r\sin\theta \mathrm{d}\theta - 2\int_0^{\pi/2} p_1(r+\mathrm{d}r)\sin\theta \mathrm{d}\theta - 2\sigma_{\theta,\mathrm{ic}}\mathrm{d}r = 0 \tag{2.43}$$

式中，r 为单元体内半径；θ 为角度。

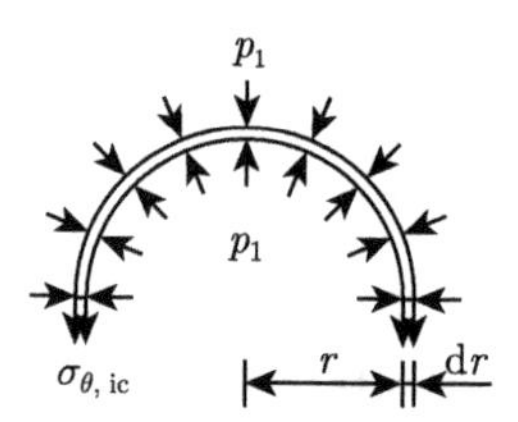

图 2.57 原 RC 柱混凝土单元体受力模型

式 (2.43) 可化简为

$$\sigma_{\theta,\mathrm{ic}} = -p_1 \tag{2.44}$$

于是有

$$\sigma_{r,\mathrm{ic}} = \sigma_{\theta,\mathrm{ic}} = -p_1 \tag{2.45}$$

即原 RC 柱混凝土受到的径向侧压力和环向侧压力相等。

联立式 (2.40) ~ 式 (2.42)，消去 $\sigma_{z,\mathrm{ic}}$，再由式 (2.45) 可得

$$\varepsilon^{\mathrm{e}}_{\theta,\mathrm{ic}} = \varepsilon^{\mathrm{e}}_{r,\mathrm{ic}} = -\nu_{\mathrm{ic}}\varepsilon_z + \left(1-\nu_{\mathrm{ic}}-2\nu_{\mathrm{ic}}^2\right)\frac{-p_1}{E_{\mathrm{ic}}} \tag{2.46}$$

对于原 RC 柱混凝土环向应变塑性部分 $\varepsilon^{\mathrm{p}}_{\theta,\mathrm{ic}}$，参考 Dong 等[129] 的研究：

$$\varepsilon^{\mathrm{p}}_{\theta,\mathrm{ic}} = \varepsilon^{\mathrm{p}}_{r,\mathrm{ic}} = 19.1\left(-\varepsilon_z+\varepsilon_{\mathrm{ic},z0}\right)^{1.4} \times \left\{0.1+0.9\left[\exp\left(-5.3p_1/\left(\gamma_{\mathrm{ic}}f'_{\mathrm{ic}}\right)\right)\right]\right\} \tag{2.47}$$

$$\begin{aligned}\frac{\varepsilon_{\mathrm{ic},z0}}{\varepsilon_{\mathrm{ic}}} =& \left(0.44+0.0021\gamma_{\mathrm{ic}}f'_{\mathrm{ic}}-0.00001\left(\gamma_{\mathrm{ic}}f'_{\mathrm{ic}}\right)^2\right)\\ &\times\left(1+30\exp\left(-0.013\gamma_{\mathrm{ic}}f'_{\mathrm{ic}}\right)\frac{p_1}{\gamma_{\mathrm{ic}}f'_{\mathrm{ic}}}\right)\end{aligned} \tag{2.48}$$

2) 夹层混凝土受力与变形分析

夹层混凝土的纵向应力–应变关系采用和原 RC 柱混凝土相同的二阶段模型。将有关原 RC 柱混凝土下标 “ic” 转换为表示夹层混凝土的下标 “sc”，并将侧向约

束力 p_1 换为 p_1 和 p_2 的平均值 $(p_1+p_2)/2$，即可得到夹层混凝土两阶段本构关系。在 OA 段，夹层混凝土的纵向应力应变关系表达式为

$$\sigma_{z,\mathrm{sc}} = \frac{E_{\mathrm{sc}}\varepsilon_z}{1+\left(1+\dfrac{E_{\mathrm{sc}}\varepsilon_{\mathrm{sc,co}}}{f'_{\mathrm{sc,co}}}\right)\left(\dfrac{\varepsilon_z}{\varepsilon_{\mathrm{sc,co}}}\right)^{\frac{1}{1+\frac{f'_{\mathrm{sc,co}}}{E_{\mathrm{sc}}\varepsilon_{\mathrm{sc,co}}}}}} \tag{2.49}$$

式中，$\varepsilon_{\mathrm{sc,co}}=\varepsilon_{\mathrm{sc}}\left[17\left(p_1+p_2\right)/\left(2\gamma_{\mathrm{sc}}f'_{\mathrm{sc}}\right)-0.03\left(p_1+p_2\right)+1\right]$；$-f'_{\mathrm{sc,co}}=-\gamma_{\mathrm{sc}}f'_{\mathrm{sc}}+4.1k_{\mathrm{sc}}\sigma_{r,\mathrm{sc}}$，$\sigma_{r,\mathrm{sc}}=-\left(p_1+p_2\right)/2$；$E_{\mathrm{sc}}=4700\sqrt{\gamma_{\mathrm{sc}}f'_{\mathrm{sc}}}$ 是夹层混凝土的切线模量，$\gamma_{\mathrm{sc}}=1.65A_{\mathrm{sc}}^{-0.056}$ 为夹层混凝土尺寸效应系数，其中 A_{sc} 为夹层混凝土的面积；ε_z 为纵向受压应变；$\varepsilon_{\mathrm{sc}}$ 为夹层混凝土单轴受压峰值应力对应的应变，同样假设为 -0.0022; f'_{sc} 和 $f'_{\mathrm{sc,co}}$ 分别为夹层混凝土在单轴受压状态和约束状态下的强度 (正值)。

夹层混凝土 AB 段的本构关系表达式如下：

$$\sigma_{z,\mathrm{sc}}=-f_{\mathrm{sc,re}}+\left(-f'_{\mathrm{sc,co}}+f_{\mathrm{sc,re}}\right)\exp\left[-\left(-\frac{\varepsilon_z-\varepsilon_{\mathrm{sc,co}}}{\alpha}\right)^{1.2}\right] \tag{2.50}$$

$$\alpha=0.04-\frac{0.036}{1+\mathrm{e}^{\beta}} \tag{2.51}$$

$$\beta=6.08\left(p_1+p_2\right)/\left(\gamma_{\mathrm{sc}}f'_{\mathrm{sc}}\right)-3.49 \tag{2.52}$$

$$f_{\mathrm{sc,re}}=f'_{\mathrm{sc,co}}\left(1-\frac{1}{a\left[\left(p_1+p_2\right)/2\gamma_{\mathrm{sc}}f'_{\mathrm{sc}}\right]^k+1}\right) \tag{2.53}$$

$$a=795.7-3.291\gamma_{\mathrm{sc}}f'_{\mathrm{sc}} \tag{2.54}$$

$$k=5.79\left(\frac{p_1+p_2}{2\gamma_{\mathrm{sc}}f'_{\mathrm{sc}}}\right)^{0.694}+1.301 \tag{2.55}$$

此外，与原 RC 柱混凝土残余应力类似，规定 $\left|f_{\mathrm{sc,re}}\right|\leqslant 0.25\left|f'_{\mathrm{sc,co}}\right|$。

为建立夹层混凝土与原 RC 柱混凝土和外套钢管的环向变形协调条件，还需要得到夹层混凝土的环向应变–纵向应变关系。夹层混凝土的环向应变为弹性部分 $\varepsilon_{\theta,\mathrm{sc}}^{\mathrm{e}}$ 和塑性部分 $\varepsilon_{\theta,\mathrm{sc}}^{\mathrm{p}}$ 之和：

$$\varepsilon_{\theta,\mathrm{sc}}=\varepsilon_{\theta,\mathrm{sc}}^{\mathrm{e}}+\varepsilon_{\theta,\mathrm{sc}}^{\mathrm{p}} \tag{2.56}$$

弹性阶段分析则参考徐秉业[130] 对厚壁圆筒的分析，该分析中假设厚壁圆筒纵向不受力。然而，对于组合加固柱，其夹层混凝土则同时受到环向约束力及纵向压力，因此，研究中要考虑此差异，取夹层混凝土受力分析单元如图 2.58 所示。

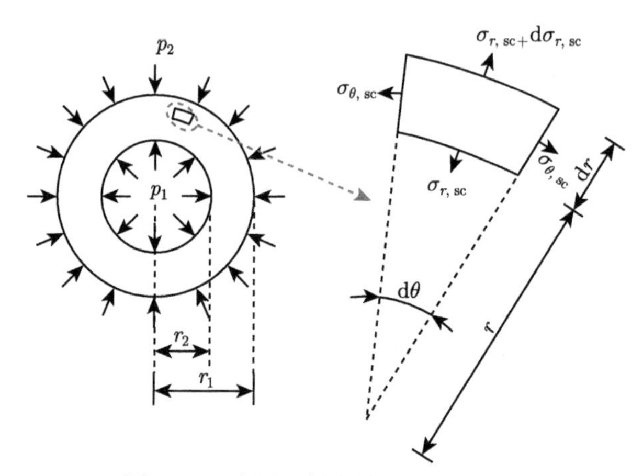

图 2.58　夹层混凝土微元体受力示意

径向应力平衡方程：

$$\sigma_{r,\mathrm{sc}} r \mathrm{d}\theta + 2\sigma_{\theta,\mathrm{sc}} \mathrm{d}r \sin\frac{\mathrm{d}\theta}{2} - \left(\sigma_{r,\mathrm{sc}} + \mathrm{d}\sigma_{r,\mathrm{sc}}\right)(r + \mathrm{d}r)\mathrm{d}\theta = 0 \tag{2.57}$$

略去高阶小项，化简得

$$\frac{\mathrm{d}\sigma_{r,\mathrm{sc}}}{\mathrm{d}r} + \frac{\sigma_{r,\mathrm{sc}} - \sigma_{\theta,\mathrm{sc}}}{r} = 0 \tag{2.58}$$

式中，r 为半径，介于 r_2 和 r_1 之间。

图 2.59 为夹层混凝土微元体变形示意图。由此，建立几何方程如下：

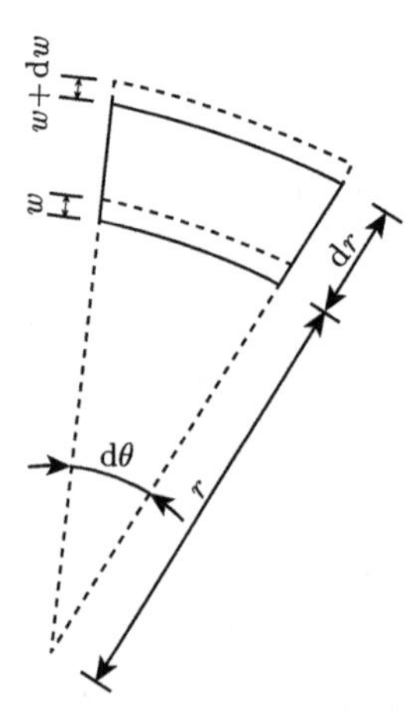

图 2.59　夹层混凝土微元体变形示意图

$$\varepsilon_{r,\mathrm{sc}}=\frac{(w+\mathrm{d}w)-w}{\mathrm{d}r}=\frac{\mathrm{d}w}{\mathrm{d}r} \tag{2.59}$$

$$\varepsilon_{\theta,\mathrm{sc}}=\frac{(r+w)\mathrm{d}\theta-r\mathrm{d}\theta}{r\mathrm{d}\theta}=\frac{w}{r} \tag{2.60}$$

式中，w 为径向位移。

根据式 (2.59) 和式 (2.60) 可得

$$\frac{\mathrm{d}\varepsilon_{\theta,\mathrm{sc}}}{\mathrm{d}r}+\frac{\varepsilon_{\theta,\mathrm{sc}}-\varepsilon_{r,\mathrm{sc}}}{r}=0 \tag{2.61}$$

夹层混凝土的应力–应变关系为

$$\varepsilon_{r,\mathrm{sc}}=\frac{\sigma_{r,\mathrm{sc}}}{E_{\mathrm{sc}}}-\nu_{\mathrm{sc}}\frac{\sigma_{\theta,\mathrm{sc}}}{E_{\mathrm{sc}}}-\nu_{\mathrm{sc}}\frac{\sigma_{z,\mathrm{sc}}}{E_{\mathrm{sc}}} \tag{2.62}$$

$$\varepsilon_{\theta,\mathrm{sc}}=-\nu_{\mathrm{sc}}\frac{\sigma_{r,\mathrm{sc}}}{E_{\mathrm{sc}}}+\frac{\sigma_{\theta,\mathrm{sc}}}{E_{\mathrm{sc}}}-\nu_{\mathrm{sc}}\frac{\sigma_{z,\mathrm{sc}}}{E_{\mathrm{sc}}} \tag{2.63}$$

$$\varepsilon_{z}=-\nu_{\mathrm{sc}}\frac{\sigma_{r,\mathrm{sc}}}{E_{\mathrm{sc}}}-\nu_{\mathrm{sc}}\frac{\sigma_{\theta,\mathrm{sc}}}{E_{\mathrm{sc}}}+\frac{\sigma_{z,\mathrm{sc}}}{E_{\mathrm{sc}}} \tag{2.64}$$

消去 $\sigma_{z,\mathrm{sc}}$，可得

$$\varepsilon_{r,\mathrm{sc}}=\left(1-\nu_{\mathrm{sc}}^{2}\right)\frac{\sigma_{r,\mathrm{sc}}}{E_{\mathrm{sc}}}-\left(\nu_{\mathrm{sc}}+\nu_{\mathrm{sc}}^{2}\right)\frac{\sigma_{\theta,\mathrm{sc}}}{E_{\mathrm{sc}}}-\nu_{\mathrm{sc}}\varepsilon_{z} \tag{2.65}$$

$$\varepsilon_{\theta,\mathrm{sc}}=-\left(\nu_{\mathrm{sc}}+\nu_{\mathrm{sc}}^{2}\right)\frac{\sigma_{r,\mathrm{sc}}}{E_{\mathrm{sc}}}+\left(1-\nu_{\mathrm{sc}}^{2}\right)\frac{\sigma_{\theta,\mathrm{sc}}}{E_{\mathrm{sc}}}-\nu_{\mathrm{sc}}\varepsilon_{z} \tag{2.66}$$

将式 (2.65) 和式 (2.66) 代入式 (2.63) 中可得

$$\frac{\left(1-\nu_{\mathrm{sc}}^{2}\right)\mathrm{d}\sigma_{\theta,\mathrm{sc}}-\left(\nu_{\mathrm{sc}}+\nu_{\mathrm{sc}}^{2}\right)\mathrm{d}\sigma_{r,\mathrm{sc}}}{\mathrm{d}r}+\frac{\left(1+\nu_{\mathrm{sc}}\right)\left(\sigma_{\theta,\mathrm{sc}}-\sigma_{r,\mathrm{sc}}\right)}{r}=0 \tag{2.67}$$

结合平衡方程式 (2.58) 可得

$$\sigma_{\theta,\mathrm{sc}}=r\frac{\mathrm{d}\sigma_{r,\mathrm{sc}}}{\mathrm{d}r}+\sigma_{r,\mathrm{sc}} \tag{2.68}$$

$$\frac{\mathrm{d}\sigma_{\theta,\mathrm{sc}}}{\mathrm{d}r}=2\frac{\mathrm{d}\sigma_{r,\mathrm{sc}}}{\mathrm{d}r}+r\frac{\mathrm{d}^{2}\sigma_{r,\mathrm{sc}}}{\mathrm{d}r^{2}} \tag{2.69}$$

将式 (2.68) 和式 (2.69) 代入式 (2.67)，消去 $\sigma_{\theta,\mathrm{sc}}$ 和 $\dfrac{\mathrm{d}\sigma_{\theta,\mathrm{sc}}}{\mathrm{d}r}$：

$$\left(1-\nu_{\mathrm{sc}}^2\right)\left(2\frac{\mathrm{d}\sigma_{r,\mathrm{sc}}}{\mathrm{d}r}+r\frac{\mathrm{d}^2\sigma_{r,\mathrm{sc}}}{\mathrm{d}r^2}\right)-\nu_{\mathrm{sc}}\left(1+\nu_{\mathrm{sc}}\right)\frac{\mathrm{d}\sigma_{r,\mathrm{sc}}}{\mathrm{d}r}$$
$$=\frac{1+\nu_{\mathrm{sc}}}{r}\left(\sigma_{r,\mathrm{sc}}-r\frac{\mathrm{d}\sigma_{r,\mathrm{sc}}}{\mathrm{d}r}-\sigma_{r,\mathrm{sc}}\right) \tag{2.70}$$

化简得

$$3\frac{\mathrm{d}\sigma_{r,\mathrm{sc}}}{\mathrm{d}r}+r\frac{\mathrm{d}^2\sigma_{r,\mathrm{sc}}}{\mathrm{d}r^2}=0 \tag{2.71}$$

上式可整理为

$$\frac{\mathrm{d}\left(\sigma_{r,\mathrm{sc}}'\right)}{\sigma_{r,\mathrm{sc}}'}=-3\frac{\mathrm{d}r}{r} \tag{2.72}$$

对 r 进行积分，可得

$$\ln\left(\sigma_{r,\mathrm{sc}}'\right)=-3\ln r+\ln C \tag{2.73}$$

故可以求得

$$\sigma_{r,\mathrm{sc}}'=Cr^{-3} \tag{2.74}$$

对 r 进一步进行积分可得

$$\sigma_{r,\mathrm{sc}}=-\frac{C_3}{2}r^{-2}+C_1=C_1+\frac{C_2}{r^2} \tag{2.75}$$

将上式代入平衡方程式 (2.58) 可得

$$\sigma_{\theta,\mathrm{sc}}=C_1-\frac{C_2}{r^2} \tag{2.76}$$

夹层混凝土的力边界条件为

$$\sigma_{r,\mathrm{sc}}\big|_{r=r_2}=-p_1,\quad \sigma_{r,\mathrm{sc}}\big|_{r=r_1}=-p_2 \tag{2.77}$$

将边界条件对应于式 (2.75) 中可解得

$$-p_1=C_1+\frac{C_2}{r_2^2} \tag{2.78}$$

$$-p_2=C_1+\frac{C_2}{r_1^2} \tag{2.79}$$

于是

$$C_1=\frac{1}{r_1^2-r_2^2}\left[r_2^2p_1-r_1^2p_2\right] \tag{2.80}$$

$$C_2=\frac{r_2^2 r_1^2}{r_1^2-r_2^2}\left(p_2-p_1\right) \tag{2.81}$$

由此，即可得到 $\sigma_{r,\mathrm{sc}}$ 与 $\sigma_{\theta,\mathrm{sc}}$ 的值，将其代入式 (2.65) 和式 (2.66) 可得

$$\begin{aligned}\varepsilon_{r,\mathrm{sc}}=&\frac{1}{E_{\mathrm{sc}}}\frac{1}{r_1^2-r_2^2}\\&\times\left\{\left(1-\nu_{\mathrm{sc}}-2\nu_{\mathrm{sc}}^2\right)\left[r_2^2p_1-r_1^2p_2\right]+\left(1+\nu_{\mathrm{sc}}\right)\frac{r_2^2r_1^2\left(p_2-p_1\right)}{r^2}\right\}-\nu_{\mathrm{sc}}\varepsilon_z\end{aligned} \tag{2.82}$$

$$\begin{aligned}\varepsilon_{\theta,\mathrm{sc}}=&\frac{1}{E_{\mathrm{sc}}}\frac{1}{r_1^2-r_2^2}\\&\times\left\{\left(1-\nu_{\mathrm{sc}}-2\nu_{\mathrm{sc}}^2\right)\left[r_2^2p_1-r_1^2p_2\right]-\left(1+\nu_{\mathrm{sc}}\right)\frac{r_2^2r_1^2\left(p_2-p_1\right)}{r^2}\right\}-\nu_{\mathrm{sc}}\varepsilon_z\end{aligned} \tag{2.83}$$

记夹层混凝土在内侧 $r=r_2$ 和外侧 $r=r_1$ 处的弹性环向应变分别为 $\varepsilon_{\theta,\mathrm{sc,i}}^{\mathrm{e}}$ 和 $\varepsilon_{\theta,\mathrm{sc,0}}^{\mathrm{e}}$，则

$$\begin{aligned}\varepsilon_{\theta,\mathrm{sc,i}}^{\mathrm{e}}=&\frac{1}{E_{\mathrm{sc}}}\frac{1}{r_1^2-r_2^2}\\&\times\left\{\left(1-\nu_{\mathrm{sc}}-2\nu_{\mathrm{sc}}^2\right)\left[r_2^2p_1-r_1^2p_2\right]-\left(1+\nu_{\mathrm{sc}}\right)r_1^2\left(p_2-p_1\right)\right\}-\nu_{\mathrm{sc}}\varepsilon_z\end{aligned} \tag{2.84}$$

$$\begin{aligned}\varepsilon_{\theta,\mathrm{sc,0}}^{\mathrm{e}}=&\frac{1}{E_{\mathrm{sc}}}\frac{1}{r_1^2-r_2^2}\\&\times\left\{\left(1-\nu_{\mathrm{sc}}-2\nu_{\mathrm{sc}}^2\right)\left[r_2^2p_1-r_1^2p_2\right]-\left(1+\nu_{\mathrm{sc}}\right)r_2^2\left(p_2-p_1\right)\right\}-\nu_{\mathrm{sc}}\varepsilon_z\end{aligned} \tag{2.85}$$

至此，夹层混凝土环向应变弹性部分求解完毕。

关于夹层混凝土环向应变的塑性部分，与原 RC 柱混凝土类似，记夹层混凝土在内侧 $r=r_2$ 和外侧 $r=r_1$ 处的塑性环向应变分别为 $\varepsilon_{\theta,\mathrm{sc,i}}^{\mathrm{p}}$ 和 $\varepsilon_{\theta,\mathrm{sc,0}}^{\mathrm{p}}$，则

$$\varepsilon_{\theta,\mathrm{sc,i}}^{\mathrm{p}}=19.1\left(-\varepsilon_z+\varepsilon_{\mathrm{sc},z0,\mathrm{i}}\right)^{1.4}\times\left\{0.1+0.9\left[\exp\left(-5.3p_1/\left(\gamma_{\mathrm{sc}}f_{\mathrm{sc}}'\right)\right)\right]\right\} \tag{2.86}$$

$$\begin{aligned}\frac{\varepsilon_{\mathrm{sc},z0,\mathrm{i}}}{\varepsilon_{\mathrm{sc}}}=&\left(0.44+0.0021\gamma_{\mathrm{sc}}f_{\mathrm{sc}}'-0.00001\left(\gamma_{\mathrm{sc}}f_{\mathrm{sc}}'\right)^2\right)\\&\times\left(1+30\exp\left(-0.013\gamma_{\mathrm{sc}}f_{\mathrm{sc}}'\right)\frac{p_1}{\gamma_{\mathrm{sc}}f_{\mathrm{sc}}'}\right)\end{aligned} \tag{2.87}$$

$$\varepsilon_{\theta,\mathrm{sc,0}}^{\mathrm{p}}=19.1\left(-\varepsilon_z+\varepsilon_{\mathrm{sc},z0,0}\right)^{1.4}\times\left\{0.1+0.9\left[\exp\left(-5.3p_2/\left(\gamma_{\mathrm{sc}}f_{\mathrm{sc}}'\right)\right)\right]\right\} \tag{2.88}$$

$$\frac{\varepsilon_{\mathrm{sc},z0,0}}{\varepsilon_{\mathrm{sc}}} = \left(0.44 + 0.0021\gamma_{\mathrm{sc}}f'_{\mathrm{sc}} - 0.00001\left(\gamma_{\mathrm{sc}}f'_{\mathrm{sc}}\right)^2\right) \times \left(1 + 30\exp\left(-0.013\gamma_{\mathrm{sc}}f'_{\mathrm{sc}}\right)\frac{p_2}{\gamma_{\mathrm{sc}}f'_{\mathrm{sc}}}\right) \tag{2.89}$$

由式 (2.56) 可得，夹层混凝土在内侧 $r = r_2$ 和外侧 $r = r_1$ 的环向应变 $\varepsilon_{\theta,\mathrm{sc,i}}$ 和 $\varepsilon_{\theta,\mathrm{sc,0}}$ 分别为

$$\varepsilon_{\theta,\mathrm{sc,i}} = \varepsilon^{\mathrm{e}}_{\theta,\mathrm{sc,i}} + \varepsilon^{\mathrm{p}}_{\theta,\mathrm{sc,i}} \tag{2.90}$$

$$\varepsilon_{\theta,\mathrm{sc,0}} = \varepsilon^{\mathrm{e}}_{\theta,\mathrm{sc,0}} + \varepsilon^{\mathrm{p}}_{\theta,\mathrm{sc,0}} \tag{2.91}$$

3) 外套钢管受力与变形分析

外套钢管的应力状态分析如图 2.55(c) 所示，通过建立受力平衡方程可得

$$2\int_0^{\frac{\pi}{2}} p_2 r_1 \sin\theta \mathrm{d}\theta = 2\sigma_{\theta,\mathrm{os}} t_1 \tag{2.92}$$

化简得

$$\sigma_{\theta,\mathrm{os}} = \frac{p_2 r_1}{t_1} \tag{2.93}$$

忽略外套钢管径向应力，根据 von Mises 屈服状态方程可得

$$\sigma^2_{\theta,\mathrm{os}} + \sigma^2_{z,\mathrm{os}} - \sigma_{\theta,\mathrm{os}}\sigma_{z,\mathrm{os}} = f^2_{\mathrm{te}} \tag{2.94}$$

式中，f_{te} 为外套钢管等效屈服强度。

由上式可求得外套钢管纵向应力 $\sigma_{z,\mathrm{os}}$：

$$\sigma_{z,\mathrm{os}} = \frac{1}{2}\sigma_{\theta,\mathrm{os}} - \sqrt{f^2_{\mathrm{te}} - \frac{3}{4}\sigma^2_{\theta,\mathrm{os}}} \tag{2.95}$$

至此，还需求得外套钢管的环向应变–纵向应变关系以建立其与夹层混凝土的环向变形协调方程。根据顾维平 [131] 的研究，钢材在达到塑性状态之初，因为应力的变化范围不大，可采用全量理论进行钢管应力的分析：

$$\sigma_{\theta,\mathrm{os}} = \frac{-2}{\varepsilon_z}\left(\frac{2\varepsilon_{\theta,\mathrm{os}} + \varepsilon_z}{3} - \frac{\sigma_{\theta,\mathrm{os}}}{9K}\right)\sqrt{f^2_{\mathrm{te}} - \frac{3}{4}\sigma^2_{\theta,\mathrm{os}}} - \frac{2f^2_{\mathrm{te}} - 3\sigma^2_{\theta,\mathrm{os}}}{18K} \tag{2.96}$$

式中，$K = \dfrac{E_{\mathrm{s}}}{3(1-2\nu_{\mathrm{s}})}$。

由上式可得外套钢管环向应变–纵向应变关系如下：

$$\varepsilon_{\theta,\mathrm{os}}=\frac{\sigma_{\theta,\mathrm{os}}}{6K}-\frac{\dfrac{3\sigma_{\theta,\mathrm{os}}\varepsilon_z}{4}+\dfrac{2f_{\mathrm{te}}^2-3\sigma_{\theta,\mathrm{os}}^2}{12K}}{\sqrt{f_{\mathrm{te}}^2-\dfrac{3}{4}\sigma_{\theta,\mathrm{os}}^2}}-\frac{\varepsilon_z}{2} \tag{2.97}$$

4) 各部分变形协调

根据原 RC 柱混凝土和夹层混凝土内侧环向变形协调，可得

$$\varepsilon_{\theta,\mathrm{ic}}=\varepsilon_{\theta,\mathrm{sc,i}} \tag{2.98}$$

式中，$\varepsilon_{\theta,\mathrm{ic}}$ 和 $\varepsilon_{\theta,\mathrm{sc,i}}$ 分别见式 (2.39) 和式 (2.90)。

根据夹层混凝土外侧和外套钢管环向变形协调，可得

$$\varepsilon_{\theta,\mathrm{sc,0}}=\varepsilon_{\theta,\mathrm{os}} \tag{2.99}$$

式中，$\varepsilon_{\theta,\mathrm{sc,0}}$ 和 $\varepsilon_{\theta,\mathrm{os}}$ 分别见式 (2.91) 和式 (2.97)。

通过联立式 (2.98) 和式 (2.99)，即可求得 p_1 和 p_2。

5) 承载力求解

当纵向应变为 ε_z 时，试件承担的荷载为

$$N=N_{\mathrm{ic}}+N_{\mathrm{sc}}+N_{\mathrm{os}}+N_{\mathrm{r}} \tag{2.100}$$

N_{ic} 为原 RC 柱混凝土承担的纵向荷载：

$$N_{\mathrm{ic}}=-A_{\mathrm{ic}}\sigma_{z,\mathrm{ic}} \tag{2.101}$$

N_{sc} 为夹层混凝土承担的纵向荷载：

$$N_{\mathrm{sc}}=-A_{\mathrm{sc}}\sigma_{z,\mathrm{sc}} \tag{2.102}$$

N_{os} 为外套钢管承担的纵向荷载：

$$N_{\mathrm{os}}=-A_{\mathrm{os}}\sigma_{z,\mathrm{os}} \tag{2.103}$$

式中，A_{os} 为外套钢管截面面积。

N_{r} 为内部纵向受力钢筋承担的力，等于其总和截面积与屈服强度之积。

具体计算时，可将式 (2.100) 等号右侧对 ε_z 求导，令求导结果等于 0，将得到的纵向应变 $\varepsilon_{z,\mathrm{p}}$ 代回式 (2.100) 中，即可求得加载过程中的极限荷载 N_{p}：

$$N_{\mathrm{p}}=N|_{\varepsilon_z=\varepsilon_{z,\mathrm{p}}}=N_{\mathrm{ic,p}}+N_{\mathrm{sc,p}}+N_{\mathrm{os,p}}+N_{\mathrm{r}} \tag{2.104}$$

式中，$N_{\mathrm{ic,p}}$、$N_{\mathrm{sc,p}}$ 和 $N_{\mathrm{os,p}}$ 分别为纵向应变为 $\varepsilon_{z,\mathrm{p}}$ 时原 RC 柱混凝土、夹层混凝土和外套钢管承担的荷载。

鉴于计算过程较为复杂，在 MATLAB 中输入有关方程编制计算程序，对纵向应变 ε_z 设置步长较小的循环语句，计算不同 ε_z 下的结果，得到的承载力最大值即为极限荷载，计算步骤流程图如图 2.60 所示。

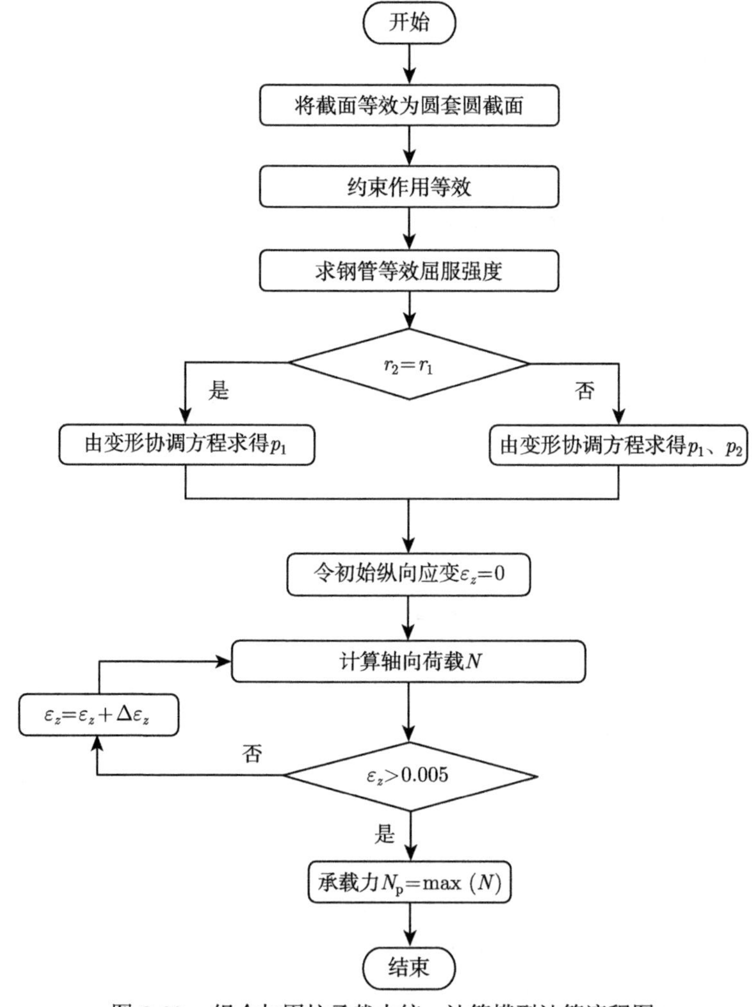

图 2.60　组合加固柱承载力统一计算模型计算流程图

4. 模型验证

为验证外套钢管夹层混凝土加固 RC 短柱轴压承载力统一计算模型，共收集 81 个组合加固轴压短柱试验数据，包括 56 个本试验数据及 25 个其他文献试验数据，进行模型计算值 N_{p} 与试验值 N_{e} 的对比。对于所有组合加固短柱试件，计算值 N_{p} 与试验值 N_{e} 比值的平均值为 0.947，标准差为 0.077，变异系数为 0.081。图 2.61 为计算结果与试验结果的对比图。

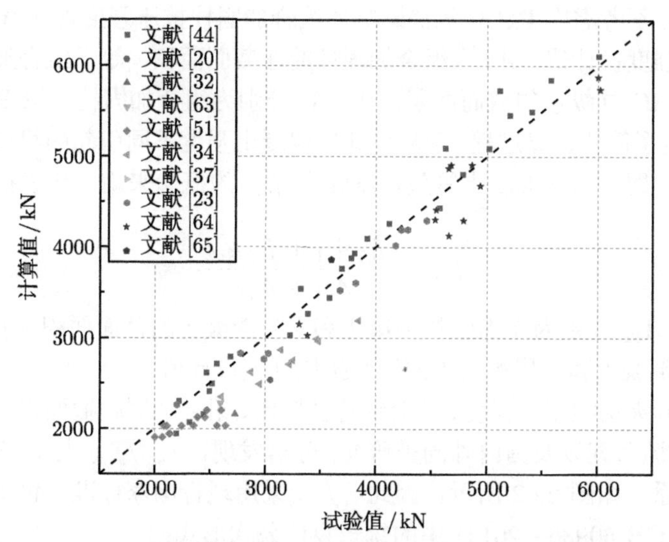

图 2.61　轴压承载力统一计算模型计算结果与试验结果对比

由对比结果可知，所提出的组合加固短柱轴压承载力统一计算模型具有很好的计算精度。以组合加固柱截面各组成部分的本构关系、变形协调条件和力平衡方程为出发点建立承载力计算模型，优势在于可考虑到截面各组成材料的荷载不同步性对承载能力的影响，这对加固工况的钢管混凝土柱的受力全过程分析和承载力计算具有重要理论意义。而模型的统一性不仅在于对工程常用的不同截面形状的组合加固柱的统一，更在于该模型具有统一的理论框架和统一的计算表达式 [25,132]。

2.8　承载力计算

采用承载力统一计算模型可较准确地计算出轴压荷载下外套钢管夹层混凝土加固 RC 柱的承载力，但是计算过程较为复杂，不便于工程实际应用。为了提出简化计算设计方法，将外套钢管夹层混凝土加固 RC 短柱的轴压承载力分为两部分考虑，即原柱纵筋部分 N_1 和其余部分 N_2。N_2 的计算借鉴了“钢管混凝土统一理论”的思想，而 N_1 则在原有钢管混凝土柱承载力计算理论的基础上按照组合加固柱的实际情况，考虑了原柱钢筋对于轴压承载力的贡献。由此，组合加固短柱的轴心受压承载力，可按下列公式计算：

$$N_{\mathrm{u}} = N_1 + N_2 \tag{2.105}$$

$$N_1 = f'_{\mathrm{y}} A_{\mathrm{s}} \tag{2.106}$$

$$N_2 = f_{\mathrm{scy}} A_0 \tag{2.107}$$

$$A_0 = A - A_{\mathrm{s}} \tag{2.108}$$

式中，f_{scy} 为不考虑原 RC 柱纵筋影响的组合加固柱抗压强度设计值；f'_{y} 为原柱纵筋的抗压强度设计值；A_0 为组合加固柱的净截面面积，等于组合加固柱的截面面积减去原 RC 柱纵筋的截面面积；A、A_{s} 分别为组合加固柱、原 RC 柱纵筋的截面面积。为了简化计算过程，忽略由新旧混凝土强度不同引起的组合加固柱截面应力梯度等问题，引入混凝土等效抗压强度 f_{cw} 的概念来均一化表征不同强度的新旧混凝土：

$$f_{\mathrm{cw}} = \frac{f_{\mathrm{c1}} A_{\mathrm{c1}} + f_{\mathrm{c2}} A_{\mathrm{c2}}}{A_{\mathrm{c1}} + A_{\mathrm{c2}}} \tag{2.109}$$

式中，A_{c1}、A_{c2} 分别为原 RC 柱混凝土和夹层混凝土的截面面积；f_{c1}、f_{c2} 分别为原 RC 柱混凝土和夹层混凝土的轴心抗压强度设计值。

通过不同夹层混凝土强度、外套钢管径厚比、组合加固柱截面形式的试验数据 (包括本章试验研究以及国内外同类研究) 分析发现，$f_{\mathrm{scy}}/f_{\mathrm{cw}}$ 与套箍系数 ξ 呈现二次函数关系，如图 2.62 所示。因此，f_{scy} 采用现行国家标准《钢管混凝土结构技术规范》(GB 50936—2014) 中的统一设计公式形式：

$$f_{\mathrm{scy}} = (1.212 + B'\xi + C'\xi^2) f_{\mathrm{cw}} \tag{2.110}$$

$$\xi = \frac{A_{\mathrm{a}} f_{\mathrm{a}}}{(A_{\mathrm{c1}} + A_{\mathrm{c2}})\, f_{\mathrm{cw}}} \tag{2.111}$$

式中，f_{a} 为外套钢管的抗压强度设计值；B'、C' 为外套钢管截面形状对套箍效应的影响系数，利用国内外已有的试验研究结果回归分析，得到 B'、C' 的计算式，见表 2.11，A_{a} 为外套钢管截面面积。

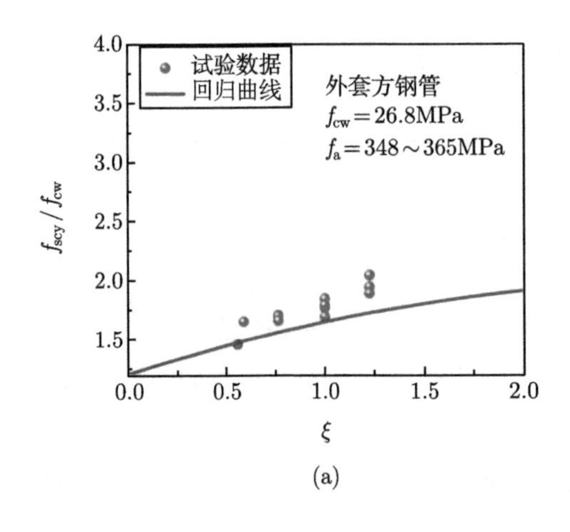

(a)

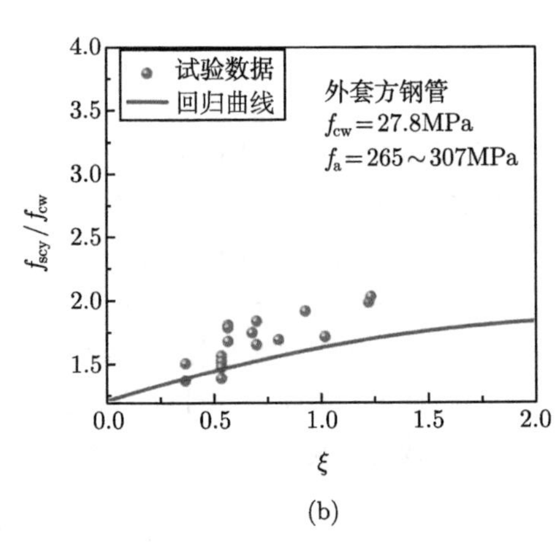

(b)

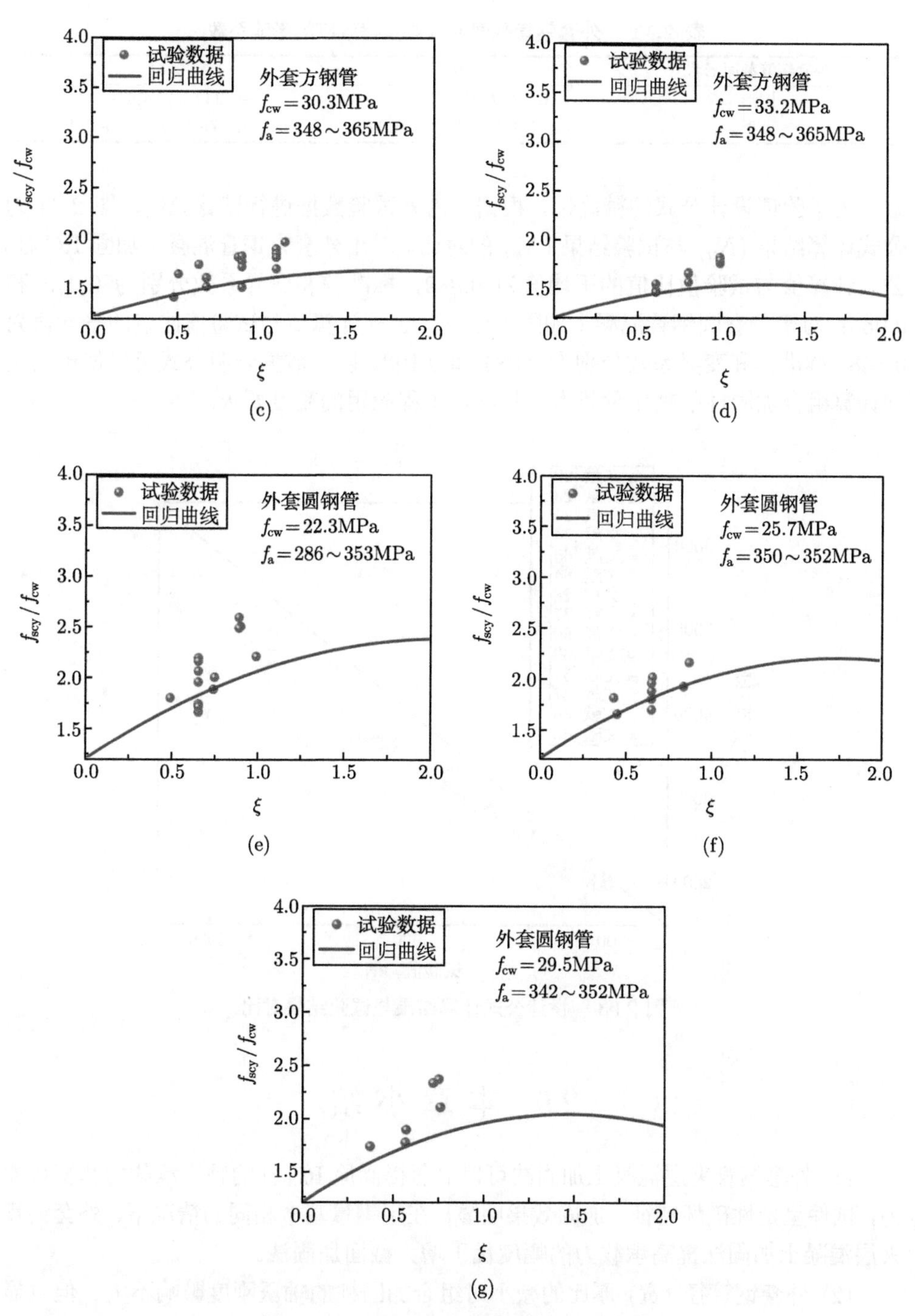

图 2.62 f_{scy}/f_{cw} 与套箍系数 ξ 的关系

表 2.11 外套钢管截面形状对套箍效应的影响系数

外套钢管截面形状	B'	C'
圆形	$0.133f_a/213+0.918$	$-0.24f_{cw}/14.4+0.104$
方形	$-0.087f_a/213+0.675$	$-0.276f_{cw}/14.4+0.424$

为了验证设计公式的精确性，根据国内外试验数据进行试算验证，图 2.63 为公式计算结果 (N_0) 与试验结果 (N_e) 的对比。对于外套方钢管混凝土加固 RC 柱，公式计算值与试验值比值的平均值为 0.889，标准差和变异系数分别为 0.049 和 0.055；对于外套圆钢管混凝土加固 RC 柱，公式计算值与试验值比值的平均值为 0.838，标准差和变异系数分别为 0.084 和 0.100。以上数据表明公式可以偏于安全地计算组合加固柱的轴压承载力，且满足工程应用的精度要求。

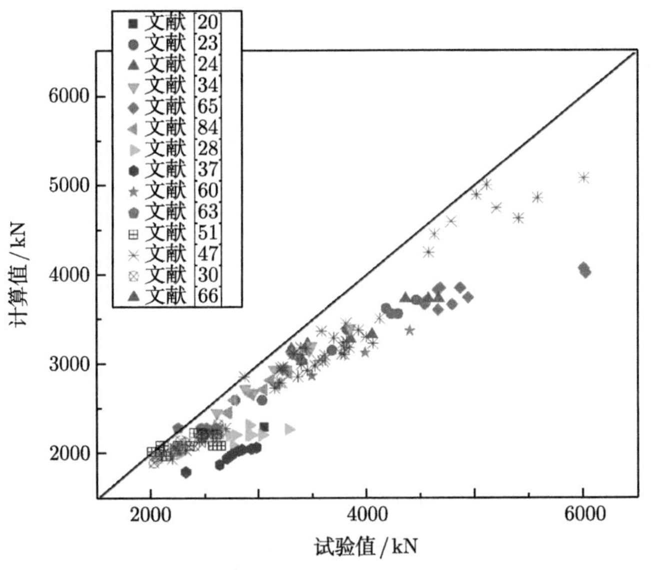

图 2.63 设计公式计算结果与试验结果对比

2.9 本章小结

(1) 外套钢管夹层混凝土加固法可以显著提高原 RC 柱的轴压承载力和变形能力，试件呈延性破坏特征，加固效果明显。在用钢量基本相同的情况下，外套钢管夹层混凝土加固法提高承载力的幅度优于增大截面加固法。

(2) 外套钢管径 (宽) 厚比的减小对组合加固柱的轴压刚度影响不大，但可显著提高其承载力与后期延性；夹层混凝土强度越高，则组合加固短柱的弹性阶段越长，轴压刚度和承载力也越大，但后期延性却降低；二次受力应力水平的变化对组合加固柱的刚度、承载力、延性等因素的影响不显著。

(3) 通过等面积转化、混凝土约束作用等效以及考虑钢管的屈曲特性，实现了各种组合加固柱截面形式向外圆内圆截面形式的转化。基于统一的承载力计算理论框架，从截面受力平衡、材料本构方程以及不同材料之间的变形协调出发，推导出具有统一表达式的组合加固柱轴压承载力计算模型。该模型不仅可以精确地预测组合加固柱轴压承载力，同时可以对工程应用中常见的钢管混凝土柱截面形式进行统一描述。

(4) 为了便于工程实际应用，忽略新旧混凝土应力梯度、引入混凝土等效抗压强度，建立组合加固柱抗压强度与套箍系数之间二次函数关系表达式，提出组合加固柱轴压承载力计算公式，公式计算值偏于安全。

第 3 章　外套钢管夹层混凝土加固 RC 中长柱轴压性能

3.1　引　　言

对于长细比较小的钢管混凝土短柱，其破坏是由钢管在双向应力下的屈服及核心混凝土在三向受压状态下压溃所致；对于长细比较大的长柱，其破坏则是由结构弹性阶段的失稳所引起，即出现较大侧向挠度而弯曲破坏[133-135]，破坏时构件纵向压应变尚处于弹性范围内，可由弹性稳定理论进行分析。但在介于短柱与长柱之间，有一个相当范围中等长细比的所谓“中长柱”，其破坏既不是由于弹性失稳也不是由于材料强度达到极限，而是由于弹塑性失稳破坏，其工作机理就相对复杂。

本章将对外套钢管夹层混凝土加固 RC 中长柱的轴压性能进行系统研究，分析外套钢管径厚比、夹层混凝土强度、长径 (宽) 比等因素对组合加固柱的破坏形态、承载力、变形能力等影响；在试验研究的基础上，采用纤维模型法和有限元方法对外套钢管夹层混凝土加固 RC 中长柱的轴压性能、工作机理进行分析；在轴压短柱承载力计算公式的基础上，提出了组合加固中长柱的承载力计算方法。

3.2　外套圆钢管夹层混凝土加固 RC 中长圆柱轴压性能试验研究

3.2.1　试验概述

试验设计制作了 9 个试件，包括 1 个未加固的 RC 中长圆柱和 8 个外套圆钢管夹层混凝土加固 RC 中长圆柱。试验研究参数包括：外套钢管径厚比、夹层混凝土强度和试件长径比，各试件参数见表 3.1。本试验试件与外套圆钢管夹层混凝土加固 RC 短圆柱轴压等为同一批试件，材料性能、截面尺寸和配筋详见 2.2.1 节。

试验在 5000kN 压力试验机上进行，试件两端设置刀口铰支座，用以模拟铰支承，试验加载装置与测点布置如图 3.1 所示。试验过程中量测内容包括：各级荷载值及其对应的纵向变形，侧向挠度，外套钢管的纵、环向应变。外套钢管中截面均匀布置纵、横向应变片共 4 组 8 片；试件的四分点处分别布置了 3 个横向位移计，用以测量试件的侧向挠度；试件弯曲平面外两侧对称布置 2 个纵向位移计，用以测量试件的纵向变形；各测点数据均由 DH3815N 静态应变采集系统自动采集。试件的加载制度与轴心受压短柱加载制度相同，详见 2.2.1 节。

表 3.1 试件设计参数

试件编号	$D\times t\times L$/mm	f_{cu1}/MPa	f_{cu2}/MPa	λ_1	λ_2
LRC-1	154×0×1850	32.83	—	12	—
LCFT-3.25-C50-8	219×3.25×1240	32.83	52.58	8	5.6
LCFT-3.25-C50-10	219×3.25×1550	32.83	52.58	10	7.1
LCFT-3.25-C50-12	219×3.25×1850	32.83	52.58	12	8.4
LCFT-3.25-C50-14	219×3.25×2140	32.83	52.58	14	9.8
LCFT-1.80-C50-12	219×1.80×1850	32.83	52.58	12	8.4
LCFT-3.90-C50-12	219×3.90×1850	32.83	52.58	12	8.4
LCFT-3.25-C40-12	219×3.25×1850	32.83	43.01	12	8.4
LCFT-3.25-C60-12	219×3.25×1850	32.83	57.29	12	8.4

注：λ_1、λ_2 分别为试件加固前后的长径比。

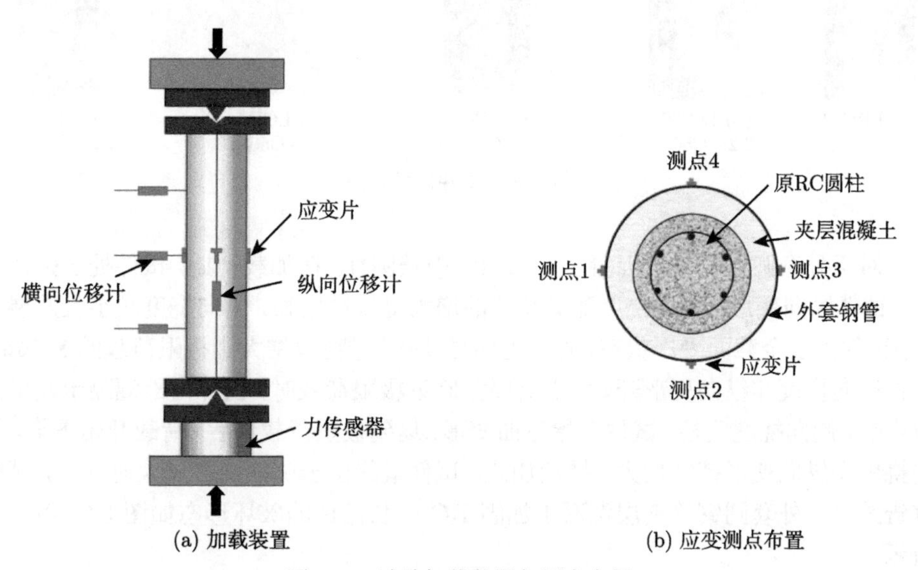

(a) 加载装置 (b) 应变测点布置

图 3.1 试验加载装置与测点布置

3.2.2 试验结果与分析

1. *破坏形态*

对于未加固的 RC 中长圆柱，在加载初期，试件处于弹性阶段，纵向变形和侧向挠度增加缓慢，与荷载呈线性相关，试件外观无明显变化；当荷载增大到极限荷载的 80%～90%时，试件的端部开始出现纵向裂缝；随着荷载的增加，裂缝数逐渐增多并逐渐向中部发展；临近极限荷载时，试件端部保护层混凝土开始剥落；达到极限荷载之后，纵向裂缝快速发展，端部混凝土成块脱落，荷载急剧下降，试件宣告破坏。未加固的 RC 中长圆柱的破坏形态如图 3.2(a) 所示。

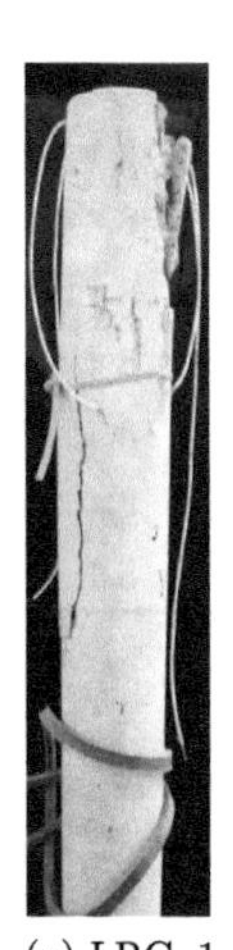
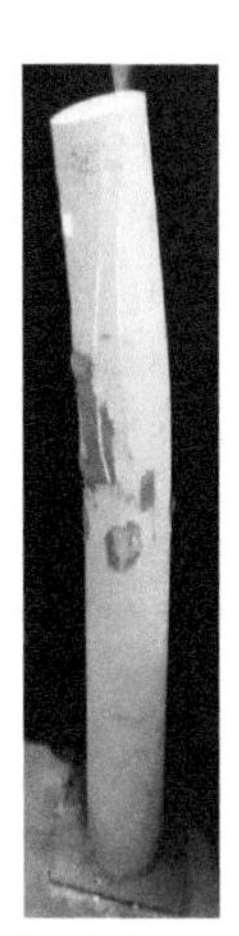
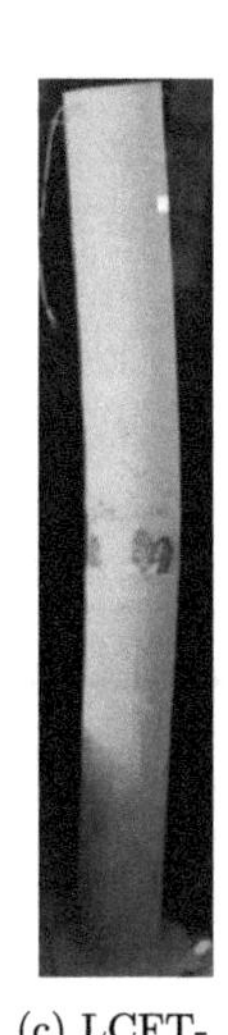
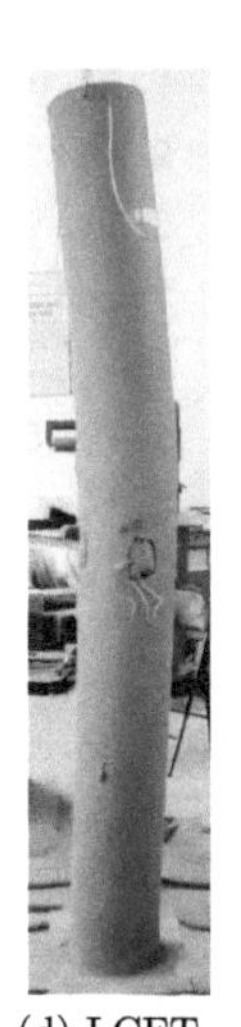
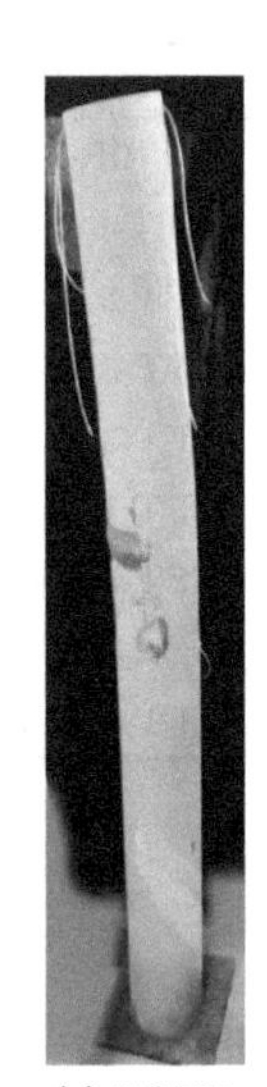

(a) LRC-1　(b) LCFT-3.25-C50-8　(c) LCFT-3.25-C50-10　(d) LCFT-3.25-C50-12　(e) LCFT-3.25-C50-14

图 3.2 试件破坏形态

对于外套圆钢管夹层混凝土加固 RC 中长圆柱，在加载初期，试件处于弹性阶段，试件纵向变形、侧向挠度随着荷载的增大呈线性增长，侧向挠度较小且发展缓慢，试件处于全截面受压状态，外观无明显变化；当荷载增大到极限荷载的 85%时，试件侧向挠度和纵向变形开始快速增大；临近极限荷载时，试件内部混凝土发出开裂声响，侧向挠度明显，试件开始弯曲变形；达到极限荷载以后，荷载开始下降，侧向挠度和纵向变形持续增大；持续加载，试件最终由于侧向挠度过大而破坏，试验宣告结束。外套圆钢管夹层混凝土加固 RC 中长圆柱的破坏形态如图 3.2(b)～(e) 所示。

2. *荷载–纵向变形曲线*

图 3.3(a) 为加固前后试件的荷载–纵向变形曲线，由图可知，采用外套钢管夹层混凝土加固后，试件的极限荷载与延性得到大幅提高。在加载初期，各试件荷载–纵向变形曲线规律基本一致，试件处于弹性阶段，纵向变形随荷载的增大呈线性增大。组合加固柱的极限荷载远大于 RC 中长圆柱。超过极限荷载后，曲线有不同的发展趋势，RC 中长圆柱延性较差，荷载–纵向变形曲线几乎无下降段，后期承

载能力较差，而组合加固柱的荷载–纵向变形曲线呈现平缓下降趋势，后期仍具有一定的承载能力，表明加固后试件的延性得到了大幅提高。

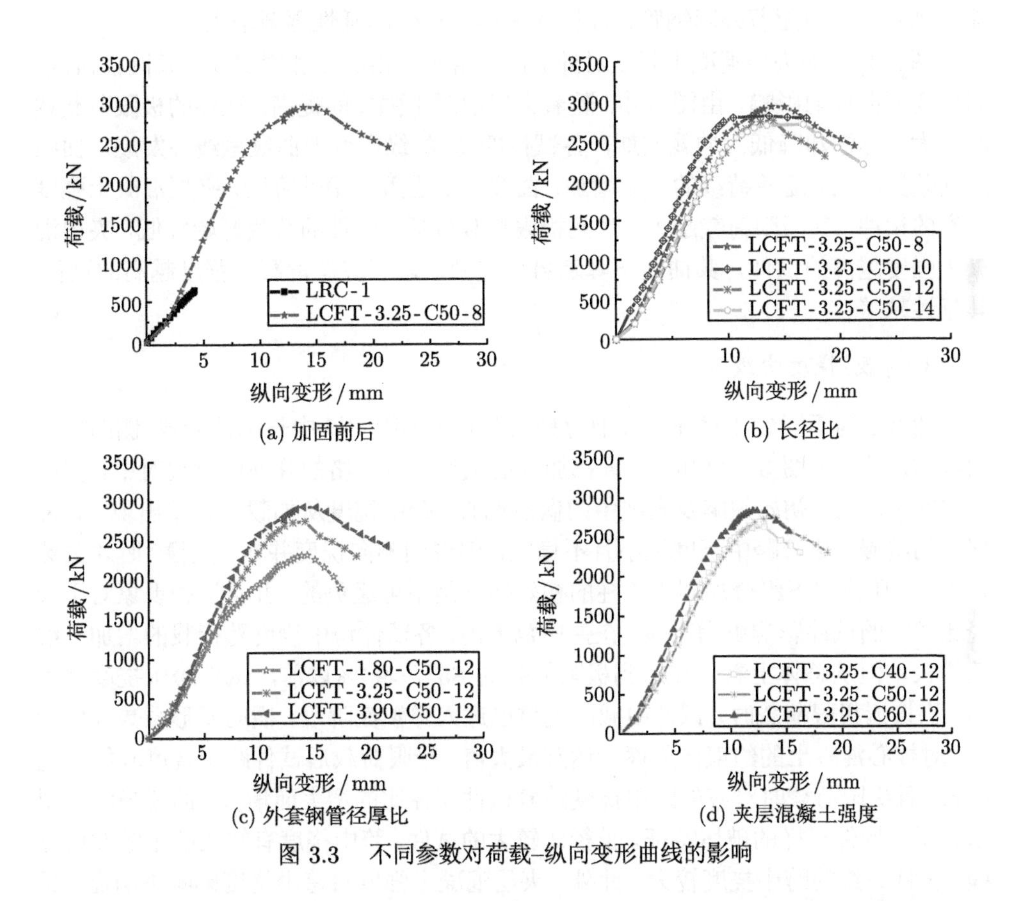

(a) 加固前后　(b) 长径比　(c) 外套钢管径厚比　(d) 夹层混凝土强度

图 3.3　不同参数对荷载–纵向变形曲线的影响

图 3.3(b) 为长径比对外套圆钢管夹层混凝土加固 RC 中圆方柱荷载–纵向变形曲线的影响，由图可知，随着长径比的增大，试件的极限荷载与延性降低。加载初期，各组合加固柱处于弹性阶段，纵向变形发展缓慢，荷载–纵向变形曲线发展基本重合。随着荷载的增大，长径比越大的试件越早进入弹塑性阶段，其极限荷载越低。极限荷载以后，试件的纵向变形开始迅速增大，荷载开始降低，长径比越大的试件，其荷载–纵向变形曲线下降越陡，后期承载能力较差，表明随着长径比的增大，试件延性逐渐降低。

图 3.3(c) 为外套钢管径厚比对外套圆钢管夹层混凝土加固 RC 中长圆柱荷载–纵向变形曲线的影响，由图可知，随着外套钢管径厚比的减小，试件的极限荷载与延性显著提升。加载初期，各试件荷载–纵向变形曲线呈线性发展，曲线之间区别不大。随着荷载不断增加，试件逐渐进入弹塑性阶段，外套钢管径厚比越小的试件

越晚进入弹塑性阶段，其极限荷载越大。极限荷载之后，试件的纵向变形迅速发展，荷载开始逐渐下降，外套钢管径厚比越小的试件，其曲线下降得越平缓，后期承载能力越好，表明随着外套钢管径厚比的减小，试件的延性逐渐增大。

图 3.3(d) 为夹层混凝土强度对外套圆钢管夹层混凝土加固 RC 中长圆柱荷载–纵向变形曲线的影响，由图可知，随着夹层混凝土强度的提高，试件的极限荷载逐渐增大，延性却降低。加载初期，各试件的荷载–纵向变形曲线呈线性发展，曲线之间差异不大。随着荷载的不断增加，曲线逐渐进入弹塑性阶段，夹层混凝土强度越高的试件，其极限荷载越大。达到极限荷载以后，试件的荷载开始降低，夹层混凝土强度越高的试件，其曲线下降趋势越陡峭，表明夹层混凝土强度越高的试件，其延性越差。

3. *荷载–挠度曲线*

图 3.4 为不同参数对外套圆钢管夹层混凝土加固 RC 中长圆柱荷载–侧向挠度曲线的影响。由图 3.4 可知，尽管在加载前试件经过严格的几何和物理对中，但由于材料不均匀、初始缺陷及安装中的偶然偏心，跨中挠度从加载就开始出现，且发展较为缓慢，尽管跨中挠度很小且不稳定，但说明侧向挠度并非 “失稳” 时才突然发生，轴压作用下组合加固中长柱的初始挠度是不可避免的，并且这种现象对于长径比较大的试件影响更为明显。在弹性范围内，各试件跨中挠度随荷载的增加呈线性增长。但从总体上看，在达到极限荷载的 85%~90%以前，试件跨中挠度都很小。当接近极限荷载时，试件中截面钢材已进入弹塑性阶段，横向变形系数开始增大，对核心混凝土的约束作用逐渐达到最大值。极限荷载后试件跨中挠度开始快速增长，且极限荷载时对应的跨中挠度随着试件长径比的增大而增大。曲线最终呈现出与压弯构件一样的破坏特征。长径比较大的试件，跨中挠度有较长的平缓发展过程，试件最终的跨中挠度较大。此外，夹层混凝土强度对跨中挠度影响不明显，长径比不变时，随着外套钢管径厚比的减小，曲线下降变得缓慢。

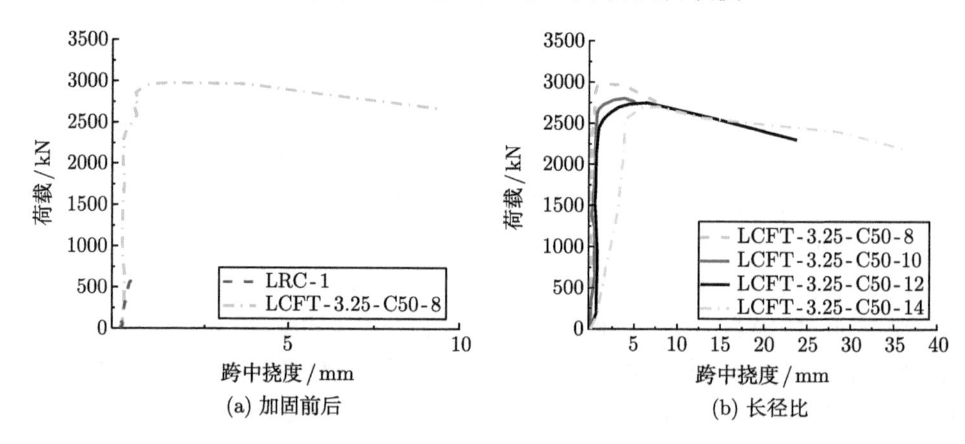

(a) 加固前后　　　　(b) 长径比

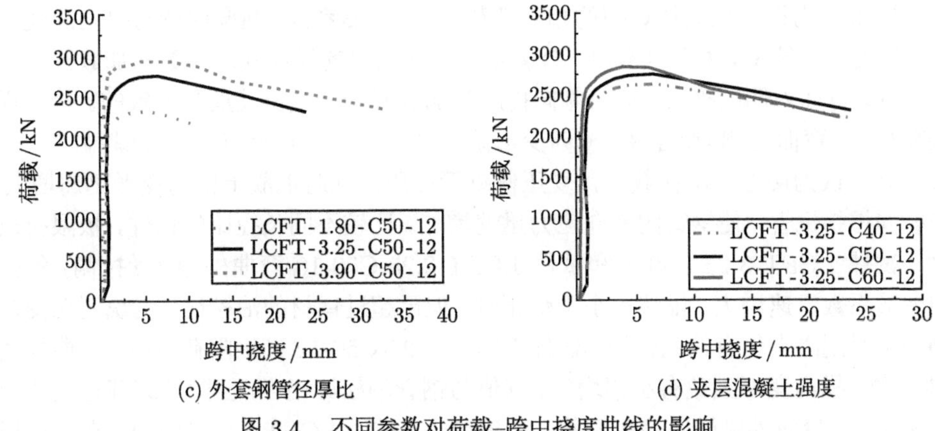

(c) 外套钢管径厚比　　(d) 夹层混凝土强度

图 3.4　不同参数对荷载–跨中挠度曲线的影响

4. 荷载–应变曲线

图 3.5 为组合加固柱典型的相对荷载–应变关系曲线，相对荷载为荷载与极限荷载的比值，测点 1 在弯曲内侧，测点 3 在弯曲外侧，另外两点为测点 2、4 (图 3.1(b))。加载初期，钢管各测点纵向应变和环向应变随荷载的增加基本呈线性递增，试件处于弹性阶段。随着荷载的增加和侧向挠度的发展，在接近极限荷载时，荷载应变关系曲线开始“分叉”，测点 1、3 呈相反的发展趋势，而测点 2、4 的应变基本相同，仍按原来的趋势发展。弯曲内侧 (受压侧) 测点 1 的环向应变开始快速增长；而弯曲外侧 (受拉侧) 测点 3 由受压状态逐渐转向受拉状态，外套钢管对混凝土的约束作用随之减弱，弯曲外侧的钢管横向应变开始减小。此时试件弯曲变形已经较为明显，中截面钢管对核心混凝土的横向约束沿圆周分布明显不均匀。

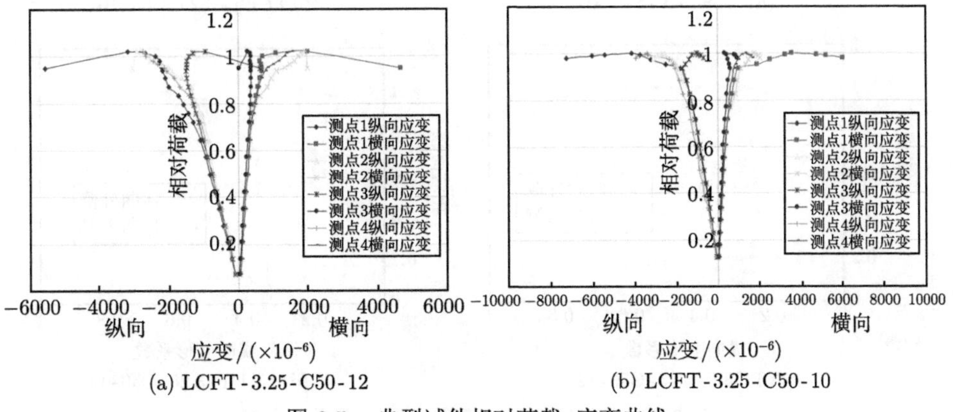

(a) LCFT-3.25-C50-12　　(b) LCFT-3.25-C50-10

图 3.5　典型试件相对荷载–应变曲线

图 3.6 为组合加固柱典型的相对荷载–横向变形系数 (横向应变与纵向应变之比) 曲线。从图 3.6 中可以看出，外套钢管弯曲两侧的横向变形系数从加载开始就有差异，弯曲内侧的略大，这与侧向挠度从加载开始就缓慢发展是一致的。接近极限荷载时，弯曲内侧 (受压侧) 横向变形系数迅速增大，且越到后期增加越显著。分析原因，认为接近极限荷载时，受压侧钢管屈服，同时混凝土横向变形迅速增大，在径向推挤钢管，使钢管的横向应力迅速增加。比较不同长径比的试件，极限荷载时，试件 LCFT-3.25-C50-8 和试件 LCFT-3.25-C50-10 弯曲外侧 (受拉侧) 的横向变形系数迅速增大，虽然远小于受压侧，但已超过钢材的泊松比，这说明在受拉侧钢管对混凝土仍有约束作用。试件 LCFT-3.25-C50-12 在极限荷载时，弯曲外侧 (受拉侧) 横向变形系数有小幅增加，其值与钢管泊松比相当，但随着卸载过程变形迅速发展，弯曲外侧横向变形系数又迅速减小。试件 LCFT-3.25-C50-14 在接近极限荷载时弯曲外侧 (受拉侧) 横向变形系数即开始小幅减小，其值在极限荷载时小于钢管的泊松比，说明受拉侧对混凝土无套箍约束作用，随着变形的迅速发展，弯曲外侧横向变形系数迅速减小。可见，长径比对受拉侧的横向变形系数影响显著，长径比较小的试件，在极限荷载时受拉侧对混凝土仍起到套箍约束作用。

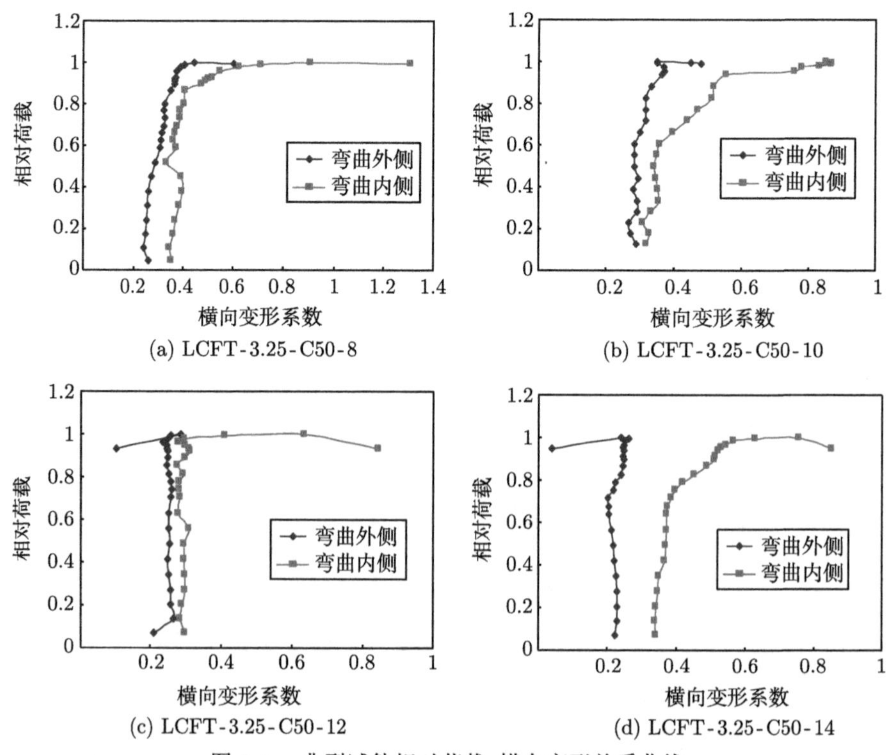

图 3.6 典型试件相对荷载–横向变形关系曲线

5. 承载力分析

外套圆钢管夹层混凝土加固 RC 中长圆柱的承载力试验结果见表 3.2，由表 3.2 可以看出以下规律：① 对于相同长径比试件，未加固的 RC 中长圆柱 ($L=1850\text{mm}$) 承载力为 648kN，组合加固柱 ($L=1850\text{mm}$) 承载力为 2319~2932kN，加固后试件的承载力大幅度提高。② 长径比是影响组合加固柱承载力的主要因素，随着长径比的增大，组合加固柱的承载力逐渐减小；当长径比从 5.6 增长到 7.1、8.4、9.8 时，组合加固柱的承载力分别降低了 170kN、229kN、277kN。③ 在长径比相同的情况下，夹层混凝土强度增大，组合加固柱承载力逐渐提高。当夹层混凝土强度等级从 C40 提高到 C50 和 C60 时，组合加固柱承载力分别提高了 4.5%和 8.1%。④ 在长径比不变的情况下，随着外套钢管径厚比的减小，组合加固柱承载力显著增大。当外套钢管径厚比从 121.7 减小至 67.4 和 56.1 时，组合加固柱承载力分别增大了 18.6%和 26.4%。

表 3.2 承载力试验结果

试件编号	$D\times t\times L$/mm	λ_2	ξ	N_u/kN
LRC-1	154×0×1850	12	—	648
LCFT-3.25-C50-8	219×3.25×1240	5.6	0.775	2980
LCFT-3.25-C50-10	219×3.25×1550	7.1	0.775	2810
LCFT-3.25-C50-12	219×3.25×1850	8.4	0.775	2751
LCFT-3.25-C50-14	219×3.25×2140	9.8	0.775	2703
LCFT-1.80-C50-12	219×1.80×1850	8.4	0.914	2319
LCFT-3.90-C50-12	219×3.90×1850	8.4	0.868	2932
LCFT-3.25-C40-12	219×3.25×1850	8.4	0.736	2633
LCFT-3.25-C60-12	219×3.25×1850	8.4	0.463	2845

注：ξ 为套箍系数，N_u 为试件承载力试验值。

3.3 外套圆钢管夹层混凝土加固 RC 中长方柱轴压性能试验研究

3.3.1 试验概述

试验设计制作了 9 个试件，包括 1 个未加固的 RC 中长方柱和 8 个外套圆钢管夹层混凝土加固 RC 中长方柱。试验研究参数包括：外套钢管径厚比、夹层混凝土强度和试件长径比，各试件参数见表 3.3。本试验试件与外套圆钢管夹层混凝土加固 RC 短方柱轴压等为同一批试件，材料性能、试件尺寸和配筋详见 2.3.1 节。试验加载装置与外套圆钢管夹层混凝土加固 RC 中长圆柱轴压试验装置相同，试件应变测点布置如图 3.7 所示，试验加载制度与轴心受压短柱的加载制度相同，详见 2.3.1 节。

表 3.3 试件设计参数

试件编号	$D(B) \times t \times L$/mm	f_{cu1}/MPa	f_{cu2}/MPa	λ_1	λ_2
LRC1	150×0×2180	31.52	—	14.53	—
L-t3-C40-5.0	273×3.16×1370	31.52	44.87	9.13	5.00
L-t3-C40-6.5	273×3.16×1770	31.52	44.87	11.80	6.50
L-t3-C40-8.0	273×3.16×2180	31.52	44.87	14.53	8.00
L-t3-C40-9.5	273×3.16×2600	31.52	44.87	17.33	9.50
L-t2-C40-8.0	273×2.10×2180	31.52	44.87	14.53	8.00
L-t4-C40-8.0	273×4.14×2180	31.52	44.87	14.53	8.00
L-t3-C30-8.0	273×3.16×2180	31.52	36.63	14.53	8.00
L-t3-C50-8.0	273×3.16×2180	31.52	54.69	14.53	8.00

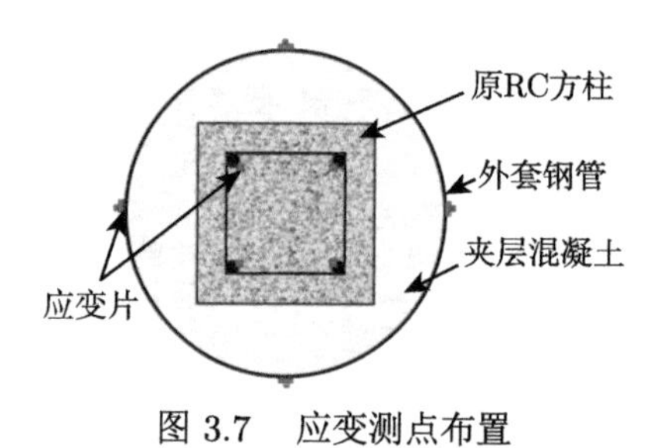

图 3.7 应变测点布置

3.3.2 试验结果与分析

1. *破坏形态*

对于未加固的 RC 中长方柱，在加载初期，试件处于弹性阶段，纵向变形和侧向挠度增加缓慢，与荷载呈线性相关，试件外观无明显变化；当荷载增大到极限荷载的 80%~90%时，试件下端部开始出现纵向裂缝；随着荷载的增加，裂缝数逐渐增多并逐渐向中部发展；临近极限荷载时，试件下端部保护层混凝土开始剥落；超过极限荷载后，纵向裂缝快速发展，端部混凝土成块脱落，荷载急剧下降，试件宣告破坏。未加固的 RC 中长方柱破坏形态如图 3.8(a) 所示，其破坏是由端部混凝土压碎所引起。

对于外套圆钢管夹层混凝土加固 RC 中长方柱，在加载初期，试件处于弹性阶段，试件纵向变形、侧向挠度随着荷载的增大呈线性增长，侧向挠度较小且发展缓慢，试件处于全截面受压状态，外观无明显变化；当荷载增大到极限荷载的 85%时，试件侧向挠度和纵向变形开始快速增大，试件下端部钢管出现轻微皱曲，中部略鼓；临近极限荷载时，试件内部混凝土发出开裂声响，侧向挠度明显，试件开始弯曲变形；达到极限荷载以后，荷载开始下降，侧向挠度和纵向变形持续增大；持续加载，试件最终由于侧向挠度过大而破坏，试验宣告结束。外套圆钢管夹层混凝土加固 RC 中长方柱的破坏形态如图 3.8(b)~(e) 所示，除明显弯曲变形外，试件中截面附件出现多处局部突起，属于典型的弹塑性失稳破坏。

(a) LRC1 (b) L-t3-C40-5.0 (c) L-t3-C40-6.5 (d) L-t3-C40-8.0 (e) L-t3-C40-9.5

图 3.8 试件破坏形态

2. 荷载–纵向变形曲线

图 3.9(a) 为加固前后试件的荷载–纵向变形曲线。由图 3.9(a) 可知，采用外套钢管夹层混凝土加固后，试件的极限荷载与延性得到大幅提高。加载初期，试件处于弹性阶段，荷载–纵向变形曲线基本呈线性变化，但由于加固后截面积的增大，试件的轴压刚度提高，组合加固柱的曲线斜率大于 RC 中长方柱。极限荷载以后，组合加固柱的荷载–纵向变形曲线继续发展，荷载平缓下降，试件表现出较好的延性特征，而 RC 中长方柱则在极限荷载以后迅速破坏，荷载–纵向变形曲线下降段很短，试件的延性较差。破坏时，组合加固柱的纵向变形达到 25mm，远大于 RC 中长方柱的 6mm，表明加固后试件的延性得到大幅提高。

图 3.9(b) 为长径比对外套圆钢管夹层混凝土加固 RC 中长方柱荷载–纵向变形曲线的影响。由图 3.9(b) 可知，随着长径比的增大，试件的极限荷载与延性降低。加载初期，各组合加固柱处于弹性阶段，纵向变形发展缓慢，荷载–纵向变形

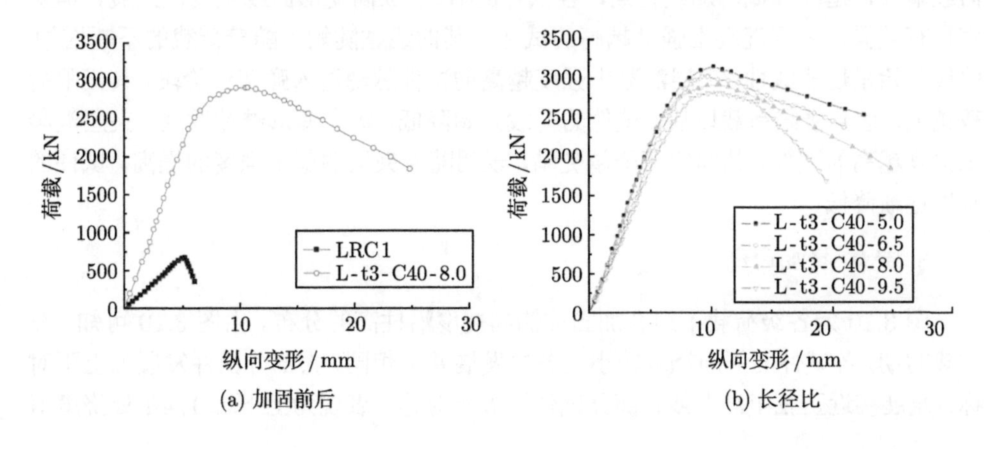

(a) 加固前后 (b) 长径比

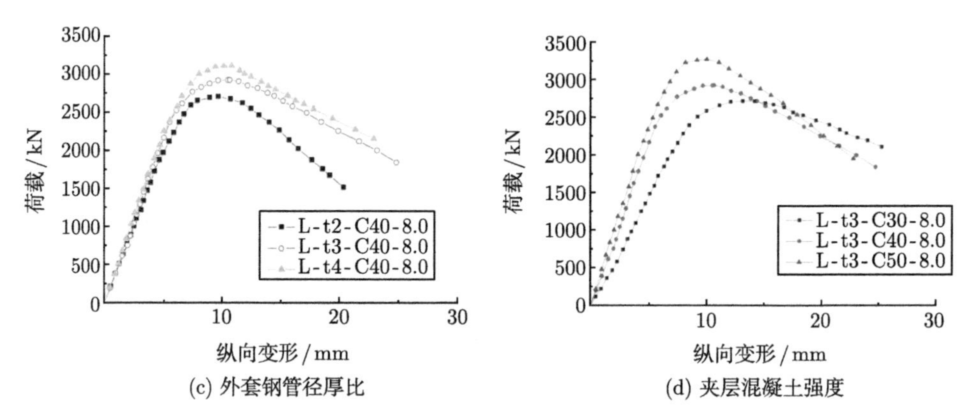

(c) 外套钢管径厚比

(d) 夹层混凝土强度

图 3.9 各参数对荷载–纵向变形曲线的影响

曲线发展基本重合。随着荷载的增大，长径比越大的试件越早进入弹塑性阶段，其极限荷载越低。极限荷载以后，试件的纵向变形开始迅速增大，荷载开始降低，长径比越大的试件，其荷载–纵向变形曲线下降越陡，发展历程相对较短，表明随着长径比的增大，试件延性逐渐降低。

图 3.9(c) 为外套钢管径厚比对外套圆钢管夹层混凝土加固 RC 中长方柱荷载–纵向变形曲线的影响。由图 3.9(c) 可知，随着外套钢管径厚比的减小，试件的极限荷载与延性增大。加载初期，各试件的纵向变形发展缓慢，荷载–纵向变形曲线呈线性发展且基本重合。随着荷载不断增加，外套钢管径厚比越小的试件越晚进入弹塑性阶段，其极限荷载越大。极限荷载之后，试件的纵向变形迅速发展，荷载开始逐渐下降，外套钢管径厚比越小的试件，其曲线下降得越平缓，表明随着外套钢管径厚比的减小，试件的延性逐渐增大。

图 3.9(d) 为夹层混凝土强度对外套圆钢管夹层混凝土加固 RC 中长方柱荷载–纵向变形曲线的影响。由图 3.9(d) 可知，随着夹层混凝土强度的提高，试件的极限荷载增大，延性降低。加载初期，各试件的荷载–纵向变形曲线呈线性发展，但斜率稍有差异，夹层混凝土强度越高的试件，其曲线越陡峭。随着荷载的不断增加，曲线开始呈现非线性，夹层混凝土强度越高的试件越晚进入弹塑性阶段，其极限荷载越大。达到极限荷载以后，试件的荷载开始降低，纵向变形继续发展，夹层混凝土强度越高的试件，其曲线下降越陡峭，表明随着夹层混凝土强度的提高，试件的延性逐渐降低。

3. 荷载–挠度曲线

图 3.10 为各级荷载下组合加固柱侧向挠度沿柱高的分布。由图 3.10 可知，在加载初期，各试件的侧向挠度较小且各自发展并不相同，大部分试件发展为上下对称，发展接近正弦半波曲线；部分试件发展不对称，表现为上下端 $1/4h$ 处挠度值

不相等，甚至大于中部挠度值，如试件 L-t3-C40-6.5 等。这一现象主要因为在加载初期，由于支座的影响，试件端部的抗弯刚度大于中部截面，其挠度最大出现在柱中，但由于试件的初始缺陷及荷载作用点未准确对中等偶然因素，所以部分试件的侧向挠度并未出现在柱中。这一现象在其他钢管混凝土轴压长柱的研究中也存在[134,136,137]。随着荷载的增加，挠度最大点逐渐向柱中移动，加载后期，试件的挠曲变形与正弦半波曲线基本吻合。

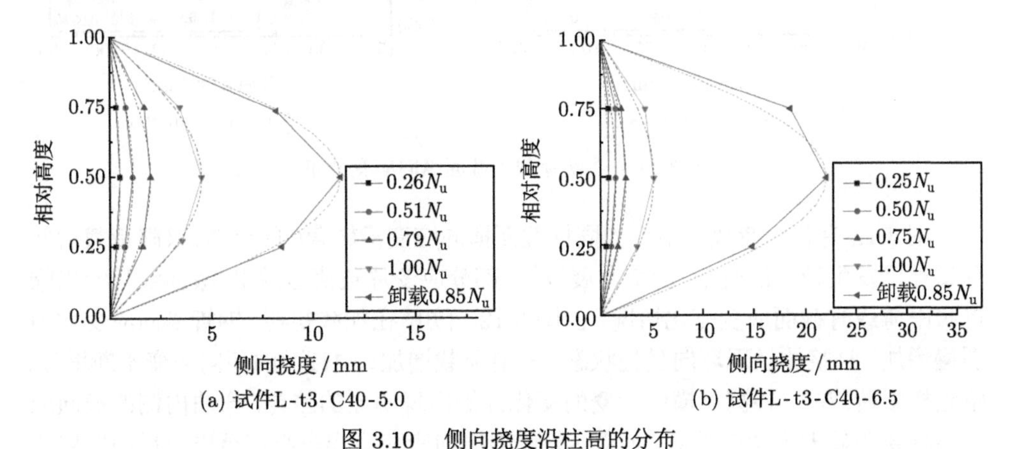

图 3.10 侧向挠度沿柱高的分布

4. 截面应变分布

图 3.11 为各级荷载下组合加固柱截面纵向应变 (ε_v) 沿截面高度的分布。由图 3.11 可知，加载初期试件纵向应变表现为全截面受压状态，各测点的纵向应变差别不大且随着荷载及侧向挠度的发展而均匀变化。随着荷载的增加，各测点纵向应变的变化出现差异，弯曲内侧增长加快，弯曲外侧增长较慢。临近极限荷载时，由于二阶弯矩的影响，试件弯曲外侧的纵向压应变逐渐减小，部分试件甚至转为受拉，极限荷载后，弯曲内外侧应变均达到屈服。

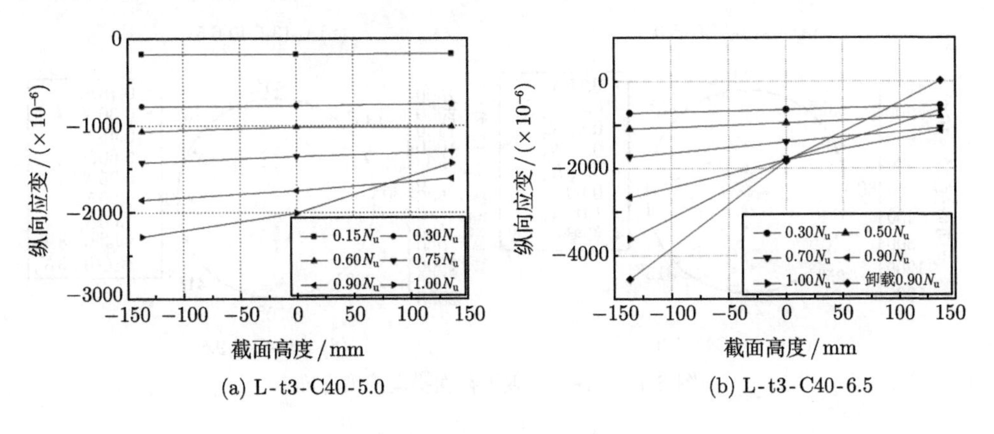

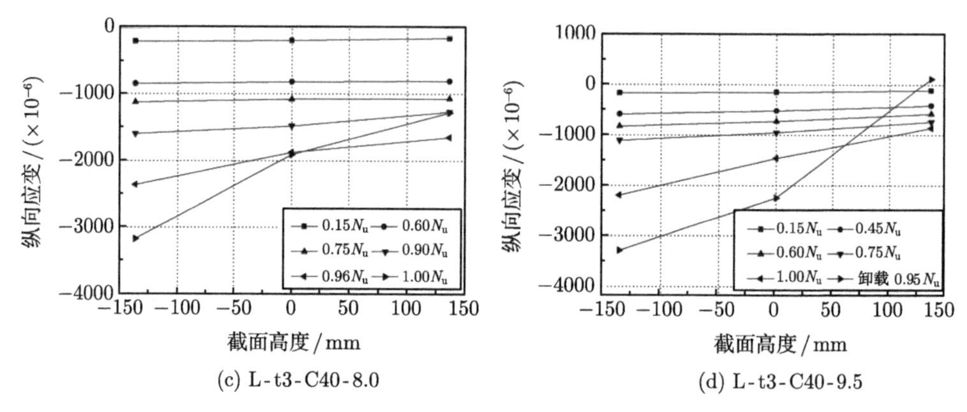

(c) L-t3-C40-8.0 (d) L-t3-C40-9.5

图 3.11 各级荷载下截面纵向应变分布

图 3.12 为各级荷载下组合加固柱截面横向应变沿转角θ 的分布，极限荷载后部分试件已发生较大的变形，应变发展较快，部分应变片数值已溢出，故曲线只给出临近极限荷载时截面应变变化情况。由图 3.12 可知，在加载初期，钢管横向应变均匀缓慢增加，且整体呈现环向受拉状态。随着荷载增加，中截面的环向应变不断增加，临近极限荷载时，各测点横向应变的变化开始出现明显的差异，弯曲内侧的横向应变增幅要明显大于弯曲外侧，而弯曲外侧的横向应变增幅较小甚至出现反向发展的趋势。这表明临近极限荷载时，由于试件出现较明显的弯曲变形，中截面钢管对混

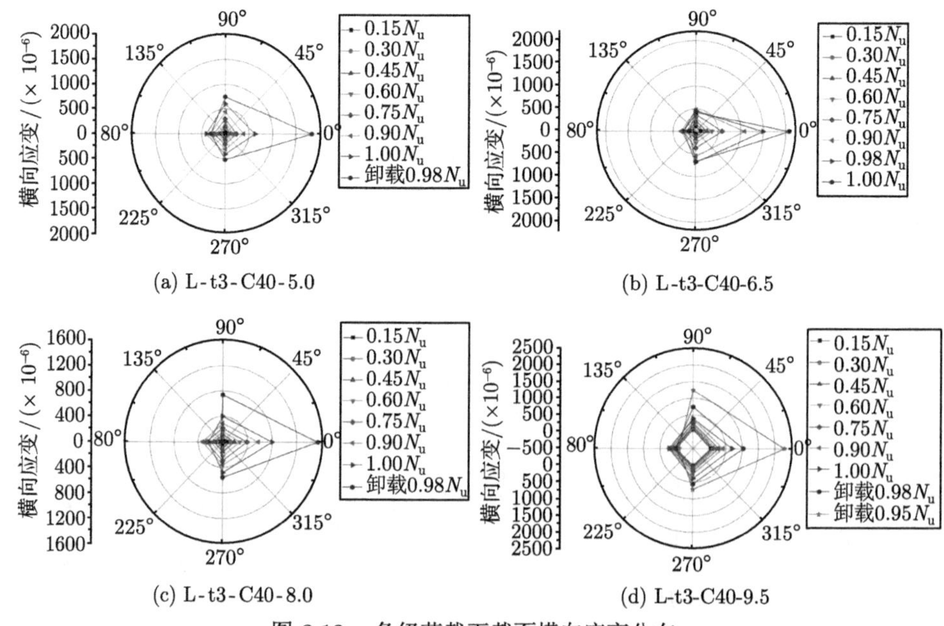

(a) L-t3-C40-5.0 (b) L-t3-C40-6.5

(c) L-t3-C40-8.0 (d) L-t3-C40-9.5

图 3.12 各级荷载下截面横向应变分布

凝土的约束效应呈弯曲内侧约束大，弯曲外侧约束小或无约束的状态，中截面各处约束不均匀。

5. *承载力分析*

外套圆钢管夹层混凝土加固 RC 中长方柱的承载力试验结果见表 3.4。由表 3.4 可以看出以下规律：① 试件 LRC1(原 RC 中长方柱) 的承载力约为 675kN，组合加固后的试件 L-t3-C40-8.0(组合加固柱) 的承载力约为 2926kN，加固效果明显，加固后试件的承载力得到大幅提高。② 随着长径比的增加，组合加固柱的承载力逐渐降低，降幅明显。相比组合加固短柱 (试件 S-t3-C40)，试件 L-t3-C40-5.0、试件 L-t3-C40-6.5、试件 L-t3-C40-8.0、试件 L-t3-C40-9.5 的长径比折减系数分别达 0.97、0.94、0.90、0.85，可见长径比是影响组合加固柱承载力的一个重要因素。③ 随着外套钢管径厚比的减小，组合加固柱的承载力提高明显；与试件 L-t2-C40-8.0 相比，试件 L-t3-C40-8.0 和试件 L-t4-C40-8.0 承载力分别提高 8.10%和 14.85%，可见外套钢管径厚比对组合加固柱的承载力影响明显。④ 随着夹层混凝土强度的增加，组合加固柱的承载力提高明显；与试件 L-t3-C30-8.0 相比，试件 L-t3-C40-8.0 和试件 L-t3-C50-8.0 承载力分别提高 7.70%和 20.58%。

表 3.4 承载力试验结果

试件编号	$D\times t\times L$/mm	λ_2	ξ	N_u/kN
LRC1	150×0×2180	—	—	675
L-t3-C40-5.0	273×3.16×1370	5.00	0.57	3165
L-t3-C40-6.5	273×3.16×1770	6.50	0.57	3045
L-t3-C40-8.0	273×3.16×2180	8.00	0.57	2926
L-t3-C40-9.5	273×3.16×2600	9.50	0.57	2767
L-t2-C40-8.0	273×2.10×2180	8.00	0.39	2707
L-t4-C40-8.0	273×4.14×2180	8.00	0.73	3109
L-t3-C30-8.0	273×3.16×2180	8.00	0.65	2717
L-t3-C50-8.0	273×3.16×2180	8.00	0.49	3276

3.4 外套方钢管夹层混凝土加固 RC 中长圆柱轴压性能试验研究

3.4.1 试验概述

试验设计制作了 26 个试件，其中 3 个未加固的 RC 中长圆柱和 23 个外套方钢管夹层混凝土加固 RC 中长圆柱。试验研究参数包括：外套钢管宽厚比、夹层混凝土强度和试件长宽比，各试件参数见表 3.5。试验试件与外套方钢管夹层混凝土加固 RC 短圆柱轴压等为同一批试件，材料性能、试件尺寸和配筋详见 2.4.1 节。试验加载装置与外套圆钢管夹层混凝土加固 RC 中长圆柱轴压试验装置相同，试件测点布置如图 3.13 所示，试验加载制度与轴心受压短柱的加载制度相同，详见 2.4.1 节。

表 3.5　试件参数设计

试件编号	$B(D) \times t \times L$/mm	f_{cu1}/MPa	f_{cu2}/MPa	λ_1	λ_2
M-RC-6	154×0×1500	32.0	—	9.70	—
M-RC-8	154×0×2000	32.0	—	13.0	—
M-RC-10	154×0×2500	32.0	—	16.2	—
M-a-t3.5-6	250×3.5×1500	32.0	44.0	9.70	6.0
M-a-t4.5-6	250×4.5×1500	32.0	44.0	9.70	6.0
M-a-t5.5-6	250×5.5×1500	32.0	44.0	9.70	6.0
M-b-t3.5-6	250×3.5×1500	32.0	53.2	9.70	6.0
M-b-t4.5-6	250×4.5×1500	32.0	53.2	9.70	6.0
M-b-t5.5-6	250×5.5×1500	32.0	53.2	9.70	6.0
M-c-t3.5-6	250×3.5×1500	32.0	59.9	9.70	6.0
M-c-t4.5-6	250×4.5×1500	32.0	59.9	9.70	6.0
M-c-t5.5-6	250×5.5×1500	32.0	59.9	9.70	6.0
M-a-t3.5-8	250×3.5×2000	32.0	44.0	13.0	8.0
M-a-t4.5-8	250×4.5×2000	32.0	44.0	13.0	8.0
M-a-t5.5-8	250×5.5×2000	32.0	44.0	13.0	8.0
M-b-t3.5-8	250×3.5×2000	32.0	53.2	13.0	8.0
M-b-t4.5-8	250×4.5×2000	32.0	53.2	13.0	8.0
M-b-t5.5-8	250×5.5×2000	32.0	53.2	13.0	8.0
M-c-t3.5-8	250×3.5×2000	32.0	59.9	13.0	8.0
M-c-t4.5-8	250×4.5×2000	32.0	59.9	13.0	8.0
M-c-t5.5-8	250×5.5×2000	32.0	59.9	13.0	8.0
M-a-t4.5-10	250×4.5×2500	32.0	44.0	16.2	10.0
M-b-t3.5-10	250×3.5×2500	32.0	53.2	16.2	10.0
M-b-t4.5-10	250×4.5×2500	32.0	53.2	16.2	10.0
M-b-t5.5-10	250×5.5×2500	32.0	53.2	16.2	10.0
M-c-t4.5-10	250×4.5×2500	32.0	59.9	16.2	10.0

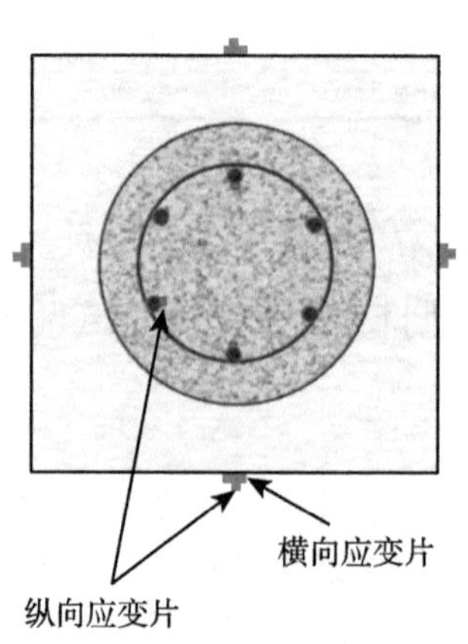

图 3.13　测点布置

3.4.2 试验结果与分析

1. *破坏形态*

对于外套方钢管夹层混凝土加固 RC 中长圆柱，在加载初期，试件处于弹性阶段，试件纵向变形、侧向挠度随着荷载的增大呈线性增长，侧向挠度较小且发展缓慢，试件处于全截面受压状态，外观无明显变化；当荷载增大到极限荷载的 60%时，可听到断续轻微的混凝土碎裂声；继续加载至极限荷载的 90%时，受压侧中部位置的钢管开始出现向外鼓曲，听到连续且较大的混凝土碎裂声，端板焊缝处有焊渣掉落；加载至极限荷载时，试件受压侧的外凸鼓曲发展比较明显，同时鼓曲开始由受压侧向相邻两侧发展，钢管鼓曲位置处的角部防锈漆开始剥落；达到极限荷载以后，混凝土碎裂声更加密集，钢管在原来的鼓曲位置进一步发展变形，侧向挠度越来越明显；直至荷载下降到极限荷载的 80%时，受压侧并没有发展出新的鼓曲。外套方钢管夹层混凝土加固 RC 中长圆柱的破坏形态如图 3.14 所示，随着长宽比的增加，试件的侧向挠度也更加明显。

图 3.14 试件破坏形态

2. *荷载–纵向变形曲线*

图 3.15(a) 为加固前后试件的荷载–纵向变形曲线。由图 3.15(a) 可知，加载初期，RC 中长圆柱和组合加固柱的纵向变形随荷载增加呈线性发展，由于更大的截面面积以及钢管的套箍约束作用，组合加固柱在弹性阶段的曲线斜率更陡峭，其轴压刚度更大。组合加固柱的极限荷载及其对应的纵向变形均远大于 RC 中长圆柱。极限荷载后，组合加固柱的曲线发展较为平缓，试件最终的纵向变形超过 12mm。

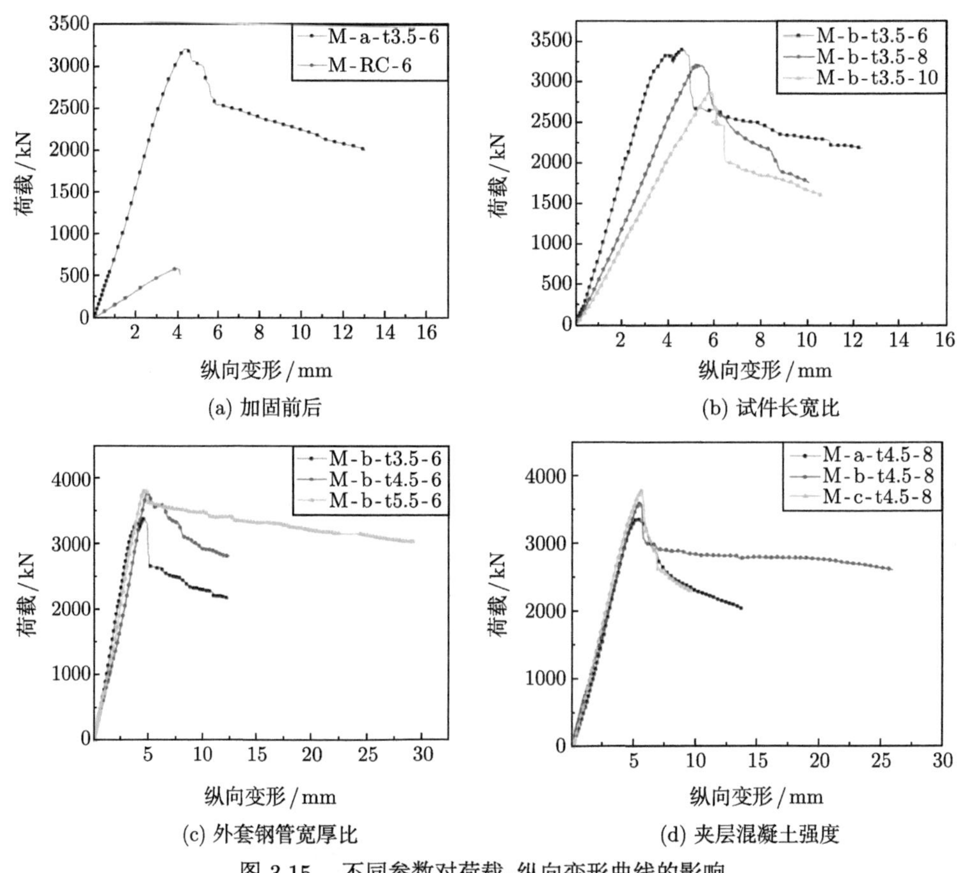

(a) 加固前后　(b) 试件长宽比

(c) 外套钢管宽厚比　(d) 夹层混凝土强度

图 3.15　不同参数对荷载–纵向变形曲线的影响

图 3.15(b) 为长宽比对外套方钢管夹层混凝土加固 RC 中长圆柱荷载–纵向变形曲线的影响。由图 3.15(b) 可知，随着长宽比的增大，组合加固柱的荷载–纵向变形曲线弹性阶段刚度有轻微减小，但变化不大，在接近弹塑性阶段以后曲线出现较为明显的分叉现象。这说明对于中长柱，其弯矩的二阶效应并不是一开始就出现，而是在荷载施加到一定程度后，由材料的初始缺陷等因素造成的截面不对称差异才会引起，造成试件轴压刚度的降低。此外，随着长宽比的增大，试件的极限荷载减小，曲线下降段也更为陡峭，即试件延性变差。

图 3.15(c) 为外套钢管宽厚比对外套方钢管夹层混凝土加固 RC 中长圆柱荷载–纵向变形曲线的影响。由图 3.15(c) 可知，随着外套钢管宽厚比的减小，曲线弹性阶段的斜率增大，试件的轴压刚度提高。外套钢管宽厚比较小的试件，其极限荷载较大。极限荷载之后，随着外套钢管宽厚比的减小，曲线下降趋势变平缓，说明试件延性较明显地改善。

图 3.15(d) 为夹层混凝土强度对外套方钢管夹层混凝土加固 RC 中长圆柱荷

载–纵向变形曲线的影响。由图 3.15(d) 可知，随着夹层混凝土强度的提高，曲线在弹性阶段的斜率略增大，试件的轴压刚度略提高。夹层混凝土强度较高的试件，其极限荷载有所提高。

3. 荷载–挠度曲线

图 3.16(a) 为长宽比对外套方钢管夹层混凝土加固 RC 中长圆柱荷载–跨中挠度曲线的影响。由图 3.16(a) 可知，在加载初期，组合加固柱的跨中挠度随着荷载的发展呈线性增加。随着荷载进一步增大，曲线开始呈现分叉状，跨中挠度增长速度开始快于荷载的增长速度，试件进入弹塑性阶段，长宽比越大的试件，其跨中挠度发展速度越快。极限荷载时，长宽比越大的试件，其跨中挠度越大。极限荷载以后，长宽比较大的试件更易受到二阶弯矩效应的影响，试件截面承受的弯矩值增速更大，挠度增长速率更快，试件变形能力较差。

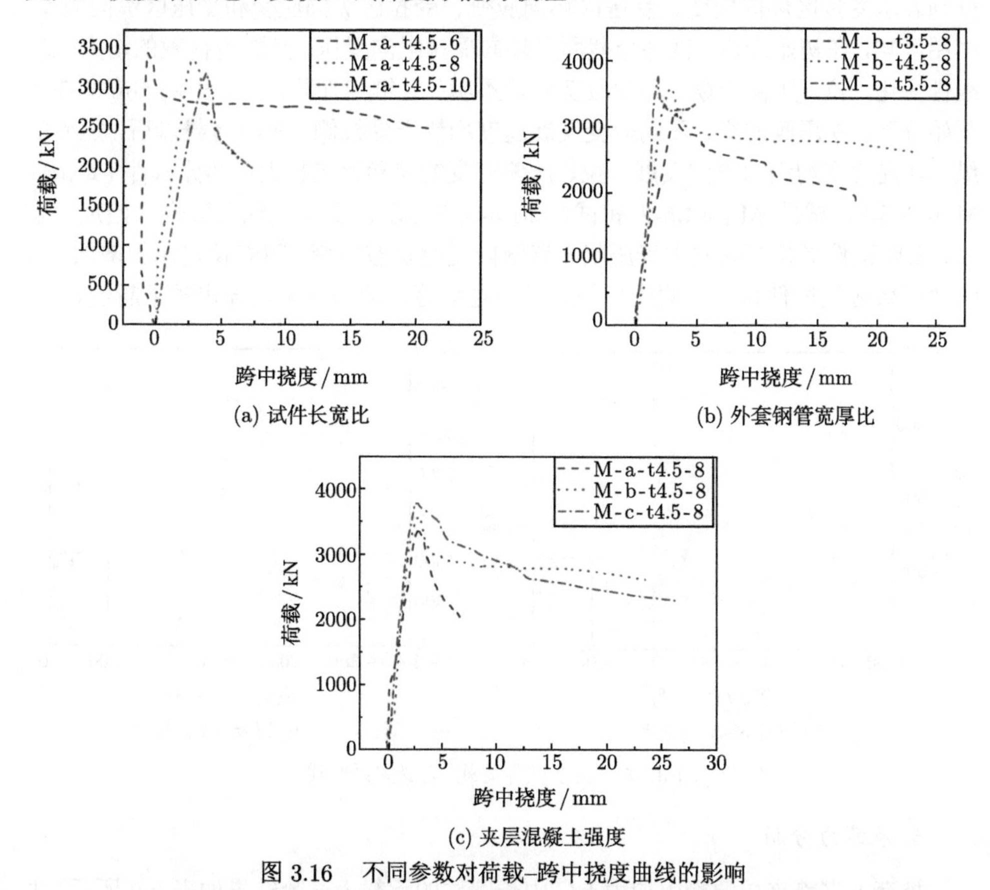

(a) 试件长宽比

(b) 外套钢管宽厚比

(c) 夹层混凝土强度

图 3.16 不同参数对荷载–跨中挠度曲线的影响

图 3.16(b) 为外套钢管宽厚比对外套方钢管夹层混凝土加固 RC 中长圆柱荷载–跨中挠度曲线的影响。由图 3.16(b) 可知，随着外套钢管宽厚比的减小，弹性

阶段曲线的斜率增大，其极限荷载随之增大，极限荷载时对应的跨中挠度随着外套钢管宽厚比的减小而减小。极限荷载之后，曲线下降段随着外套钢管宽厚比的减小而变得平缓。

图 3.16(c) 为夹层混凝土强度对外套方钢管夹层混凝土加固 RC 中长圆柱荷载–跨中挠度曲线的影响。由图 3.16(c) 可知，在加载初期，夹层混凝土强度较大的试件，其曲线的斜率较大，试件的极限荷载随之增大，极限荷载时对应的跨中挠度无明显影响。

4. 荷载–应变曲线

图 3.17 为组合加固柱的典型荷载–应变曲线，其中纵轴为荷载值，横轴为应变值，数值为负表示受压，为正表示受拉。图 3.17 中应变图例 $\varepsilon_{\rm th}$、$\varepsilon_{\rm ch}$、$\varepsilon_{\rm tv}$ 和 $\varepsilon_{\rm cv}$ 分别表示受拉区环向应变、受压区环向应变、受拉区纵向应变和受压区纵向应变。由图可知，在初始阶段，试件全截面呈环向受拉纵向受压，且随着荷载的增大呈现线性变化，拉、压侧的纵、环向应变差异不明显；继续加载，拉、压侧的应变曲线开始分叉，受压侧的纵、环向应变发展速度均快于受拉侧；极限荷载以后，压侧的纵、环向应变均沿原方向发展，拉、压侧应变的差异继续扩大，部分试件 (如试件 M-a-t3.5-8、试件 M-a-t4.5-8 和试件 M-c-t4.5-10) 的受拉区纵向应变开始反向发展，表明试件受拉侧纵向由受压状态逐渐向受拉状态转变。随着长宽比的增加，二阶弯矩效应使试件拉、压侧应变差距越来越显著，应力状态差异也越来越明显。

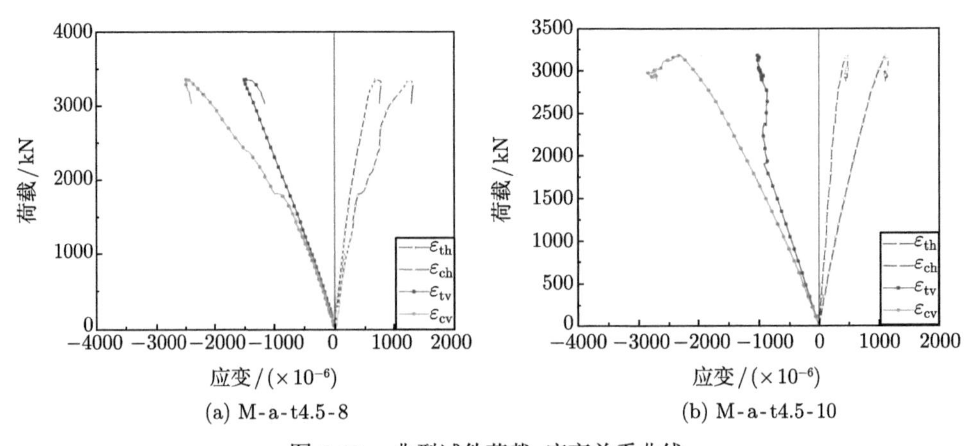

图 3.17　典型试件荷载–应变关系曲线

5. 承载力分析

外套方钢管夹层混凝土加固 RC 中长圆柱的承载力试验结果如表 3.6 所示。由表 3.6 可以看出以下规律：① 未加固的 RC 中长圆柱的承载力介于 516~594kN，平均值为 554kN，而组合加固柱的承载力在 2868~4057kN，平均值为 3515kN，试件加固后承载力平均提高 5.34 倍，加固效果明显。② 组合加固柱的承载力随钢管宽厚比的减小而提高，相较于试件 M-a-t3.5-6，试件 M-a-t4.5-6 和试件 M-a-t5.5-6 的承载力分别增大 7.4%和 12.5%；组合加固柱的承载力随夹层混凝土强度的增加而提高，相较于试件 M-a-t3.5-6，试件 M-b-t3.5-6 和试件 M-c-t3.5-6 的承载力分别增大 5.7%和 7.0%。③ 长宽比的增加会降低试件的承载力，这是因为较大的长宽比使得试件受到更大的二阶弯矩效应的影响，还会影响到钢管套箍约束作用的发挥。试件 M-b-t3.5-10、试件 M-b-t4.5-10 和试件 M-b-t5.5-10 与相应同条件的短柱轴压试件相比，承载力的降低幅度分别为 15%、13%和 10%，说明随着钢管宽厚比的减小，中长柱的套箍约束作用随长宽比增加而降低的速度减小。

表 3.6 承载力试验结果

试件编号	$B(D)\times t\times L$/mm	λ_2	ξ	N_u/kN
M-RC-6	154×0×1500	9.7	—	594
M-RC-8	154×0×2000	13.0	—	551
M-RC-10	154×0×2500	16.2	—	516
M-a-t3.5-6	250×3.5×1500	6	0.76	3213
M-a-t4.5-6	250×4.5×1500	6	1.00	3452
M-a-t5.5-6	250×5.5×1500	6	1.23	3614
M-b-t3.5-6	250×3.5×1500	6	0.67	3395
M-b-t4.5-6	250×4.5×1500	6	0.88	3798
M-b-t5.5-6	250×5.5×1500	6	1.09	3839
M-c-t3.5-6	250×3.5×1500	6	0.62	3439
M-c-t4.5-6	250×4.5×1500	6	0.81	3810
M-c-t5.5-6	250×5.5×1500	6	0.99	3994
M-a-t3.5-8	250×3.5×2000	8	0.76	3149
M-a-t4.5-8	250×4.5×2000	8	1.00	3362
M-a-t5.5-8	250×5.5×2000	8	1.23	3522
M-b-t3.5-8	250×3.5×2000	8	0.67	3222
M-b-t4.5-8	250×4.5×2000	8	0.88	3594
M-b-t5.5-8	250×5.5×2000	8	1.09	3767
M-c-t3.5-8	250×3.5×2000	8	0.62	3400
M-c-t4.5-8	250×4.5×2000	8	0.81	3791
M-c-t5.5-8	250×5.5×2000	8	0.99	4057
M-a-t4.5-10	250×4.5×2500	10	1.00	3196
M-b-t3.5-10	250×3.5×2500	10	0.67	2868
M-b-t4.5-10	250×4.5×2500	10	0.88	3208
M-b-t5.5-10	250×5.5×2500	10	1.09	3549
M-c-t4.5-10	250×4.5×2500	10	0.81	3611

3.5　外套方钢管夹层混凝土加固 RC 中长方柱轴压性能试验研究

3.5.1　试验概述

试验设计制作了 9 个试件，包括 1 个未加固的 RC 中长方柱和 8 个外套方钢管夹层混凝土加固 RC 中长方柱。试验研究参数包括：外套钢管宽厚比、夹层混凝土强度和试件长宽比，各试件参数见表 3.7。本试验试件与外套方钢管夹层混凝土加固 RC 短方柱轴压等为同一批试件，材料性能、试件尺寸和配筋详见 2.5.1 节。试验加载装置与外套圆钢管夹层混凝土加固 RC 中长圆柱轴压试验装置相同，试件测点布置详见 3.4.1 节，试验加载制度与轴心受压短柱的加载制度相同，详见 2.5.1 节。

表 3.7　试件设计参数

试件编号	$B \times t \times L$/mm	f_{cu1}/MPa	f_{cu2}/MPa	λ_1	λ_2
M-ERC	150×0×1800	32.6	—	12	—
M-C50-t2.80-L/B5.5	220×2.80×1200	32.6	52.1	8	5.5
M-C50-t2.80-L/B6.8	220×2.80×1500	32.6	52.1	10	6.8
M-C50-t2.80-L/B8.2	220×2.80×1800	32.6	52.1	12	8.2
M-C50-t1.78-L/B8.2	220×1.78×1800	32.6	52.1	12	8.2
M-C50-t3.80-L/B8.2	220×3.80×1800	32.6	52.1	12	8.2
M-C40-t2.80-L/B8.2	220×2.80×1800	32.6	48.8	12	8.2
M-C60-t2.80-L/B8.2	220×2.80×1800	32.6	61.1	12	8.2
M-C50-t2.80-L/B9.5	220×2.80×2100	32.6	52.1	14	9.5

3.5.2　试验结果与分析

1. *破坏形态*

对于外套方钢管夹层混凝土加固 RC 中长方柱，在加载初期，试件处于弹性阶段，试件纵向变形、侧向挠度随着荷载的增大而呈线性增长，侧向挠度较小且发展缓慢，试件处于全截面受压状态，外观无明显变化；当荷载增大到极限荷载的 75%～85%后，钢筋、钢管应变、纵向变形和侧向挠度随荷载呈非线性变化，试件上端部出现局部屈曲；随着荷载的增加，其纵向变形、侧向挠度和中部应变迅速增大，内部混凝土发出开裂声响；当试件达到极限荷载时，试件侧向变形较明显；继续加载，试件中上部出现明显的皱曲，中部略有鼓曲，混凝土内部开裂声音增大；当荷载下降到极限荷载 85%以下时，试验宣告结束。外套方钢管夹层混凝土加固 RC 中长方柱的破坏形态如图 3.18 所示。

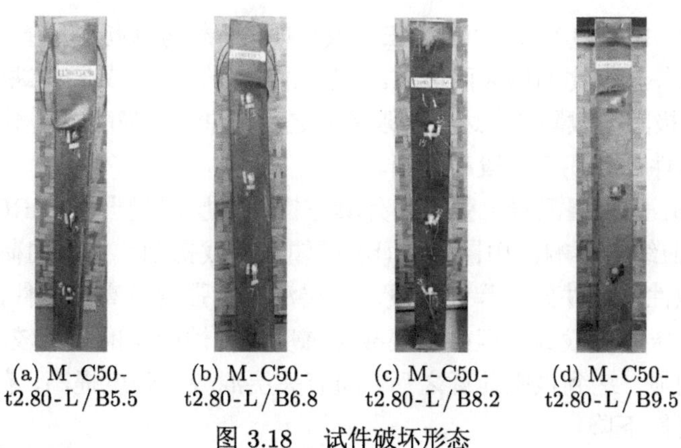

(a) M-C50-t2.80-L/B5.5 (b) M-C50-t2.80-L/B6.8 (c) M-C50-t2.80-L/B8.2 (d) M-C50-t2.80-L/B9.5

图 3.18 试件破坏形态

2. 荷载–纵向变形曲线

图 3.19(a) 为长宽比对外套方钢管夹层混凝土加固 RC 中长方柱荷载–纵向变

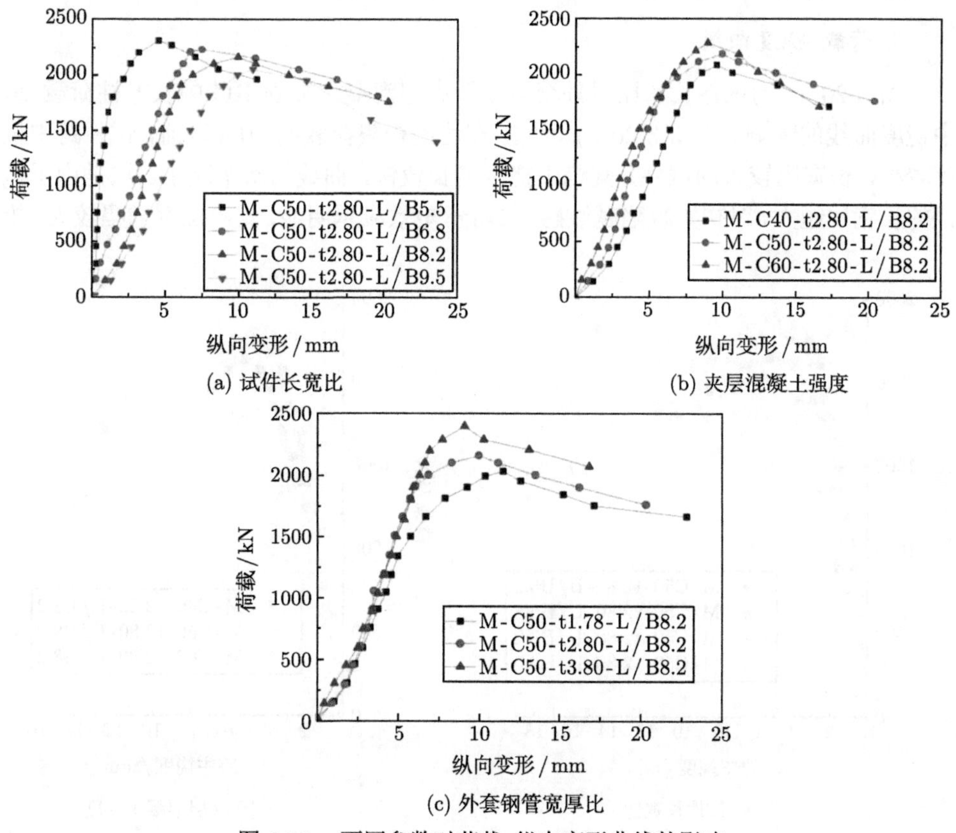

(a) 试件长宽比 (b) 夹层混凝土强度

(c) 外套钢管宽厚比

图 3.19 不同参数对荷载–纵向变形曲线的影响

形曲线的影响。由图 3.19(a) 可知，在加载初期，荷载与纵向变形基本呈线性关系，纵向变形随试件长宽比的增大而增大。长宽比越大的试件，其初始缺陷引起的二阶弯矩越大，其极限荷载降低。达到极限荷载之后，曲线下降段展现不同的趋势，长宽比越大的试件，曲线下降段越陡峭。

图 3.19(b) 为夹层混凝土强度对外套方钢管夹层混凝土加固 RC 中长方柱荷载–纵向变形曲线的影响。由图 3.19(b) 可知，加载初期，试件的荷载–纵向变形曲线基本呈线性，试件处于弹性阶段。夹层混凝土强度较高的试件，其纵向变形发展较慢，轴压刚度较大，但由于混凝土强度对弹性模量的影响较小，所以曲线斜率相差不明显。达到极限荷载之后，随着夹层混凝土强度提高，荷载下降变快，组合加固柱延性下降。

图 3.19(c) 为外套钢管宽厚比对外套方钢管夹层混凝土加固 RC 中长方柱荷载–纵向变形曲线的影响。由图 3.19(c) 可知，试件的轴压刚度随着外套钢管宽厚比的减小而增大，在轴压荷载作用下，其弹性阶段相对较长，极限荷载较大。极限荷载之后，外套钢管宽厚比较小的试件，曲线下降较平缓。

3. 荷载–挠度曲线

图 3.20(a) 为试件长宽比对外套方钢管夹层混凝土加固 RC 中长方柱荷载–跨中挠度曲线的影响。由图 3.20(a) 可知，在达到极限荷载的 80%以前，试件跨中挠度较小，长宽比较大的试件，其跨中挠度增长较快，曲线的斜率减小。这是由于试件的长宽比越大，对初始缺陷越敏感，二阶弯矩效应越明显，侧向挠度增幅较大。极

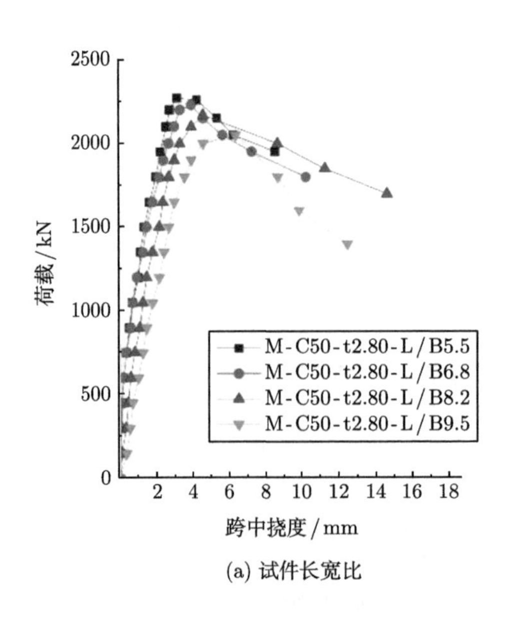

(a) 试件长宽比

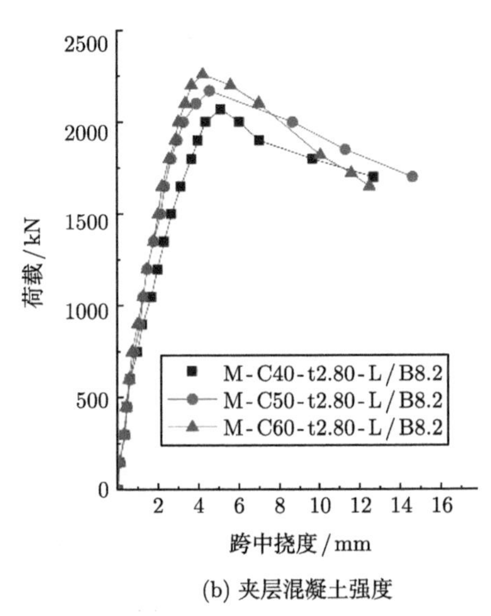

(b) 夹层混凝土强度

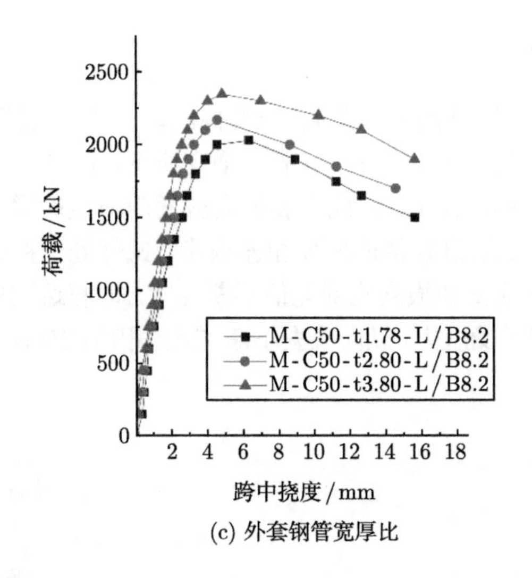

(c) 外套钢管宽厚比

图 3.20 不同参数对荷载–跨中挠度曲线的影响

限荷载时，试件 M-C50-t2.80-L/B5.5、试件 M-C50-t2.80-L/B6.8、试件 M-C50-t2.80-L/B8.2 和试件 M-C50-t2.80-L/B9.5 的跨中挠度值分别为 3.19mm、3.82mm、4.56mm 和 6.05mm，即达到极限荷载时试件的跨中挠度随着试件长宽比的增加而增大。超过极限荷载之后，各试件承载能力均下降，跨中挠度增长速率加快，但仍具有一定的承载能力，曲线下降段随着试件长宽比的增加而变陡峭。

图 3.20(b) 为夹层混凝土强度对外套方钢管夹层混凝土加固 RC 中长方柱荷载–跨中挠度曲线的影响。由图 3.20(b) 可知，在加载初始阶段，曲线的斜率随着夹层混凝土强度的增大而增大。试件的极限荷载随着夹层混凝土强度的提高而小幅度增大。超过极限荷载之后，曲线下降段随着夹层混凝土强度的增大而变得陡峭，说明试件的延性随着夹层混凝土强度的增大而降低。

图 3.20(c) 为外套钢管宽厚比对外套方钢管夹层混凝土加固 RC 中长方荷载–跨中挠度曲线的影响。由图 3.20(c) 可知，在加载初期，曲线的斜率随着外套钢管宽厚比的减小而增大，当达到极限荷载时，试件的跨中挠度随着外套钢管宽厚比的减小而减小。极限荷载之后，曲线下降段随着外套钢管宽厚比的减小而变得平缓。这是由于宽厚比较小的外套钢管，对核心混凝土提供更强的约束作用，抑制或延缓了核心混凝土的开裂，试件的极限荷载提高，达到极限荷载之后，试件具有良好的后续承载能力和变形能力，延性提高。

4. 荷载–应变曲线

图 3.21 为组合加固柱的典型荷载–应变曲线，其中 a 表示试件弯曲方向的凸侧，b 表示弯曲方向的凹侧，a+ 和 b+ 表示横向应变，a–和 b–表示纵向应变。由图 3.21 可知，在加载初期，试件纵向应变和横向应变随荷载的增加呈线性增长，纵向应变大于横向应变，a 侧和 b 侧的应变相差很小，试件处于稳定状态。随着荷载的增加，a、b 两侧纵向应变和横向应变差值不断变大。即将达到极限荷载时，试件发生挠曲，凹侧 b 继续承受压力，纵向应变不断增大，相应的横向应变也增大，且横向

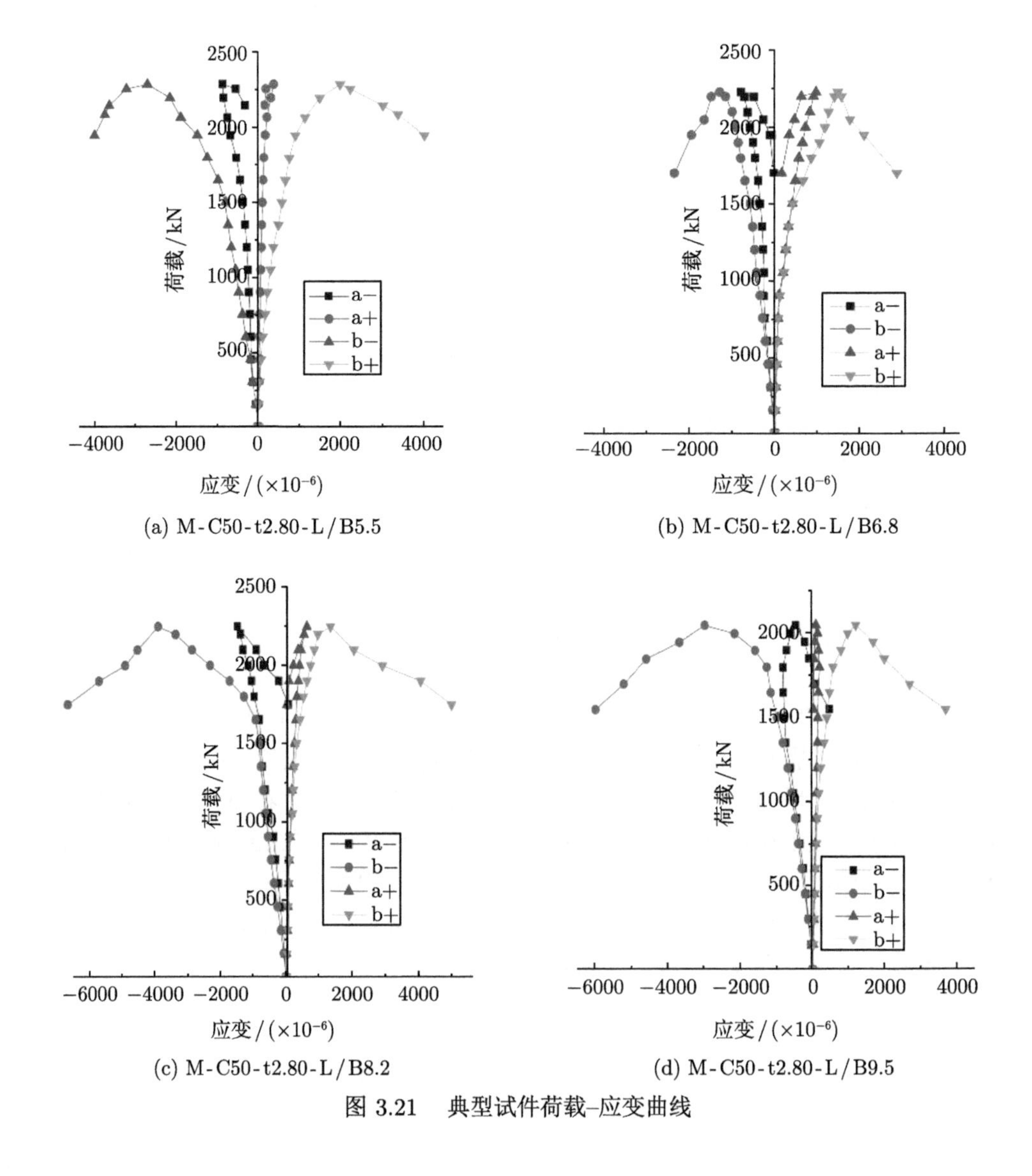

图 3.21 典型试件荷载–应变曲线

应变增长速率大于纵向增长速率，横向约束作用增强，对核心混凝土起到良好的套箍约束作用。而凸侧 a 的纵向应变和横向应变增长速率变小，对核心混凝土几乎无约束作用。凸凹两侧对核心混凝土的约束作用不均匀，不能够完全发挥外套钢管的约束作用，混凝土材料性能不能得到完全有效的发挥。外套钢管的约束作用主要受到试件长宽比的影响，长宽比越大，达到极限荷载时的二阶弯矩越大，凸凹两侧对核心混凝土约束作用差异越大，甚至凸侧由钢管受拉而导致外套钢管套箍约束作用消失。

图 3.22 为加固组合柱的典型荷载–横向变形系数曲线。由图 3.22 可知，试件 M-C50-t2.80-L/B5.5 在加载初期，横向变形系数增长缓慢，b 侧的横向变形系数在加载全过程中均比 a 侧大。由于初始材料缺陷和初始偏心的影响，b 侧的压应力较大，核心混凝土对钢管产生横向挤推作用更大，外套钢管反过来对核心混凝土产生约束作用。达到极限荷载后两侧横向变形系数迅速增大，但 b 侧的横向变性系数恒大于 a 侧，主要是因为在达到极限荷载以后，柱子侧向挠度较大，b 侧为凹侧，因而压应力较大，其横向应变的增幅大于纵向应变的增幅，b 侧的横向变形系数增幅大于 a 侧。在加载中后期及卸载阶段，两侧的横向变形系数始终大于钢材的泊松比，其套箍约束作用始终存在。试件 M-C50-t2.80-L/B8.2 和试件 M-C50-t2.80-L/B9.5 属于典型的中长柱，a 侧横向变形系数不断减小，最终小于钢材的泊松比，其套箍约束作用消失。在极限荷载之前，试件 M-C50-t2.80-L/B9.5 的 a 侧横向变形系数与钢材的泊松比相近，套箍约束作用有限，而且曲线的下降段出现更早。试件的长宽比对钢管的套箍约束作用影响显著，长宽比大的试件，凸侧的套箍约束作用失效较早，而长宽比小的试件在达到极限荷载之后，凸侧仍然具有一定的套箍约束作用。

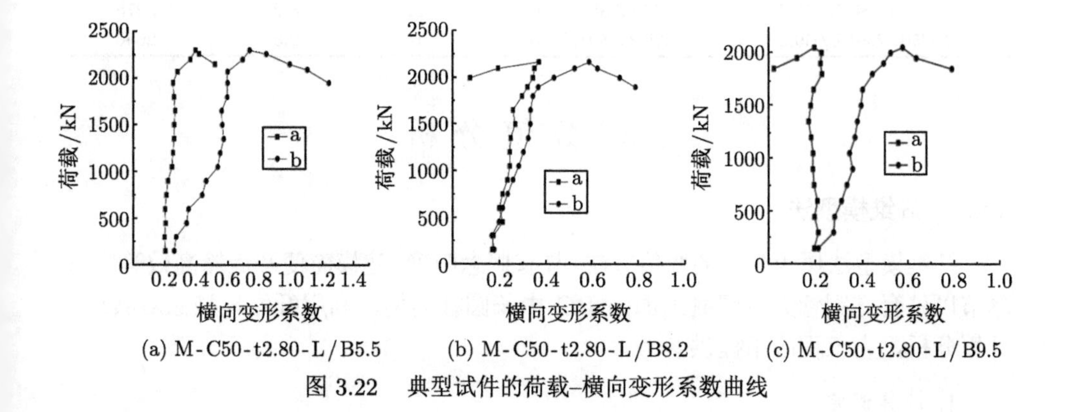

(a) M-C50-t2.80-L/B5.5　(b) M-C50-t2.80-L/B8.2　(c) M-C50-t2.80-L/B9.5

图 3.22　典型试件的荷载–横向变形系数曲线

5. 承载力分析

外套方钢管夹层混凝土加固 RC 中长方柱的承载力试验结果见表 3.8。由表 3.8 可以看出以下规律：①与未加固的 RC 中长方柱承载力相比，试件 M-C50-t1.78-L/B8.2、试件 M-C50-t2.80- L/B8.2、试件 M-C50-3.80-L/B8.2、试件 M-C40-t2.80-L/B8.2 和试件 M-C60-t2.80-L/B8.2 的承载力提高倍数分别为 2.08、2.29、2.64、2.14 和 2.45，由此可见，采用外套钢管夹层混凝土加固法能够大幅度地提高 RC 中长方柱承载力。② 当壁厚为 2.80mm 时，试件 M-C50-t2.80-L/B5.5 长宽比接近短柱，破坏形态具有明显的材料强度破坏特征，其承载力最大；试件 M-C50-t2.80-L/B6.8、试件 M-C50-t2.80-L/B8.2 和试件 M-C50-t2.80-L/B9.5 的承载力相比于试件 M-C50-t2.80-L/B5.5 分别下降了 2.6%、5.2%和 10.5%。由此可见，长宽比对试件的承载力影响较为显著，长宽比越大，承载力越低。③ 试件的承载力随着夹层混凝土强度的增大而提高。④ 在长宽比不变的情况下，随着外套钢管径厚比的减小，试件承载力显著增大，相较于试件 M-C50-t1.78-L/B8.2，试件 M-C50-t2.80-L/B8.2 和试件 M-C50-t3.80-L/B8.2 的承载力分别增大 6.9%和 18.2%。

表 3.8　承载力试验结果

试件编号	$B \times t \times L$/mm	λ_1	λ_2	N_u/kN
RC	150×0×1800	—	12	660
M-C50-t2.80-L/B5.5	220×2.80×1200	8	5.5	2290
M-C50-t2.80-L/B6.8	220×2.80×1500	10	6.8	2230
M-C50-t1.78-L/B8.2	220×1.78×1800	12	8.2	2030
M-C50-t3.80-L/B8.2	220×3.80×1800	12	8.2	2400
M-C50-t2.80-L/B8.2	220×2.80×1800	12	8.2	2170
M-C40-t2.80-L/B8.2	220×2.80×1800	12	8.2	2070
M-C60-t2.80-L/B8.2	220×2.80×1800	12	8.2	2275
M-C50-t2.80-L/B9.5	220×2.80×2100	14	9.5	2050

3.6 数值分析

3.6.1 纤维模型法

纤维模型法属于简化的数值方法，具有概念明确、建模简便及运算高效等优点。本节以外套方钢管夹层混凝土加固 RC 中长圆柱为例，利用纤维模型法对其进行计算分析，为工程应用提供参考。

1. 计算假定

纤维模型法的计算过程满足如下假定：

(1) 加固柱各组成部分接触界面粘结可靠，加载过程中不存在滑移现象，且试件截面在加载过程中服从平截面假定。

(2) 试件的侧向弯曲变形服从正弦半波曲线分布。这是对于试件几何非线性的考虑。经此假定，将柱的分析简化为对控制截面的分析。

(3) 不考虑混凝土的抗拉强度。

2. 材料本构

原 RC 柱混凝土与夹层混凝土的本构关系采用韩林海[138]推荐的模型：

$$y=\begin{cases}2x-x^2, & x\leqslant 1\\ \dfrac{x}{\beta_0(x-1)^\eta+x}, & x>1\end{cases} \tag{3.1}$$

式中，$x=\dfrac{\varepsilon}{\varepsilon_0}$, $\varepsilon_0=\varepsilon_c+\left[1330+760\cdot\left(\dfrac{\gamma_\sigma f_c'}{24}-1\right)\right]\cdot\xi^{0.2}\times10^{-6}$, $\varepsilon_c=(1300+12.5\cdot\gamma_\sigma f_c')\times10^{-6}$；$y=\dfrac{\sigma}{\sigma_0}$, $\sigma_0=\left[1+(-0.0135\xi^2+0.1\xi)\cdot\left(\dfrac{24}{\gamma_\sigma f_c'}\right)^{0.45}\right]\gamma_\sigma f_c'$,$\gamma_\sigma=1.65A_c^{-0.056}$；$\eta=1.6+1.5/x$；$\beta_0=\dfrac{(\gamma_\sigma f_c')^{0.1}}{1.35\sqrt{1+\xi}}$。

钢材本构关系同 2.6.1 节。

3. 计算过程

以外套方钢管夹层混凝土加固 RC 圆柱为例，对组合加固柱的截面进行条带划分，如图 3.23 所示。按照原 RC 柱、夹层混凝土和外套钢管的位置关系将其沿纵向进行划分，其中计算部 I 和 Ⅳ 只包含夹层混凝土，计算部 Ⅱ 和 Ⅲ 包含夹层混凝土和原 RC 柱混凝土，另外两个计算部分别为上下钢管壁厚。对于计算部 I~Ⅳ，每个计算部均划分若干条带，只含钢管的计算部则按一个条带计算。对原 RC 柱内部钢筋单独计算，每根钢筋为一个计算单元。

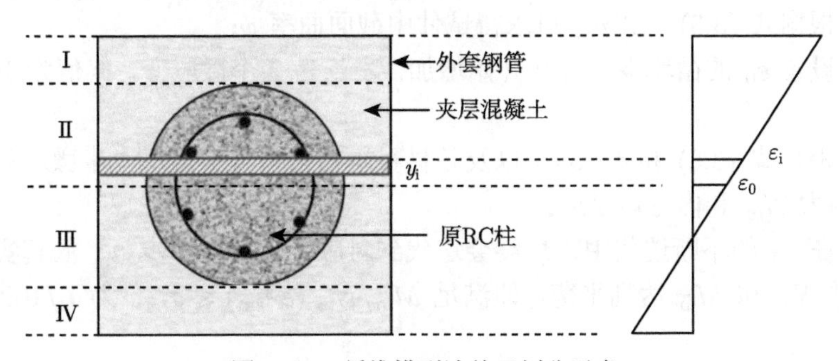

图 3.23 纤维模型法单元划分示意

根据“试件的侧向弯曲变形服从正弦半波曲线分布”的假定，可得组合加固柱挠曲线方程为

$$y = u_{\mathrm{m}} \sin \frac{\pi}{L} z \tag{3.2}$$

式中，u_{m} 为试件跨中挠度；L 为柱长；z 为截面所处的高度值。

由此可知试件中截面的曲率为

$$\phi = \frac{\pi^2}{L^2} u_{\mathrm{m}} \tag{3.3}$$

假设截面形心位置处纵向应变为 ε_0，根据平截面假定，中心与截面形心轴垂直距离为 y_{i} 的条带应变为

$$\varepsilon_{\mathrm{i}} = \varepsilon_0 + \phi y_{\mathrm{i}} \tag{3.4}$$

得到条带应变以后，由前述各材料的本构关系，可求得各条带内力及对截面形心轴的内弯矩，将其叠加，即可得跨中挠度为 u_{m} 时，其跨中截面内力 N_{in} 和内弯矩 M_{in} 分别为

$$N_{\mathrm{in}} = \sum_{i=1}^{n} (\sigma_{\mathrm{c1}i} \mathrm{d}A_{\mathrm{c1}i} + \sigma_{\mathrm{c2}i} \mathrm{d}A_{\mathrm{c2}i} + \sigma_{\mathrm{s}i} \mathrm{d}A_{\mathrm{s}i} + \sigma_{\mathrm{r}i} \mathrm{d}A_{\mathrm{r}i}) \tag{3.5}$$

$$M_{\mathrm{in}} = \sum_{i=1}^{n} (\sigma_{\mathrm{c1}i} \mathrm{d}A_{\mathrm{c1}i} + \sigma_{\mathrm{c2}i} \mathrm{d}A_{\mathrm{c2}i} + \sigma_{\mathrm{s}i} \mathrm{d}A_{\mathrm{s}i}) y_i + \sigma_{\mathrm{r}i} \mathrm{d}A_{\mathrm{r}i} y_{\mathrm{r}i} \tag{3.6}$$

式中，$\sigma_{\mathrm{c1}i}$、$\sigma_{\mathrm{c2}i}$、$\sigma_{\mathrm{s}i}$ 和 $\sigma_{\mathrm{r}i}$ 分别为各条带或计算单元上原 RC 柱混凝土、夹层混凝土、外套钢管和钢筋的应力；$\mathrm{d}A_{\mathrm{c1}i}$、$\mathrm{d}A_{\mathrm{c2}i}$、$\mathrm{d}A_{\mathrm{s}i}$ 和 $\mathrm{d}A_{\mathrm{r}i}$ 则为相应部分的面积；$y_{\mathrm{r}i}$ 为相应钢筋计算单元中心与截面形心轴的垂直距离。

纤维模型法计算步骤流程图如图 3.24 所示，计算步骤如下：

(1) 设置 u_{m} 的循环步，从 0 开始增加，步长为 0.05，因试验柱最大挠度接近 30mm，所以设置 u_{m} 到 30mm 时终止，共需要进行 600 次迭代；

(2) 根据式 (3.3)，由 u_{m} 可求得试件中截面曲率 ϕ；

(3) 设置 ε_0 的循环步，从 0 开始增加，步长为 2 个微应变，终值为 10000 微应变；

(4) 根据式 (3.5) 和式 (3.6) 以及各材料本构关系可求得每一步微应变下的跨中截面内力 N_{in} 和内弯矩 M_{in}；

(5) 在 ε_0 的不断迭代中，最终会迭代到对应于当前增量步 u_{m} 的真实形心应变，此时 N_{in} 和 M_{in} 达到平衡，即满足 $M_{\mathrm{in}}/N_{\mathrm{in}}\,(e\,u_{\mathrm{m}}) \leqslant \delta$，$e$ 为 $L/1000$，δ 为误差限；

(6) 将 u_{m} 增加一个步长，重复步骤 (2)~(5)，直至 u_{m} 迭代结束，计算完成。

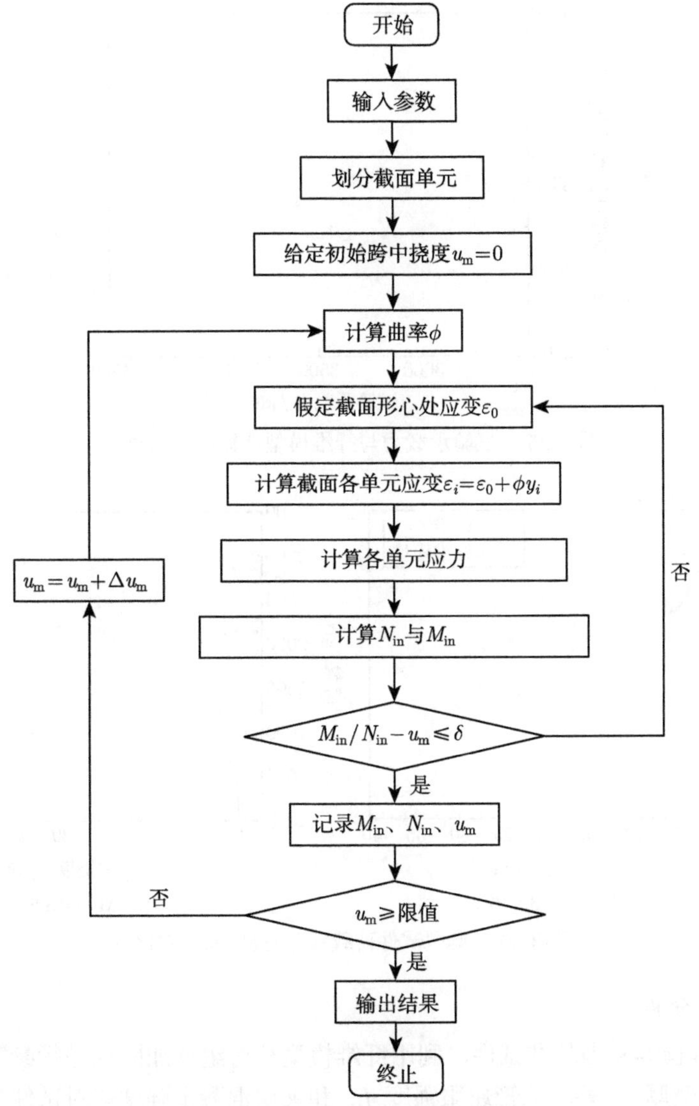

图 3.24　纤维模型法计算步骤流程

4. 模型验证

图 3.25 为通过纤维模型法计算得到的试件承载力 (N_{Fib}) 与试验承载力 ($N_{\mathrm{ma,e}}$) 的对比，对应 $N_{\mathrm{Fib}}/N_{\mathrm{ma,e}}$ 的平均值、标准差和变异系数分别为 0.955、0.031 和 0.033。图 3.26 为试件荷载–跨中挠度计算曲线与试验曲线的对比，由对比结果可知，建立的纤维单元计算模型所得计算结果与试验结果吻合较好，可用来进一步研究组合加固柱的轴心受压力学性能。

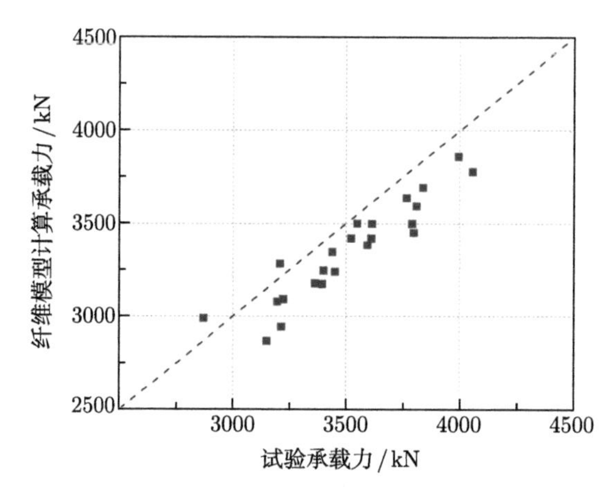

图 3.25　试验承载力与纤维模型计算承载力对比

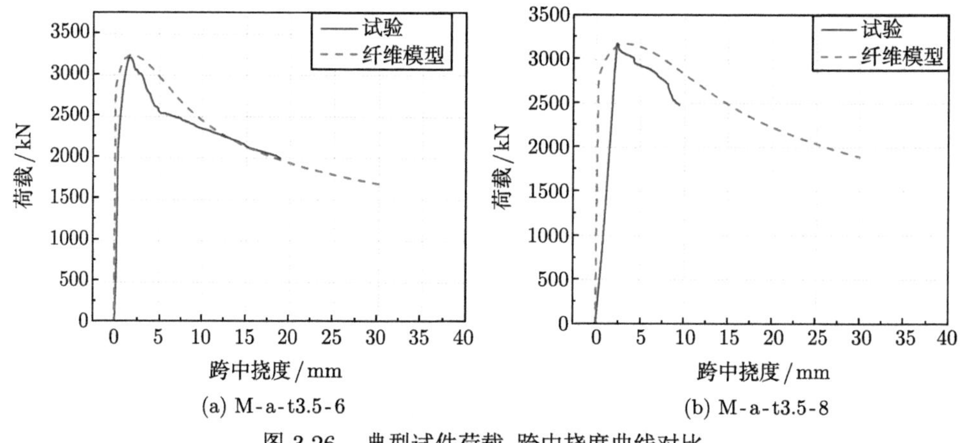

图 3.26　典型试件荷载–跨中挠度曲线对比

5. 参数分析

以 M-b-t4.5-8 为基准试件，利用纤维模型法对组合加固柱进行参数分析，考察外套钢管壁厚 t、外套钢管屈服强度 f_{ty} 和夹层混凝土强度等对试件长宽比的折减系数 φ 的影响，并通过试件在不同长宽比下的荷载–弯矩关系分析长宽比对试件破坏模式的影响。

具体研究参数范围如下所述：

(1) 外套钢管壁厚 (t)：2.5mm、4.5mm、6.5mm、8.5mm 和 10.5mm，对应含钢率分别为 0.04、0.07、0.10、0.13 和 0.16，对应宽厚比分别为 100.0、55.6、38.5、29.4 和 23.8。

(2) 外套钢管屈服强度 (f_{ty})：235MPa、352.3MPa、460MPa、550MPa 和 690MPa。

(3) 夹层混凝土强度 ($f_{\mathrm{cu,k2}}$)：40MPa、53.2MPa、70MPa、85MPa、100MPa。

图 3.27 为各参数对 λ-φ 曲线的影响及 λ 对典型试件 N-M 曲线的影响。从图3.27(b)、(d) 和 (f) 可以看出，当 $\lambda \leqslant 13.9$(对应 $L/B \leqslant 4$) 时，不同长宽比试件的荷载–弯矩曲线基本一致，且试件达到极限荷载时曲线均与相应 N-M 相关曲线相交，说明此时试件的破坏类型为材料强度破坏，此外观察图 3.27(a)、(c) 和 (e) 可以发现，此阶段 φ 基本维持稳定，说明 $L/B = 4$ 适合作为组合加固短柱与中长柱的分界点，该试验中短柱 ($L/B = 3$) 和中长柱 ($L/B = 6$、8、10) 的长宽比取值是合理的。由图 3.27(a)、(c) 和 (e) 可知：随着钢管壁厚的增加，φ 随 λ 的减小趋势变慢，这是因为试件长宽比越大，钢管对混凝土套箍约束作用越弱，较大的钢管壁厚可以在一定程度上弥补由长宽比增大而导致的约束作用变弱；而夹层混凝土强度的增加会导致套箍系数的减小，因此随着 $f_{\mathrm{cu,k2}}$ 的增加，φ 随 λ 减小的趋势也在加快；随着 f_{ty} 的增加，φ 随 λ 减小的趋势也越明显。通过以上分析可知，增加钢管壁厚或降低夹层混凝土强度可以使得 φ 随 λ 的减小趋势变慢。

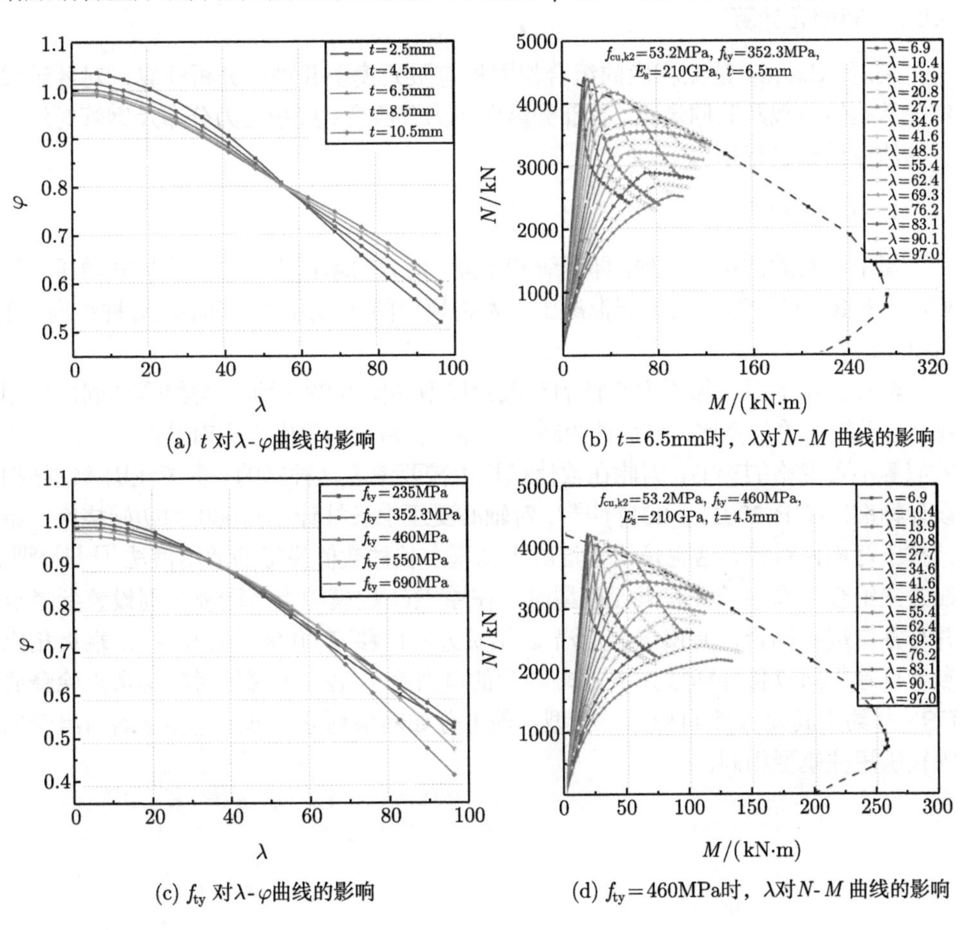

(a) t 对λ-φ曲线的影响

(b) t=6.5mm时，λ对N-M 曲线的影响

(c) f_{ty} 对λ-φ曲线的影响

(d) f_{ty}=460MPa时，λ对N-M 曲线的影响

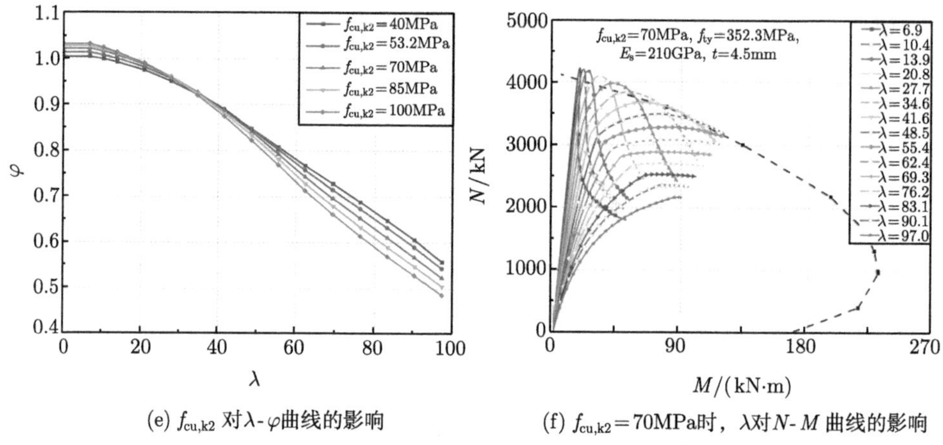

(e) $f_{cu,k2}$ 对λ-φ曲线的影响　　(f) $f_{cu,k2}=70$MPa时，λ对N-M 曲线的影响

图 3.27　不同参数对 λ-φ 曲线和 N-M 曲线的影响

3.6.2　有限元计算

采用 Abaqus 建立相应的组合加固柱有限元模型并进行分析计算，对各组成部分承担的荷载及其同步性、各部分纵向应力及应变、接触应力分布及钢管对混凝土的约束效果进行研究。

1. 有限元模型

模型涉及的钢材共两种，即钢管和钢筋，两者的本构模型与组合加固轴压短柱相同；原 RC 柱混凝土及夹层混凝土的本构模型同样与组合加固轴压短柱相同，详见 2.6.2 节。

轴心受压下组合加固中长柱的有限元模型如图 3.28 所示。与组合加固短柱相比，由于较大的长宽比，中长柱的制作误差、初始缺陷等因素会对其产生二阶弯矩效应等不可忽略的影响，因此在数值模拟中需要考虑这种影响。参考我国《钢结构设计标准》(GB 50017—2017) [139]，对轴心受压中长柱计 $L/1000$ 的初始挠度，将其按压弯构件对待，这也是钢管混凝土轴压中长柱数值模拟的通用做法 [71,138,140]。在建立组合加固中长柱有限元模型时，在原 RC 柱模型上下端板分别设置参考点并与各自端板耦合，并使参考点沿 x 轴负方向偏移 $L/1000$ 的距离；上端板相应参考点除竖向位移外释放其绕 y 轴转动的自由度 UR2，下端板对应参考点除释放 UR2 外约束其他 5 个自由度。模型其他部分如网格划分、单元选择等均与组合加固轴压短柱模型相同。

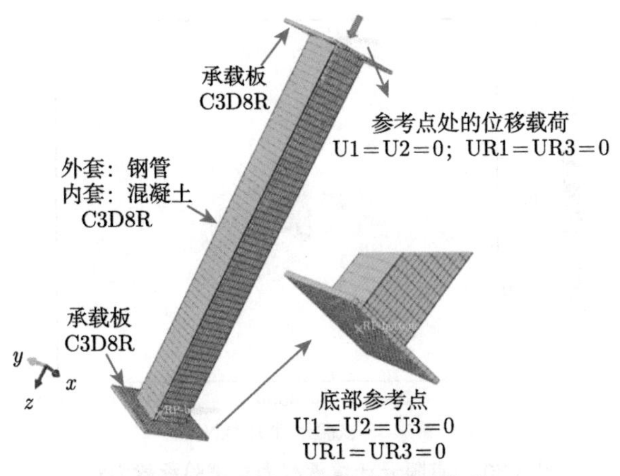

图 3.28 轴压中长柱有限元模型

图 3.29 以 M-c-t4.5-10 为例显示了有限元模拟得到的破坏形态与试验柱破坏形态对比，可知有限元模型可较好地模拟出试件的侧向挠度发展以及弯曲破坏形态。图 3.30 为有限元计算承载力 N_{FE} 与试验承载力 $N_{\mathrm{ma,e}}$ 的对比，$N_{\mathrm{FE}}/N_{\mathrm{ma,e}}$ 的平均值、标准差和变异系数分别为 1.015、0.046 和 0.046。图 3.31 给出了部分试件荷载–纵向位移计算曲线与试验曲线的对比，由对比结果可知，建立的有限元模型所得结果与试验结果吻合较好，可以用来进一步研究组合加固轴压中长柱的受力性能。

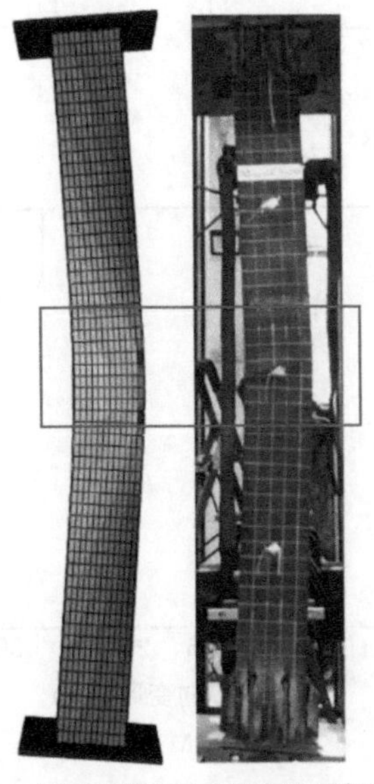

图 3.29 有限元模拟与试验柱破坏形态对比

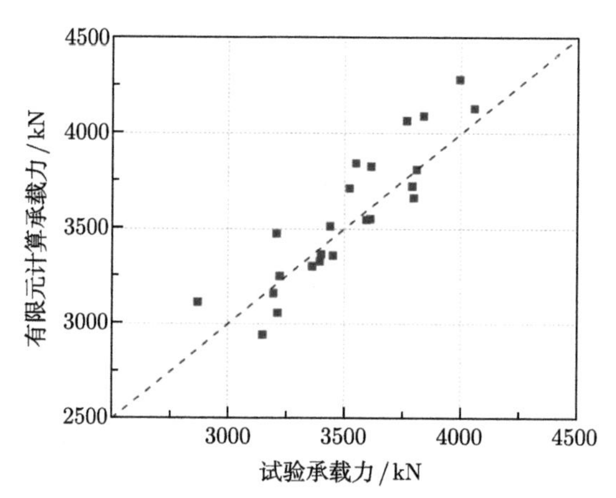

图 3.30　有限元计算承载力与试验承载力对比

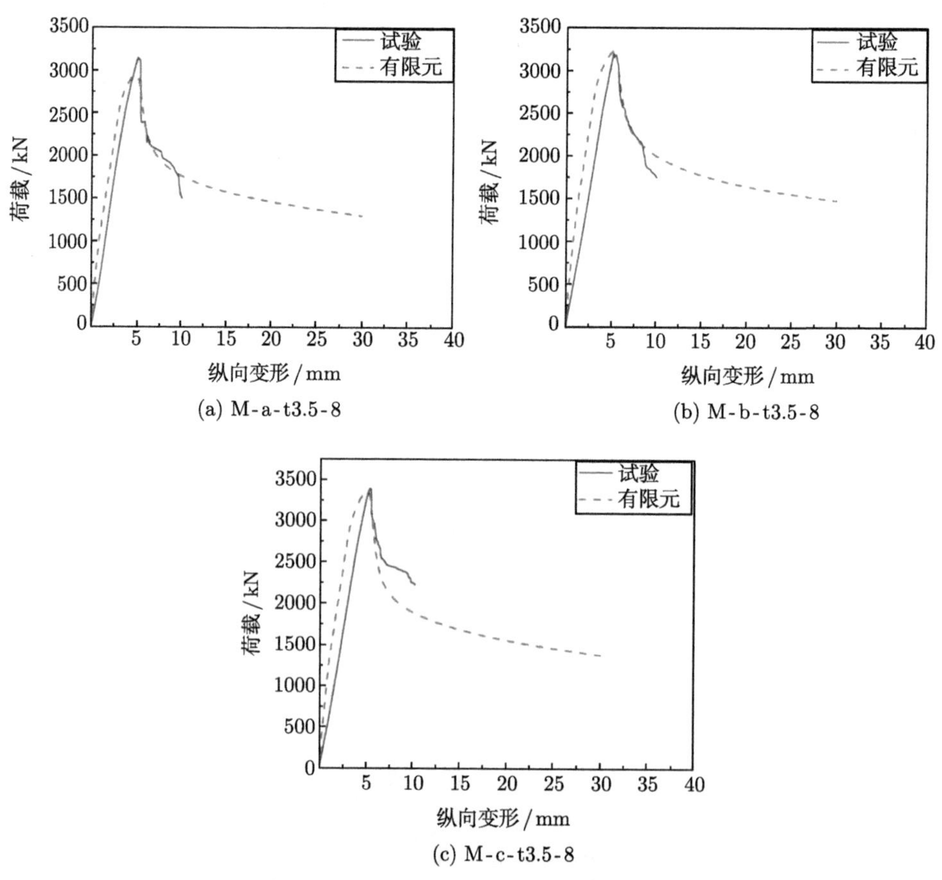

(a) M-a-t3.5-8

(b) M-b-t3.5-8

(c) M-c-t3.5-8

图 3.31　试件荷载–纵向位移曲线对比

2. 计算结果

1) 各组成部分承担荷载

图 3.32 给出了典型试件的各组成部分承担荷载示意图，图中 FE 表示有限元模拟曲线，RC、SC 和 ST 则分别表示原 RC 柱、夹层混凝土和外套钢管作为加固柱组成部分对其承载力的贡献。由图 3.32 可知，在整个加载过程中，外套钢管和夹层混凝土的荷载承担比例均显著大于原 RC 柱；在试件达到极限荷载时，外套钢管已屈服，原 RC 柱和夹层混凝土纵向应力基本达到峰值；极限荷载后，外套钢管和夹层混凝土的纵向应力曲线出现较为明显的下降段，相比之下原 RC 柱的下降段不明显，甚至在加载后期稍有上升。

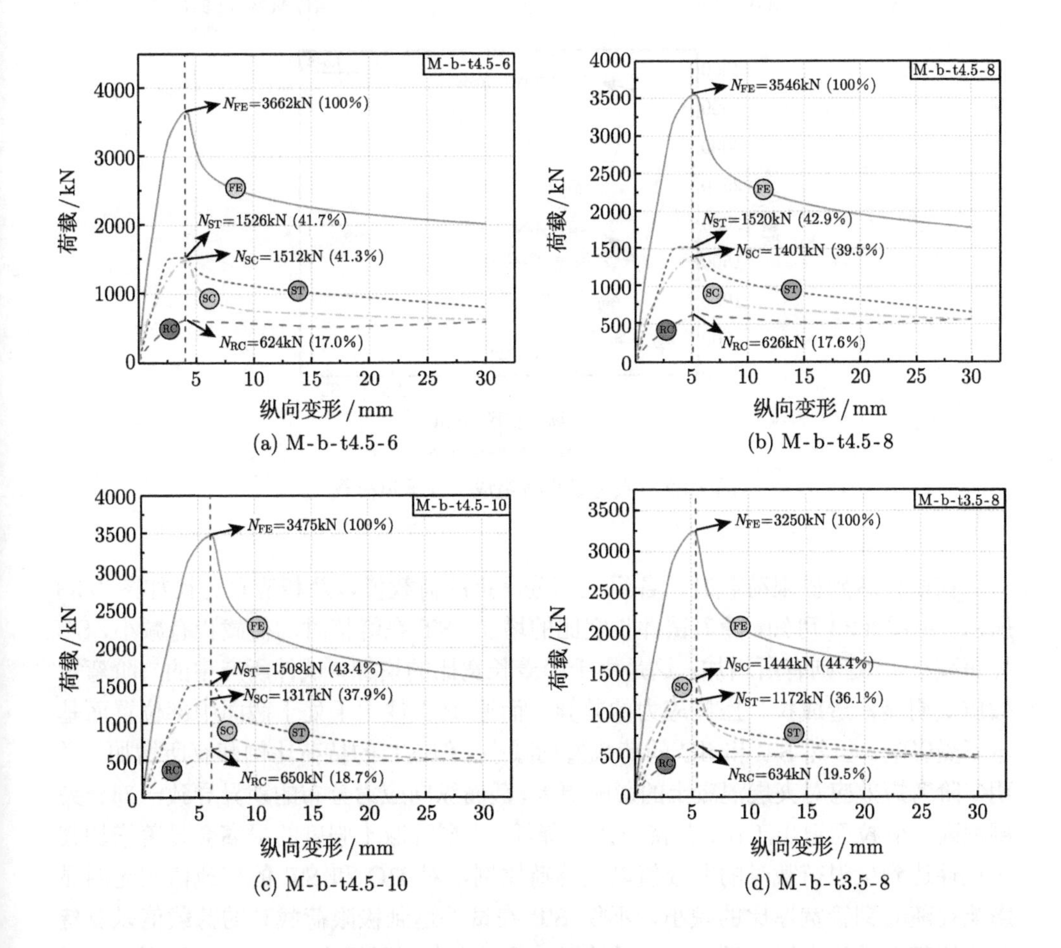

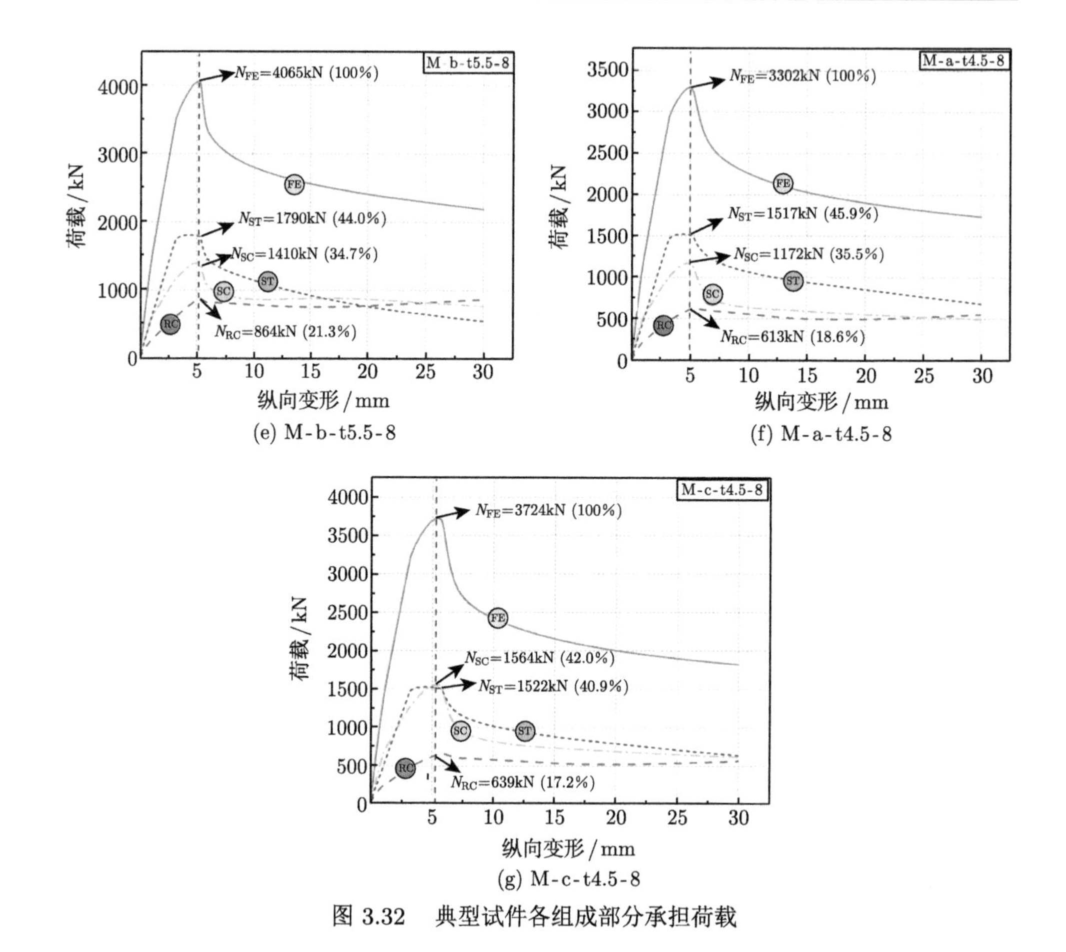

(e) M-b-t5.5-8

(f) M-a-t4.5-8

(g) M-c-t4.5-8

图 3.32 典型试件各组成部分承担荷载

在试件达到极限荷载时，各组成部分承担的荷载值以及相应百分比如图 3.33 所示。由图 3.33 可知，随着试件长宽比的增加，ST 在峰值时的荷载稍有减小，SC 显著减小，RC 则有所增加。这是由于随着长宽比的增加，试件所产生的二阶弯矩效应更明显，造成拉、压侧应力的差异，而原 RC 柱由于处于截面中部位置而基本不受影响。虽然 ST 和 SC 的荷载值均减小，但 ST 的持荷比例却有所增加，说明二阶弯矩效应对夹层混凝土的影响更大，截面纵向应力分布的差异导致一部分夹层混凝土受拉而退出工作，其持荷比例降低；夹层混凝土强度的提高会显著增加其在试件达到极限荷载时的荷载值以及持荷比例，对 RC 和 ST 的荷载值则无明显影响；随着钢管宽厚比的减小，不仅 ST 在试件达到极限荷载时的荷载值以及持荷比例都有显著增加，而且 RC 所承担的荷载也有明显提高，SC 荷载值则基本无变化，说明在中长柱中，原 RC 柱混凝土受到的约束效果大于夹层混凝土。对比图 3.32(b)、(d) 和 (e) 可知，钢管宽厚比越小的试件，其夹层混凝土曲线下降段也

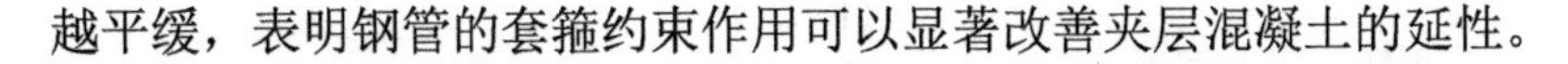
越平缓，表明钢管的套箍约束作用可以显著改善夹层混凝土的延性。

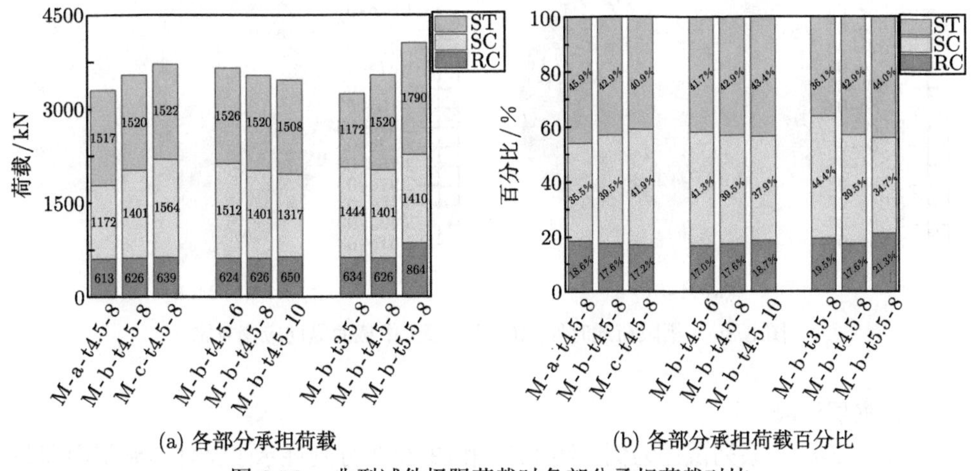

(a) 各部分承担荷载　　(b) 各部分承担荷载百分比

图 3.33　典型试件极限荷载时各部分承担荷载对比

2) 纵向应力及应变分布

A. 原 RC 柱混凝土

图 3.34 和图 3.35 以试件 M-RC-8 和 M-b-t4.5-8 为例分别对比了极限荷载时原 RC 柱混凝土在加固前后纵向应力与纵向应变的分布情况。由图 3.34 可知，加固前柱子的受压侧最大纵向压应力为 29.4MPa，而加固后最大纵向压应力达到 33.8MPa，且受拉侧最小压应力由 4.2MPa 增加至 17.8MPa。加固前柱子纵向应力基本呈梯度分布，而加固后则分布较为均匀。由图 3.35 可知，加固前柱子拉、压侧纵向应变之差为 0.0031，加固后减小为 0.0013。加固后原 RC 柱混凝土拉、压侧纵向应力和应变呈梯度分布的情况得到了显著改善，不仅试件受压更均匀，且套箍约束作用使得极限荷载时原 RC 柱混凝土的承载力有所提高。

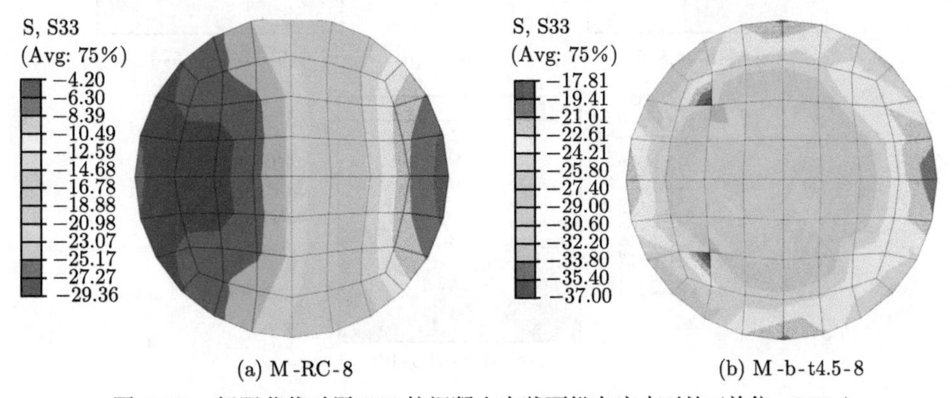

(a) M-RC-8　　(b) M-b-t4.5-8

图 3.34　极限荷载时原 RC 柱混凝土中截面纵向应力对比 (单位：MPa)

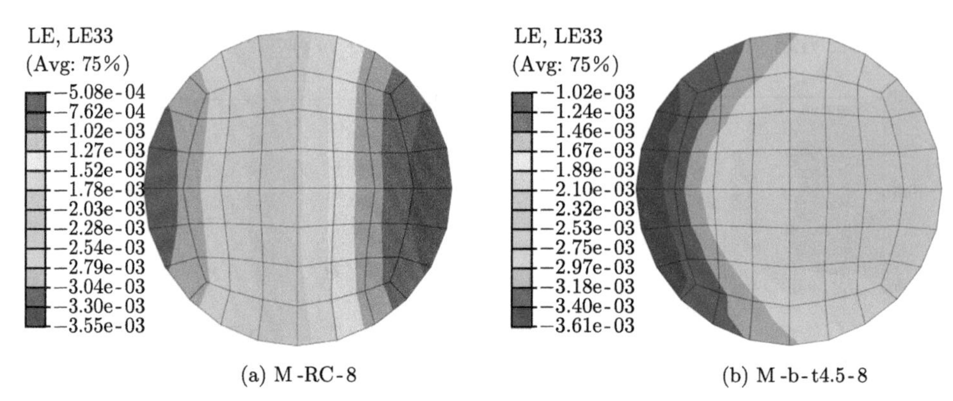

(a) M-RC-8　　　　(b) M-b-t4.5-8

图 3.35　极限荷载时原 RC 柱混凝土中截面纵向应变对比

B. 夹层混凝土

以 M-b-t4.5 系列试件为例，图 3.36 和图 3.37 分别展示了试件达到极限荷载时夹层混凝土的纵向应力与纵向应变分布情况，由图 3.36 可知，当试件长宽比为 6 时，夹层混凝土的纵向应力在角部出现应力集中现象，角部最大应力达到 $1.07f_{\rm c}'$；随着长宽比的增加，夹层混凝土纵向应力从截面受压侧 (左侧) 到受拉侧 (右侧) 呈梯度分布的现象越来越明显，且受拉侧边缘压应力值明显减小 (从 $0.9f_{\rm c}'$ 减小到 $0.74f_{\rm c}'$)。

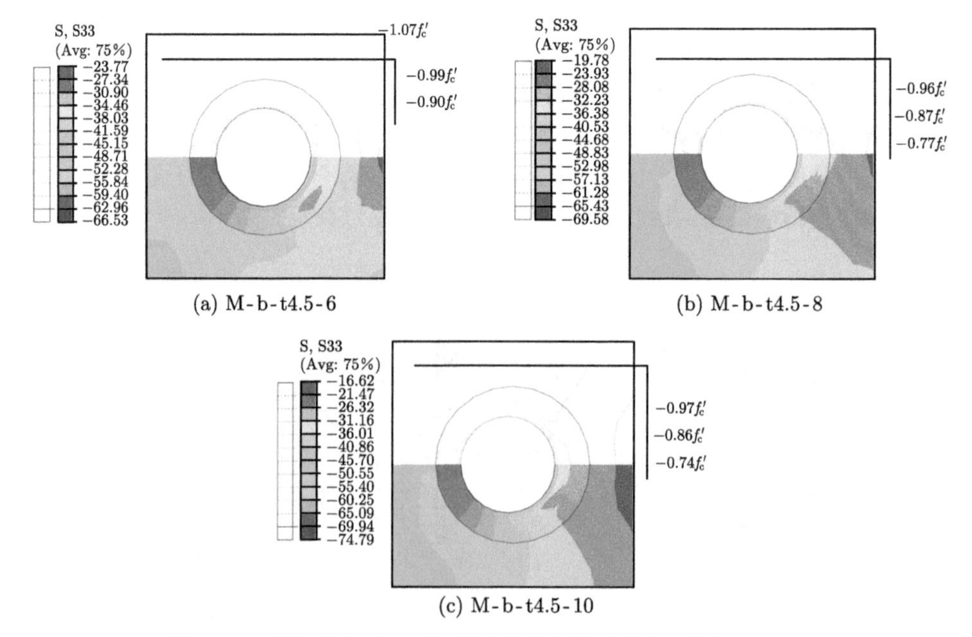

(a) M-b-t4.5-6　　　　(b) M-b-t4.5-8

(c) M-b-t4.5-10

图 3.36　极限荷载时夹层混凝土中截面纵向应力 (单位：MPa)

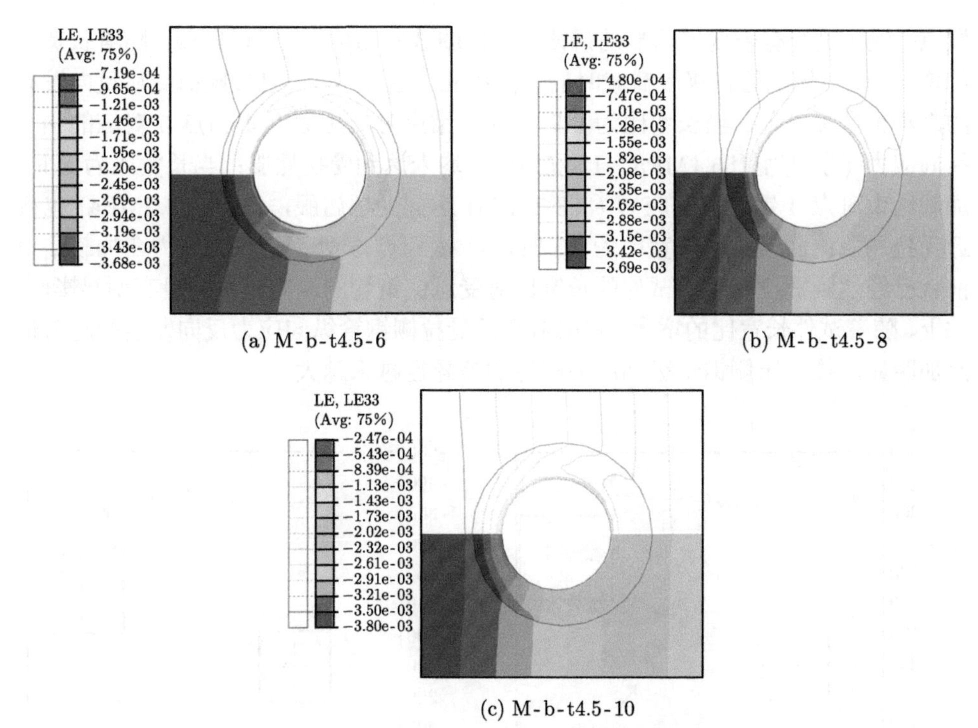

(a) M-b-t4.5-6 (b) M-b-t4.5-8

(c) M-b-t4.5-10

图 3.37 极限荷载时夹层混凝土中截面纵向应变

由图 3.37 可知，夹层混凝土纵向应变从受压区向受拉区呈梯度减小。当试件长宽比分别为 6、8 和 10 时，中截面纵向压应变范围分别为 0.0022~0.0037、0.0016~0.0037 和 0.0014~0.0038。由此可知，随着长宽比的增加，试件中截面受到二阶弯矩效应的影响越来越明显，拉、压区混凝土的应变分布差异越来越显著。长宽比的增加不仅使得截面应力分布更加不均匀，也会使得截面应变分布差异更为显著，导致试件极限荷载的降低。

C. 外套钢管

图 3.38 是不同长宽比的试件中截面钢管不同位置处的纵向应力发展曲线，一共取 5 个较具代表性的点，分别为受压侧边长中部点 1 、受压侧角点 2 、过截面形心轴的点 3 、受拉侧角点 4 和受拉侧边长中部点 5。

由图 3.38 可知，在加载初期，各个位置处的钢管纵向均受压且应力发展趋势基本相同，随后钢管纵向应力达到屈服强度，试件开始进入弹塑性阶段。极限荷载(图中纵向虚线所示) 以后，拉、压侧钢管纵向应力表现出不同的发展趋势，受压侧和截面形心处的钢管纵向应力稍有减小，此后受压侧钢管纵向应力缓慢增加，截面形心处钢管纵向应力基本保持不变，受拉侧钢管纵向应力则开始持续地反向发展，由受压状态向受拉状态过渡。极限荷载后，受压侧角点处纵向应力大于边长中部位置点，受拉侧没有表现出明显的规律。对比图 3.38(a)~(c) 可以发现，随着长宽比的增加，受拉侧钢管在极限荷载时的纵向压应力逐渐减小，且极限荷载后反向发展的趋势也愈加显著。当长宽比为 6 时，加载结束时受拉侧点 4 和点 5 对应的钢管纵向应力 (分别为 155.1MPa、154.5MPa) 均未达到受拉屈服；当长宽比为 8 时，加载结束时点 4 钢管纵向应力 (363.2MPa) 达到受拉屈服，点 5(332.2MPa) 也接近受拉屈服；而当试件长宽比为 10 时，点 4 和点 5 处钢管纵向应力在加载结束前就已经达到受拉屈服。试件的长宽比对受压侧钢管的纵向压应力没有明显影响。综上，随着试件长宽比的增大，极限荷载后受拉侧钢管纵向应力反向发展的趋势也愈加明显，拉、压侧钢管纵向应力状态的差异也越来越大。

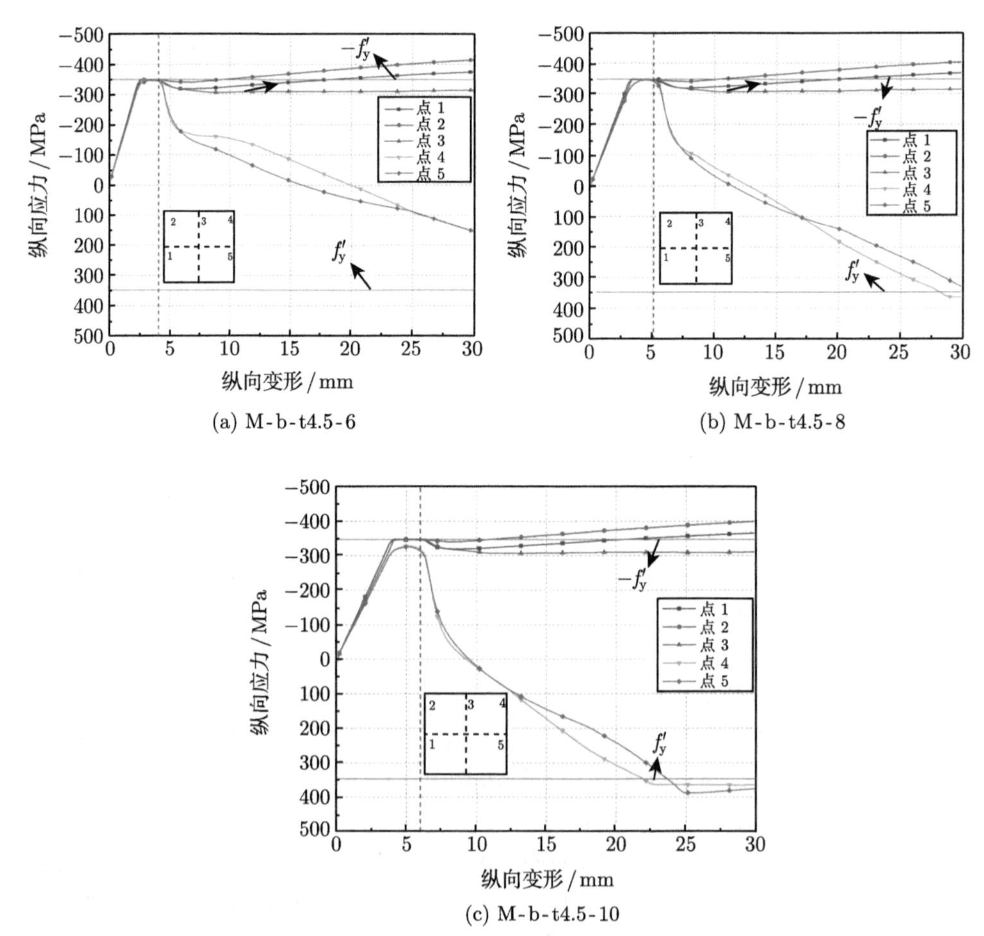

(a) M-b-t4.5-6　　(b) M-b-t4.5-8

(c) M-b-t4.5-10

图 3.38　不同位置处钢管纵向应力发展曲线

3) 侧向约束作用

图 3.39 显示了试件 M-b-t4.5-8 柱中高度 ($L/2$)、四分之三高度 ($3L/4$) 和柱端 (L) 处截面不同位置的法向接触应力的发展曲线对比，其中包括外套钢管与夹层混凝土的界面、夹层混凝土与原 RC 柱混凝土的界面，各点所在位置已标示于图中。

图 3.39(a)~(e) 显示了外套钢管与夹层混凝土界面的约束应力发展情况。由图 3.39(a)~(e) 可知，钢管对夹层混凝土的约束主要体现在角部位置。在极限荷载以前，截面不同高度相同位置处的约束应力差别不大；在极限荷载时，角点 2 处对应 $L/2$、$3L/4$ 和 L 的约束应力值分别为 7.98MPa、8.35MPa 和 6.63MPa，角点 4 处相应值则分别为 7.86MPa、8.23MPa 和 6.45MPa，其他位置如点 1、点 3 和点 5 处均无接触应力；极限荷载以后，在柱中高度位置处角点约束应力持续发展，其中以受拉侧角点 4 最具有代表性，加载结束时其约束应力已达 26.9MPa，而在另外两个高度处，角点约束应力则保持峰值时水平或者有所回落，且都明显低于柱中高度处。边长中部位置处点的约束应力在极限荷载后也有所发展，但幅度较低 (最大值仅为 3.8MPa) 且集中在柱中高度处。

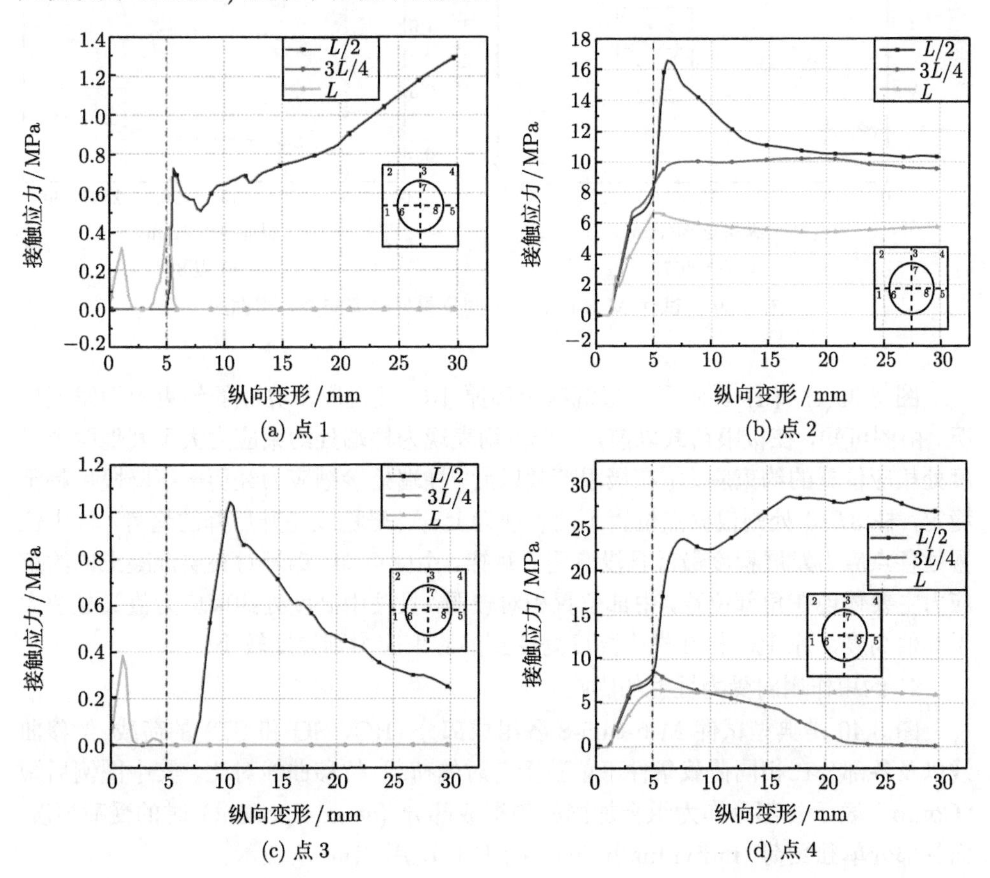

(a) 点 1

(b) 点 2

(c) 点 3

(d) 点 4

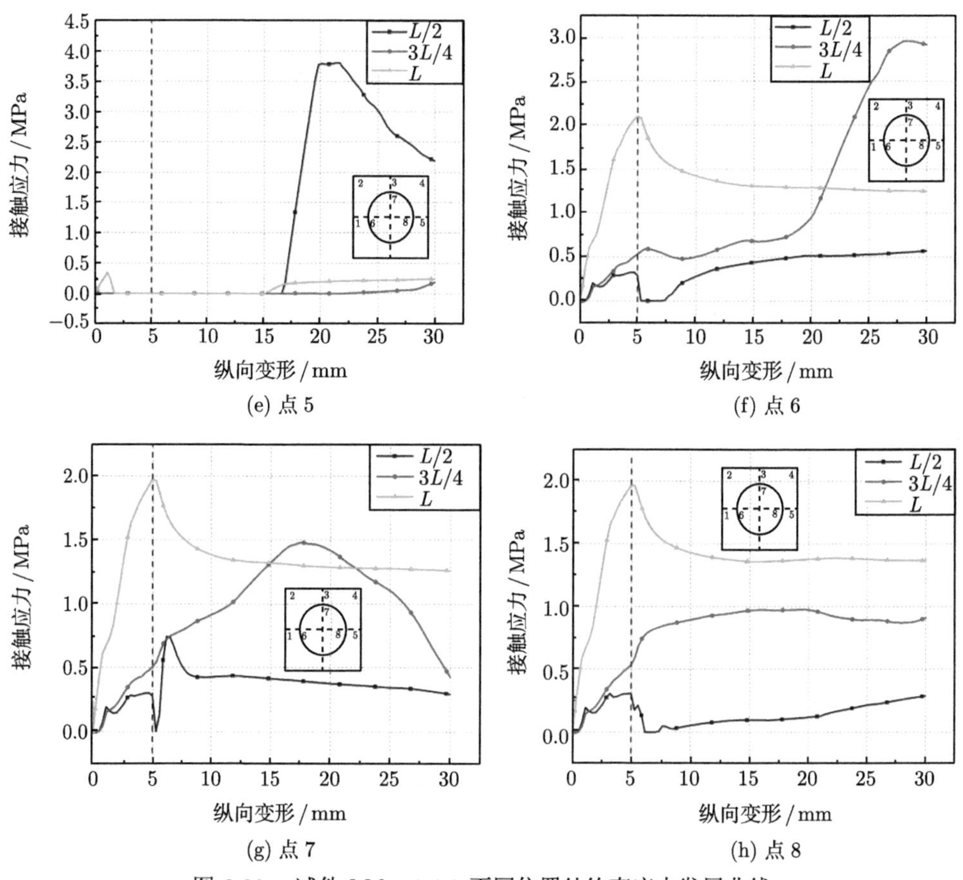

图 3.39 试件 M-b-t4.5-8 不同位置处约束应力发展曲线

图 3.39(f)~(h) 显示了夹层混凝土和原 RC 柱混凝土界面的约束应力发展情况。由图可知，在极限荷载以前，三个点均表现为柱端处约束应力大于其他两个高度处相应位置的约束应力；在极限荷载以后，柱端处接触应力经历一下降段后趋于稳定，柱 $3L/4$ 处则根据点位置不同表现为上升、平稳或先升后降的趋势，柱中位置处各点应力发展程度最低且没有明显规律。由此可知，钢管对夹层混凝土的约束应力主要体现在角部位置，中部位置相对较弱，且柱中高度处约束应力值又显著大于其他高度，原 RC 柱在柱中高度处受到的约束应力则幅度较小。

4) 约束作用对受力性能的影响

图 3.40 是典型试件 M-b-t4.5-8 各组成部分 (RC、SC 和 ST) 的荷载–位移曲线以及各部分在相同荷载条件下单独受荷时的荷载–位移曲线对比，其中图例后缀 “Comp.” 表示各部分作为组合加固柱的组成部分 (as component) 时的受荷情况，而各部分单独受荷 (individually loaded) 的情况用 “Indi.” 表示。

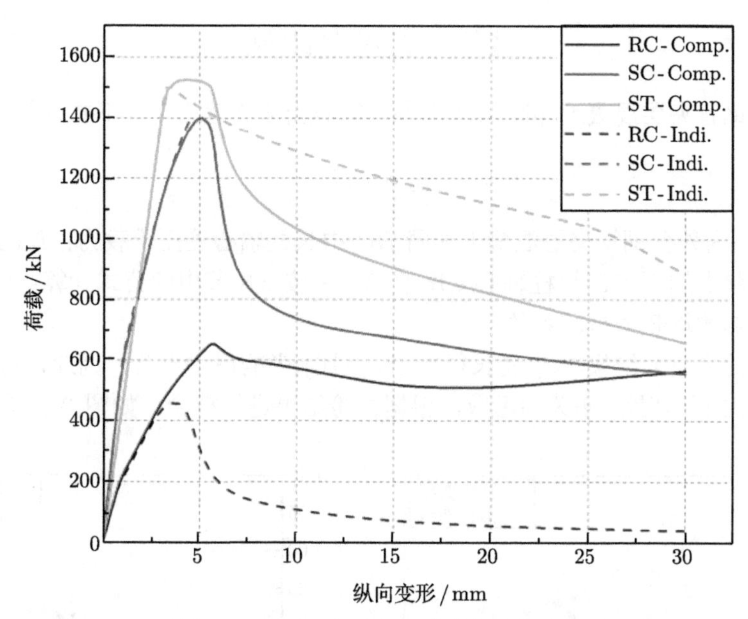

图 3.40 试件 M-b-t4.5-8 组成部分荷载与各部分单独受荷对比

由图 3.40 可知，RC 柱在单独受荷时极限荷载为 459 kN，而原 RC 柱作为加固柱组成部分时的极限荷载为 654 kN，比单独受荷时的极限荷载提高约 43%，且达到极限荷载时具有更大的轴向压缩位移，曲线的下降段也较单独受荷时更为平缓。由此可见，在外部钢管和夹层混凝土的共同约束下，原 RC 柱的极限荷载和延性都有较为明显的改善。夹层混凝土作为加固柱组成部分受荷与单独受荷时相比，曲线上升段斜率一致，说明在极限荷载以前其受到的外套钢管约束作用很微弱，但曲线“SC-Comp.”在过极限荷载以后仍继续发展，单独受荷的夹层混凝土模型则由于收敛性问题计算很快终止。这说明外套钢管和原 RC 柱的存在改善了夹层混凝土的延性。

由曲线“ST-Comp.”和“ST-Indi.”的对比可以看出，在弹性阶段时两曲线较为一致，说明此阶段外套钢管对内部混凝土约束作用并不显著，曲线进入弹塑性阶段以后，单独受荷的外套钢管因为局部屈曲问题而出现荷载持续下降的现象，而曲线“ST-Comp.”则会经历一段较为平稳的屈服阶段，此后纵向应力缓慢降低。这是因为当钢管内部存在核心混凝土时，可以在很大程度上延缓外套钢管的局部屈曲，在加载后期，外套钢管给内部混凝土提供环向约束，造成其纵向应力的降低。综上所述，内部混凝土在外套钢管的约束作用下，不仅承载能力得到提高，延性也得到了较为明显的改善。

3.7　承载力计算

外套钢管夹层混凝土加固 RC 中长柱轴心受压承载力可按下式计算：

$$N_{\mathrm{L}} = \varphi_l N_0 \tag{3.7}$$

式中，N_{L} 为外套钢管夹层混凝土加固 RC 中长柱轴心受压承载力；N_0 为外套钢管夹层混凝土加固 RC 短柱轴心受压承载力，按 2.8 节中的公式计算；φ_l 为考虑长细比影响的承载力折减系数。

根据前文研究结果，φ_l 受长径比 (长宽比) 影响最为显著，因此，可将 φ_l 视为与长径比 (长宽比) 相关的函数，根据试验结果进行拟合，如图 3.41 所示。

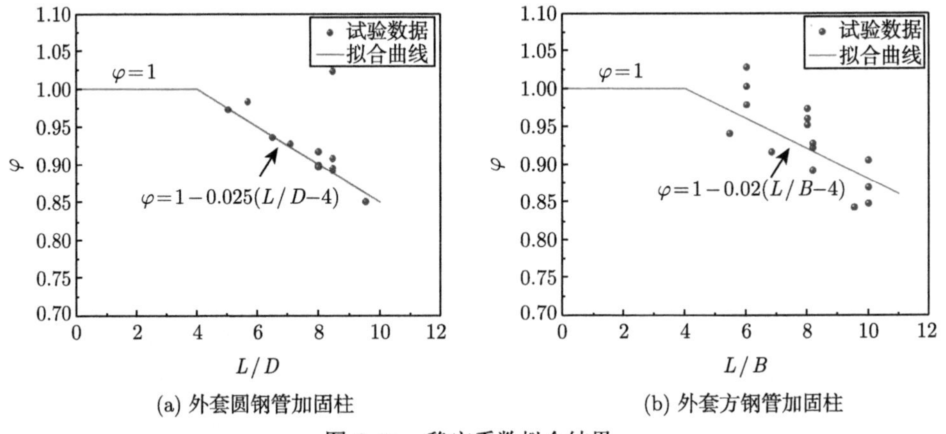

(a) 外套圆钢管加固柱　　(b) 外套方钢管加固柱

图 3.41　稳定系数拟合结果

当 $L/D \leqslant 4$ 或 $L/B \leqslant 4$ 时，

$$\varphi_l = 1 \tag{3.8}$$

对于圆形截面柱，当 $L/D \geqslant 4$ 时，

$$\varphi_l = 1 - 0.025(L/D - 4) \tag{3.9}$$

对于方形截面柱，当 $L/B \geqslant 4$ 时，

$$\varphi_l = 1 - 0.02(L/B - 4) \tag{3.10}$$

采用上述公式计算得到的承载力计算结果见表 3.9，这里将计算值与试验值进行对比，并绘制于图 3.42 中。对于外套圆钢管加固柱和外套方钢管加固柱，计算值与试验值比值的均值分别为 0.852 和 0.893，标准差分别为 0.057 和 0.046，变异系数分别为 0.067 和 0.051，计算值总体小于试验值。

表 3.9 外套钢管夹层混凝土加固 RC 中长柱相关计算参数

截面类型	试件编号	$N_{u,L}$	$N_{u,0}$	$L/D(L/B)$	$\varphi_{u,L}$	$\varphi_{c,L}$	$N_{c,L}$	$N_{c,L}/N_{u,L}$
圆套圆	LCFT-3.25-C50-8	2980	3029	5.6	0.984	0.960	2342	0.786
	LCFT-3.25-C50-10	2810	3029	7.0	0.928	0.925	2257	0.803
	LCFT-3.25-C50-12	2751	3029	8.4	0.908	0.890	2172	0.790
	LCFT-3.25-C50-14	2703	3029	8.4	0.892	0.890	2172	0.804
	LCFT-1.80-C50-12	2319	2265	8.4	1.024	0.890	1885	0.813
	LCFT-3.90-C50-12	2932	3274	8.4	0.896	0.890	2287	0.780
圆套方	L-t3-C40-5.0	3165	3252	5.0	0.973	0.975	2877	0.909
	L-t3-C40-6.5	3045	3252	6.5	0.936	0.938	2767	0.909
	L-t3-C40-8.0	2926	3252	8.0	0.900	0.900	2656	0.908
	L-t3-C40-9.5	2767	3252	9.5	0.851	0.863	2545	0.920
	L-t2-C40-8.0	2707	2951	8.0	0.917	0.900	2419	0.894
	L-t4-C40-8.0	3109	3465	8.0	0.897	0.900	2839	0.913
方套圆	M-b-t3.5-6	3395	3386	6.0	1.003	0.960	3064	0.903
	M-b-t3.5-8	3222	3386	8.0	0.952	0.920	2937	0.912
	M-b-t3.5-10	2868	3386	10	0.847	0.880	2809	0.979
	M-b-t4.5-6	3798	3694	6.0	1.028	0.960	3169	0.834
	M-b-t4.5-8	3594	3694	8.0	0.973	0.920	3037	0.845
	M-b-t4.5-10	3208	3694	10	0.868	0.880	2905	0.906
	M-b-t5.5-6	3839	3924	6.0	0.978	0.960	3249	0.846
	M-b-t5.5-8	3767	3924	8.0	0.960	0.920	3113	0.826
	M-b-t5.5-10	3549	3924	10.0	0.904	0.880	2978	0.839
方套方	M-C50-t2.80-L/B5.5	2290	2435	5.5	0.940	0.970	2115	0.924
	M-C50-t2.80-L/B6.8	2230	2435	6.8	0.916	0.944	2058	0.923
	M-C50-t2.80-L/B8.2	2170	2435	8.2	0.891	0.916	1997	0.920
	M-C50-t2.80-L/B9.5	2050	2435	9.5	0.842	0.890	1940	0.946
	M-C50-t1.78-L/B8.2	2030	2204	8.2	0.921	0.916	1891	0.932
	M-C50-t3.80-L/B8.2	2400	2589	8.2	0.927	0.916	2070	0.863

注：$N_{u,L}$、$N_{u,0}$ 分别为中长柱和短柱承载力试验值，$N_{c,L}$ 为中长柱承载力计算值；$\varphi_{u,L}$、$\varphi_{c,L}$ 分别为稳定系数试验值和计算值。

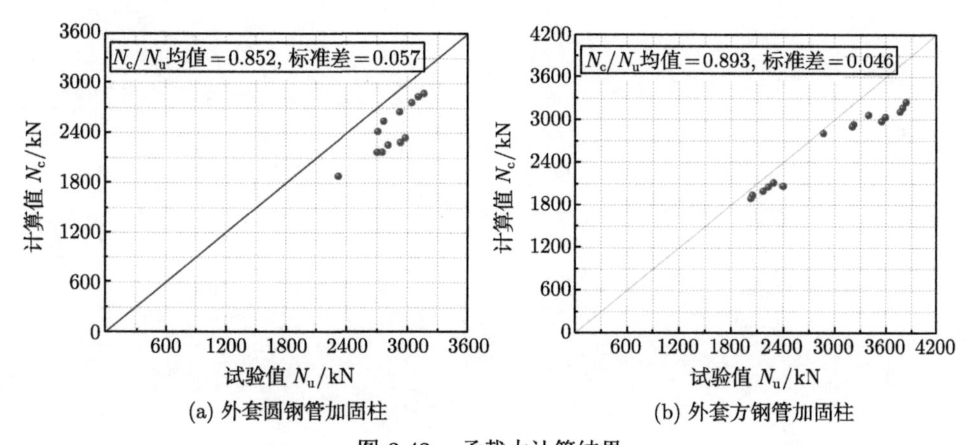

(a) 外套圆钢管加固柱　　(b) 外套方钢管加固柱

图 3.42 承载力计算结果

3.8 本章小结

(1) 外套钢管夹层混凝土加固法可以显著提高 RC 中长柱的轴压承载力和延性，加固后的试件呈现整体的弯曲变形，外套钢管出现多处局部鼓曲现象，属于典型的弹塑性失稳破坏形态。

(2) 长径 (宽) 比是影响外套钢管夹层混凝土加固 RC 中长柱轴压性能的最主要因素之一，随着试件长径 (宽) 比的增大，组合加固柱的承载力与延性降低。外套钢管径 (宽) 厚比的减小，使组合加固柱的极限荷载与延性同时增大。随着夹层混凝土强度的提高，组合加固柱的极限荷载增大，其延性降低。

(3) 本章建立了纤维模型和基于 Abaqus 的有限元模型，可较好地模拟轴压状态下外套钢管夹层混凝土加固 RC 中长柱的力学行为。

(4) 在组合加固轴压短柱承载力计算公式的基础上，本章提出外套钢管夹层混凝土加固 RC 中长柱的承载力计算公式，该公式计算结果与试验结果数据吻合良好，可用于指导实际工程应用。

第 4 章　外套钢管夹层混凝土加固 RC 短柱偏压性能

4.1　引　　言

在工程实际中，并不存在理想的轴心受压 RC 柱。施工过程中无法避免的误差、混凝土材料的不均匀性等，都会造成 RC 柱的初始偏心，加之风荷载作用、地震作用等，RC 柱常常需要承受较大弯矩，处于压弯受力状态 [141−148]。对于外套钢管夹层混凝土加固 RC 柱，相比于轴心受压状态，在压弯作用下，组合加固柱会出现较大的侧向挠度，同时引起二阶弯矩效应问题，使得柱中截面承受更大的弯矩作用，导致过早破坏。因此，在研究组合加固柱轴心受压性能的基础上，需对其偏心荷载作用下的力学性能进行研究。

本章对外套钢管夹层混凝土加固 RC 柱的偏心受压性能进行系统研究，分析偏心距、外套钢管径厚比、夹层混凝土强度等因素对组合加固柱的破坏形态、承载力、荷载–挠度曲线、荷载–应变曲线等影响；在试验研究的基础上，采用纤维模型法和有限单元法对外套钢管夹层混凝土加固 RC 柱的偏心受压性能和工作机理进行深入研究，提出组合加固柱的偏心受压承载力计算方法。

4.2　外套圆钢管夹层混凝土加固 RC 圆柱偏压性能试验研究

4.2.1　试验概述

试验设计制作了 9 个试件，包括 1 个未加固的 RC 圆柱、1 个增大截面加固 RC 圆柱和 7 个外套圆钢管夹层混凝土加固 RC 圆柱。原 RC 圆柱的直径为 154mm，组合加固柱外套钢管的外径为 219mm，所有试件高度 L 取 657mm，原 RC 圆柱的配筋和材料性能等详见 2.2.1 节。试验参数为加固方法、偏心距、外套钢管径厚比、夹层混凝土强度。所有试件均设计为小偏心受压短柱，偏心距 e 取值分别为 15mm、30mm 和 45mm。试件参数详见表 4.1，其中，试件 SERC-E30 的新增纵筋为 6Φ16 钢筋，其用钢量与外套钢管壁厚为 1.80mm 的组合加固柱相当。

试验在 5000kN 压力试验机上进行，试件两端设置刀口铰，通过调整刀口铰的位置来实现不同偏心距的加载，具体加载装置如图 4.1(a) 所示。试验过程中量测内容包括各级荷载值及其对应的纵向变形，侧向挠度，外套钢管的纵、环向应变。外套钢管中截面均匀布置纵、环向应变片共 4 组 8 片；试件的四分点处分别布置了 3 个横向位移计，用以测量试件的侧向挠度；试件弯曲平面外两侧对称布置 2 个纵向位移计，用以测量试件的纵向变形；试件应变片布置如图 4.1(b) 所示。各测点数据均由 DH3815N 静态应变采集系统自动采集。试件的加载制度与轴心受压短柱加载制度相同，详见 2.2.1 节。

表 4.1　试件设计参数

试件编号	$D \times t \times L$/mm	f_{cu1}/MPa	f_{cu2}/MPa	e/mm
RC-E30	154×0×657	32.83	—	30
SERC-E30	240×0×657	32.83	52.58	30
CFST-3.25-C50-E15	219×3.25×657	32.83	52.58	15
CFST-3.25-C50-E30	219×3.25×657	32.83	52.58	30
CFST-3.25-C50-E45	219×3.25×657	32.83	52.58	45
CFST-1.80-C50-E30	219×1.80×657	32.83	52.58	30
CFST-3.90-C50-E30	219×3.90×657	32.83	52.58	30
CFST-3.25-C40-E30	219×3.25×657	32.83	43.01	30
CFST-3.25-C60-E30	219×3.25×657	32.83	57.29	30

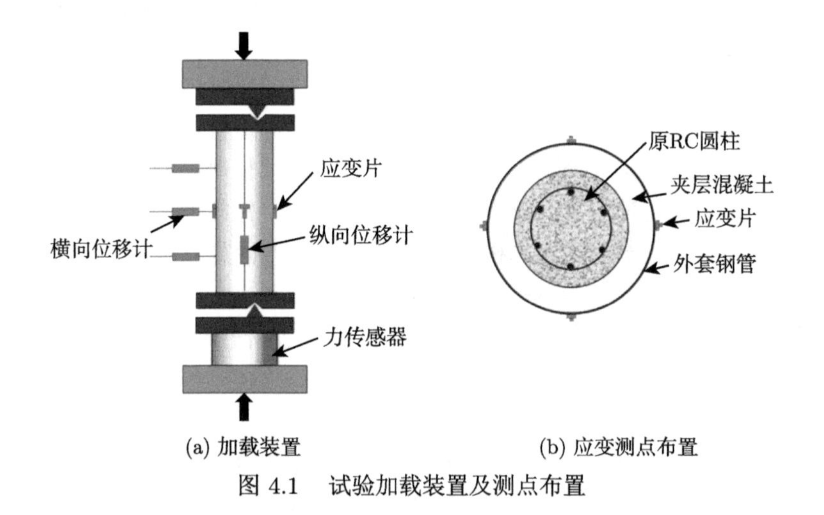

(a) 加载装置　　(b) 应变测点布置

图 4.1　试验加载装置及测点布置

4.2.2　试验结果与分析

1. *破坏形态*

偏心荷载作用下试件的破坏形态如图 4.2 所示，对于未加固 RC 圆柱 (试件 RC-E30)，在加载初期，试件处于弹性工作阶段，外观无明显变化，混凝土及钢筋应变随荷载的增加呈线性增长。当接近极限荷载时，试件下部弯曲内侧出现纵向裂缝。随着荷载的增加，裂缝快速发展，中部和下部表面混凝土开始剥落。达到极限荷载后，试件弯曲内侧混凝土被压碎，宣告破坏；对于增大截面加固 RC 圆

柱 (试件 SERC-E30)，其破坏形态和破坏过程与未加固 RC 圆柱相似，当接近极限荷载时，纵向裂缝开始快速发展，试件表面混凝土开始剥落。当达到极限荷载后，试件弯曲内侧混凝土被压碎，宣告破坏。

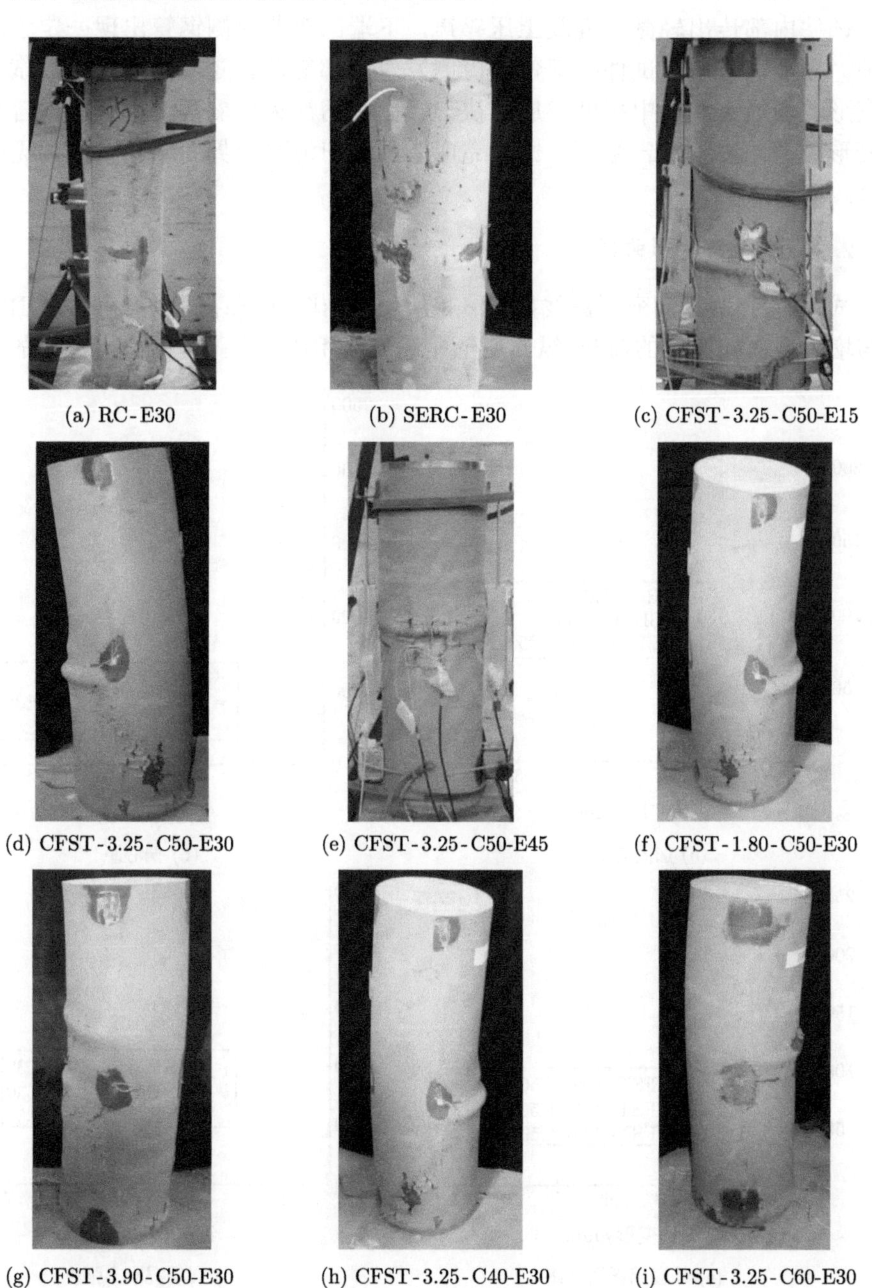

(a) RC-E30 (b) SERC-E30 (c) CFST-3.25-C50-E15

(d) CFST-3.25-C50-E30 (e) CFST-3.25-C50-E45 (f) CFST-1.80-C50-E30

(g) CFST-3.90-C50-E30 (h) CFST-3.25-C40-E30 (i) CFST-3.25-C60-E30

图 4.2 试件破坏形态

对于组合加固柱，破坏时均有较明显的弯曲变形。在加载初期，试件处于弹性阶段，外观无明显变化。达到极限荷载的 60%～70%时，试件受压侧的端部开始出现剪切滑移线，并向中部发展，跨中挠度增长较快。在接近极限荷载时，试件内部传出轻微的混凝土压碎声，下端部弯曲内侧钢管出现一定程度的皱曲。极限荷载后，试件中部弯曲内侧发生局部皱曲。随着持续加载，试件轴向变形逐渐增大，跨中挠度发展加快，表面防锈漆大块剥落。直至试件跨中挠度变形过大，试验宣告结束。试验完成后，新旧混凝土界面粘结良好，无明显滑移。

2. 荷载–纵向变形曲线

试件的荷载–纵向变形曲线如图 4.3 所示，由图 4.3(a) 可以看出，原 RC 圆柱与增大截面加固柱的荷载–纵向变形曲线形状相似，在弹性阶段，试件的纵向

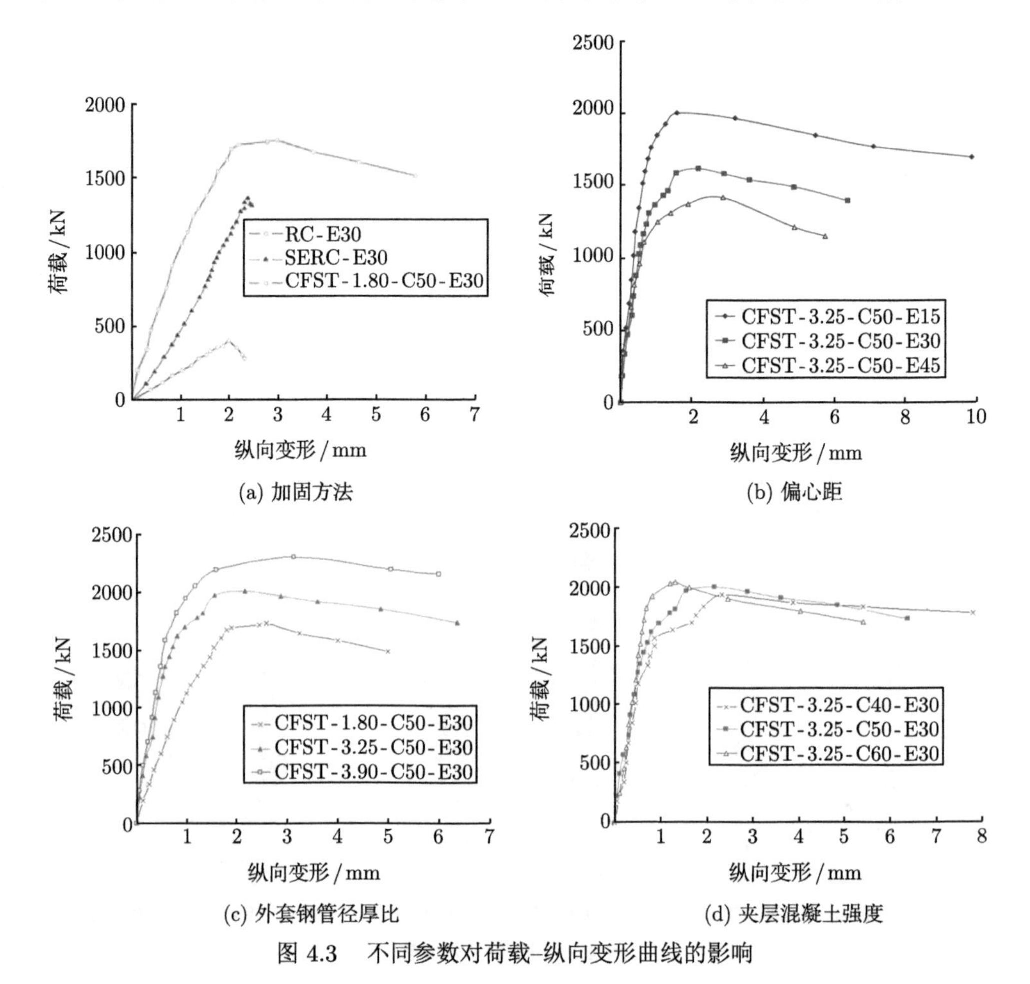

(a) 加固方法
(b) 偏心距
(c) 外套钢管径厚比
(d) 夹层混凝土强度

图 4.3 不同参数对荷载–纵向变形曲线的影响

变形随荷载增加而线性增大；在极限荷载后试件迅速破坏，荷载–纵向变形曲线基本无下降段，试件变形能力较差。组合加固柱的荷载–纵向变形曲线变化趋势基本一致，在弹性阶段，试件的纵向变形与荷载呈现线性相关性；在接近极限荷载时，纵向变形发展速度加快，曲线呈现一定的非线性；在极限荷载后，荷载下降较为缓慢，纵向变形持续增加，曲线具有较长的下降段，试件变形能力良好。

偏心距对试件荷载–纵向变形曲线的影响如图 4.3(b) 所示，在弹性阶段，各试件纵向变形较小，曲线斜率相差不大。在极限荷载后，曲线的下降段越陡峭，试件破坏时的纵向变形越小。外套钢管径厚比对试件荷载–纵向变形曲线的影响如图 4.3(c) 所示，在弹性阶段，随着外套钢管径厚比的增大，曲线斜率越小；在极限荷载后，曲线下降段变得更加陡峭，后期承载能力较差。这是由于试件外套钢管径厚比较大时，外套钢管管壁易发生局部皱曲，钢管套箍约束作用无法得到充分发挥。夹层混凝土强度对试件荷载–纵向变形曲线的影响如图 4.3(d) 所示，在弹性工作阶段，夹层混凝土强度较大的试件，曲线斜率略大；在极限荷载后，曲线下降较陡，延性较差。

3. 荷载–跨中挠度曲线

加固方法对试件荷载–跨中挠度关系曲线的影响如图 4.4(a) 所示。由图 4.4(a) 可知，在加载初期，原 RC 圆柱、增大截面加固柱和组合加固柱开始出现侧向挠度，但挠度值均较小，且发展较慢。对于原 RC 圆柱和增大截面加固柱，进入屈服阶段后，跨中挠度开始快速增长，极限荷载后曲线基本无下降段，变形能力较差。对于组合加固柱，进入屈服阶段以后，跨中挠度增速开始加快，在极限荷载后，曲线有明显的缓慢下降段，组合加固柱具有较好的变形能力。表明钢材以外套钢管的形式存在，试件具有良好的后期承载能力，其延性好于钢材以钢筋内置形式存在的增大截面加固柱。

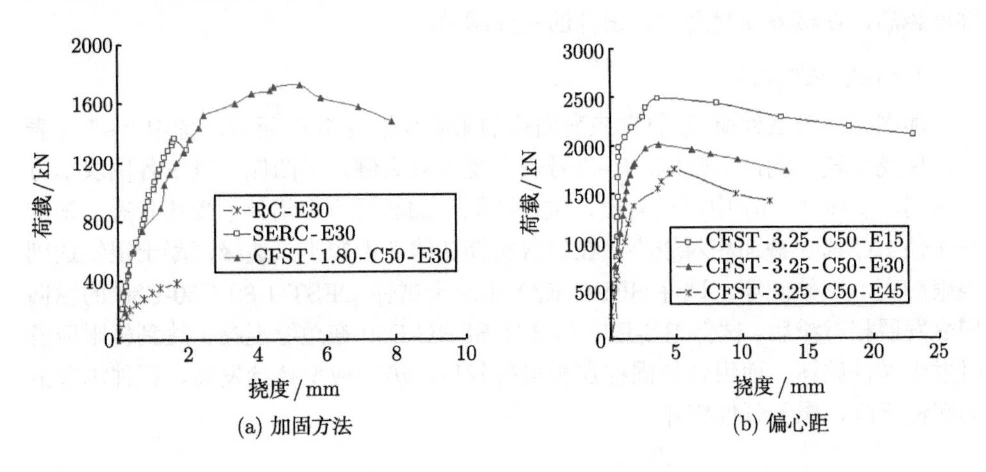

(a) 加固方法
(b) 偏心距

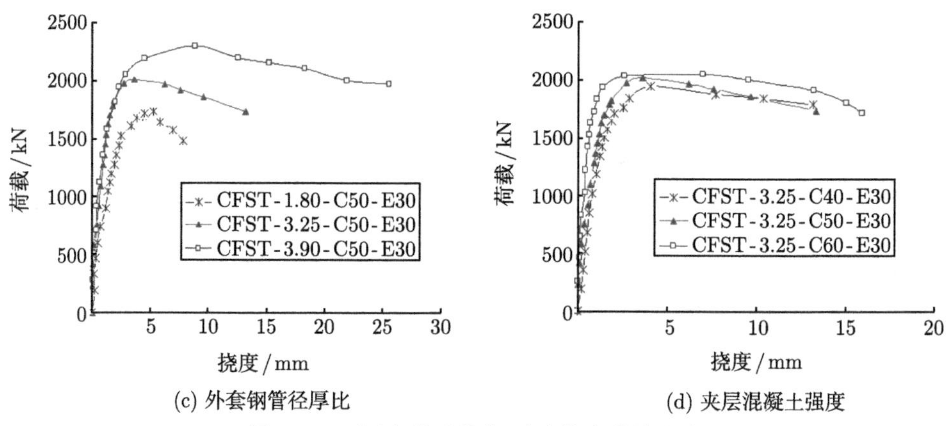

图 4.4 不同参数对荷载–跨中挠度曲线影响

偏心距对试件荷载–跨中挠度曲线的影响如图 4.4(b) 所示。由图 4.4(b) 可知，在加载初期，试件均处于弹性工作阶段，荷载与挠度呈线性关系增长，侧向挠度发展速率较小。随着荷载增大，偏心距较大的试件最早进入屈服阶段，曲线开始呈现非线性特征。极限荷载之后，偏心距较大的试件，曲线下降速率较快。

外套钢管径厚比对试件荷载–跨中挠度曲线的影响如图 4.4(c) 所示。由图 4.4(c) 可知，在加载初期，各试件处于弹性工作阶段，外套钢管径厚比较小的试件，曲线斜率较大。在达到极限荷载之后，曲线下降较平缓，侧向挠曲发展较为缓慢，试件延性较好。

夹层混凝土强度对试件荷载–跨中挠度曲线的影响如图 4.4(d) 所示。由图 4.4(d) 可知，夹层混凝土强度对试件荷载–跨中挠度曲线的影响并不显著。在加载初期，夹层混凝土强度越大，试件跨中变形增长较慢。在达到极限荷载后，试件跨中挠度持续增大，曲线出现下降段。试件 CFST-3.25-C50-E30 和 CFST-3.25-C60-E30 的曲线下降段斜率较试件 CFST-3.25-C40-E30 更大，表明夹层混凝土强度越高，在极限荷载之后，试件的延性越差。

4. *荷载–应变曲线*

加固方法对试件荷载–纵向应变曲线的影响如图 4.5(a) 所示，图中 “+” 号表示试件受压较小侧，即凸侧；“−” 号表示受压较大侧，即凹侧，以下各图表示方法相同。从图 4.5(a) 中可以看出，试件两侧在加载过程中均处于受压状态。未加固试件 RC-E30 截面相对较小，在加载初期曲线斜率较小，边缘混凝土很快达到极限应变，试件破坏。试件 SERC-E30 相对于试件 CFST-1.80-C50-E30 的纵向应变发展相对滞后。试件 RC-E30 与试件 SERC-E30 在边缘混凝土达到极限应变时发生脆性破坏，而组合加固柱在极限荷载后，纵向应变持续发展，试件承载能力缓慢下降，属于延性破坏。

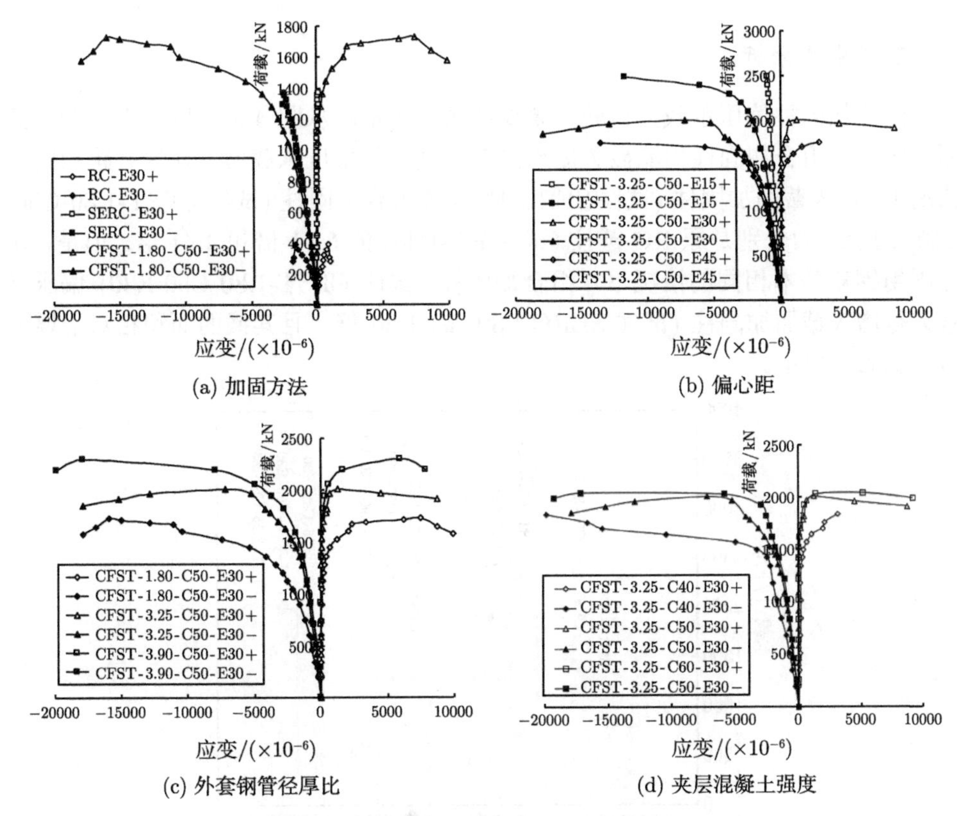

(a) 加固方法

(b) 偏心距

(c) 外套钢管径厚比

(d) 夹层混凝土强度

图 4.5 不同参数对荷载–纵向应变曲线的影响

图 4.5(b) 为偏心距对试件荷载–纵向应变曲线的影响。由图 4.5(b) 可知，试件 CFST-3.25-C50-E15 两侧均受压，而其他试件则表现为一侧受压，另一侧受拉状态。另外，在极限荷载之前，同级荷载下受压较大侧钢管的应变远大于受压较小侧，偏压荷载作用下钢管的强度不能充分发挥。在相同荷载作用下，偏心距较大试件的钢管应变相对较大，钢管屈服较早。

图 4.5(c) 为外套钢管径厚比对试件荷载–纵向应变曲线的影响。由图 4.5(c) 可知，极限荷载之前，受压较小侧的纵向应变较小，受压较大侧钢管屈服时，另一侧钢管仍处于弹性状态。随着外套钢管径厚比的减小，曲线斜率越大，弹性阶段越长；其相同荷载作用下，外套钢管径厚比较大的试件，其钢管边缘更易屈服。在加载后期，随着外套钢管径厚比的减小，试件承载能力下降较为平缓，延性相对较好。

图 4.5(d) 为夹层混凝土强度对试件荷载–纵向应变曲线的影响。由图 4.5(d) 可知，本组试件两侧在加载过程中均处于受压状态。在极限荷载之前，夹层混凝土强度较大的试件，其曲线斜率较大，外套钢管屈服较晚。在加载后期，夹层混凝土强度较大的试件，其曲线下降较快，延性略差。

5. 承载力分析

组合加固柱偏压承载力试验结果如图 4.6 所示。从图 4.6 可以看出，增大截面加固柱与组合加固柱均能显著提高原 RC 圆柱的偏压承载力。在偏心距相同的情况下，增大截面加固柱 (试件 SERC-E30) 和组合加固柱 (试件 CFST-1.80-C50-E30) 的承载力分别是原 RC 圆柱 (试件 RC-E30) 的 3.51 倍和 4.41 倍。但是，在加固用钢量基本相同的情况下，组合加固柱 (试件 CFST-1.80-C50-E30) 偏压承载力是增大截面加固柱 (试件 SERC-E30) 的 1.26 倍，且其截面面积相对于增大截面加固柱更小。

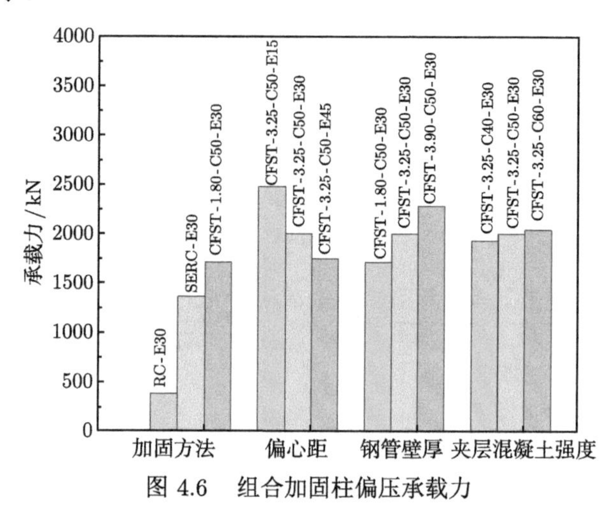

图 4.6 组合加固柱偏压承载力

偏心距越大，则组合加固柱偏压承载力越小，与轴压组合加固柱相比，组合加固柱偏心距为 15mm、30mm 和 45mm 时，其偏压承载力分别降低了 17%、33%和 41%。组合加固柱偏压承载力随着外套钢管径厚比的减小而提高，与试件 CFST-1.80-C50-E30 相比，试件 CFST-3.25-C50-E30 和试件 CFST-3.90-C50-E30 的偏压承载力分别提高 16.87%和 33.13%，偏压承载力提高幅度较大。夹层混凝土强度对组合加固柱偏压承载力的影响不显著，试件 CFST-3.25-C60-E30 和试件 CFST-3.25-C50-E30 的偏压承载力基本相当，相对于试件 CFST-3.25-C40-E30 提高约 5%。

4.3 外套圆钢管夹层混凝土加固 RC 方柱偏压性能试验研究

4.3.1 试验概述

试验设计制作了 10 个试件，包括 2 个 RC 方柱和 8 个外套圆钢管夹层混凝土加固 RC 方柱，研究参数为外套钢管径厚比、夹层混凝土强度、偏心距。外套钢管径厚比分别为 130.0、86.4、65.9，对应外套钢管壁厚分别为 2.10mm、3.16mm、4.14mm；夹层混凝土强度分别取 C30、C40、C50，偏心距分别取 20mm、40mm、60mm，试件均设计为小偏心受压短柱，试件参数详见表 4.2。其中原 RC 方柱的截面尺寸、高度、配筋等参数，组合加固柱的截面尺寸、高度等参数，均与轴压短柱的设计相同，具体可参考 2.3.1 节。加载装置与测点布置与 4.2.1 节相同。

表 4.2 试件设计参数

试件编号	$D(b) \times t \times L$/mm	f_{cu1}/MPa	f_{cu2}/MPa	e /mm
SRC1	150×0×800	31.52	—	40
SRC2	150×0×800	31.52	—	40
S-t3-C40-E00	273×3.16×800	31.52	44.87	0
S-t3-C40-E20	273×3.16×800	31.52	44.87	20
S-t3-C40-E40	273×3.16×800	31.52	44.87	40
S-t3-C40-E60	273×3.16×800	31.52	44.87	60
S-t2-C40-E40	273×2.10×800	31.52	44.87	40
S-t4-C40-E40	273×4.14×800	31.52	44.87	40
S-t3-C30-E40	273×3.16×800	31.52	36.63	40
S-t3-C50-E40	273×3.16×800	31.52	54.69	40

4.3.2 试验结果与分析

1. *破坏形态*

对于未加固的原 RC 方柱，加载初期，试件处于弹性阶段，钢筋应变及纵向变形随荷载的增加呈线性增长。随着荷载的增大，试件进入弹塑性阶段。继续加载，试件下端部开始出现纵向裂缝。当加载至极限荷载的 90%左右时，试件上端部开始出现纵向裂缝，随着荷载的增大，裂缝迅速发展并与转角处的裂缝贯穿，混凝土保护层开始剥落。达到极限荷载时，试件弯曲内侧端部的混凝土被压碎，试件宣告破坏。破坏时试件 SRC1 的整体变形并不明显，纵向变形和侧向挠度均不大，试件端部混凝土被压碎，其破坏形态如图 4.7(a) 所示。

组合加固柱的受力过程及破坏形态基本类似，破坏时试件有较明显的弯曲变形。加载初期，组合加固柱处于弹性阶段，钢管和钢筋的应变随着荷载增加呈线性变化。当荷载达到极限荷载的 60%~70%时，试件开始进入弹塑性阶段。继续加载，钢管和混凝土的应变随着荷载的增加而呈现非线性特征，中部侧向挠度有明显的增长。达到极限荷载的 85%~90%时，试件受压侧开始出现轻微的鼓曲，侧向挠度持续发展，钢管表面的防锈漆开始剥落。达到极限荷载时，试件纵向变形和侧向挠度增长显著加快，钢管表面防锈漆大块剥落，混凝土压碎的声音逐渐增强。持续加载，试件侧向挠度继续发展，弯曲内侧鼓曲严重。当荷载下降到极限荷载的 85%时，试件由于挠度变形过大已不适宜继续加载，试验宣告结束。破坏时组合加固柱均有较为明显的弯曲变形，中部弯曲内侧发生较明显的鼓曲变形，部分试件的端部截面混凝土出现开裂，如图 4.7(b)~(h) 所示。

(a) SRC1

(b) S-t3-C40-E20

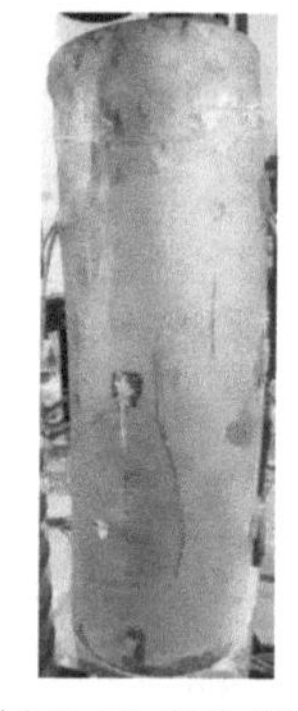

(c) S-t3-C40-E40

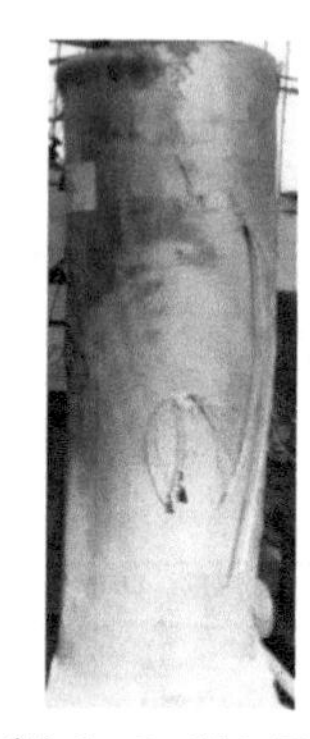

(d) S-t3-C40-E60

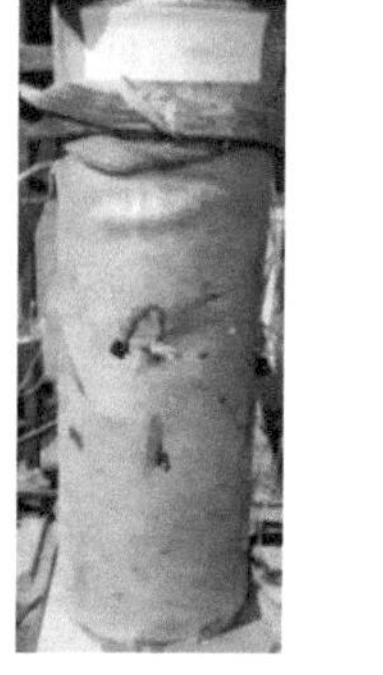

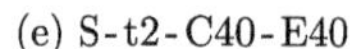

(e) S-t2-C40-E40

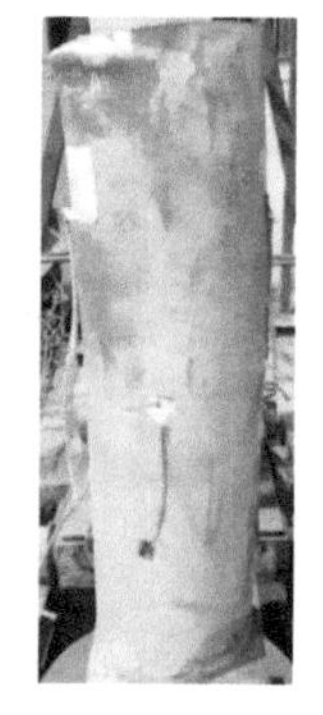

(f) S-t4-C40-E40

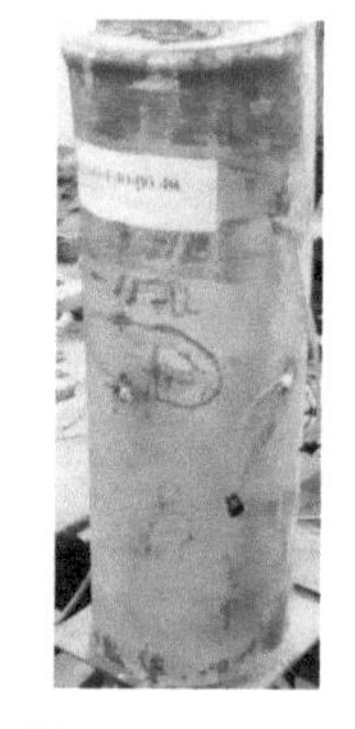

(g) S-t3-C30-E40

(h) S-t3-C50-E40

图 4.7　试件破坏形态

试验结束后将组合加固柱的外套钢管割开，观察试件内部材料的破坏情况。偏压试件内部夹层混凝土破坏形态基本一致：中部弯曲内侧的夹层混凝土被压成碎片状，弯曲外侧的混凝土存在较多均匀的水平裂缝。所有偏压试件的钢管，除弯曲内侧发生局部屈曲外，其余部位并没有发生较明显的破坏。将部分试件的夹层混凝土凿去，观察内部原 RC 方柱的破坏情况：与未加固柱试件相比，组合加固柱中的原 RC 方柱出现较明显的弯曲变形，中部弯曲内侧混凝土已被压碎，弯曲外侧混凝土出现较多细而密的水平裂缝，破坏形态如图 4.8 所示。

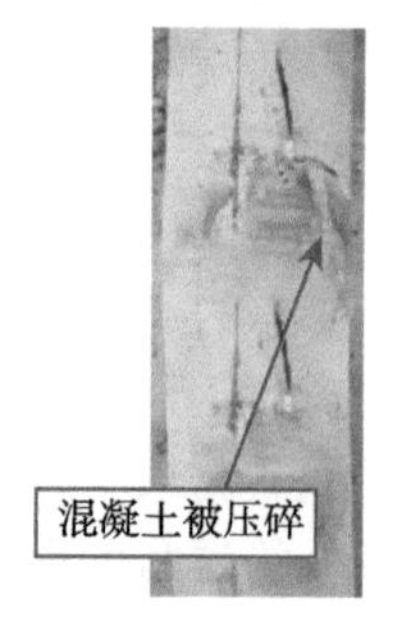

(a) S-t3-C40-E20

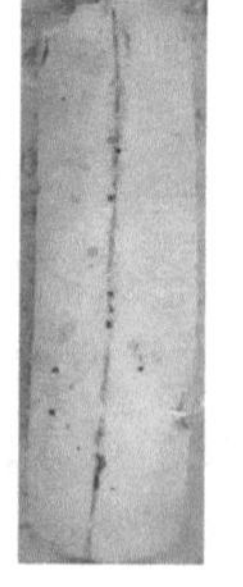

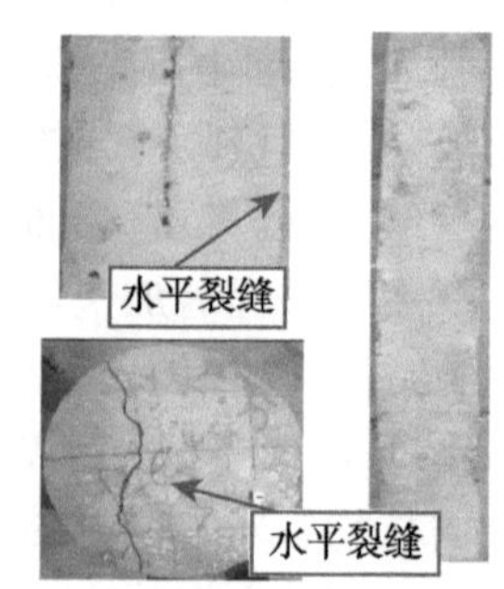

(b) S-t3-C40-E40

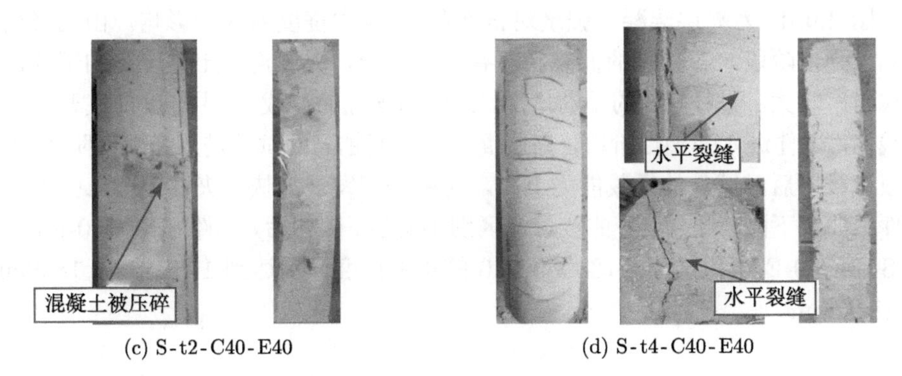

(c) S-t2-C40-E40　　(d) S-t4-C40-E40

图 4.8　组合加固柱内部材料破坏形态

2. 荷载–跨中挠度曲线

图 4.9(a) 为加固前后偏压试件的荷载–跨中挠度曲线。由图 4.9(a) 可知，组合加固后偏压试件的承载力与延性均得到大幅提高。加载初期，试件处于弹性阶段，原 RC 方柱与组合加固柱的跨中挠度发展缓慢。不同的是，组合加固柱 (试件 S-t3-C40-E40) 在达到极限荷载后，其跨中挠度快速发展但承载能力下降较为平缓，试件表现出较好的延性特征；而原 RC 方柱 (试件 SRC1) 在极限荷载以后迅速破坏，荷载–跨中挠度曲线几乎没有下降段，延性较差。破坏时，组合加固柱 (试件 S-t3-C40-E40) 的跨中挠度达到 18.65mm，远大于未加固原 RC 方柱 (试件 SRC1) 的 1.09mm，表明在钢管的约束下原 RC 方柱延性得到大幅提高。

图 4.9(b) 为偏心距对试件荷载–跨中挠度曲线的影响。由图 4.9(b) 可知，弹性阶段，各试件跨中挠度发展缓慢，荷载–跨中挠度曲线基本重合。随着荷载的增加，偏心距越大的试件进入弹塑性阶段越早，曲线斜率下降得越快。极限荷载以后，偏心距越大的试件，其荷载–跨中挠度曲线下降越陡。这是因为偏心距的存在导致组合加固柱截面纵向应力出现梯度分布，削弱钢管混凝土对内部混凝土的约束。破坏后，试件 S-t3-C40-E20、试件 S-t3-C40-E40 和试件 S-t3-C40-E60 的跨中挠度分别达到 23.72mm、18.66mm 和 15.47mm，各组合加固柱都发生了较为明显的弯曲变形。

图 4.9(c) 为钢管径厚比对试件荷载–跨中挠度曲线的影响。由图 4.9(c) 可知，加载初期，各试件的荷载–跨中挠度曲线基本重合。随着荷载增加，曲线开始出现分叉，钢管径厚比越大的试件进入弹塑性阶段越早。极限荷载后，钢管径厚比较小的试件，其曲线下降较平稳，跨中挠度发展历程较长。破坏后，试件 S-t2-C40-E40、试件 S-t3-C40-E40 和试件 S-t4-C40-E40 的跨中挠度分别达到 12.92mm、18.66mm 和 22.64mm，这表明减小钢管径厚比，可以提高组合加固柱的极限荷载和延性，加固效果明显。

图 4.9(d) 为夹层混凝土强度对试件荷载–跨中挠度曲线的影响。由图 4.9(d) 可知，弹性阶段，各试件的曲线斜率有一定差异，夹层混凝土强度高的试件，其曲线斜率略大。随着荷载的不断增加，组合加固柱的荷载–跨中挠度曲线开始呈现非线性，试件进入弹塑性阶段，夹层混凝土强度越高的试件进入弹塑性阶段越晚。极限荷载以后，试件的承载能力下降，跨中挠度发展加快，夹层混凝土强度低的试件其曲线下降略平缓，各曲线总体区别不明显。破坏后，试件 S-t3-C30-E40、试件 S-t3-C40-E40 和试件 S-t3-C50-E40 的跨中挠度分别达到 17.91mm、18.66mm 和 18.22mm。

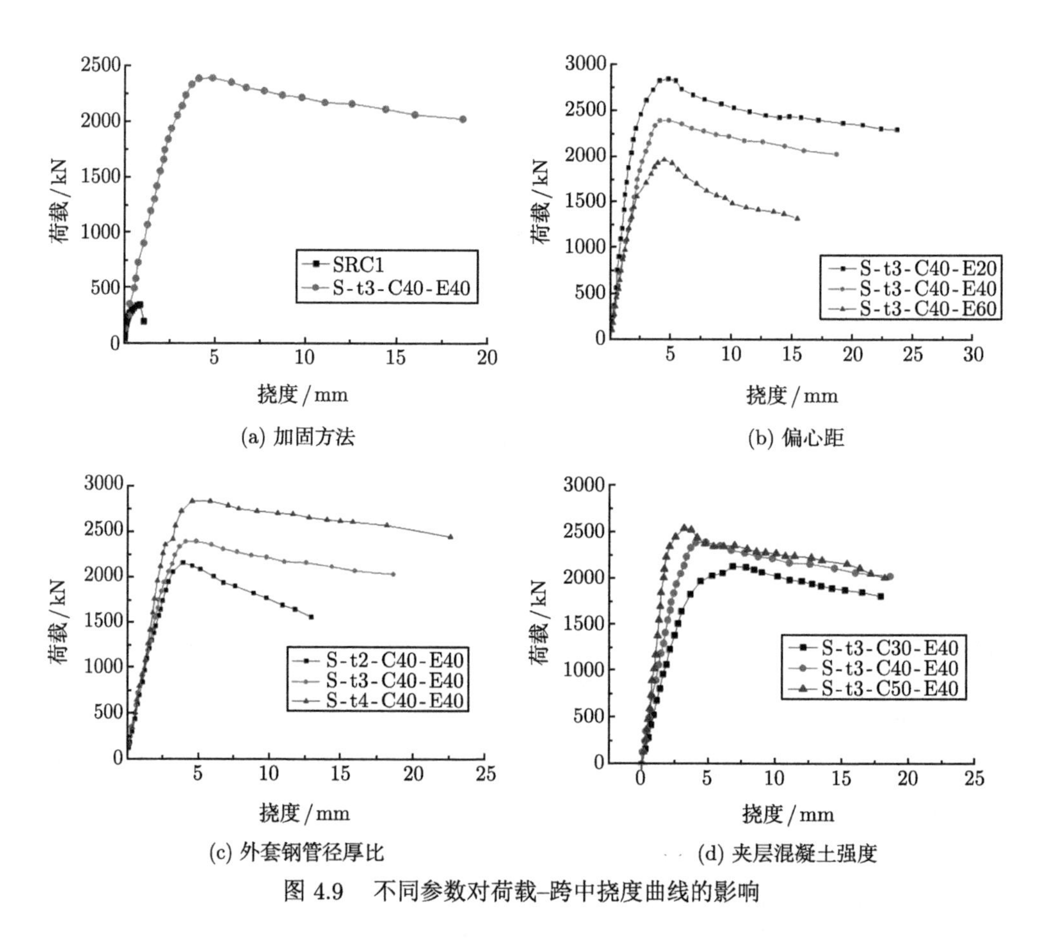

(a) 加固方法 (b) 偏心距

(c) 外套钢管径厚比 (d) 夹层混凝土强度

图 4.9 不同参数对荷载–跨中挠度曲线的影响

3. 荷载–应变曲线

通过试件中截面沿钢管圆周均匀布置的 4 个纵向应变片，可以得到各级荷载下组合加固柱中截面纵向应变沿截面高度的分布规律，如图 4.10 所示，由图 4.10 可知，在加载初期，试件处于全截面受压状态，各测点的纵向应变随着荷载的增加而增大。随着荷载的增加，测点的纵向应变发展出现差异，弯曲内侧增长加快，弯曲外侧仍保持缓慢增长。临近极限荷载时，由于二阶弯矩效应的影响，试件弯曲内侧纵向压应变快速增大，而弯曲外侧纵向应变开始逐渐减小并转为受拉。

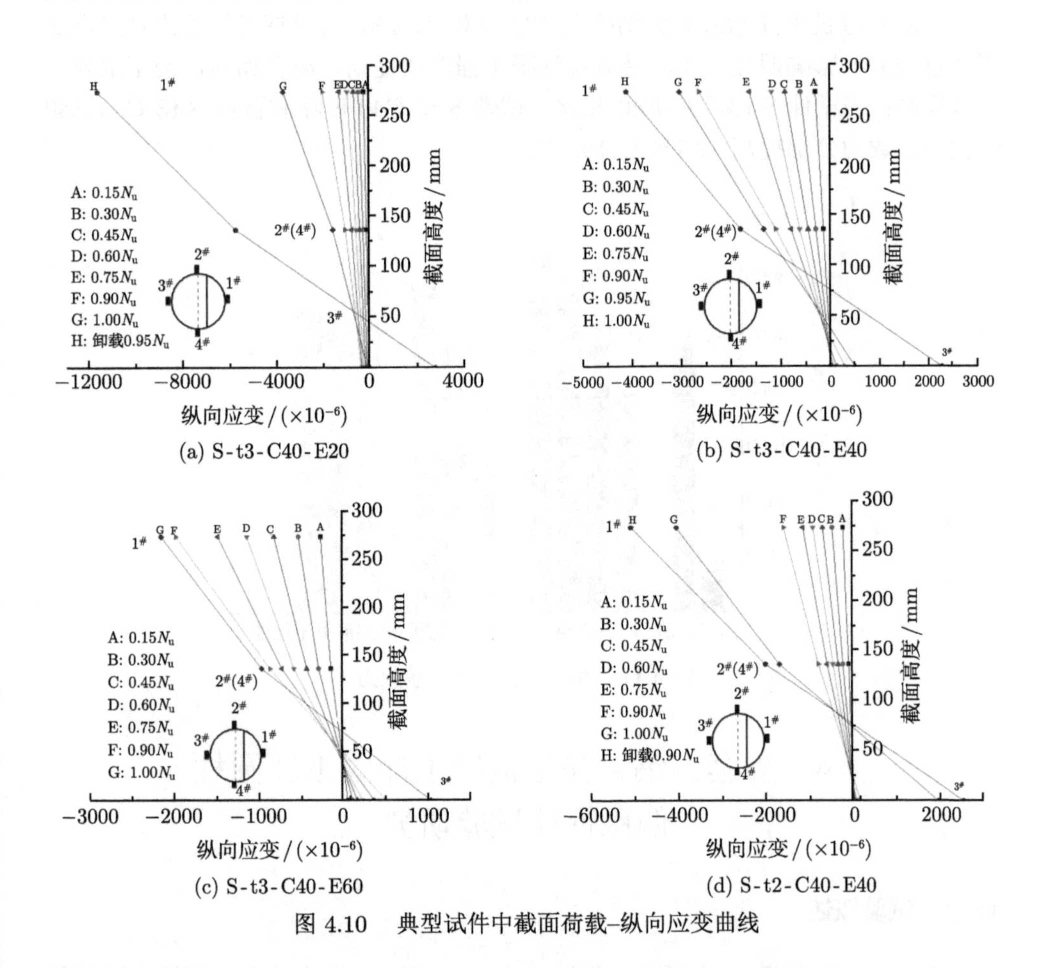

图 4.10 典型试件中截面荷载–纵向应变曲线

从整体上看，试件的纵向应变沿截面高度的变化符合平截面假定。

4. 承载力分析

图 4.11 为不同参数对偏心受压下试件偏压承载力的影响。由图 4.11 可知以下几点：①原 RC 方柱 (试件 SRC1) 的偏压承载力约为 350kN，组合加固柱 (试件 S-t3-C40-E40) 的偏压承载力约为 2396kN；组合加固柱偏压承载力约为未加固原 RC 方柱的 6.84 倍，加固效果明显，加固后试件偏压承载力得到大幅提高。②随着偏心距的增加，组合加固柱的偏压承载力逐渐降低，降幅明显；相比轴压组合加固柱 (试件 S-t3-C40-E00)，试件 S-t3-C40-E20、试件 S-t3-C40-E40 和试件

S-t3-C40-E60 的承载力分别下降 12.9%、25.7%和 39.8%。可见偏心距是影响组合加固柱偏压承载力的一个主要因素。③随着外套钢管径厚比的减小，组合加固柱偏压承载力提高明显；与试件 S-t2-C40-E40 相比，试件 S-t3-C40-E40 和试件 S-t4-C40-E40 的偏压承载力分别提高 10.9%和 31.4%，可见钢管径厚比对组合加固柱承载力的影响明显。④随着夹层混凝土强度的提高，组合加固柱偏压承载力略有提高；与试件 S-t3-C30-E40 相比，试件 S-t3-C40-E40 和试件 S-t3-C50-E40 的偏压承载力分别提高 12.7%和 19.9%。

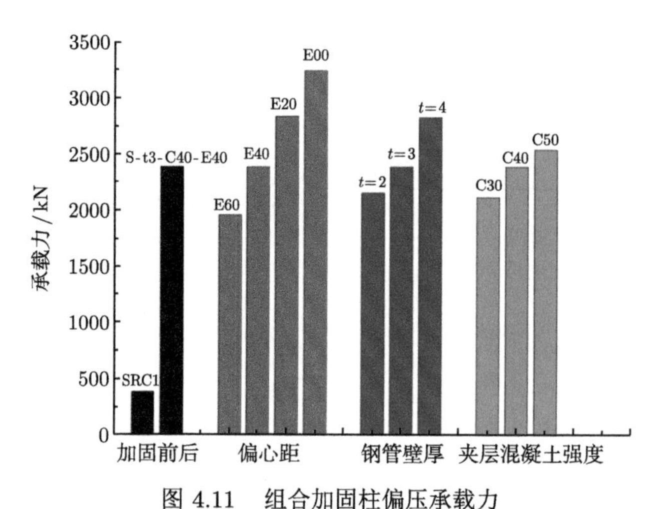

图 4.11 组合加固柱偏压承载力

4.4 外套方钢管夹层混凝土加固 RC 圆柱偏压性能试验研究

4.4.1 试验概述

试验设计制作了 30 个试件，包括 3 个 RC 圆柱、27 个外套方钢管夹层混凝土加固 RC 圆柱，试验研究参数为偏心距、夹层混凝土强度和外套钢管宽厚比。试件高度为 750mm，偏心距 (e) 为 20mm、40mm 和 60mm，外套钢管均采用 Q235 的热轧钢板加工而成，截面宽度 (B) 取为 250mm，壁厚 (t) 为 3.5mm、4.5mm 和 5.5mm，其力学性能详见 2.4.1 节。原 RC 圆柱的截面尺寸、高度、配筋等参数与 2.4.1 节相同，实测原 RC 圆柱的混凝土立方体抗压强度为 21.4MPa。夹层混凝土强度等级考虑三个梯度，实测夹层混凝土立方体抗压强度分别为 29.4MPa、34.5MPa 和 38.6MPa。试件均设计为小偏心受压短柱，试件详细参数见表 4.3，加载装置和测点布置与 4.2.1 节相同。

表 4.3 试件设计参数

组别	试件编号	$d(B)\times t\times L$/mm	f_{cu1}/MPa	f_{cu2}/MPa	B/t	e/mm
RC 圆柱	S-RC-e20	154×0×750	21.4	—	—	20
	S-RC-e40	154×0×750	21.4	—	—	40
	S-RC-e60	154×0×750	21.4	—	—	60
组合加固柱 ($t=3.5$)	S-a-t3.5-e20	250×3.5×750	21.4	29.4	71.4	20
	S-a-t3.5-e40	250×3.5×750	21.4	29.4	71.4	40
	S-a-t3.5-e60	250×3.5×750	21.4	29.4	71.4	60
	S-b-t3.5-e20	250×3.5×750	21.4	34.5	71.4	20
	S-b-t3.5-e40	250×3.5×750	21.4	34.5	71.4	40
	S-b-t3.5-e60	250×3.5×750	21.4	34.5	71.4	60
	S-c-t3.5-e20	250×3.5×750	21.4	38.6	71.4	20
	S-c-t3.5-e40	250×3.5×750	21.4	38.6	71.4	40
	S-c-t3.5-e60	250×3.5×750	21.4	38.6	71.4	60
组合加固柱 ($t=4.5$)	S-a-t4.5-e20	250×4.5×750	21.4	29.4	55.6	20
	S-a-t4.5-e40	250×4.5×750	21.4	29.4	55.6	40
	S-a-t4.5-e60	250×4.5×750	21.4	29.4	55.6	60
	S-b-t4.5-e20	250×4.5×750	21.4	34.5	55.6	20
	S-b-t4.5-e40	250×4.5×750	21.4	34.5	55.6	40
	S-b-t4.5-e60	250×4.5×750	21.4	34.5	55.6	60
	S-c-t4.5-e20	250×4.5×750	21.4	38.6	55.6	20
	S-c-t4.5-e40	250×4.5×750	21.4	38.6	55.6	40
	S-c-t4.5-e60	250×4.5×750	21.4	38.6	55.6	60
组合加固柱 ($t=5.5$)	S-a-t5.5-e20	250×5.5×750	21.4	29.4	45.5	20
	S-a-t5.5-e40	250×5.5×750	21.4	29.4	45.5	40
	S-a-t5.5-e60	250×5.5×750	21.4	29.4	45.5	60
	S-b-t5.5-e20	250×5.5×750	21.4	34.5	45.5	20
	S-b-t5.5-e40	250×5.5×750	21.4	34.5	45.5	40
	S-b-t5.5-e60	250×5.5×750	21.4	34.5	45.5	60
	S-c-t5.5-e20	250×5.5×750	21.4	38.6	45.5	20
	S-c-t5.5-e40	250×5.5×750	21.4	38.6	45.5	40
	S-c-t5.5-e60	250×5.5×750	21.4	38.6	45.5	60

4.4.2 试验结果与分析

1. 破坏形态

这里以试件 S-b-t5.5-e40 为例显示了组合加固偏压柱的破坏过程。加载早期，试件外观无明显变化，试件纵向位移及应变数据随荷载线性增长；加载至极限荷载的 50%左右时，可听到断续轻微的混凝土碎裂声，此时试件挠度仍不明显；继续加载，钢管纵向应变值与荷载值开始逐渐呈现非线性关系，试件开始发展出较为明显的侧向挠度；继续加载至极限荷载的 90%左右时，可观察到受压侧中部靠上位置开始出现鼓曲，同时鼓曲向前后侧 (即受压侧的相邻两侧) 逐渐发展，这一阶段可听到连续的混凝土碎裂声，试件受拉侧纵向应变开始反向发展；加载至极限荷载时，试件左侧的外凸鼓曲发展比较明显；极限荷载以后，混凝土碎裂声更加密集，钢管在原来的鼓曲位置进一步发展变形，侧向挠度变得明显，试件的后期持荷能力较好。所有偏心受压组合加固柱，在破坏时呈典型的弯曲破坏形态，图 4.12 给出了所有试件试验结束后的照片。

(a) 偏心距为 20mm

(b) 偏心距为 40mm

(c) 偏心距为 60mm

图 4.12　组合加固柱破坏形态

试验结束后将典型试件 S-b-t4.5-e60 的外套钢管切开。将试件的四个侧面按逆时针顺序依次编号，其中面 2 为受拉侧，面 4 为受压侧，如图 4.13 所示。剥开外套钢管后，发现在钢管鼓曲处混凝土压碎严重，如图 4.13(b) 和 (c) 所示。由图 4.13(b) 可知，夹层混凝土在面 2 出现多条贯穿的横向裂缝，且裂缝沿试件高度分布比较均匀；面 4 中部的钢管向外鼓曲，相应位置处夹层混凝土被压碎，一条明显的斜裂缝由中部位置向下延伸；另外两个侧面则表现为靠近受拉侧的一边有大量横向裂缝，但未贯穿截面，靠近受压侧的一边在截面中部位置处的混凝土碎裂剥落。

去除夹层混凝土，观察原 RC 圆柱的破坏情况，如图 4.13(d) 所示。相比于夹层混凝土，原 RC 圆柱混凝土破坏形态并不明显，受压区并未出现混凝土被压碎剥落的现象，仅仅在受拉区中部出现一条贯穿截面的横向裂缝。原 RC 圆柱混凝土外表面 (特别是在受压侧) 附着了部分夹层混凝土，表明夹层混凝土与原 RC

圆柱混凝土共同工作性能良好。

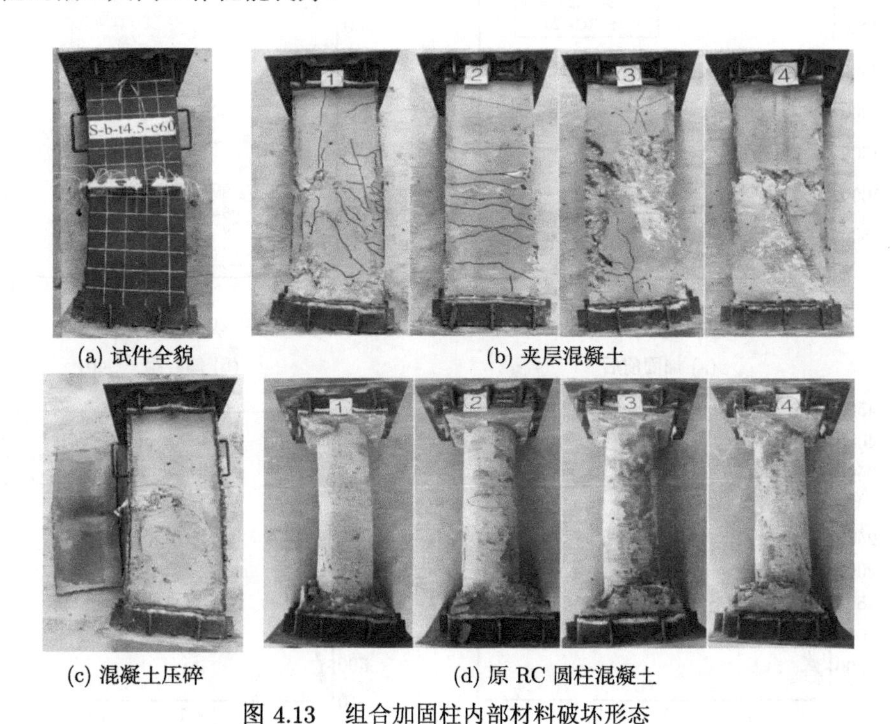

(a) 试件全貌 (b) 夹层混凝土

(c) 混凝土压碎 (d) 原 RC 圆柱混凝土

图 4.13 组合加固柱内部材料破坏形态

2. 荷载–纵向变形曲线

图 4.14 为典型试件的荷载–纵向变形曲线。图 4.14(a) 为加固前后的试件荷载–纵向变形对比，在加载初期，RC 圆柱和组合加固柱的纵向变形随荷载增加而线性增大，组合加固柱曲线的斜率更大，在极限荷载时，其荷载和纵向变形均显著大于未加固的 RC 圆柱，且其下降段发展较为平缓，最终组合加固柱的纵向压缩变形接近 12mm，未加固的 RC 柱则几乎无下降段，其在极限荷载以后迅速破坏。组合加固柱的承载力和延性都有很大的改善，证明了加固方法的有效性。

图 4.14(b)~(d) 为偏心距对组合加固柱荷载–纵向变形曲线的影响，其中列出了相应轴压短柱试件的荷载–纵向变形曲线作为对比。由图 4.14(b)~(d) 可知，随着偏心距的增大，组合加固柱弹性阶段曲线的斜率显著减小，且曲线由弹性段结束向极限荷载发展的弹塑性阶段变得更明显，同时承载能力减小，曲线下降段也更陡峭。图 4.14(e) 和 (f) 分别为钢管宽厚比和夹层混凝土强度对试件荷载–纵向变形曲线的影响。由图 4.14(e)~(f) 可知，钢管宽厚比的减小或夹层混凝土强度的提高可增大试件承载力，随着钢管宽厚比的减小，试件下降段更加平缓，延性更好。

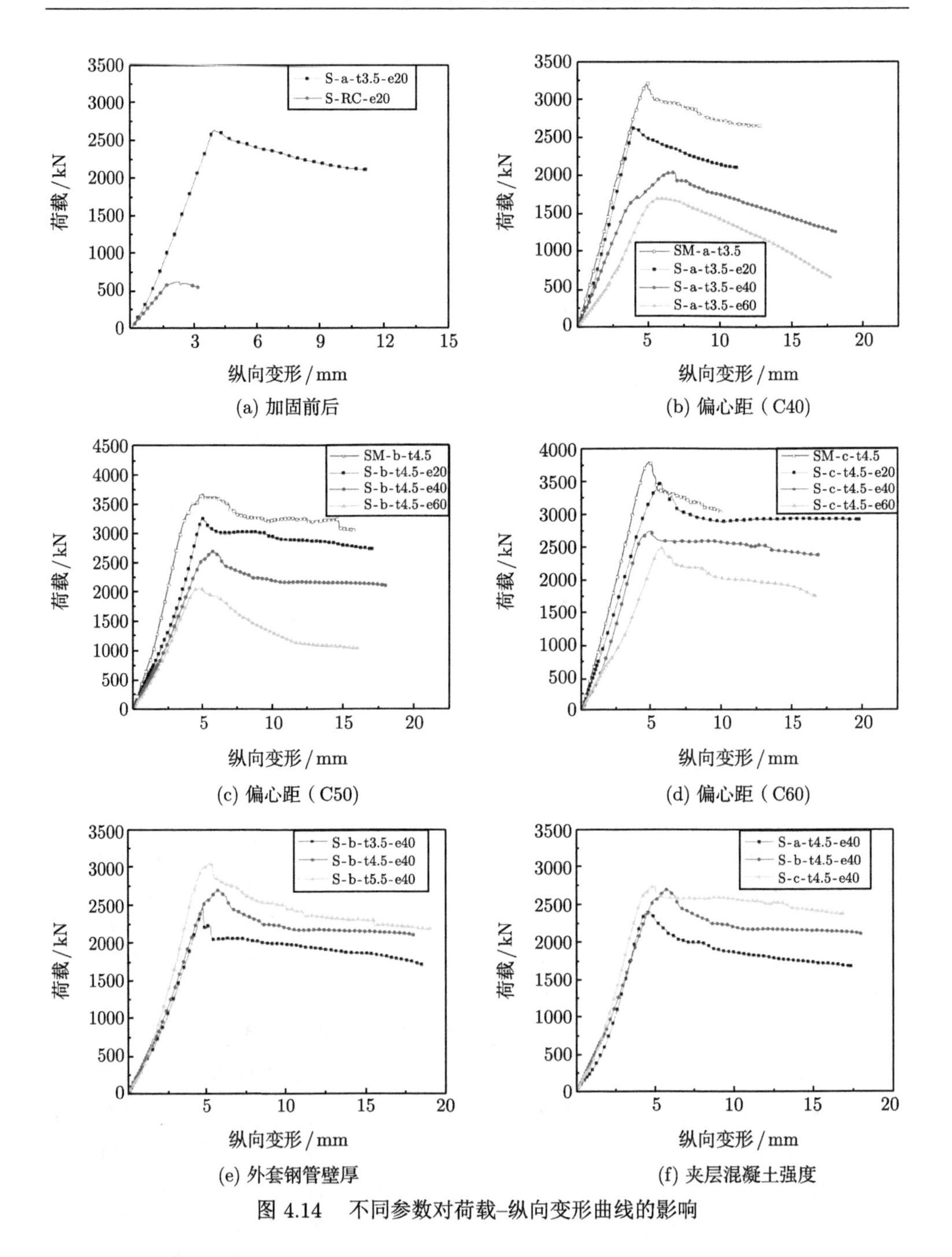

(a) 加固前后　(b) 偏心距 (C40)

(c) 偏心距 (C50)　(d) 偏心距 (C60)

(e) 外套钢管壁厚　(f) 夹层混凝土强度

图 4.14　不同参数对荷载–纵向变形曲线的影响

3. 荷载–跨中挠度曲线

不同参数对组合加固柱荷载–跨中挠度曲线的影响如图 4.15 所示。由图 4.15

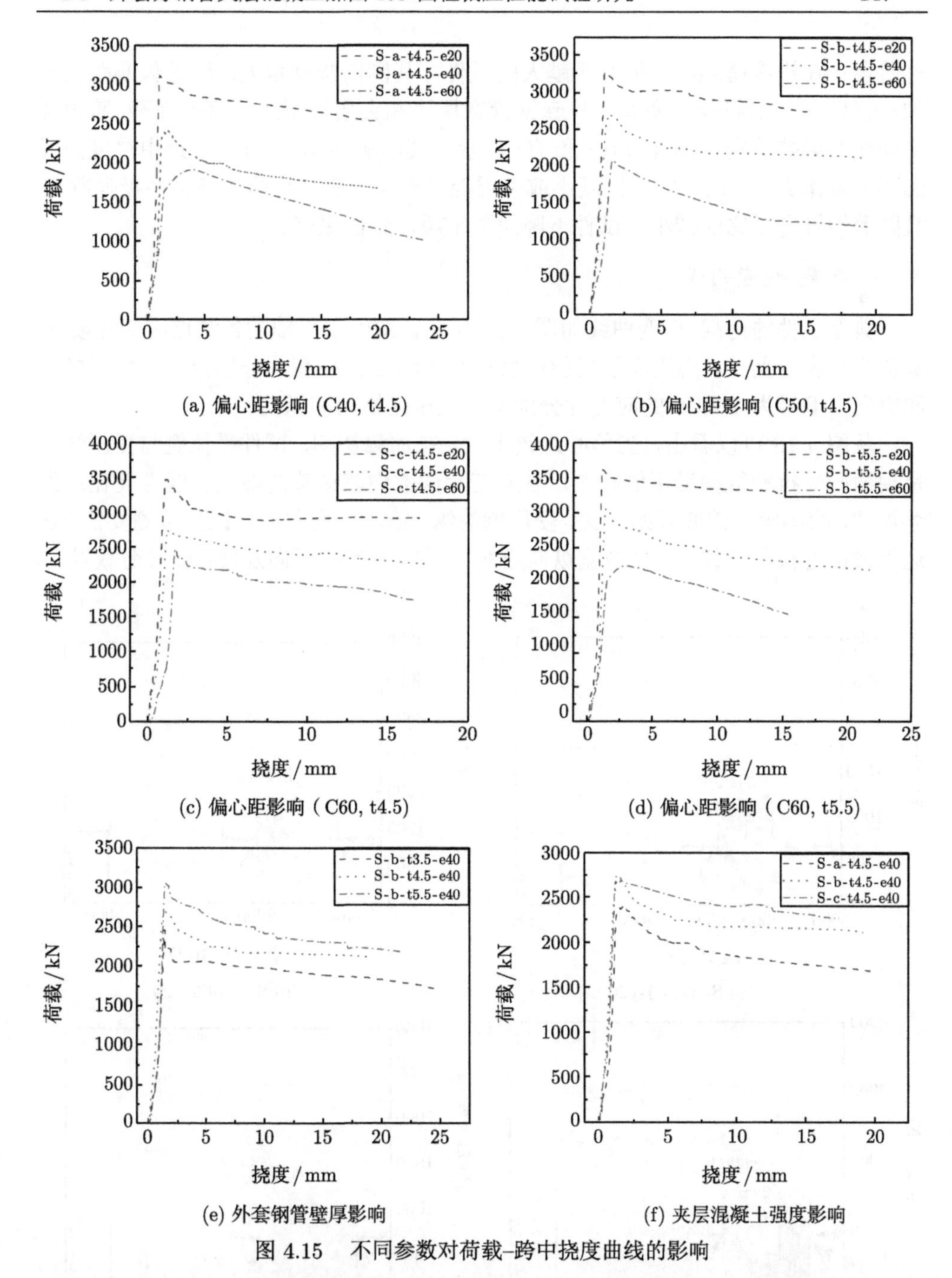

(a) 偏心距影响 (C40, t4.5)　(b) 偏心距影响 (C50, t4.5)

(c) 偏心距影响 (C60, t4.5)　(d) 偏心距影响 (C60, t5.5)

(e) 外套钢管壁厚影响　(f) 夹层混凝土强度影响

图 4.15　不同参数对荷载–跨中挠度曲线的影响

可知，偏心受压组合加固柱的挠度随着荷载的发展呈线性增加，偏心率的改变对曲线初始阶段斜率的影响并不明显；随荷载进一步增大，曲线开始呈现分叉状，偏心距较大的试件，其侧向挠度的发展速度大于偏心距小的试件，且率先进入弹塑性阶段；在极限荷载时，偏心距越大的试件，其侧向挠度越大；随着偏心距的增加，试件后期承载能力变差。外套钢管宽厚比和夹层混凝土强度对荷载–跨中挠度曲线的影响分别如图 4.15(e) 和 (f) 所示，其影响规律与对荷载–跨中挠度曲线的影响规律类似，钢管宽厚比减小或夹层混凝土强度提高均能提高试件极限荷载，且随着钢管宽厚比的减小，试件下降段更平缓，延性更好。

4. 荷载–应变曲线

典型试件的荷载–应变曲线如图 4.16 所示。图中水平轴为各测点应变片读数，数值为负表示受压，为正表示受拉；编号为 3 和 4 的应变片分别位于受拉区横向和纵向，编号为 7 和 8 的应变片分别位于受压区横向和纵向。

从图 4.16 可以看出，当偏心距较小时，在加载初期，试件受拉侧与受压侧均呈现横向受拉和纵向受压的状态，各应变片读数均随荷载的增大呈线性变化；继续加载，两侧应变曲线开始分叉，受压侧的纵、横向应变发展均比受拉侧要快；在达到或接近极限荷载时，受拉侧纵向应变 (4 号) 开始往反向发展；极限荷载以后，

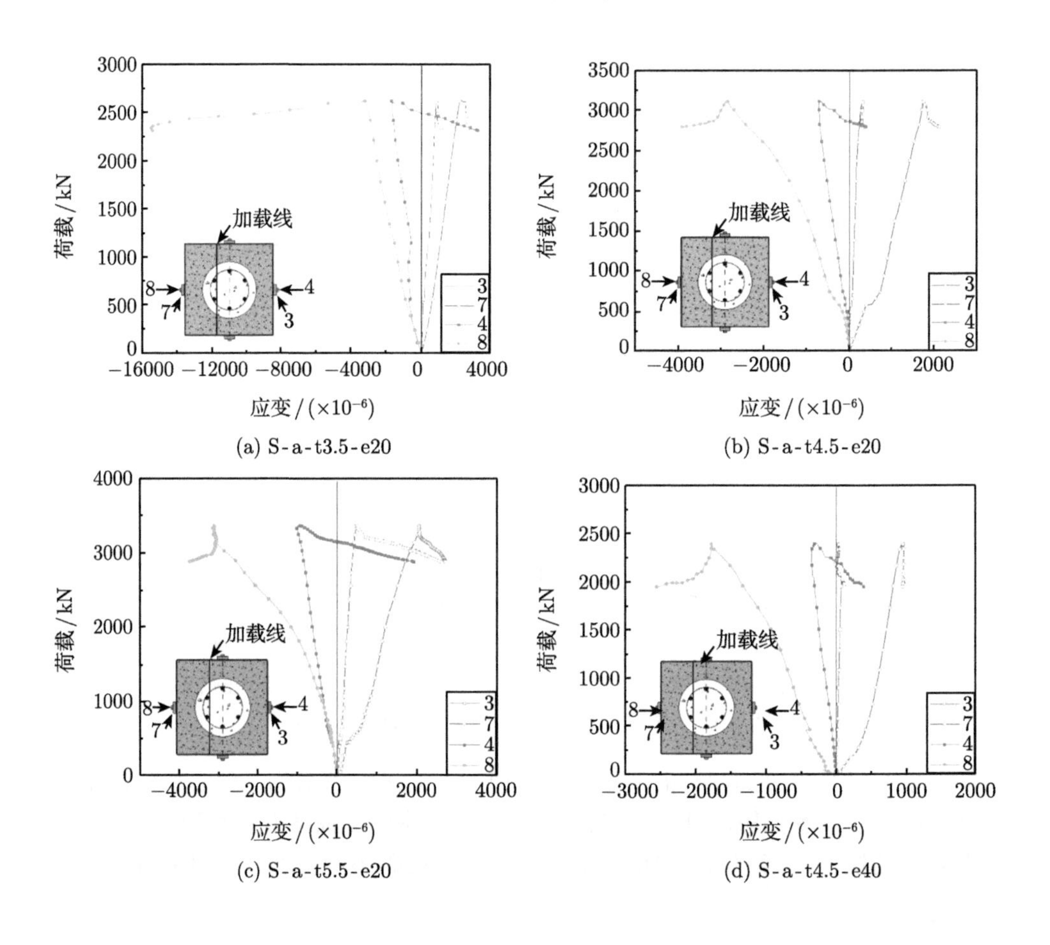

(a) S-a-t3.5-e20

(b) S-a-t4.5-e20

(c) S-a-t5.5-e20

(d) S-a-t4.5-e40

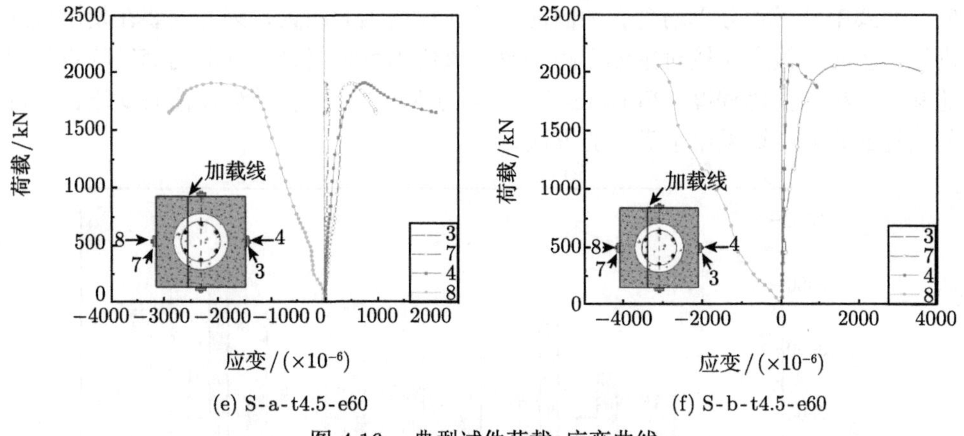

(e) S-a-t4.5-e60 (f) S-b-t4.5-e60

图 4.16 典型试件荷载–应变曲线

随着荷载的逐渐降低，4 号应变片的应变值逐渐增长为正数，表明试件受拉侧由纵向受压状态逐渐转化为纵向受拉状态。当偏心距较大时，试件受压侧的纵、横向应变一开始就大于受拉侧，呈现出更快的增长趋势，甚至出现受拉侧纵向应变一开始就为正的现象，如试件 S-a-t4.5-e60 和试件 S-b-t4.5-e60。随着偏心距的增大，试件拉、压侧应变的差距越来越显著，应力状态差异越来越明显。

5. 承载力分析

图 4.17 对比了试件的偏压承载力试验值，由图 4.17 可知，原 RC 圆柱承载力的范围为 434~629kN，平均值为 527kN，而组合加固柱承载力介于 1778~3745kN，平均值为 2703kN，加固后试件承载力平均提高 4.13 倍，表明了加固方法的有效性。减小钢管宽厚比与提高夹层混凝土强度，组合加固柱承载力提高；偏心距增加会较大程度地降低试件承载力，外套钢管的套箍约束作用由于截面应变差异而得不到充分发挥。当偏心距为 20mm、40mm 和 60mm 时，试件承载力平均值分别为相应轴压短柱的 89.14%、73.30%和 59.20%。

使用 “强度系数” (SI) 对偏压组合加固柱的钢管约束作用进行量化分析，SI 由式 (4.1) 定义：

$$\mathrm{SI}=\frac{N_{\mathrm{exp}}}{A_{\mathrm{c1}}f_{\mathrm{cu1}}+A_{\mathrm{c2}}f_{\mathrm{cu2}}+A_{\mathrm{a}}f_{\mathrm{a}}+A_{\mathrm{s}}f'_{\mathrm{y}}} \tag{4.1}$$

式中，A_{a} 和 f_{a} 分别为外套钢管的截面面积和屈服强度；A_{s} 和 f'_{y} 分别为原 RC 柱纵筋的截面面积和屈服强度。

上式分母为组合加固柱截面各组成部分材料强度与面积乘积的简单叠加，并未考虑偏心率的影响。这样做一方面是因为截面各组成部分在偏压工况下单独的承载力难以计算 (特别是对夹层混凝土等异形截面)；另一方面，SI 本来就是相对值，而式中分子和分母均含有加固前后截面积增大的因素，因此只要在使用该式进行比较时，假定比较对象偏心距一致，该值仍可说明试件截面的套箍约束作用随其他指标的变化程度。Portolés 等 [149] 与 McCann 等 [150] 在偏心受压钢管混凝土柱的研究中均采用了类似的方法。

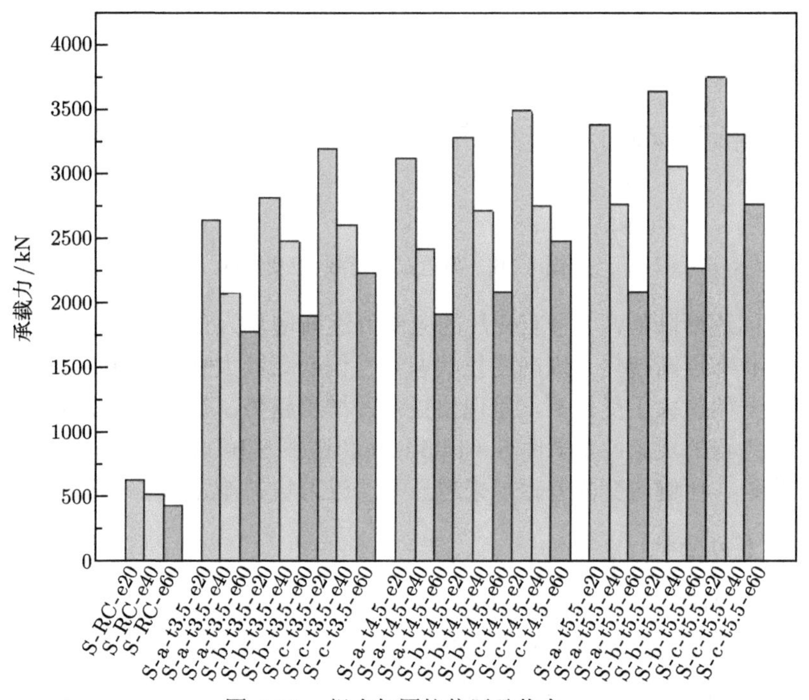

图 4.17　组合加固柱偏压承载力

偏心距一定时，外套钢管宽厚比对组合加固柱 SI 的影响趋势如图 4.18 所示，由图 4.18 可知，随着外套钢管宽厚比的减小，SI 呈上升趋势。这说明外套钢管宽

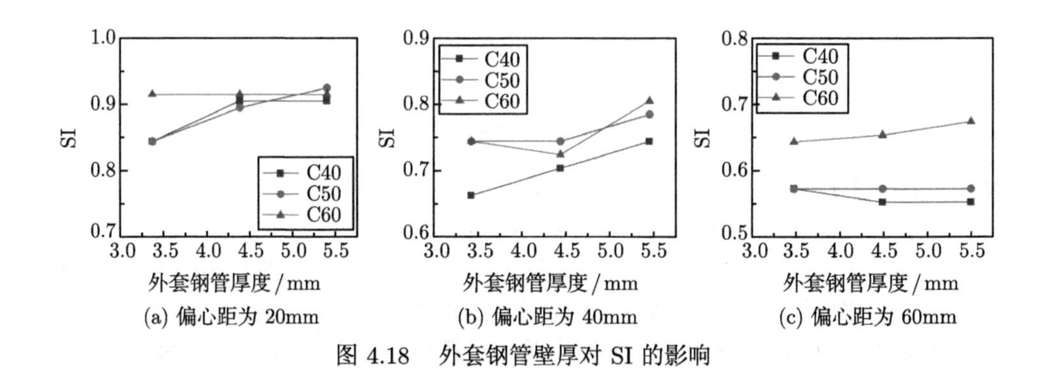

(a) 偏心距为 20mm　　(b) 偏心距为 40mm　　(c) 偏心距为 60mm

图 4.18　外套钢管壁厚对 SI 的影响

厚比的减小不仅从材料方面使得组合加固柱具有更高的承载能力，也可以通过对内部混凝土提供更强的套箍约束作用来提高组合加固柱的承载力。对比不同偏心距下 SI 的发展趋势，随着偏心距的增大，曲线的上升趋势变弱，说明偏心距增大会削弱外套钢管的套箍约束作用。

4.5 外套方钢管夹层混凝土加固 RC 方柱偏压性能试验研究

4.5.1 试验概述

试验设计制作了 9 个试件，包括 1 个未加固的 RC 方柱、1 个增大截面加固 RC 方柱、7 个外套方钢管夹层混凝土加固 RC 方柱，试验研究参数为加固方式、钢管宽厚比、夹层混凝土强度和偏心距。其中原 RC 方柱的截面尺寸为 150mm × 150mm，增大截面加固柱截面尺寸为 240mm × 240mm，组合加固柱截面尺寸为 220mm × 220mm。为防止试件因长宽比较大出现弯曲变形或过短出现端部效应问题，所有柱长度为 720mm，加固后试件长宽比约为 3。其中原 RC 方柱的截面尺寸、高度、配筋等参数，组合加固柱的截面尺寸、高度等参数，均与轴压短柱的设计相同，详见 2.5.1 节。试件均设计为小偏心受压短柱，试件详细参数见表 4.4，加载装置与测点布置与 4.2.1 节相同。

表 4.4 试件设计参数

试件编号	$B \times t \times L$/mm	f_{cu1}/MPa	f_{cu2}/MPa	e/mm
ERC-e30	150×0×720	32.6	—	30
ARC-e30	240×0×720	32.6	52.1	30
C50-t2.80-e30	220×2.80×720	32.6	52.1	30
C50-t1.78-e30	220×1.78×720	32.6	52.1	30
C50-t3.80-e30	220×3.80×720	32.6	52.1	30
C40-t2.80-e30	220×2.80×720	32.6	48.8	30
C60-t2.80-e30	220×2.80×720	32.6	61.1	30
C50-t2.80-e15	220×2.80×720	32.6	52.1	15
C50-t2.80-e45	220×2.80×720	32.6	52.1	45

4.5.2 试验结果与分析

1. *破坏形态*

原 RC 方柱的破坏形态与 4.3.2 节的相同。对于增大截面加固柱，其破坏形态与原 RC 方柱类似，当达到极限荷载时，试件底部裂缝贯穿，角部混凝土成块剥落，顶部混凝土出现贯穿的横向裂缝，试件破坏，其破坏形态如图 4.19(a) 所示。与原 RC 方柱相比，其极限荷载有较大提高，试件破坏时没有出现明显的弯曲，新旧混凝土结合较好，试件整体性能较好。

对于组合加固柱，在加载初期，试件处于弹性阶段，外观无明显变化，外套钢管纵向应变和横向应变呈线性增加，但纵向应变增加速率快于横向应变，纵向变形和侧向挠度缓慢增长。随着荷载的增加，试件的纵向变形增加，侧向挠度明显增长。到极限荷载之后，试件承载能力下降，试件凹侧外套钢管出现局部屈曲。继续加载，试件跨中挠度增加速率加快，外套钢管出现明显的鼓曲，侧向弯曲变形过大，已经不能继续承担荷载，试件破坏，其破坏形态如图 4.19(b) 所示。试验结束时，观察加固组合柱上端面，部分试件出现贯穿新旧混凝土的微裂纹，表明新旧混凝土粘结较好，试件整体工作性能良好。

(a) 增大截面法加固柱

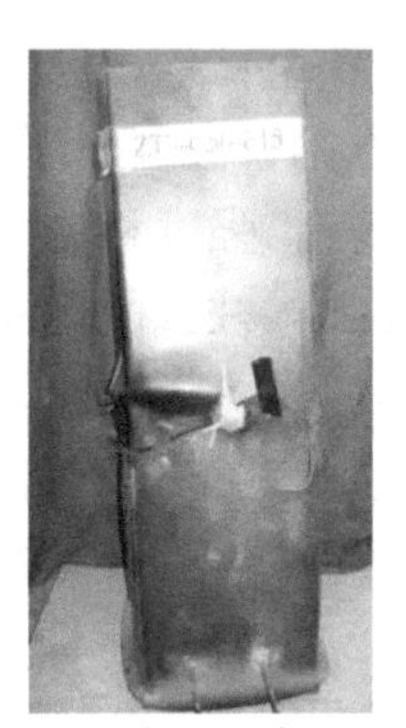

(b) 加固组合柱

图 4.19　试件破坏形态

2. 荷载–纵向变形曲线

各试件的荷载–纵向变形曲线如图 4.20 所示。由图 4.20 可知，在加载初期，试件曲线呈线性特征，曲线斜率相差不大，各组成材料均处于弹性阶段，当接近极限荷载时，试件纵向变形增长加快。达到极限荷载后，曲线均有不同幅度的下降。偏心距越大，加固组合柱的极限荷载越小，荷载–纵向变形曲线下降段越陡峭。

夹层混凝土强度对试件荷载–纵向变形曲线的影响如图 4.20(b) 所示。由图 4.20(b) 可知，在弹性阶段，夹层混凝土强度越高，曲线的斜率越大，极限荷载越大。在曲线的下降段，夹层混凝土强度越高，曲线下降趋势越陡峭，表现出延性越差。

外套钢管宽厚比对试件荷载–纵向变形曲线的影响如图 4.20(c) 所示。由图 4.20(c) 可知，在弹性阶段，加固组合柱的外套钢管宽厚比越小，曲线的斜率越大，极限荷载越大。在曲线的下降段，外套钢管宽厚比越小，曲线下降趋势越平缓，试件表现延性越好。

加固方法对试件荷载–纵向变形曲线的影响如图 4.20(d) 所示。由图 4.20(d) 可知，原 RC 方柱和增大截面加固柱的荷载–纵向变形曲线发展规律几乎一致，试件达到极限荷载之后承载能力急剧下降，试件破坏较为突然。组合加固柱在达到

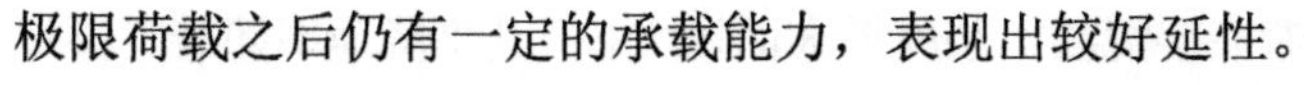
极限荷载之后仍有一定的承载能力，表现出较好延性。

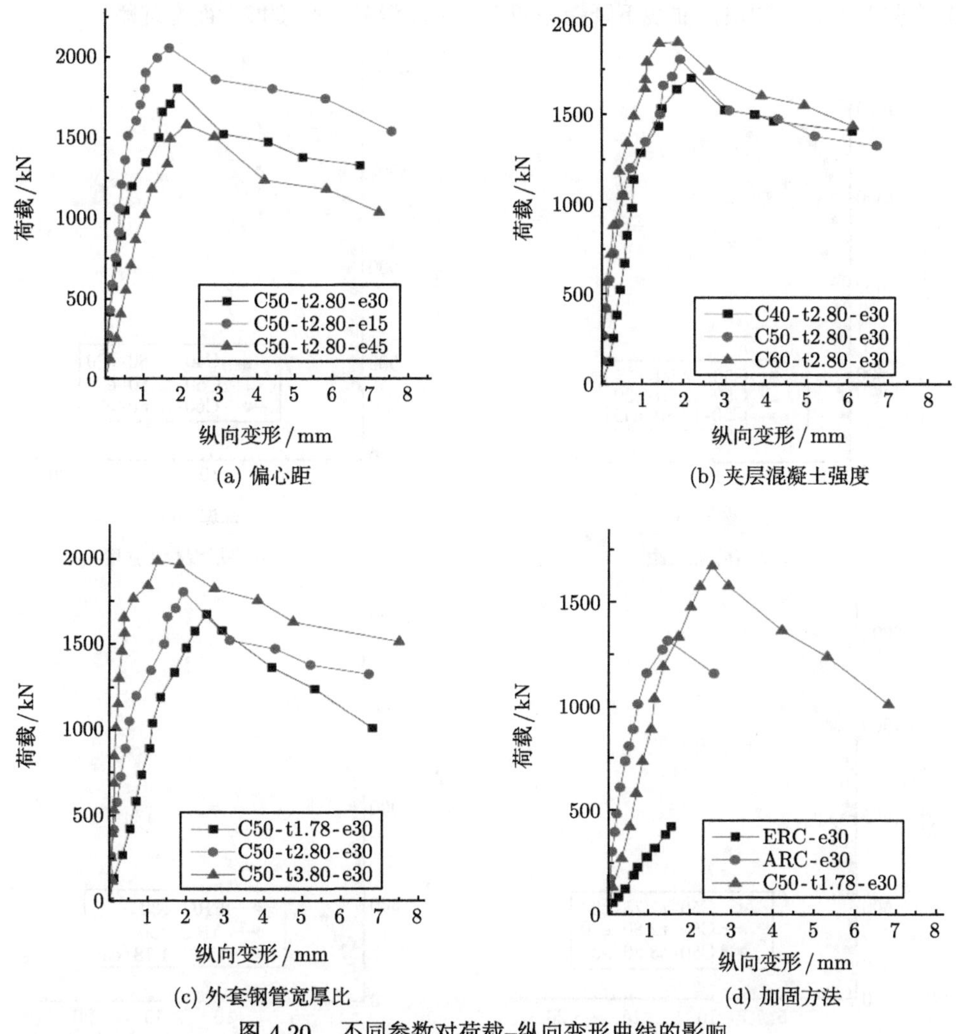

(a) 偏心距　(b) 夹层混凝土强度

(c) 外套钢管宽厚比　(d) 加固方法

图 4.20　不同参数对荷载–纵向变形曲线的影响

3. 荷载–跨中挠度曲线

偏心距对试件荷载–跨中挠度曲线的影响如图 4.21(a) 所示。由图 4.21(a) 可知，在弹性阶段，不同偏心距的试件，其荷载–跨中挠度曲线斜率相差不大，但偏心距较小的试件弹性阶段较长。偏心距越大，试件的二阶弯矩效应越明显，挠度增长越快。

夹层混凝土强度对试件荷载–跨中挠度曲线的影响如图 4.21(b) 所示。由图 4.21(b) 可知，在加载初期，试件处于弹性阶段，夹层混凝土强度越大，曲线斜率越大，跨中挠度随荷载增长的速率越小。试件达到极限荷载之后仍具有一定的后期承载能力，这种承载能力随着夹层混凝土强度增大而增大，但其下降速率随着夹层混凝土强度增大而加快，曲线下降趋势随着其夹层混凝土强度增大而变陡峭。

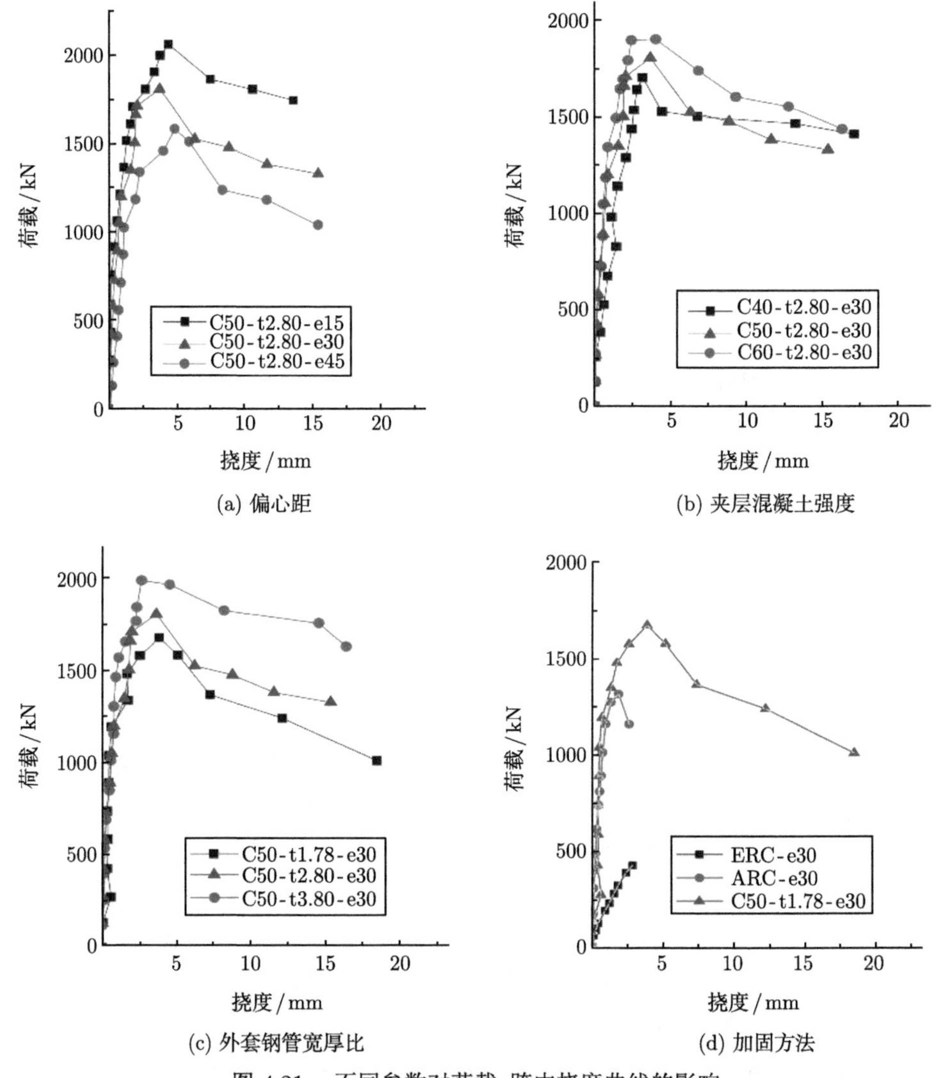

图 4.21　不同参数对荷载–跨中挠度曲线的影响

外套钢管宽厚比对试件荷载–跨中挠度曲线的影响如图 4.21(c) 所示。由图 4.21(c) 可知，在弹性阶段，不同外套钢管宽厚比的试件曲线几乎重合，斜率无明显变化。外套钢管宽厚比越小的试件，其极限荷载越大。在曲线下降段，下降趋势与试件的荷载–纵向变形曲线一致，下降趋势随外套钢管宽厚比减小而变平缓。外套钢管宽厚比越小，对核心混凝土套箍约束作用越明显，试件的整体性能越好，加固材料的利用率越高，表现出延性越好。

加固方法对试件荷载–跨中挠度曲线的影响如图 4.21(d) 所示。由图 4.21(d) 可知，在加载初期，试件处于弹性阶段，增大截面加固柱和组合加固柱的曲线斜率较原 RC 方柱都有较大的提高，但是增大截面加固柱在极限荷载前跨中挠度较小，达到极限荷载之后试件迅速破坏，曲线几乎没有下降段，达到极限荷载后，曲线还能持续发展，表现了较好的延性。由此可知，与钢筋骨架相比，加固钢材以外套钢管的形式存在，柱子可以获得较好的变形能力。

4. *荷载–应变曲线*

试件荷载–纵向应变曲线如图 4.22 所示，图中试件的凸侧纵向应变用符号“–”表示，凹侧纵向应变用符号“+”表示。由图 4.22 可知，对于原 RC 方柱和增大截面加固柱，荷载–纵向应变曲线发展规律基本相同。相较于原 RC 方柱，增大截面加固柱的极限荷载较大，曲线弹性阶段较长。在加载初期，曲线斜率较小，内部混凝土较早达到极限应变，试件达到极限荷载之后，纵向应变急剧增大，其破坏模式表现出明显的脆性特征。组合加固柱达到极限荷载之后，纵向应变仍能持续发展，试件仍具有一定的承载能力，表现出明显的延性特征。试件凸侧的纵向应变远小于凹侧，表明钢管对内部混凝土的约束作用主要在凹侧，而凸侧钢材的性能不能得到充分发挥。

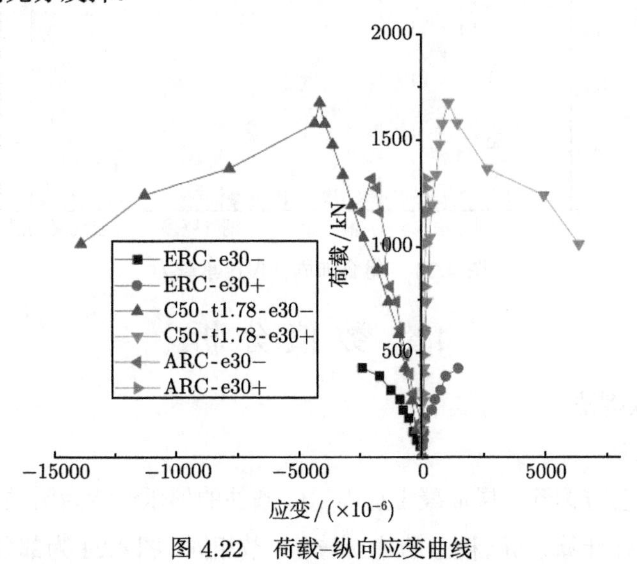

图 4.22 荷载–纵向应变曲线

5. *承载力分析*

图 4.23 给出了试件的偏压承载力试验值。由图 4.23 可知：①试件承载力随着偏心距的增加而降低，相比于轴压组合加固柱承载力，试件 C50-t2.80-e15、试件

C50-t2.80-e30 和试件 C50-t2.80-e45 的偏压承载力降低幅度分别为 17.0%、26.4% 和 35.8%，表明随着偏心距的增大，组合加固柱偏压承载力显著降低；②随外套钢管宽厚比的减小，试件的偏压承载力提高，试件 C50-t2.80-e30 和试件 C50-t3.80-e30 的承载力相对于试件 C50-t1.78-e30 分别提高了 7.78%和 19.76%，增幅相对较大，说明外套钢管宽厚比对试件的偏压承载力影响显著；③组合加固柱偏压承载力随着夹层混凝土强度的提高而增大，试件 C60-t2.80-e30 和试件 C50-t2.80-e30 的承载力相对于试件 C40-t2.80-e30 分别提高了 5.26%和 9.94%；④相同偏心距下，与原 RC 方柱相比，试件 ARC-e30(增大截面加固柱) 的截面尺寸比试件 C50-t1.78-e30(组合加固柱) 略大，试件 ARC-e30 和试件 C50-t1.78-e30 的承载力分别提高 2.14 倍和 2.88 倍。

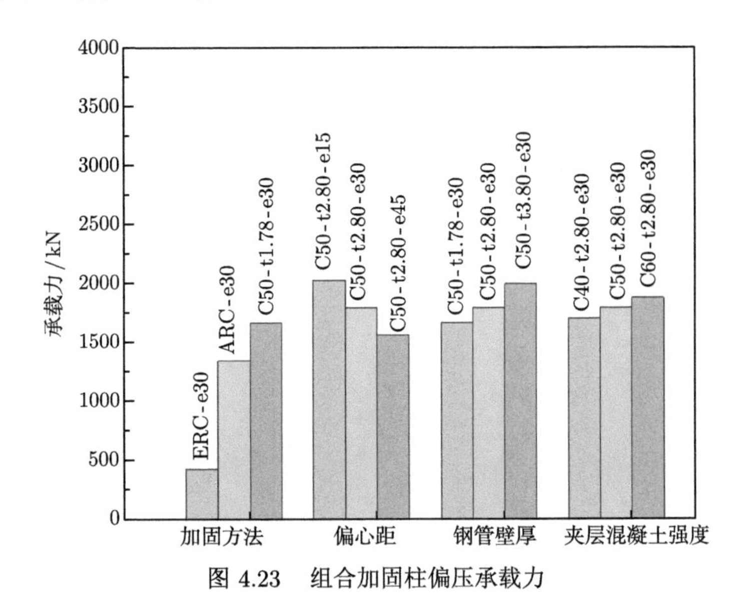

图 4.23 组合加固柱偏压承载力

4.6 数值分析

4.6.1 纤维模型法

1. 模型验证

这里以外套方钢管夹层混凝土加固 RC 圆柱的偏压性能为例进行分析，利用纤维模型法进行计算分析，模型的建立与 3.6 节相同。图 4.24 为部分试件荷载–跨中挠度计算曲线与试验曲线的对比，图 4.25 为纤维模型法计算得到的偏压试件承载力 ($N_{\mathrm{Fib.}}$) 与相应试验值 ($N_{\mathrm{se,e}}$) 对比。$N_{\mathrm{Fib.}}/N_{\mathrm{se,e}}$ 的平均值、标准差和变异系数分别为 0.991、0.064 和 0.065。由以上对比结果可知，建立的纤维模型计算结果与试验结果吻合较好，可以用来进一步研究组合加固柱偏压力学性能。

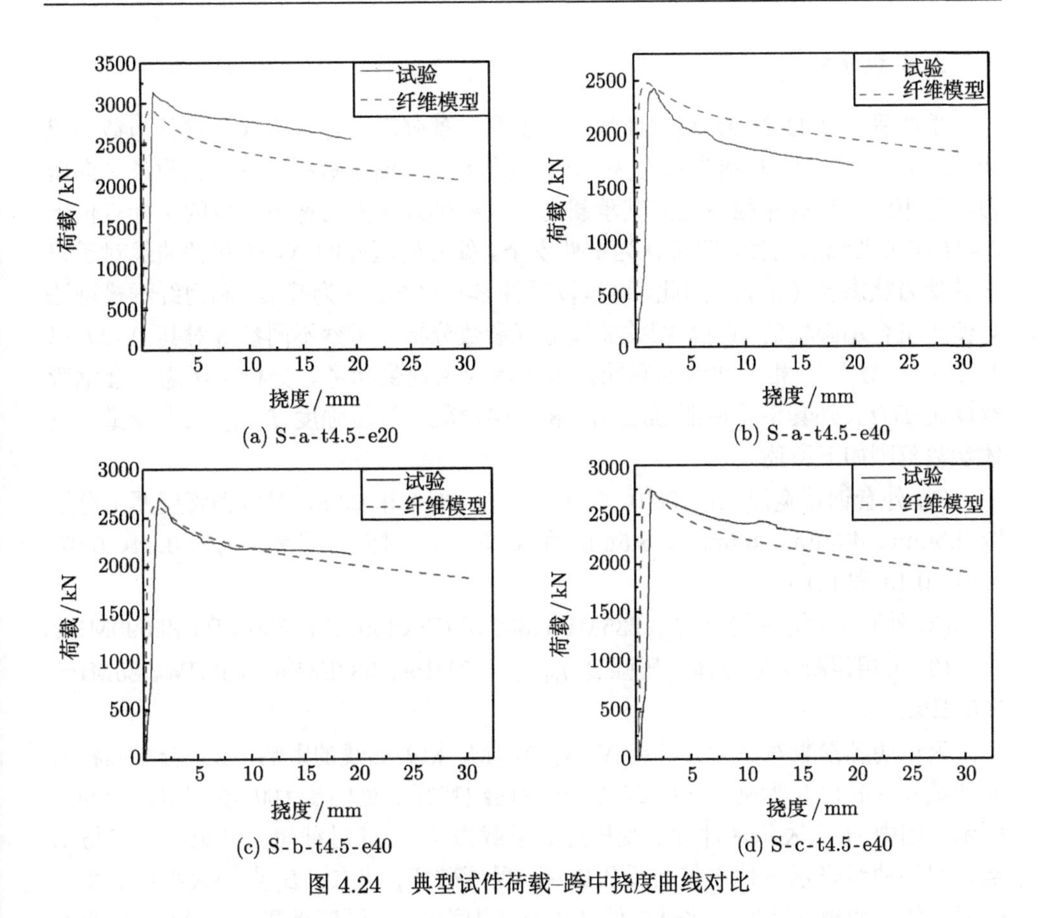

(a) S-a-t4.5-e20 (b) S-a-t4.5-e40

(c) S-b-t4.5-e40 (d) S-c-t4.5-e40

图 4.24 典型试件荷载–跨中挠度曲线对比

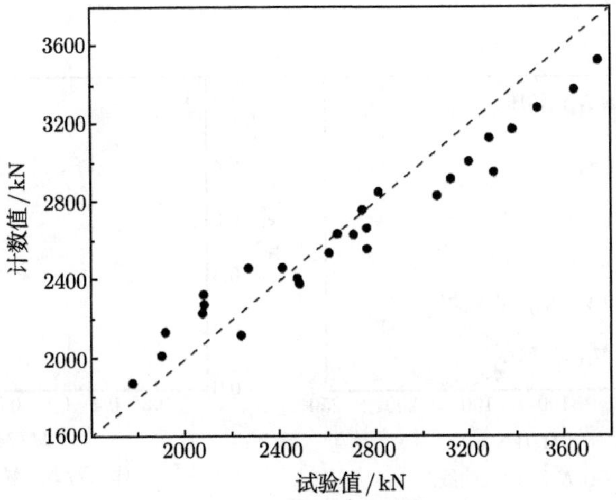

计数值 / kN

试验值 / kN

图 4.25 计算值与试验值对比

2. 参数分析

偏心受压柱的 N-M 相关曲线实际上是一条强度破坏包络线，它只与截面组成、截面几何参数、材料参数有关，在该包络线上，偏压短柱可以在无数条轴向压力与弯矩组合加载路径下达到其承载力。只要轴向压力与弯矩构成的坐标点位于 N-M 相关曲线的内侧，即可认为试件安全。偏心受压柱的 N-M 相关曲线对于研究其受力状态意义重大。因此，这里以试件 S-b-t4.5-e40 为基准，利用纤维模型法对偏压组合加固柱的 N-M 相关曲线进行参数分析，考察不同参数对其 N-M 以及 N/N_u-M/M_u 相关曲线的影响，为工程应用提供参考。分析时考虑外套钢管宽厚比 B/t、外套钢管屈服强度 f_{ty} 和夹层混凝土抗压强度 $f_{cu,k2}$ 三个变量，具体参数范围如下所述。

(1) 外套钢管宽厚比：100.0、55.6、38.5、29.4 和 23.8，对应钢管壁厚 t 分别取 2.5mm、4.5mm、6.5mm、8.5mm 和 10.5mm，对应含钢率分别为 0.04、0.07、0.10、0.13 和 0.16。

(2) 外套钢管屈服强度 f_{ty}:235MPa、352.3MPa、460MPa、550MPa 和 690MPa。

(3) 夹层混凝土立方体抗压强度 $f_{cu,k2}$：40MPa、53.2MPa、70MPa、85MPa、100MPa。

为说明各参数对 N-M 以及 N/N_u-M/M_u 相关曲线的影响，以组合加固柱的典型试件 S-b-t4.5 为例，分析 N-M 相关曲线特征点处的受力状态，如图 4.26(a) 所示。图中 A 点表示试件轴心受压达到承载力 N_u，此时截面无弯矩；A 点与 B 点之间的曲线表示试件小偏心受压破坏 (受压破坏) 状态；B 点为大小偏心受压临界点的平衡破坏状态，此时试件受压承载力为 N_0，受弯承载力为 M_0；B 点和 C 点之间的曲线表示试件大偏心受压破坏 (受拉破坏) 状态；C 点表示试件在纯弯

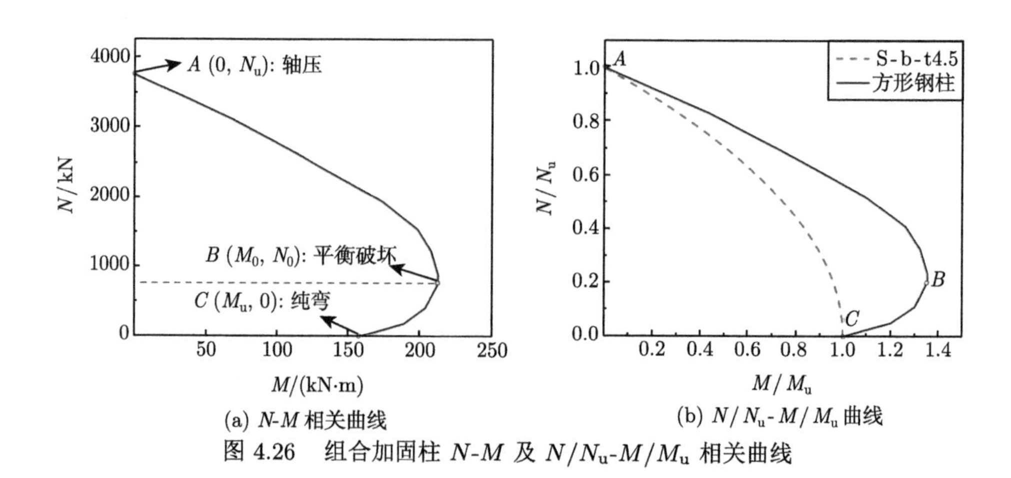

(a) N-M 相关曲线　　(b) N/N_u-M/M_u 曲线

图 4.26　组合加固柱 N-M 及 N/N_u-M/M_u 相关曲线

作用下达到承载力 M_u，此时截面无轴向荷载。试件在不同加载条件下达到极限荷载时，假设钢材已经屈服，试件全截面发展塑性，混凝土达到峰值应力，则试件在特征点 A、B 和 C 处的中截面受力状态如图 4.27 所示，图中负号表示压应力，正号表示拉应力。

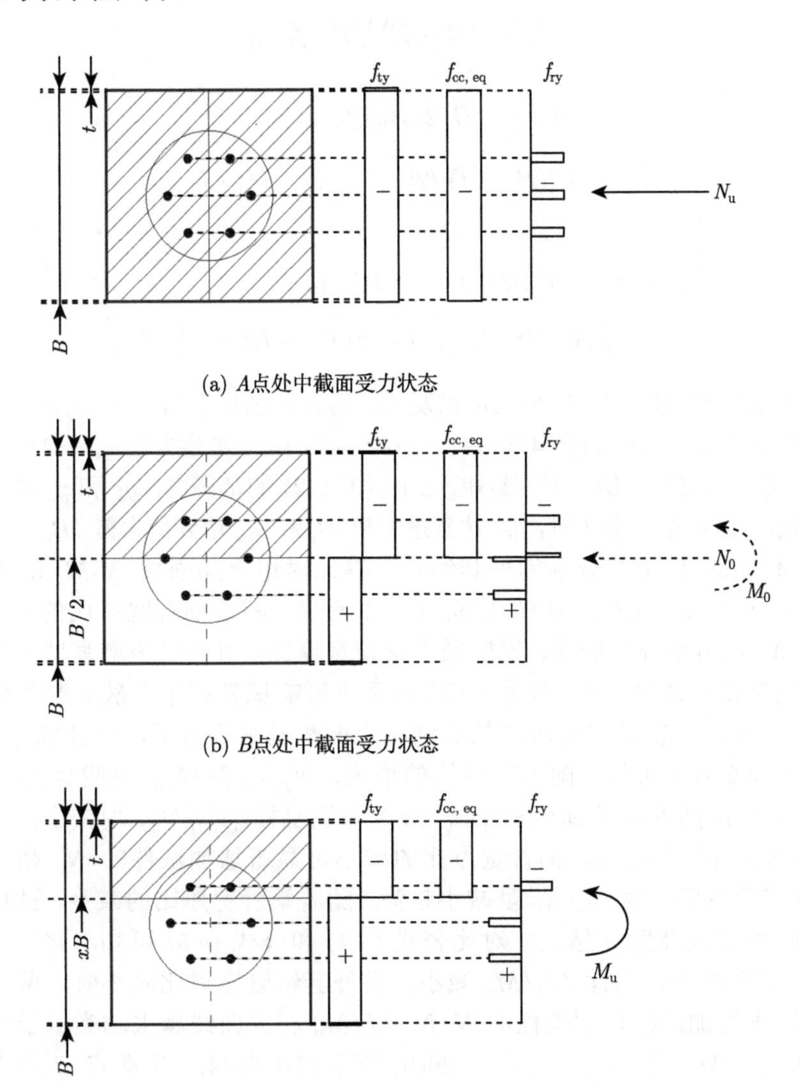

(a) A点处中截面受力状态

(b) B点处中截面受力状态

(c) C点处中截面受力状态

图 4.27 N-M 相关曲线各特征点处中截面受力示意

在进行受力分析时，忽略混凝土的抗拉强度；将 RC 柱混凝土和夹层混凝土等效为一种混凝土强度 ($f_{cw}=(A_{c1}f_{ck1}+A_{c2}f_{ck2})/A_c$)，考虑钢管对其约束效应，则其等效约束混凝土强度为 $f_{\mathrm{cc,eq}}$；忽略钢筋对试件截面轴向力和弯矩承载力的贡献；假设钢材发展拉压塑性均可以达到其屈服强度 f_{y}。由各受力关系可得

$$N_{\mathrm{u}}=4Bt\cdot f_{\mathrm{y}}+(B-2t)^2\cdot f_{\mathrm{cc,eq}} \tag{4.2}$$

$$N_0=\left[(B-2t)^2/2\right]\cdot f_{\mathrm{cc,eq}} \tag{4.3}$$

$$\begin{aligned}M_0=&(B-t+B/2)\,Bt\cdot f_{\mathrm{y}}\\&+[(B-2t)/2]\left[(B-2t)^2/4\right]\cdot f_{\mathrm{cc,eq}}\end{aligned} \tag{4.4}$$

$$\begin{aligned}M_{\mathrm{u}}=&[B-t+2Bx\,(1-x)]\,Bt\cdot f_{\mathrm{y}}\\&+[(B-2t)/2]\left[x\,(1-x)\,B^2-Bt+t^2\right]\cdot f_{\mathrm{cc,eq}}\end{aligned} \tag{4.5}$$

对比 M_0 和 M_{u} 的计算公式可以发现，两者区别在于第一项 $B/2$ 与 $2Bx(1-x)$，以及第二项 $(B-2t)^2/4$ 与 $x(1-x)B^2-Bt+t^2$。考察方程 $y_1=2Bx(1-x)$ 和 $y_2=x(1-x)B^2-Bt+t^2$，易知，x 在 (0, 1/2) 的范围内，y_1 和 y_2 均为单调递增函数，在 x 等于 1/2 时，y_1 达到最大值 $B/2$，y_2 达到最大值 $(B-2t)^2/4$。

图 4.28(a) 和 (b) 分别为外套钢管宽厚比对组合加固柱 N-M 和 N/N_{u}-M/M_{u} 相关曲线的影响。从图 4.28(a) 可以看出，随着钢管宽厚比的减小，试件的 N-M 包络线外扩明显，说明减小钢管宽厚比，可以显著增强试件的承载能力。宽厚比的改变 (截面尺寸不变) 几乎不影响试件在平衡破坏时的轴向承载力 N_0，因为 N_0 只与受压区核心混凝土面积及强度有关，如公式 (4.3) 所示。由图 4.28(b) 可知，随着宽厚比的增大，N/N_{u}-M/M_{u} 曲线呈内收趋势，平衡破坏点 B 所对应的横坐标 (M_0/M_{u}) 和纵坐标 (N_0/N_{u}) 均减小。由公式 (4.2) 和公式 (4.3) 可知，钢管宽厚比的减小可显著增加试件的 N_{u} 值，但对 N_0 却几乎无影响，故 N_0/N_{u} 呈减小趋势；随着钢管宽厚比的减小，试件在纯弯破坏时受压区高度 x 增大，对比公式 (4.4) 和公式 (4.5) 可知，此时 M_{u} 和 M_0 的差距在减小，因此 M_0/M_{u} 减小。当外套钢管宽厚比减小时，截面中钢材所占比重增加，组合加固柱的 N/N_{u}-M/M_{u} 相关曲线越来越类似于纯钢柱的 N/N_{u}-M/M_{u} 相关曲线 (如图 4.26(b) 所示的抛物线)，平衡点 B 越来越不明显。

图 4.28(c) 和 (d) 分别为外套钢管屈服强度 f_{ty} 对试件 N-M 和 N/N_{u}-M/M_{u} 相关曲线的影响。由图 4.28(c) 可以看出，与减小钢管宽厚比类似，增大钢管屈服强度也可以显著增强试件的承载能力。f_{ty} 对 N-M 和 N/N_{u}-M/M_{u} 曲线的影响趋势及原理均与钢管宽厚比类似。

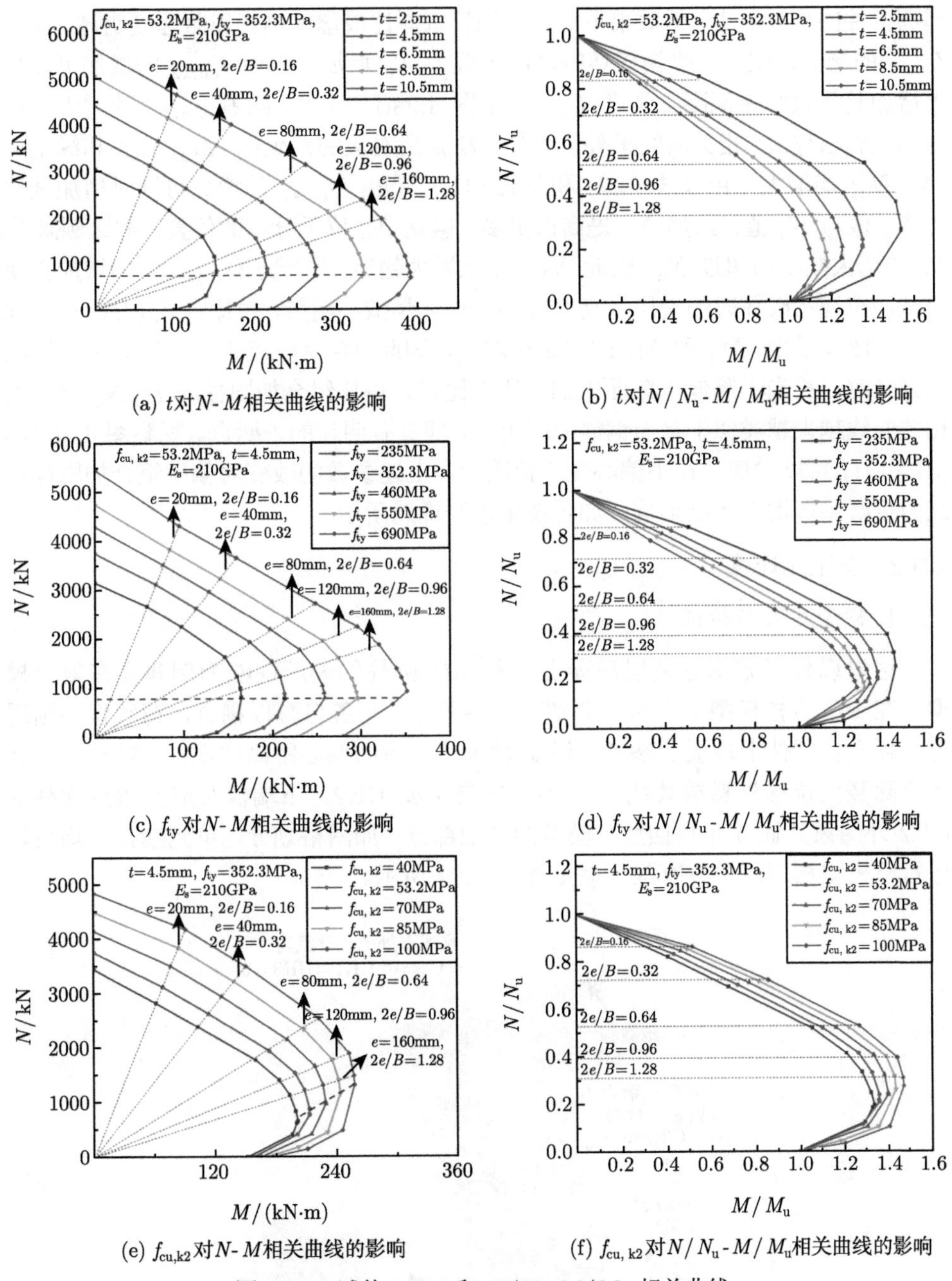

图 4.28 试件 N-M 和 N/N_u-M/M_u 相关曲线

图 4.28(e) 和 4.28(f) 分别为夹层混凝土立方体抗压强度 $f_{cu,k2}$ 对试件 N-M 和 N/N_u-M/M_u 相关曲线的影响。由图 4.28(e) 可以看出，$f_{cu,k2}$ 的提高有助于

提高试件的承载能力，但效果不如减小钢管宽厚比或增加钢管屈服强度明显。随着 $f_{\mathrm{cu,k2}}$ 的增大，试件在平衡破坏时轴向承载力 N_0 增加，因为 $f_{\mathrm{cu,k2}}$ 的增加可以显著增加其等效约束混凝土强度 $f_{\mathrm{cc,eq}}$。由图 4.28(f) 可知，随着 $f_{\mathrm{cu,k2}}$ 的增大，试件 N/N_{u}-M/M_{u} 相关曲线呈外扩趋势，B 点所对应的横坐标 (M_0/M_{u}) 和纵坐标 (N_0/N_{u}) 均增大。由公式 (4.2) 和公式 (4.3) 可知，$f_{\mathrm{cu,k2}}$ 的增大可同时增加试件的 N_{u} 值与 N_0 值，虽然 N_{u} 提高得更多，但是 N_{u} 位于分母的位置，按比例来看，N_0 的增大幅度仍超过 N_{u}，因此 N_0/N_{u} 呈增大趋势；另一方面，$f_{\mathrm{cu,k2}}$ 的增加会使得试件在纯弯破坏时的受压区高度减小，即 x 呈减小趋势，对比公式 (4.4) 和公式 (4.5) 可知，此时 M_{u} 和 M_0 的差距在增大，因此 M_0/M_{u} 增大。当增大夹层混凝土强度时，相当于降低了截面中钢材所占比重，偏压组合加固柱的 N/N_{u}-M/M_{u} 相关曲线越来越类似于普通钢筋混凝土柱，即具有明显的平衡点。观察图 4.28(b)、(d) 和 (f) 可以发现，在小偏心受压范围内，上述参数的改变对偏压组合加固柱承载力折减系数均无明显影响，如各图中水平虚线所示。

4.6.2 有限元计算

1. 模型建立与验证

这里以外套方钢管夹层混凝土加固 RC 圆柱的偏压性能为例建立有限元模型。在 RC 方柱模型上下端板分别建立参考点并与各自端板耦合，荷载偏心则通过使耦合在试件上端板的参考点沿 x 轴偏移相应的偏心距离实现；上端板相应参考点除竖向位移外释放其绕 y 轴转动的自由度 UR2，下端板对应参考点除释放 UR2 外约束其他 5 个自由度。模型的其他部分，如网格划分、单元选择等均与轴压短柱模型相同。最终有限元模型如图 4.29 所示。

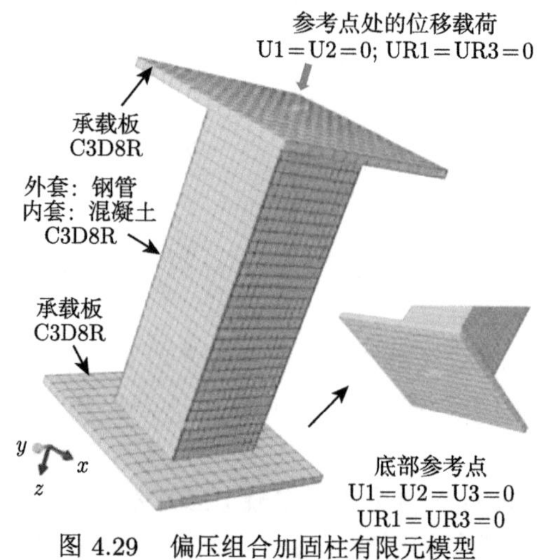

图 4.29 偏压组合加固柱有限元模型

图 4.30 以 S-a-t5.5-e60 为例，展示了通过有限元模拟得到的破坏形态与试验柱破坏形态的对比。有限元模型可较好地模拟出试件的侧向挠度发展以及弯曲破坏形态。图 4.31 为通过有限元模拟分析得到的试件计算承载力 N_{FE} 与试验承载力 $N_{\mathrm{se,e}}$ 的对比图。$N_{\mathrm{FE}}/N_{\mathrm{se,e}}$ 的平均值、标准差和变异系数分别为 0.992、0.059 和 0.060，表明有限元计算所得的承载力结果与试验结果吻合较好，建立的有限元模型所得结果与试验结果吻合较好，可以用来进一步研究组合加固偏压柱的受力性能。

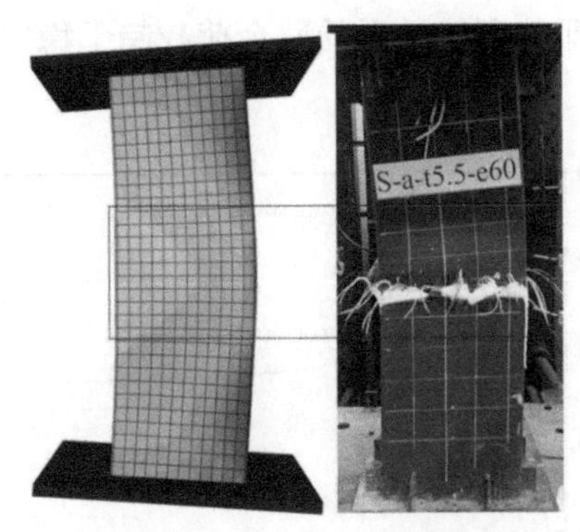

图 4.30 有限元与试验结果对比

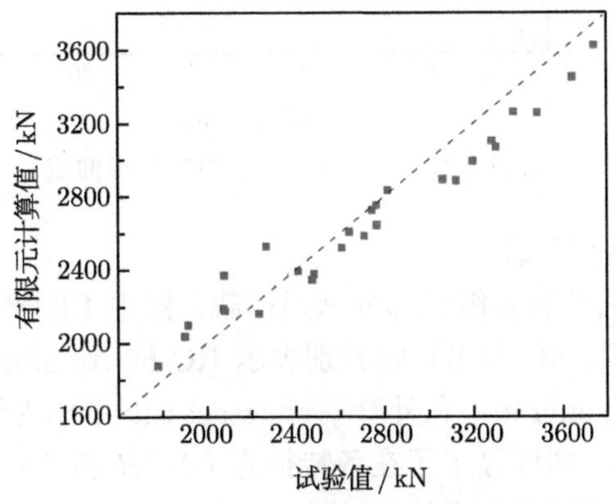

图 4.31 有限元计算值与试验值对比

2. 计算结果分析

1) 荷载–纵向变形曲线

这里以典型试件 S-b-t4.5-e40 为例，偏压组合加固柱的荷载–纵向变形曲线如图 4.32 所示，对其进行特征分析，曲线可以分为四部分。

(1) 弹性段 (OA)：在试件加载初期，钢管和混凝土均处于弹性阶段，各自承担荷载。到 A 点时，受压侧钢管的等效 Mises 应力开始进入屈服阶段。

(2) 弹塑性段 (AB)：过 A 点后，随着荷载的进一步增加，塑性区域开始在受压侧形成，并逐渐向对侧发展，纵向变形发展快于荷载的发展，呈现较明显的非线性特征。到 B 点时，截面中部的塑性铰已基本形成，试件达到极限荷载。

(3) 下降段 (BC)：此阶段试件开始失去其原有的平衡形态，随着试件纵向变形继续发展，荷载迅速下降。到 C 点时，试件荷载已降至极限荷载的 75%。

(4) 相对稳定段 (CD)：过 C 点后，随着纵向变形的进一步增加，试件承载力没有明显的降低，即其所能承受的残余荷载趋于稳定，试件表现出了较好的延性。

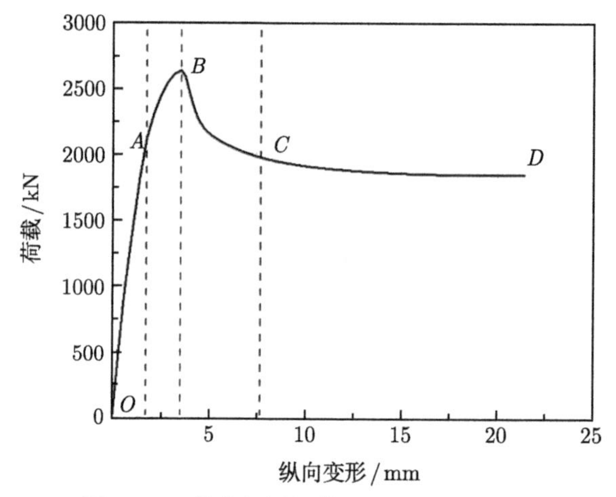

图 4.32 组合加固柱荷载–纵向变形曲线

2) 各组成部分承担荷载

图 4.33 为典型试件的各组成部分承担荷载，图中 FE 表示有限元 (finite element) 模拟曲线，RC、SC 和 ST 则分别表示 RC 柱 (reinforced concrete)、夹层混凝土 (sandwiched concrete) 和外套钢管 (steel tube) 作为组成部分对组合加固柱承载力的贡献。图中同样显示了在各特征点 (A、B 和 C) 处试件的荷载值、纵向变形、各部分荷载值以及百分比。

由图 4.33 可知，外套钢管曲线上升段的斜率出现变化的点基本与 A 点重合，说明外套钢管的应力状态对试件弹性段斜率有比较明显的影响；试件达到极限荷载时，外套钢管的纵向应力基本已过峰值，RC 柱的应力还未达到峰值，夹层混凝土纵向应力的峰值与 B 点重合度较高，表明夹层混凝土对组合加固柱的极限荷载有重要影响；在曲线的 BC 段，夹层混凝土纵向应力急剧下降，外套钢管的纵向应力下降缓慢，RC 柱所承担的荷载仍缓慢上升；过 C 点后，外套钢管由于应变过大而进入强化阶段，纵向应力稍有增加，夹层混凝土由于受到钢管的约束作用而表现出较好的延性，承担的纵向荷载也基本保持不变或缓慢增加。

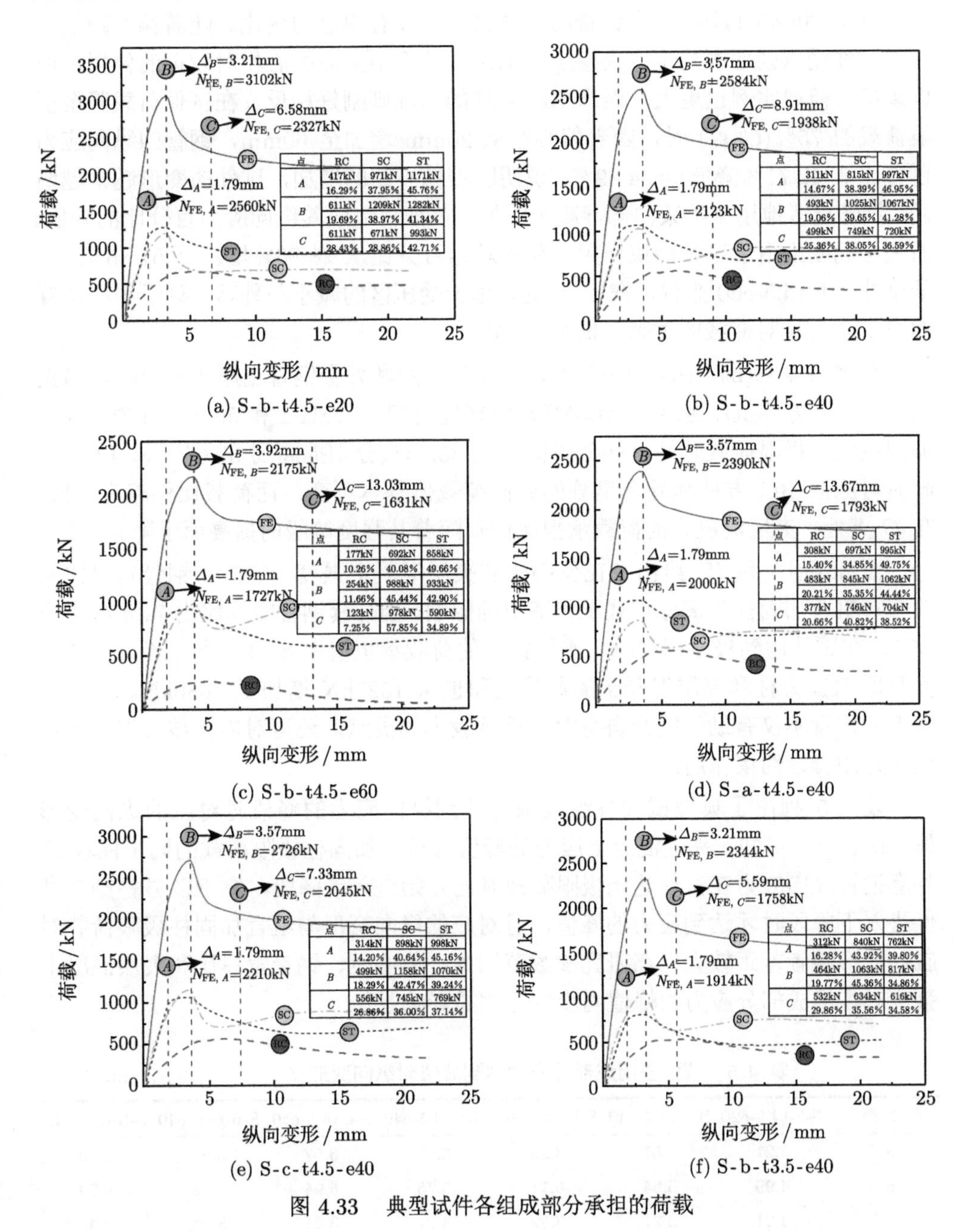

图 4.33 典型试件各组成部分承担的荷载

对比图 4.33(a)~(c) 可知，对于 S-b-t4.5 系列试件，当偏心距从 20mm 分别增加到 40mm 和 60mm 时，达到极限荷载时原 RC 方柱的荷载百分比从 19.69%分别减小至 19.06%和 11.66%，夹层混凝土的荷载百分比则从 38.97%分别增长至 39.65%和 45.44%，外套钢管的荷载百分比没有明显的变化。随着偏心距的增加，试件受压区逐渐减小，夹层混凝土由于处于距截面中心相对较远的位置，所以承担的荷载比例也更大，而原 RC 方柱的情况则刚好相反。在试件荷载降至极限荷载的 75%(C 点) 时，随着偏心距从 20mm 增加至 60mm，钢管的纵向应力百分比从 42.71%降低至 34.89%。说明随着偏心距的增加，试件的变形越来越明显，钢管更多地用来约束内部混凝土的横向膨胀，造成其纵向应力百分比的降低。而夹层混凝土由于这种约束作用，荷载承担百分比从 28.86%增加至 57.85%。对于试件 S-b-t4.5-e60 来说，在 C 点处，由于受压区的减小与外移，处于中心位置的原 RC 方柱对荷载的贡献已低至 7.25%。

对比图 4.33(b)、(d) 和 (e) 可知，在偏心距和外套钢管宽厚比一定时，当夹层混凝土立方体抗压强度从 44.0MPa 分别提高到 53.2MPa 和 59.9MPa 时，其在加固柱达到极限荷载时的纵向荷载比例从 35.35%分别提高到 39.65%和 42.47%，同时对应原 RC 方柱和外套钢管的纵向荷载值基本不变，而荷载比例略有下降。在 C 点处，夹层混凝土的荷载承担比例却随着其强度等级的提高而下降。

图 4.33(b) 和 (f) 给出了在偏心距和夹层混凝土强度一定时，钢管宽厚比的改变对组合加固柱各部分荷载承担情况的影响。当外套钢管宽厚比由 71.4 减小至 45.5，在试件达到极限荷载时，不仅钢管的荷载承担值由 817kN 增加至 1210kN，而且原 RC 方柱和夹层混凝土的荷载之和也从 1527kN 增加至 1680kN。这说明较厚的钢管不仅有助于提升自身对试件承载力的贡献，还可对内部核心混凝土提供更好的套箍约束作用。

表 4.5 列出了典型试件各组成部分达到纵向应力的峰值时对应的纵向变形值。由表 4.5 可知，夹层混凝土应力的峰值与组合加固柱极限荷载的同步性较好，外套钢管纵向应力在试件达到极限荷载时已开始进入下降段，原 RC 方柱则在试件进入下降段时才达到应力的峰值，且对应的纵向变形与组合加固柱极限荷载对应的变形两者差距较大。在研究参数范围内，偏心距、钢管宽厚比和夹层混凝土强度对各组成部分应力的峰值同步性无明显影响。

表 4.5　截面各组成部分应力达到峰值时纵向变形值　　(单位：mm)

部分/整体	S-b-t4.5-e20	S-b-t4.5-e40	S-b-t4.5-e60	S-a-t4.5-e40	S-c-t4.5-e40	S-b-t3.5-e40	S-b-t5.5-e40
FE	3.21	3.57	3.92	3.57	3.57	3.21	3.43
RC	4.99	5.94	5.11	5.75	5.94	5.98	6.29
SC	3.21	3.21	3.92	3.21	3.21	3.21	3.43
ST	2.86	3.21	3.21	3.21	3.21	2.86	2.86

3) 纵向应力及应变分布

A. 原 RC 方柱混凝土

图 4.34 和图 4.35 以试件 S-RC-e40 和 S-a-t4.5-e40 为例，分别对比了极限荷载时原 RC 方柱混凝土在加固前后的纵向应力与纵向应变分布情况。由图 4.34 可知，加固前原 RC 方柱混凝土受压侧最大纵向压应力为 30.77MPa，受拉区混凝土呈现受拉状态；加固后原 RC 方柱混凝土受压侧最大纵向压应力达到 34.07MPa，呈现全截面受压状态，即使是受拉区边缘，其纵向压应力也达 13.11MPa。由图 4.35 可知，加固前原 RC 方柱混凝土受压侧最大压应变约为 0.0047，加固后减小至 0.0036，受拉区也由加固前的受拉应变转变为加固后的受压应变。这与试验现象一致，即相比于未加固 RC 柱受拉区有较为明显的横向裂缝，组合加固柱中的原 RC 方柱混凝土破坏形态不明显。由以上结果可知，原 RC 方柱混凝土在加固后不仅强度得到了提高，变形性能也有较大改善。

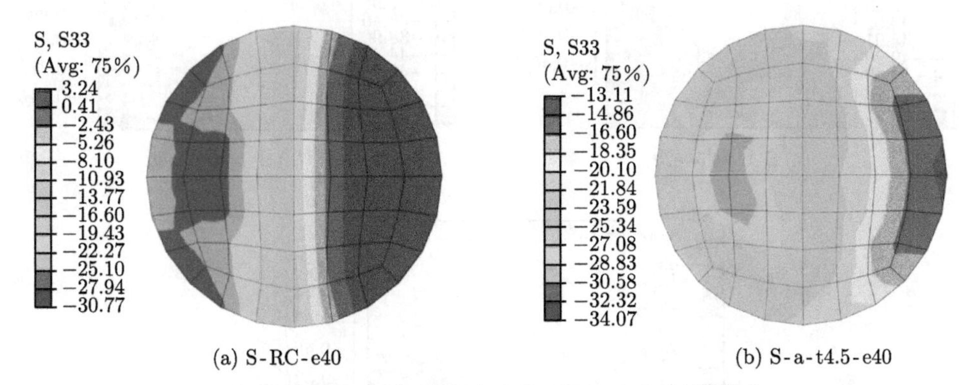

(a) S-RC-e40　　(b) S-a-t4.5-e40

图 4.34　极限荷载时 RC 柱混凝土中截面纵向应力对比 (单位：MPa)

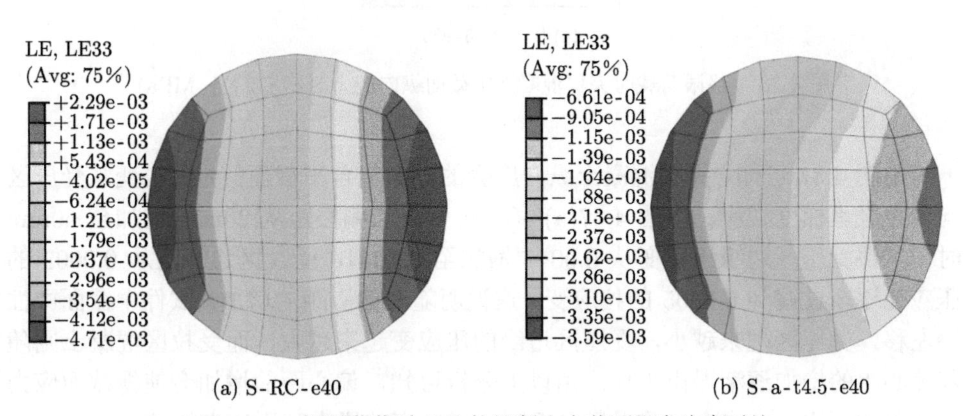

(a) S-RC-e40　　(b) S-a-t4.5-e40

图 4.35　极限荷载时 RC 柱混凝土中截面纵向应变对比

B. 夹层混凝土

以试件 S-b-t4.5 系列为例，图 4.36 和图 4.37 分别展示了试件达到极限荷载时夹层混凝土的纵向应力与纵向应变分布情况。如图 4.36 所示，夹层混凝土的纵向应力从截面受压侧 (左侧) 到受拉侧 (右侧) 呈梯度分布，越靠近受拉侧，其纵向应力值越小。在受压侧的角部位置均出现了比较明显的应力集中现象，角部混凝土由于受到钢管的约束作用较强，其纵向应力值已经超过单轴抗压强度。对比图 4.36(a)~(c) 可以发现，在试件达到极限荷载时，夹层混凝土的纵向应力随着偏心距的增大而减小。

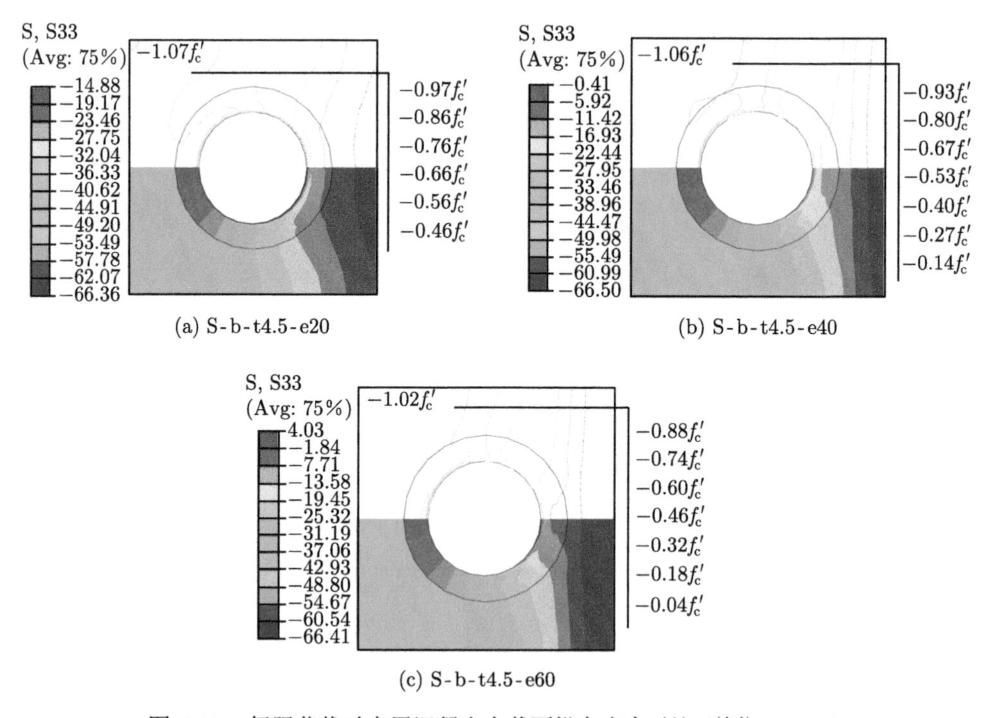

(a) S-b-t4.5-e20　　(b) S-b-t4.5-e40

(c) S-b-t4.5-e60

图 4.36　极限荷载时夹层混凝土中截面纵向应力对比 (单位：MPa)

由图 4.37 可知，夹层混凝土纵向应变的分布符合平截面假定，应变从受压区向受拉区呈梯度减小。由图 4.37(a)~(c) 可知，当偏心距从 20mm 增加至 60mm 时，试件受压区边缘压应变从 0.0041 增加至 0.0044，受拉区边缘则从 0.0005 的压应变逐渐过渡到 0.0005 的拉应变。这说明随着偏心距的增加，试件中截面中性轴左移，受压区越来越小，受压区边缘的压应变越来越大，而受拉区混凝土则随着偏心距的增加逐渐退出工作。由以上分析可知，偏心距的增加会使得截面应力分布更加不均匀，也会导致受压区混凝土压应变的增大和压应力的减小。

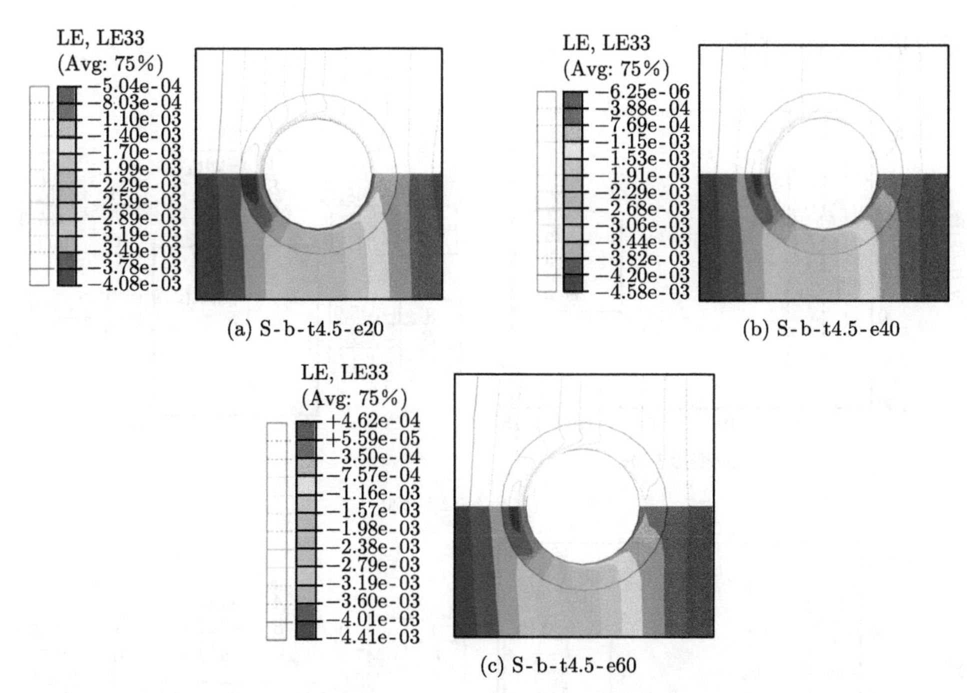

图 4.37 极限荷载时夹层混凝土中截面纵向应变对比

C. 外套钢管

图 4.38 是不同偏心距下试件中截面钢管不同位置处的纵向应力发展曲线及其在特征点处的数值。一共取 5 个处于不同位置且较具代表性的点，分别为受压区边长中部点 1、受压区角点 2、过截面形心轴的点 3、受拉区角点 4 和受拉区边长中部点 5，各点位置已在图中标明。

由图 4.38 可以看出，试件进入弹塑性阶段以前，以点 1 和点 2 为代表的受压区钢管其应力发展最快，点 3 次之，受拉区点 4 和点 5 其应力发展最慢。在此阶段，当偏心距为 20mm 时，试件全截面受压，随着偏心距增加至 40mm 和 60mm，处于受压区的点 4 和点 5 处的钢管其纵向应力由受压状态逐渐向受拉状态过渡。例如，试件 S-b-t4.5-e60 处于受拉区的点 (点 4 和点 5) 一开始就处于受拉状态。以点 4 为例，对应偏心距为 20mm、40mm 和 60mm 时其在特征点 A 处的纵向应力分别为 −152.6MPa、−40.3MPa 和 31.1MPa。

在试件开始进入弹塑性阶段时，点 1 和点 2 处的钢管其纵向应力已经达到屈服状态，而受拉区钢管应力开始反向发展，即由受压状态向受拉状态转变。在试件达到极限荷载 (特征点 B) 时，截面形心轴位置处的钢管接近屈服，受拉区钢管的纵向应力普遍还处于弹性阶段，如点 4 处钢管在此时应力介于 −137.3~113.3MPa，点 5 处钢管的纵向应力介于 −135.4~108.7MPa。偏心距对这一阶段钢管的纵向应力状态无明显的影响。

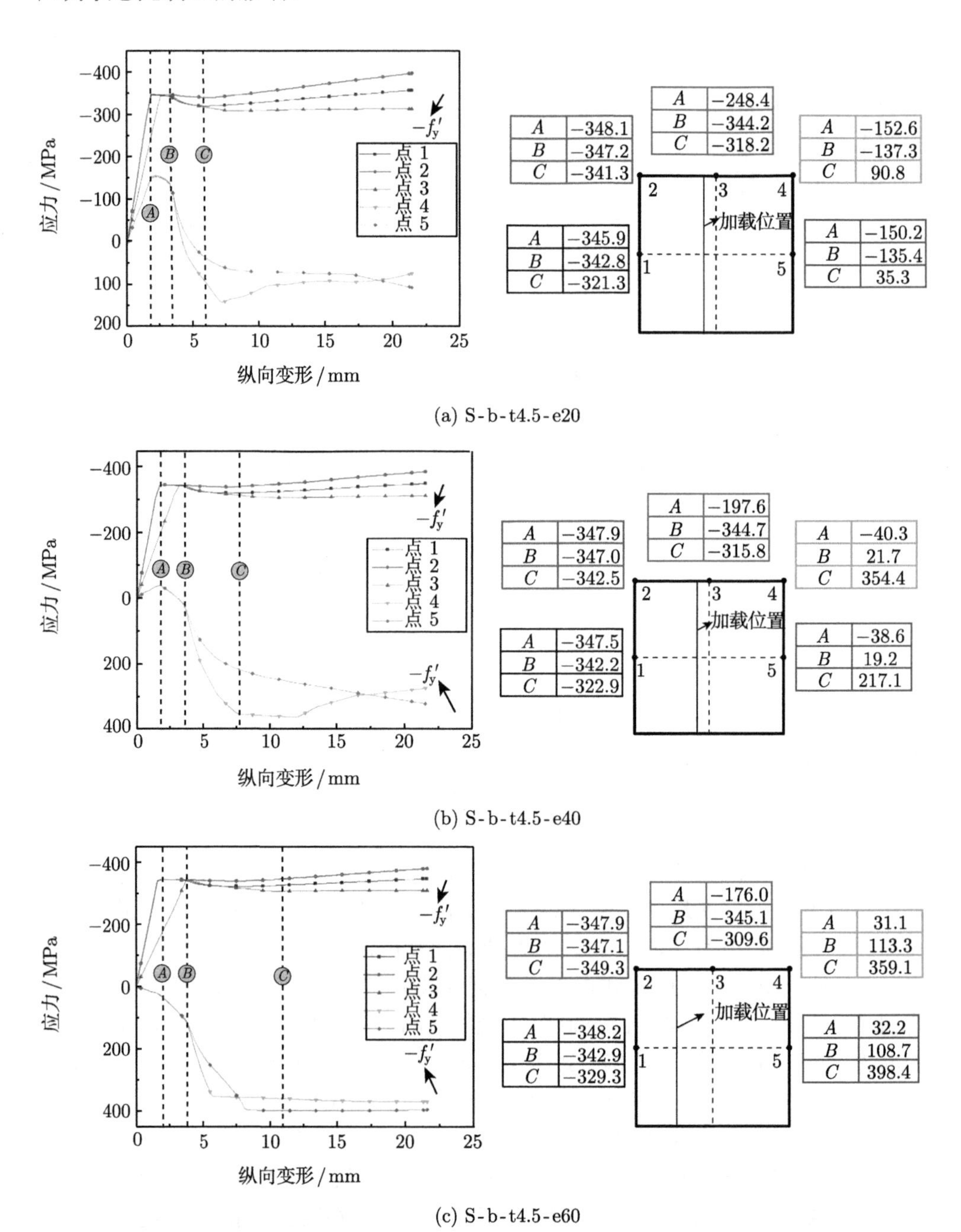

(a) S-b-t4.5-e20

(b) S-b-t4.5-e40

(c) S-b-t4.5-e60

图 4.38　不同位置处钢管的纵向应力发展及在特征点处的值 (单位：MPa)

极限荷载以后，处于受压区及边长中部位置的点 1、点 2 和点 3 处钢管的纵向应力经历缓慢的下降段，之后受压区钢管的应力缓慢上升，最终角点 2 处的纵向应力大于受压区边长中部点 1 处的。对于受拉区角点 4 和边长中部点 5 来说，试件过极限荷载后其纵向应力仍沿原方向发展，且角点 4 的发展速度大于边长中部点 5 的。随着偏心距的增加，试件达到特征点 C 时受拉区钢管应力逐渐达到屈服应力，如试件 S-b-t4.5-e20、试件 S-b-t4.5-e40 和试件 S-b-t4.5-e60，点 4 处的钢管在特征点 C 处纵向应力值分别为 90.8MPa、354.4MPa 和 359.1MPa，而点 5 处的相应值分别为 35.3MPa、217.1MPa 和 398.4MPa。

图 4.39 以试件 S-b-t4.5-e60 为例展示了极限荷载时钢管的纵向应力沿钢管表面的分布，其中三个面从左到右依次为点 1、点 3 和点 5 所对应的钢管侧面。由图可知，钢管的纵向应力在受压区侧面和受拉区侧面均匀分布，而在点 3 所在侧面则由受压向受拉过渡。在柱不同高度的位置处，钢管的纵向应力分布特征基本相同。

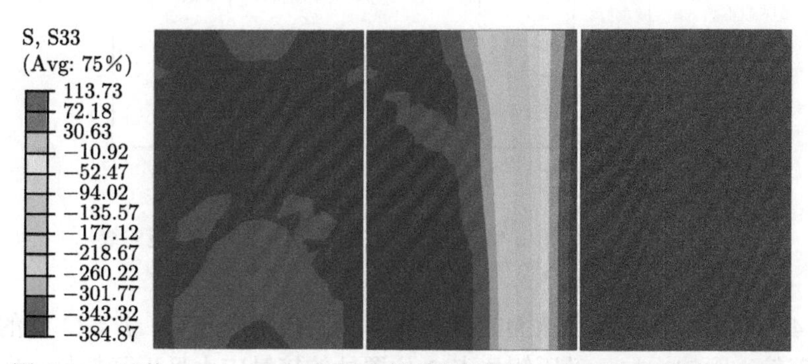

图 4.39 试件 S-b-t4.5-e60 极限荷载时钢管的纵向应力分布 (单位：MPa)

通过以上分析可知，受压区钢管的纵向应力大于受拉区钢管的，而对于同侧钢管，角部的纵向应力又大于边长中部的纵向应力。随偏心距的增大，拉压侧钢管的纵向应力状态的差异也越大。

4) 约束作用

以试件 S-b-t4.5 系列为研究对象，在 Abaqus 后处理模块提取试件不同位置处的法向接触应力 (CPRESS) 进行分析。图 4.40 显示了试件 S-b-t4.5-e40 中截面不同界面处法向接触应力的发展曲线，其中存在外套钢管与夹层混凝土界面，也有夹层混凝土与 RC 柱混凝土界面，不同点所在位置已标示于图中。由图 4.39 可以看出，对于钢管与夹层混凝土界面来说，在整个加载过程中角点 2 和 4 处的接触应力最大值分别为 15.71MPa 和 29.67MPa，其他位置处接触应力则显著小于角点处，如点 1、点 3 和点 5 处的最大接触应力分别为 0.98MPa、1.18MPa 和 4.54MPa，夹层混凝土与 RC 柱混凝土之间接触应力较小，如点 6、点 7 和点 8

处的最大接触应力分别为 0.20MPa、2.29MPa 和 0.59MPa。在试件达到极限荷载以前，受压侧角点 2 处和受拉侧角点 4 处的接触应力发展较为同步。极限荷载以后，由于试件的变形开始变得明显，角点位置处的接触应力发展更加迅速。到荷载下降至极限荷载的 75%之前，角点 4 处接触应力持续发展，受压侧角点 2 处接触应力稍有回落。

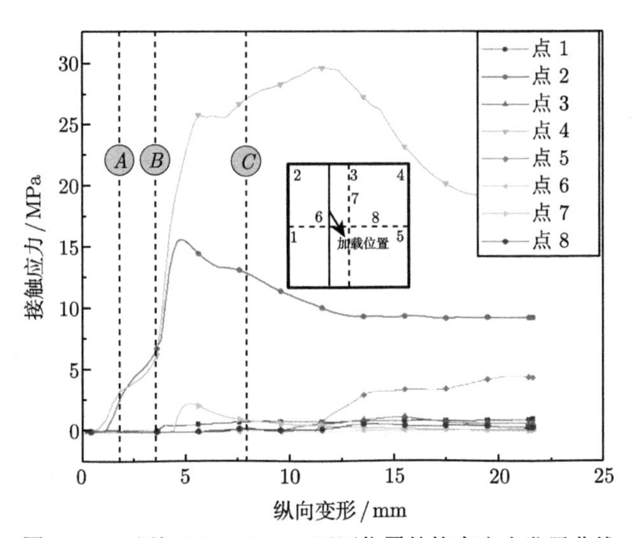

图 4.40 试件 S-b-t4.5-e40 不同位置处约束应力发展曲线

表 4.6 列出了各试件中截面的不同界面位置在特征点 A、B、C 处的接触应力。随着偏心距的增加，受压侧角点 2 位置处的接触应力呈下降趋势。在特征点 C 处，随偏心距的增加，点 1 和点 8 处的接触应力呈上升趋势，点 3 和点 7 处则呈下降趋势，但其上升和下降的幅度均较小。偏心距对钢管角点处的约束应力影响稍大，对其他位置影响则较小。

表 4.6 试件界面不同位置在特征点处的接触应力值 (单位：MPa)

点	*A*			*B*			*C*		
	e20	e40	e60	e20	e40	e60	e20	e40	e60
1	0.00	0.00	0.00	0.00	0.00	0.00	0.62	0.77	0.84
2	4.69	2.81	1.79	7.43	6.80	5.84	13.82	12.88	10.64
3	0.00	0.00	0.00	0.00	0.00	0.00	0.15	0.15	0.13
4	4.67	3.37	2.89	6.15	6.28	6.15	23.89	27.20	26.22
5	0.00	0.00	0.00	0.00	0.00	0.00	0.00	0.00	0.00
6	0.17	0.17	0.11	0.16	0.00	0.00	0.00	0.00	0.00
7	0.08	0.10	0.10	0.03	0.00	0.01	0.96	0.89	0.82
8	0.03	0.10	0.11	0.00	0.00	0.00	0.22	0.24	0.26

图 4.41 和图 4.42 分别为试件 S-b-t4.5-e40 受压侧和受拉侧接触应力沿柱高的分布情况及发展趋势。如图 4.41 和图 4.42 所示，不管是在受拉侧还是受压侧，钢管对夹层混凝土的约束应力均沿柱高分布均匀，且主要集中在转角位置。在达到极限荷载以前，受压侧约束应力在柱端出现应力集中现象，极限荷载以后有所缓解。

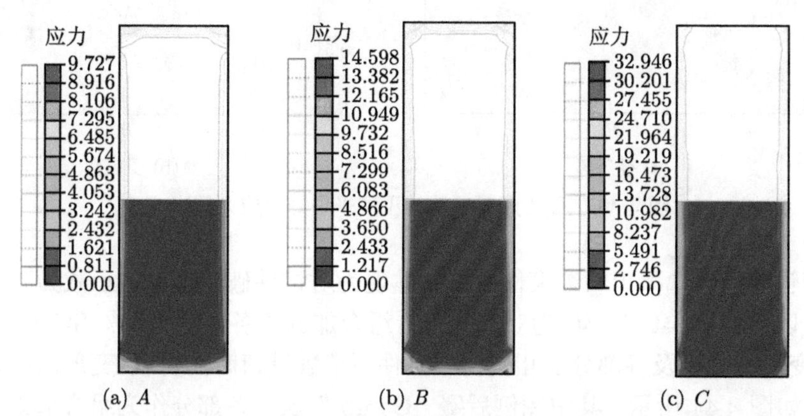

(a) A (b) B (c) C

图 4.41 试件 S-b-t4.5-e40 受压侧接触应力分布及发展 (单位：MPa)

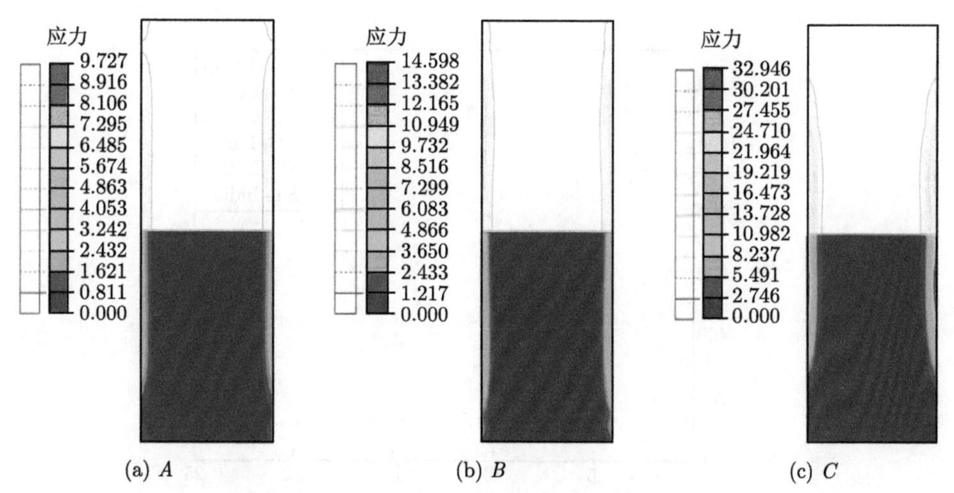

(a) A (b) B (c) C

图 4.42 试件 S-b-t4.5-e40 受拉侧接触应力分布及发展 (单位：MPa)

将钢管对夹层混凝土的约束应力求合力之后，除以夹层混凝土的侧面面积，可以得到其平均约束应力。图 4.43 显示了不同偏心距的试件受压侧和受拉侧特征点处的平均约束应力。在试件达到极限荷载之前，受压侧钢管对夹层混凝土的平均约束应力大于受拉侧，且两侧的平均值都随偏心距的增加而减小。

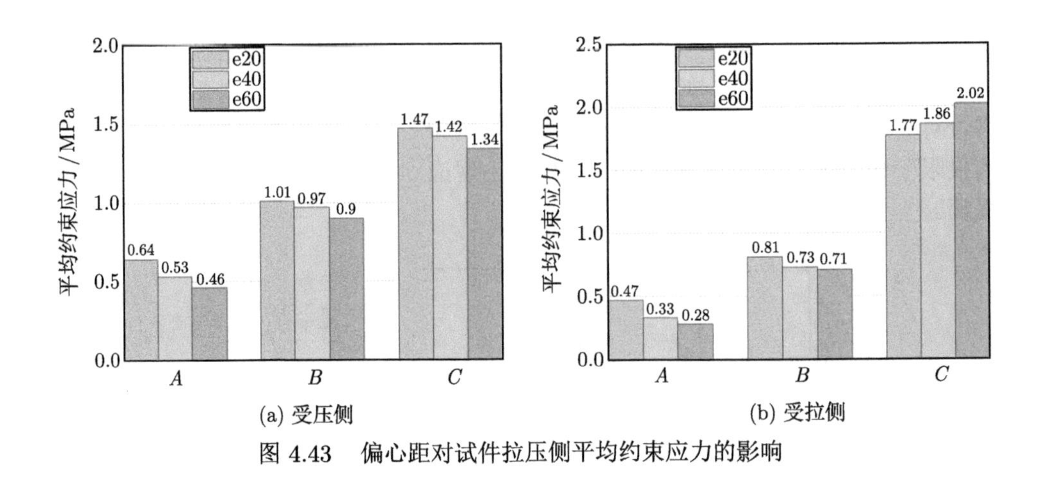

(a) 受压侧　　(b) 受拉侧

图 4.43　偏心距对试件拉压侧平均约束应力的影响

钢管对核心混凝土的约束作用主要体现为对试件破坏形态、承载力和延性的影响。以试件 S-b-t4.5-e40 为对象，分析组合加固柱各部分 (RC、SC 和 ST) 的荷载–变形曲线以及各部分在相同荷载条件下单独受荷时的荷载–变形曲线之间的区别，如图 4.44 所示，其中图例后缀“Comp.”表示各部分作为组合加固柱的组成部分 (as component) 受荷的情况，“Indi.”表示各部分单独受荷 (individually loaded) 的情况。

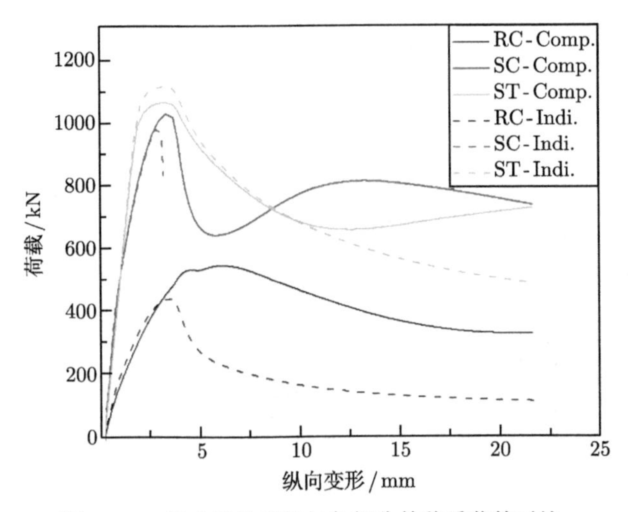

图 4.44　组成部分荷载与各部分单独受荷的对比

由图 4.44 可以看出，内部 RC 柱在单独受荷时的极限荷载为 448kN，而 RC 柱作为组合加固柱的组成部分时极限荷载为 556kN，比单独受荷时的极限荷载提高约 24%，且曲线的下降段更为平缓。在外套钢管和夹层混凝土的共同约束下，内部 RC 柱的承载力和延性都有较为明显的改善。

夹层混凝土作为加固柱组成部分其受荷与单独受荷相比，曲线上升段斜率一致，说明在加载初期，夹层混凝土受到外套钢管的约束作用较小，但其极限荷载 (1036kN) 仍较单独受荷时 (987kN) 有所提高。曲线 SC-Comp. 在超过极限荷载以后仍继续发展，而单独受荷的夹层混凝土模型则由于收敛性问题在超过极限荷载之后很快计算终止，说明外套钢管和内部 RC 柱的存在改善了夹层混凝土的延性。

外套钢管在单独受荷时，处于单轴受压应力状态，其极限荷载比作为组合加固柱的组成部分时要高，但其曲线下降段更为陡峭。图 4.45 展示了两种情况下钢管的最终破坏形态。对比可知，内部混凝土的存在避免了外套钢管的局部屈曲问题，从而较大程度地改善了其延性。

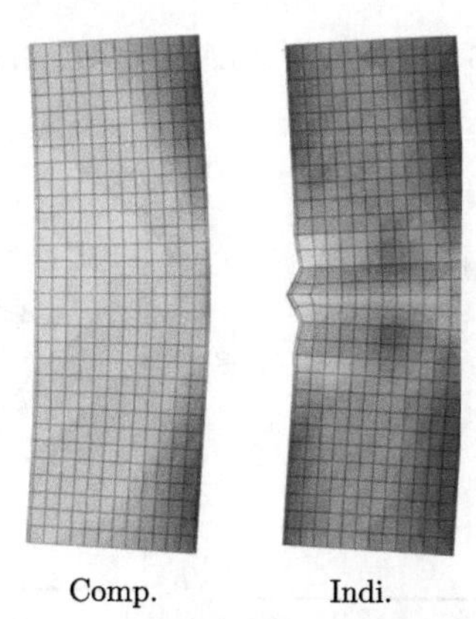

图 4.45 钢管最终破坏形态的对比

4.7 承载力计算

参数分析结果表明，外套钢管夹层混凝土加固 RC 柱的 N/N_u-M/M_u 相关曲线与普通钢管混凝土压弯柱类似，如图 4.46 所示。组合加固柱的 N/N_u-M/M_u 相关曲线都存在一个拐点 A，拐点 A 的横坐标 (ζ_0) 和纵坐标 (η_0) 分别与钢管壁厚、钢管屈服强度、加固截面尺寸和夹层混凝土强度有关。为合理地建立外套钢管夹层混凝土加固 RC 柱的 N/N_u-M/M_u 相关性方程，这里进行了大量的理论计算工作。参数分析结果表明，拐点 A 的横、纵坐标ζ_0 和η_0 可近似表示为约束效应系数ξ 的函数。经大量数值分析计算，可拟合出外套钢管截面形状分别为圆形和矩形时ζ_0、η_0 与ξ 之间的关系，如图 4.47 和图 4.48 所示。

组合加固柱的 N/N_u-M/M_u 相关曲线上拐点 $(\zeta_0，\eta_0)$ 的表达式如下：

(1) 当外套钢管截面形状为圆形时，

$$\zeta_0 = 0.24\xi^{-0.89} + 1 \tag{4.6a}$$

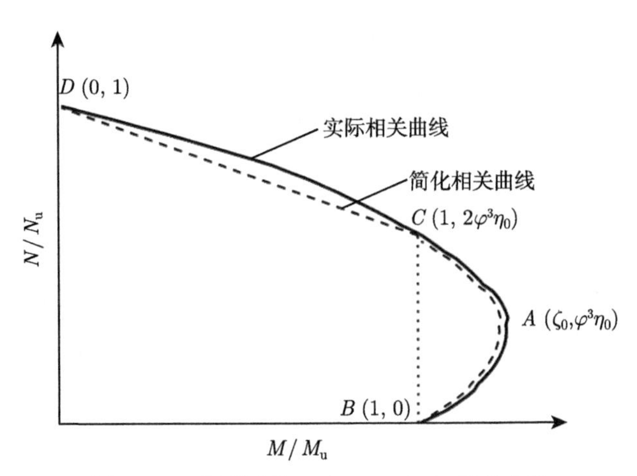

图 4.46　典型试件 $N/N_{\rm u}$-$M/M_{\rm u}$ 相关曲线

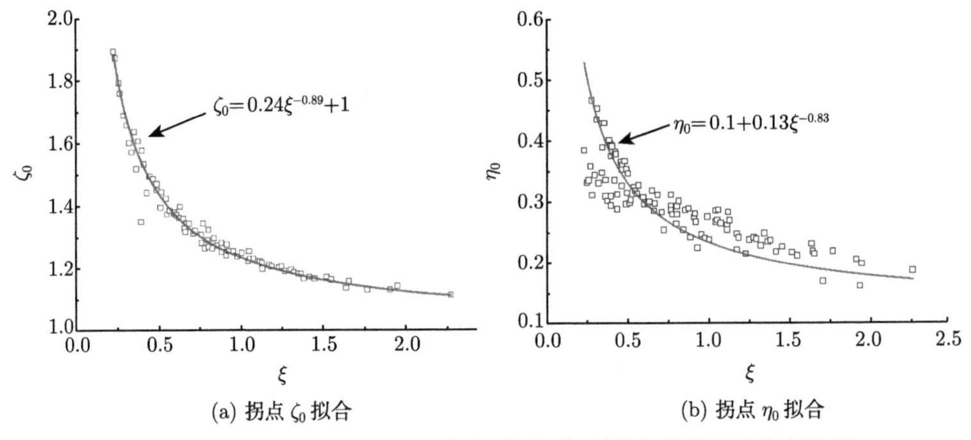

图 4.47　拐点 $(\zeta_0，\eta_0)$ 与套箍系数ξ 的关系 (外套钢管截面形状为圆形)

$$\eta_0 = 0.1 + 0.13\xi^{-0.83} \tag{4.6b}$$

(2) 当外套钢管截面形状为矩形时，

$$\zeta_0 = 0.23\xi^{-0.92} + 1 \tag{4.7a}$$

$$\eta_0 = 0.1 + 0.10\xi^{-0.80} \tag{4.7b}$$

图 4.46 表明，组合加固柱 $N/N_{\rm u}$-$M/M_{\rm u}$ 相关曲线可简化成一段直线与一段抛物线的组合，简化公式如下：

当 $N/N_{\rm u} \geqslant 2\eta_0$ 时，

$$\frac{N}{N_{\rm u}} + \frac{(1-2\eta_0)\beta_{\rm m}M}{M_{\rm u}} \leqslant 1 \tag{4.8a}$$

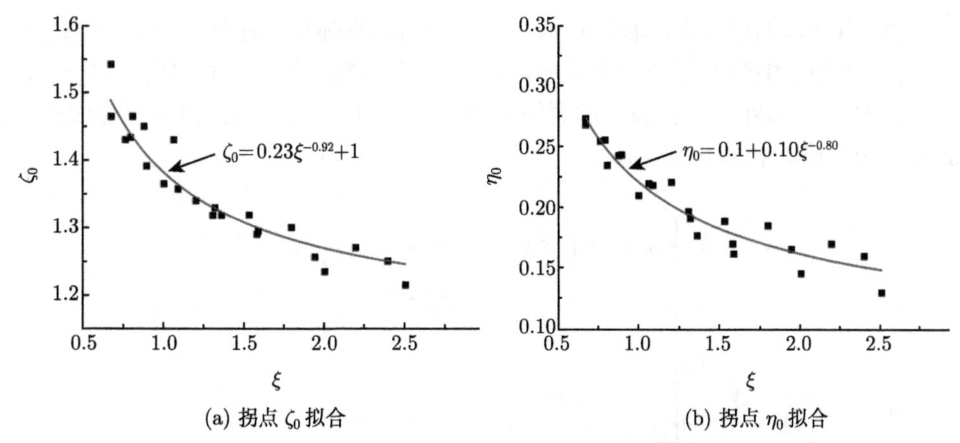

(a) 拐点 ζ_0 拟合　(b) 拐点 η_0 拟合

图 4.48　拐点 (ζ_0，η_0) 与套箍系数ξ 的关系 (外套钢管截面形状为矩形)

当 $N/N_{\mathrm{u}} < 2\eta_0$ 时，

$$-\frac{1-\zeta_0}{\eta_0^2}\left(\frac{N}{N_{\mathrm{u}}}\right)^2-\frac{2(\zeta_0-1)}{\eta_0}\left(\frac{N}{N_{\mathrm{u}}}\right)+\left(\frac{\beta_{\mathrm{m}}M}{M_{\mathrm{u}}}\right)\leqslant 1 \tag{4.8b}$$

式中，N、M 分别为组合加固柱的轴心压力设计值和弯矩设计值；N_{u} 为组合加固柱的轴心受压承载力，由公式 (2.105)~ 公式 (2.111) 确定；M_{u} 为组合加固柱的受弯承载力；β_{m} 为等效弯矩系数，按现行国家标准《钢结构设计标准》GB 50017—2017 规定取值。

对于组合加固柱的受弯承载力 (M_{u})，由于组合加固柱中钢筋截面面积占比很小，且可能存在锈蚀退化的问题，所以在计算 M_{u} 时未考虑原 RC 柱中钢筋的影响，依然等效于普通钢管混凝土柱。利用纤维模型法对不同钢材屈服强度、夹层混凝土强度、加固截面尺寸及钢管壁厚的组合加固柱 M_{u} 进行计算，计算结果表明，M_{u} 与截面抗弯模量 (W_{sc})、套箍系数ξ 及组合加固柱的抗压强度设计值 f_{sc}(由公式 (2.110) 计算) 有关。在弯矩作用下，组合加固柱截面塑性发展系数$\gamma_{\mathrm{m}} = M_{\mathrm{u}}/(W_{\mathrm{sc}}\cdot f_{\mathrm{sc}})$ 与ξ 有关，如图 4.49 所示，组合加固柱截面塑性发展系数γ_{m} 的表达式如下：

$$\gamma_{\mathrm{m}} = 1.224 + 0.439\ln(\xi + 0.1) \tag{4.9}$$

组合加固柱的受弯承载力计算公式为

$$M_{\mathrm{u}} = \gamma_{\mathrm{m}} W_{\mathrm{sc}} f_{\mathrm{scy}} \tag{4.10}$$

W_{sc} 的计算方法如下：

(1) 当外套钢管截面形状为圆形时，$W_{\mathrm{sc}} = \pi D^3/32$；

(2) 当外套钢管截面形状为矩形，组合加固柱绕强轴弯曲时，$W_{sc}=b_a h_a^2/6$；

(3) 当外套钢管截面形状为矩形，组合加固柱绕弱轴弯曲时，$W_{sc}=b_a^2 h_a/6$。

式中，D 为外套钢管圆形截面的外径 (mm)；b_a、h_a 分别为外套钢管矩形截面的短边长度、长边长度 (mm)。

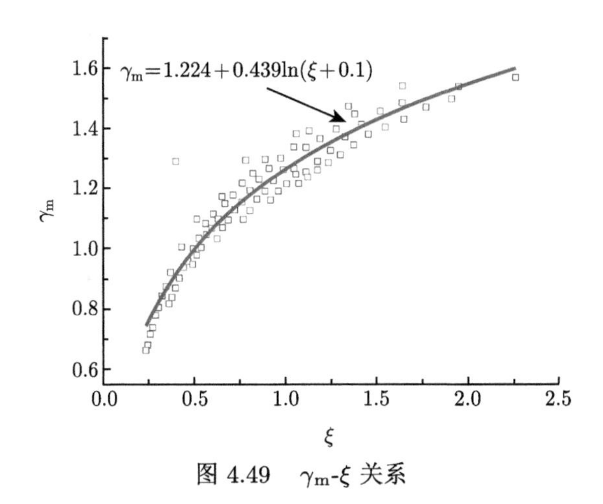

图 4.49 γ_m-ξ 关系

考虑长细比的影响，组合加固柱的 N/N_u-M/M_u 相关方程如下：

当 $N/N_u \geqslant 2\varphi^3\eta_0$ 时，

$$\frac{N}{\varphi N_u}+\left(\frac{1-2\varphi^2\eta_0}{1-\varphi_m N/1.1N_E}\right)\frac{\beta_m M}{M_u}\leqslant 1 \tag{4.11a}$$

当 $N/N_u < 2\varphi^3\eta_0$ 时，

$$-\frac{1-\zeta_0}{\varphi^3\eta_0^2}\left(\frac{N}{N_u}\right)^2-\frac{2(\zeta_0-1)}{\eta_0}\left(\frac{N}{N_u}\right)+\frac{1}{1-\varphi_m N/1.1N_E}\left(\frac{\beta_m M}{M_u}\right)\leqslant 1 \tag{4.11b}$$

式中，φ_m 为附加挠度影响系数，当外套钢管截面形状为圆形时，取 0.4，当外套钢管截面形状为矩形时，取 0.25；$N_E=\pi^2 E_{sc}A/\lambda_{sc}^2$ 为欧拉临界力，其中，E_{sc} 是加固柱组合弹性模量，$E_{sc}=1.3k_E f_{scy}$，k_E 为加固柱组合弹性模量换算系数，可按表 4.7 确定 [151]。

表 4.7 加固柱组合弹性模量换算系数 k_E 值

外套钢管	Q235		Q355		Q390		Q420	
厚度/mm	⩽ 16	16～40	⩽ 16	16～40	⩽ 16	16～40	⩽ 16	16～40
k_E	889.7	918.1	673.9	686.1	635.9	646.1	608.4	626.3

图 4.50 为偏压承载力计算结果 (N_u) 和收集到的试验结果 (N_e) 的对比情况。计算结果表明，两者比值的平均值为 0.842，均方差为 0.078，计算结果偏于安全。

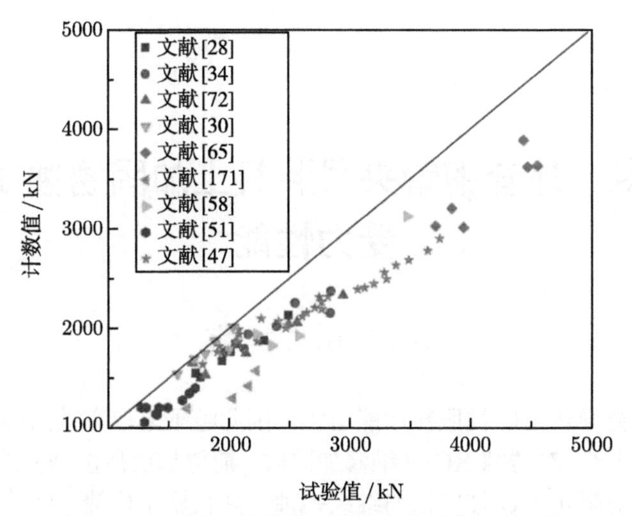

图 4.50 组合加固柱偏压承载力计算值与试验值

4.8 本章小结

(1) 未加固 RC 柱、增大截面加固柱在偏心受压状态下均为混凝土材料破坏，试件破坏时纵向变形和侧向挠度值都不大；外套钢管夹层混凝土加固 RC 柱破坏时具有较大的挠曲变形，外套钢管弯曲内侧皱曲较为明显，为典型的弯曲破坏。

(2) 未加固 RC 柱、增大截面加固柱在极限荷载后迅速破坏，荷载–纵向变形曲线及荷载–跨中挠度曲线基本无下降段，试件变形能力较差。外套钢管夹层混凝土加固 RC 柱在极限荷载后，纵向变形持续增加，其承载能力下降较为缓慢，荷载–纵向变形曲线及荷载–跨中挠度曲线均有较长的缓慢下降段，试件变形能力良好，具有良好的后期承载能力。

(3) 增大截面加固柱与组合加固柱均能较大程度地提高 RC 柱的偏压承载力，在加固用钢量基本相同的情况下，组合加固柱的承载力高于增大截面加固柱。偏心距对组合加固柱受力性能影响较为显著，偏心距越大，则组合加固柱的承载力越小，且荷载–纵向变形曲线及荷载–跨中挠度曲线下降段越陡峭；组合加固柱的承载力随着外套钢管径 (宽) 厚比的减小而提高，荷载–纵向变形曲线及荷载–跨中挠度曲线下降段较平缓，后期承载能力较好。

(4) 采用纤维模型法和有限元法对组合加固柱的偏压性能进行模拟，模型可以较好地描述组合加固柱在偏心受压下的力学性能。根据试验研究、数值计算和理论分析，提出了组合加固柱的压弯承载力计算公式，计算结果与试验结果吻合较好。

第 5 章　外套钢管夹层混凝土加固锈蚀 RC 柱受力性能

5.1　引　　言

钢筋锈蚀会导致 RC 柱服役性能退化，因此亟须采取有效措施对其进行加固修复处理 [152–158]。对锈蚀 RC 柱维修加固时，期望加固后能恢复或提升锈蚀 RC 柱受力性能，能阻止 RC 柱中钢筋继续锈蚀，并且施工快捷、经济适用、可靠性高等。采用外套钢管夹层混凝土加固技术对锈蚀 RC 柱进行加固，可以使其形成新型组合结构柱，有效提升锈蚀 RC 柱受力性能；外套钢管能有效阻止水分和氧气的进入，阻止内部钢筋继续锈蚀；外套钢管可根据使用环境进行防锈处理，防锈失效后易于再次进行防锈处理；外套钢管可作为后浇混凝土的模板，简化了施工工序，方便快捷，并充分发挥了钢管与混凝土材料特性。外套钢管夹层混凝土加固技术应用于锈蚀 RC 柱加固具有广阔的应用前景。

本章对外套钢管夹层混凝土加固锈蚀 RC 柱轴压和偏压性能进行研究，分析钢筋锈蚀率、夹层混凝土强度、外套钢管径厚比、外套钢管锈蚀率等参数对其加固效果的影响；研究组合加固柱各部分在加载过程中的受力机理和相互作用关系，揭示不同锈蚀程度的钢管应力–应变关系、弹性模量、伸长率、抗拉强度等退化规律，建立不同锈蚀率钢管性能特征参数的概率模型，采用蒙特卡罗方法计算组合加固柱在不同服役时间下的可靠度指标，分析考虑抗力退化的组合加固柱可靠度指标衰减规律。

5.2　外套钢管夹层混凝土加固锈蚀 RC 圆柱轴压性能试验研究

5.2.1　试验概述

试验设计制作了 22 个试件，包括 8 个未加固的锈蚀 RC 柱、14 个外套圆钢管夹层混凝土加固锈蚀 RC 柱，试件细节见表 5.1。锈蚀 RC 柱为圆形截面，直径为 150mm，高为 657mm，配置 6 根直径为 12mm 的 HRB335 钢筋，箍筋采用直径 6mm 的 HPB235 光圆钢筋，钢材的物理力学性能见表 5.2，箍筋间距为

150mm，柱端加密间距为 90mm，混凝土立方体抗压强度为 31.52MPa，保护层厚度为 20mm，纵向钢筋的理论锈蚀率分别为 3%、6%、10%、15%、20%和 25%。外套钢管的外径 D 均为 219mm，高度为 657mm。外套钢管厚度考虑 2mm、3mm 和 4mm，实测外套钢管的物理力学性能见表 5.2，夹层混凝土强度等级考虑 C30、C40 和 C50，采用自密实混凝土，实测 28 天立方体抗压强度分别为 36.63MPa、44.87MPa 和 54.69MPa。加载装置及测点布置见 2.2.1 节。

表 5.1 试件设计参数

试件编号	$D\times(t)\times L$/mm	f_{cu1}/MPa	f_{cu2}/MPa	η_1	η_2
RC-0%	150×657	31.52	—	0%	0%
RC-0%	150×657	31.52	—	0%	0%
RC-3%	150×657	31.52	—	3%	3.81%
RC-6%	150×657	31.52	—	6%	5.49%
RC-10%	150×657	31.52	—	10%	8.04%
RC-15%	150×657	31.52	—	15%	12.69%
RC-20%	150×657	31.52	—	20%	15.19%
RC-25%	150×657	31.52	—	25%	20.60%
S3-C40-0	219×2.80×657	31.52	44.87	0%	0%
S3-C40-6%	219×2.80×657	31.52	44.87	6%	5.49%
S3-C40-10%	219×2.80×657	31.52	44.87	10%	8.04%
S3-C40-15%	219×2.80×657	31.52	44.87	15%	12.69%
S3-C40-20%	219×2.80×657	31.52	44.87	20%	15.19%
S3-C40-25%	219×2.80×657	31.52	44.87	25%	20.60%
S3-C30-10%	219×2.80×657	31.52	36.63	10%	8.04%
S3-C50-10%	219×2.80×657	31.52	54.69	10%	8.04%
S2-C40-10%	219×2.10×657	31.52	44.87	10%	8.04%
S4-C40-10%	219×3.80×657	31.52	44.87	10%	8.04%
S3-C30-15%	219×2.80×657	31.52	36.63	15%	12.69%
S3-C50-15%	219×2.80×657	31.52	54.69	15%	12.69%
S2-C40-15%	219×2.10×657	31.52	44.87	15%	12.69%
S4-C40-15%	219×3.80×657	31.52	44.87	15%	12.69%

注：η_1 和 η_2 分别表示理论锈蚀率和实际锈蚀率 (质量锈蚀率)。

表 5.2 钢材物理力学性能测试结果

钢材类型	厚度 (直径)/mm	f_y/MPa	f_u/MPa	延伸率/%
钢管	2.10	394	538	25.4
	2.80	355	482	27.6
	3.80	342	475	22.0
钢筋	6.00	310	356	25.0
	12.00	458	615	21.9

5.2.2　试验结果与分析

1. 破坏形态

对于锈蚀 RC 柱，随着钢筋锈蚀程度的不断增加，试件脆性特征愈加显著。由于锈蚀钢筋所承担的荷载减少，并且有一些锈胀损伤严重的混凝土较早退出工作，所以荷载主要由未开裂混凝土承担，因此在荷载较小时，锈蚀 RC 柱试件表面就会产生顺筋裂缝。随着荷载的进一步增加，混凝土裂缝数量不断增加，裂缝宽度和长度也不断发展，并与原锈胀裂缝汇合产生大面积混凝土剥落现象，典型的破坏形态如图 5.1(a) 所示。

(a) RC-15%

(b) S3-C50-10%

(c) S3-C50-15%

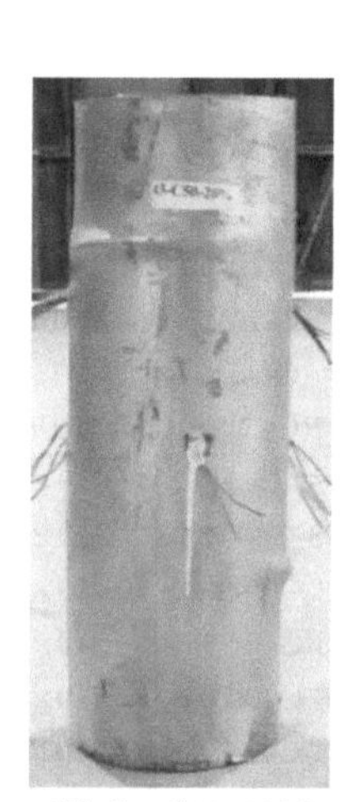

(d) S3-C50-20%

图 5.1　试件典型破坏形态

对于组合加固柱，典型的破坏形态如图 5.1(b)~(d) 所示，表现为轴向压缩变形严重，接近柱中位置钢管局部鼓曲。当荷载达到极限荷载的 70%~80%时，组合加固柱表面出现鼓胀，钢管外凸，凸起的位置多数集中于试件中部；继续加载至极限荷载，组合加固柱纵向压缩变形明显，同时钢管鼓曲变形加重；在极限荷载以后，组合加固柱所承担荷载开始下降，下降速度缓慢，直到加载结束，组合加固柱试件依然能够承担 70%极限荷载以上的荷载，这与锈蚀 RC 柱达到极限荷载后快速丧失承载能力完全不同，组合加固柱破坏时均表现出了良好的延性特征。少部分组合加固柱 (如试件 S3-C30-10%、试件 S3-C40-20%和试件 S2-C40-15%) 在 1/4 高度处出现 2 个局部鼓曲，切开钢管后发现内填混凝土被压碎。

2. 荷载–纵向变形曲线

纵筋锈蚀率对锈蚀 RC 柱荷载–纵向变形曲线的影响如图 5.2(a) 所示。在加载初期，RC 柱荷载–位移曲线均处于线性阶段，相比于未锈蚀 RC 柱，锈蚀

RC 柱的荷载–位移曲线的斜率更小，说明锈蚀后 RC 柱的轴压刚度降低。随着锈蚀率的增加，锈蚀 RC 柱达到极限荷载时对应的纵向变形呈减小趋势。锈蚀率为 20%的 RC 柱，与未锈蚀 RC 柱相比，其极限荷载时对应的纵向变形减少了 36.71%。这主要是锈胀裂缝的存在使得锈蚀 RC 柱在承受荷载时过早开裂。极限荷载以后，由于锈蚀钢筋力学性能的退化，锈蚀 RC 柱比未锈蚀 RC 柱的破坏更加迅速。

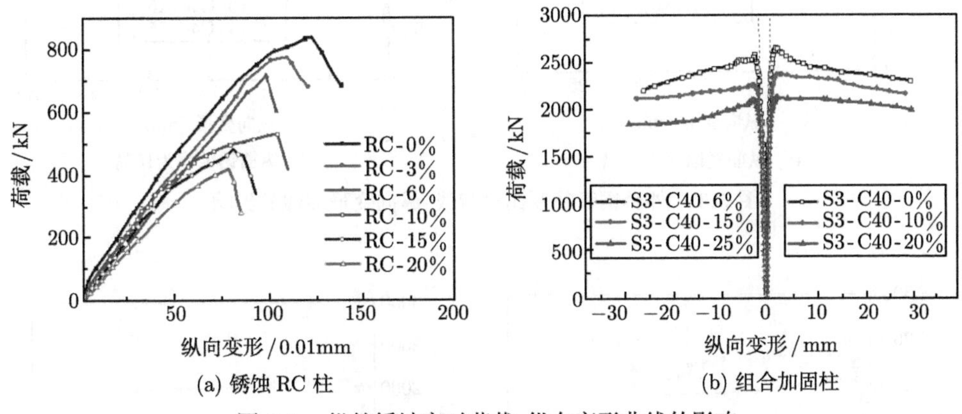

图 5.2　纵筋锈蚀率对荷载–纵向变形曲线的影响

纵筋锈蚀率对组合加固柱荷载–纵向变形曲线的影响如图 5.2(b) 所示。由图 5.2(b) 可以看出，组合加固柱的荷载–纵向变形曲线与锈蚀 RC 柱的一样，也可大致分为线弹性段、弹塑性段和极限荷载后下降段三个阶段。但组合加固柱的弹性段更长更陡，非线性段更加平滑，下降段也更加平缓，这说明外套钢管夹层混凝土加固法可以大幅度增加锈蚀 RC 柱的轴压刚度，并改善其延性。组合加固柱的弹性阶段一直持续到极限荷载的 80%，之后进入弹塑性阶段；极限荷载以后，组合加固柱的纵向变形仍能发展一定的程度，荷载下降较平缓。破坏时，试件 S3-C40-10%的纵向变形达到 27.6mm，远大于相同锈蚀率 RC 柱的 1.1mm，这表明加固后 RC 柱在钢管的约束下变形性能得到大幅提高。

外套钢管径厚比对组合加固柱荷载–纵向变形曲线的影响如图 5.3 所示。由图 5.3 可以看出，在弹性阶段，组合加固柱荷载–纵向变形曲线发展趋势基本相同，随着荷载不断增加，开始进入弹塑性阶段，曲线表现出非线性特征，达到极限荷载后，曲线下降平缓。外套钢管径厚比越小，则曲线下降段越平缓，组合加固柱延性越好。

夹层混凝土强度对组合加固柱荷载–纵向变形曲线的影响如图 5.4 所示。由图 5.4 可以看出，在弹性阶段，随着夹层混凝土强度的增加，组合加固柱的曲线斜率增大，相应的弹性段也变长。达到极限荷载后，曲线开始下降。随着夹层混

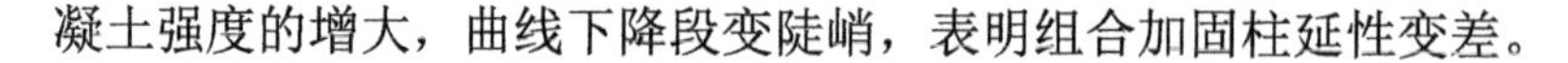
凝土强度的增大，曲线下降段变陡峭，表明组合加固柱延性变差。

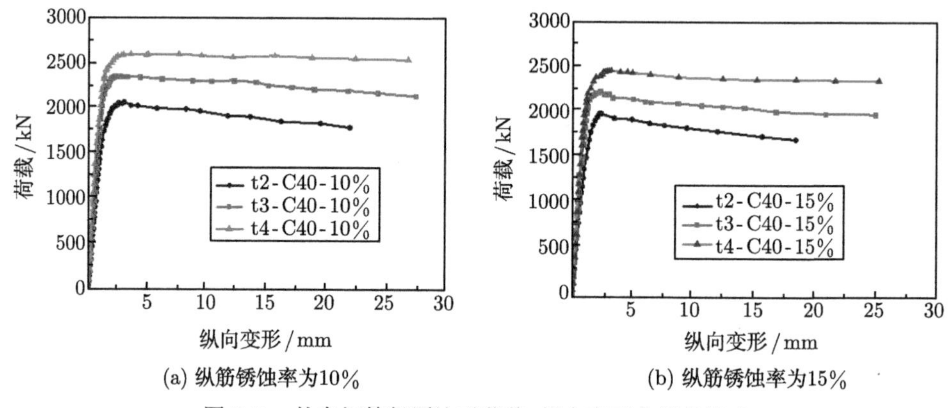

图 5.3　外套钢管径厚比对荷载–纵向变形曲线的影响

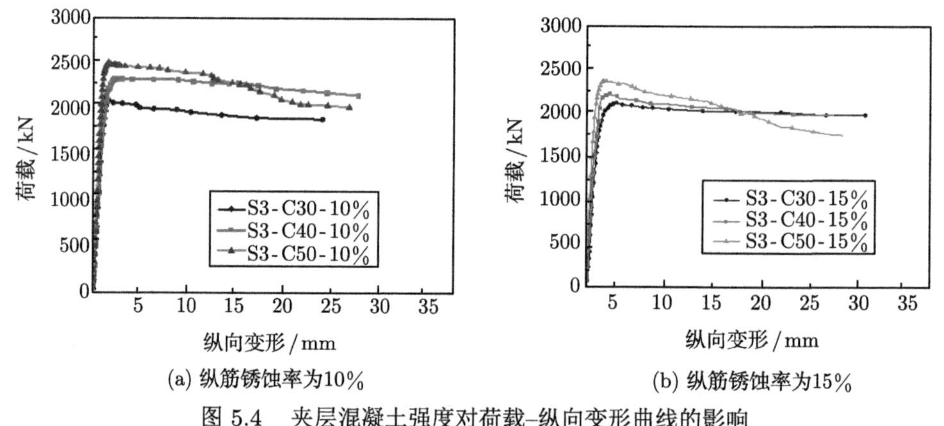

图 5.4　夹层混凝土强度对荷载–纵向变形曲线的影响

3. 荷载–应变曲线

纵筋锈蚀率对组合加固柱的相对荷载–应变曲线的影响如图 5.5 所示。图中横向拉应变为正，纵向压应变为负。由图 5.5 可以看出，在加载初期，钢管纵横向应变随荷载的变化呈线性增长，但纵向应变增幅大于横向应变；在弹塑性阶段和破坏阶段，应变增长速度加快，但此时横向应变的增幅比纵向应变的增幅更大。在弹性阶段，各组合加固柱试件的相对荷载–应变曲线基本重合，但随着荷载的增加，锈蚀程度越高的试件会越早偏离直线。锈蚀率低于 10%的组合加固柱，约在极限荷载的 80%时进入弹塑性阶段，锈蚀率大于 10%的组合加固柱，会更早进入弹塑性阶段。

图 5.6 给出了纵筋锈蚀率为 10%和 15%时不同径厚比组合加固柱的相对荷

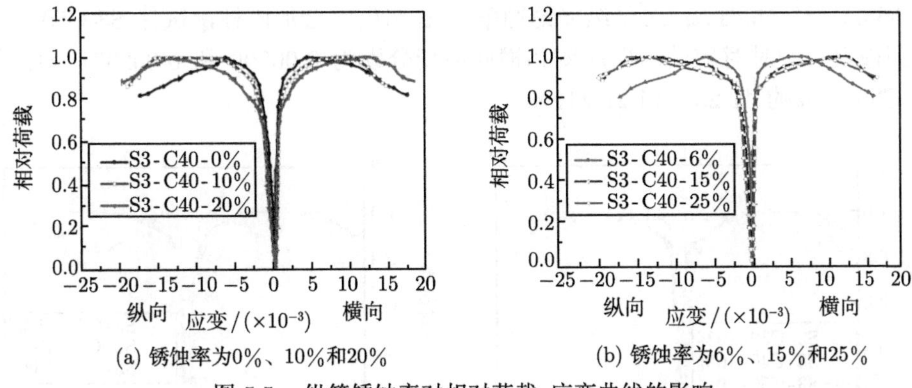

(a) 锈蚀率为0%、10%和20%

(b) 锈蚀率为6%、15%和25%

图 5.5 纵筋锈蚀率对相对荷载–应变曲线的影响

载–应变曲线。由图 5.6 可以看出，弹性阶段，各组合加固柱相对荷载–应变曲线的发展趋势基本相同，径厚比越大，其弹性阶段越短。对于试件 S2-C40-10%和试件 S2-C40-15%，大约在 0.5 倍极限荷载时开始偏离线性；对于试件 S4-C40-10%和试件 S4-C40-15%，大约在极限荷载的 90%时才开始偏离线性。达到极限荷载时，组合加固柱横、纵向应变相差不大。试件 S2-C40-10%、试件 S3-C40-10%和试件 S4-C40-10%极限荷载时的横向应变分别为 0.00847、0.00898 和 0.00965，对应的纵向应变分别为 0.01093、0.01116 和 0.01101。

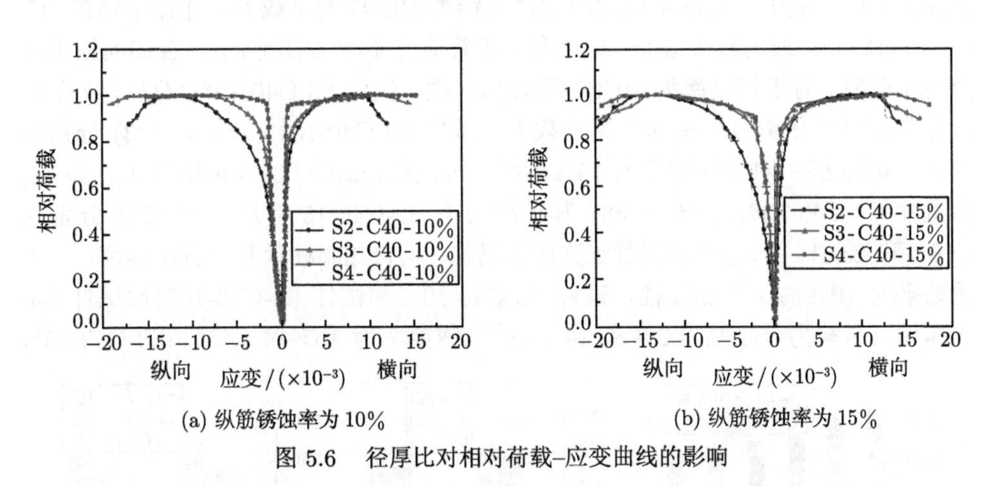

(a) 纵筋锈蚀率为 10%

(b) 纵筋锈蚀率为 15%

图 5.6 径厚比对相对荷载–应变曲线的影响

图 5.7 给出了纵筋锈蚀率为 10%和 15%时，不同夹层混凝土强度的组合加固柱的相对荷载–应变曲线。由图 5.7 可以看出，在加载初期，组合加固柱曲线发展基本重合，相差不大。夹层混凝土强度越高，其脆性越大，变形性能越差，极限荷载时的变形最小。对于纵筋锈蚀率为 10%的组合加固柱，试件 S3-C50-10%达到极限荷载时对应的纵向应变和横向应变分别为 0.00618 和 0.00639，为试件 S3-C30-10%

的 56.65%和 55.81%；对于纵筋锈蚀率为 15%的组合加固柱，试件 S3-C50-15%达到极限荷载时对应的纵向应变和横向应变分别为 0.00296 和 0.00234，为试件 S3-C30-10%的 41.23%和 27.241%。

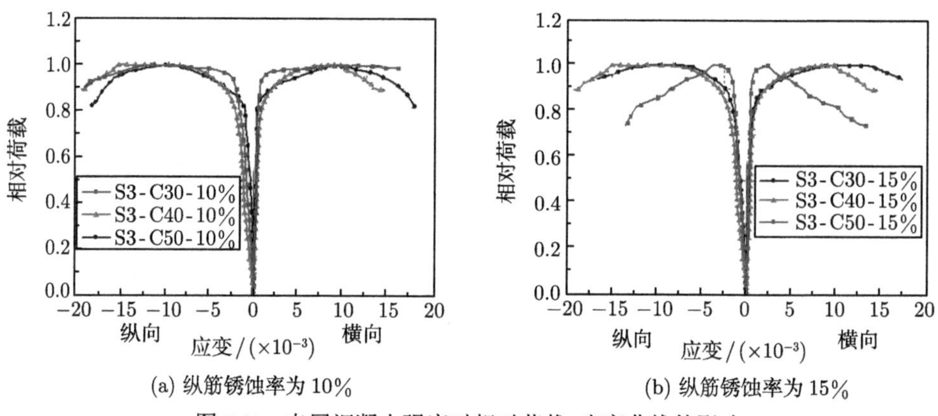

(a) 纵筋锈蚀率为 10%　　(b) 纵筋锈蚀率为 15%

图 5.7　夹层混凝土强度对相对荷载–应变曲线的影响

4. 承载力分析

组合加固柱与锈蚀 RC 柱的轴压承载力如图 5.8 所示。由图 5.8 可以看出，外套钢管夹层混凝土加固法可以大幅度提高锈蚀 RC 柱的承载力，相比于锈蚀 RC 柱，加固后其承载力提高 3.17~5.06 倍。随着钢管径厚比的减小，组合加固柱承载力逐渐提高，对于锈蚀率为 10%的组合加固柱，试件 S3-C40-10%($D/t=78$) 和试件 S4-C40-10%($D/t=58$) 其承载力比试件 S2-C40-10%($D/t=123$) 分别高 13.7%和 25.6%；对于锈蚀率为 15%的组合加固柱，试件 S3-C40-15%($D/t=78$) 和试件 S4-C40-15%($D/t=58$) 其承载力比 S2-C40-15%($D/t=123$) 分别高 12.0%和 23.4%；随着夹层混凝土强度的增加，组合加固柱承载力有所提高，对于锈蚀率为 10%的组合加固柱，试件 S3-C40-10%和试件 S3-C50-10%比试件 S3-C30-10%承载力分别高 4.2%和 14.7%；当锈蚀率为 15%时，试件 S3-C40-15%

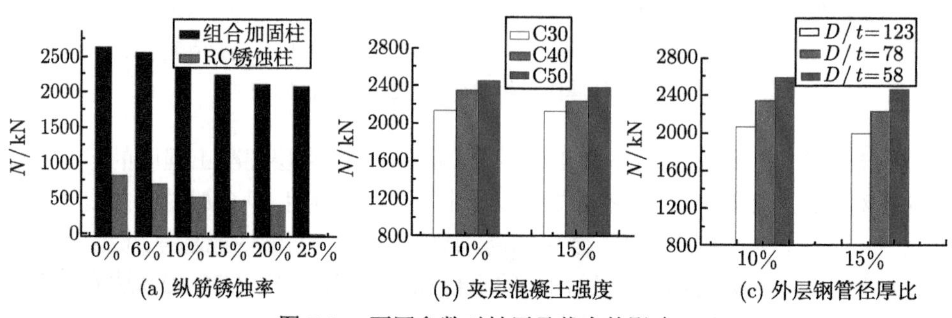

(a) 纵筋锈蚀率　　(b) 夹层混凝土强度　　(c) 外层钢管径厚比

图 5.8　不同参数对轴压承载力的影响

和试件 S3-C50-15%比试件 S3-C30-15%承载力分别高 5.1%和 12.0%。外套钢管夹层混凝土加固法能有效恢复并提高原锈蚀 RC 柱承载力，夹层混凝土强度越大，径厚比越小，则提高幅度越大。

5.3 外套钢管夹层混凝土加固锈蚀 RC 圆柱偏压性能试验研究

5.3.1 试验概述

试验设计制作了 23 个试件，包括 10 个未加固的锈蚀 RC 柱、13 个外套圆钢管夹层混凝土加固锈蚀 RC 柱，试件设计参数见表 5.3。试件截面形式、加固工艺和所使用材料性能参数与 5.2 节轴心受压试验中试件一致，研究参数包括钢筋锈蚀率、径厚比、夹层混凝土强度和偏心距，偏心距考虑 15mm、30mm 和 45mm。

表 5.3 试件设计参数

试件编号	$D\times(t)\times L$/mm	f_{cu1}/MPa	f_{cu2}/MPa	η_1	η_2	e/mm
RC-0%-e30	150×657	31.52	—	0%	0%	30
RC-0%-e30	150×657	31.52	—	0%	0%	30
RC-3%-e30	150×657	31.52	—	3%	3.81%	30
RC-6%-e30	150×657	31.52	—	6%	5.49%	30
RC-10%-e30	150×657	31.52	—	10%	8.04%	30
RC-15%-e30	150×657	31.52	—	15%	12.69%	30
RC-20%-e30	150×657	31.52	—	20%	15.19%	30
RC-25%-e30	150×657	31.52	—	25%	20.60%	30
RC-10%-e15	150×657	31.52	—	10%	8.04%	15
RC-10%-e45	150×657	31.52	—	10%	8.04%	45
S3-C40-10%-e0	219×2.80×657	31.52	44.87	10%	8.04%	0
S3-C40-10%-e15	219×2.80×657	31.52	44.87	10%	8.04%	15
S3-C40-10%-e30	219×2.80×657	31.52	44.87	10%	8.04%	30
S3-C40-10%-e45	219×2.80×657	31.52	44.87	10%	8.04%	45
S3-C30-10%-e30	219×2.80×657	31.52	36.63	10%	8.04%	30
S3-C50-10%-e30	219×2.80×657	31.52	54.69	10%	8.04%	30
S2-C40-10%-e30	219×2.10×657	31.52	44.87	10%	8.04%	30
S4-C40-10%-e30	219×3.80×657	31.52	44.87	10%	8.04%	30
S3-C40-0%-e30	219×2.80×657	31.52	44.87	0%	0.00%	30
S3-C40-6%-e30	219×2.80×657	31.52	44.87	6%	5.49%	30
S3-C40-15%-e30	219×2.80×657	31.52	44.87	15%	12.69%	30
S3-C40-20%-e30	219×2.80×657	31.52	44.87	20%	15.19%	30
S3-C40-25%-e30	219×2.80×657	31.52	44.87	25%	20.60%	30

试件两端放置 2 个刀口铰，模拟两端绞支座约束情况，通过调整刀口铰的位置实现不同偏心距的加载。沿柱中截面的四周均匀布置 4 个纵向应变片和 4 个横向应变片，测量组合加固柱钢管中截面四周纵横向应变。沿柱轴向对称布置 2 个

位移计，测量组合加固柱纵向变形。在组合加固柱试件的 1/4、1/2 和 3/4 高度位置处各设置一个位移计，测量组合加固柱的横向位移，试验装置及测点布置见 4.1 节。

5.3.2　试验结果与分析

1. *破坏形态*

对于锈蚀 RC 柱，其破坏形态如图 5.9(a) 所示，破坏时弯曲内表面出现较多贯穿全部柱长的裂缝，并且在裂缝的汇聚区域出现更大面积的混凝土剥离脱落现象。

(a) RC-20%-e30

(b) t3-C50-50%-e30

(c) t3-C50-10%-e15

(d) t4-C50-10%-e30

图 5.9　试件典型破坏形态

与锈蚀 RC 柱不同，组合加固柱在加载过程中表现出了良好的延性，其破坏形态如图 5.9(b)~(d) 所示，破坏时组合加固柱整体出现明显的弯曲变形，纵向也出现明显的压缩变形，且沿高度方向均出现了多个鼓曲，鼓曲多分布在四分点和二分点处。在加载初期，组合加固柱试件处于弹性阶段，外观基本无变化；当荷载达到极限荷载的 70%~80%时，受压侧钢管表面出现鼓胀。继续加载至极限荷载，侧向挠度持续发展，试件整体已出现明显的弯曲变形，受压侧钢管鼓曲严重。继续加载会发现试件弯曲内侧沿高度方向出现 1~2 个非常严重的鼓曲和褶皱，且 1/2 高度处挠度变形较大，弯曲变形明显。

2. *荷载–挠度曲线*

图 5.10 给出了锈蚀 RC 柱的荷载–跨中挠度曲线。由图 5.10(a) 可以看出，相同偏心距情况下，随着锈蚀率的增加，试件的荷载–跨中挠度曲线斜率下降，极限荷载呈降低趋势，这主要由于锈蚀后钢筋的有效截面面积会减小，同时也导

致保护层混凝土发生开裂从而更早地退出工作。从图 5.10(b) 中可以看出，相同锈蚀率情况下，随着偏心距的增大，试件荷载–跨中挠度曲线斜率下降，极限荷载逐渐降低，极限荷载对应的挠度呈增大趋势；对于偏心距为 45mm 的试件 RC-10%-e45，在荷载很小时就出现明显的挠度，并且发展迅速。而对于偏心距为 15mm 的试件 RC-10%-e15，在加载到极限荷载的约 50%之前，其挠度很小，并且发展很慢。

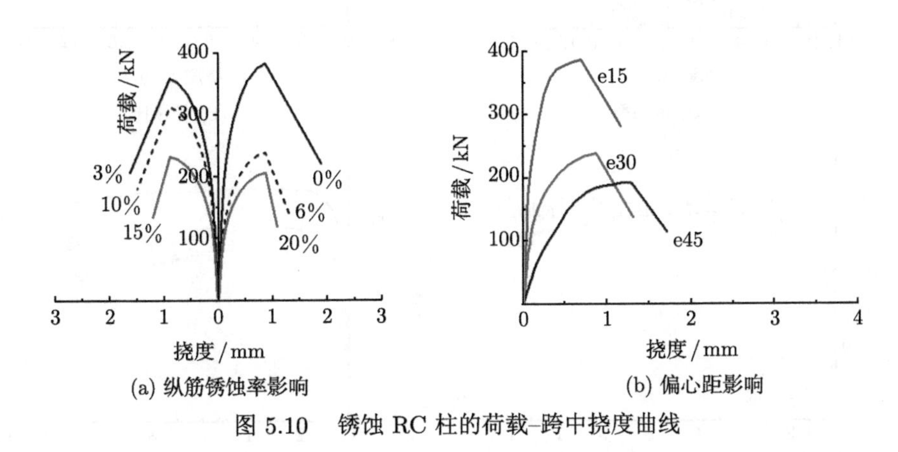

图 5.10 锈蚀 RC 柱的荷载–跨中挠度曲线

图 5.11 给出了组合加固柱的荷载–跨中挠度曲线。从图 5.11 可以看出，曲线大致可以分为弹性阶段、弹塑性阶段和极限荷载后曲线下降阶段。由图 5.11(a) 可知，组合加固柱的荷载–跨中挠度曲线的弹性阶段斜率更大，弹性阶段更长，且下降段更加平缓，由此说明外套钢管夹层混凝土加固法能有效提高锈蚀 RC 柱延性。破坏时，组合加固柱的跨中挠度超过 14mm，远大于未加固锈蚀 RC 柱的挠度 (平均值为 1.89mm)，这表明原锈蚀 RC 柱在钢管的约束下变形性能得到大幅提高。由图 5.11(b) 可知，径厚比越小，则组合加固柱的弹性阶段斜率越大，极限荷载后，组合加固柱荷载下降得越慢，表明减小钢管径厚比可以提高组合加固延性。由图 5.11(c) 可知，在弹性阶段，不同夹层混凝土强度的组合加固柱其刚度基本相同，夹层混凝土强度低的组合加固柱，其刚度略低。随着荷载的不断增加，加固试件的荷载–跨中挠度关系曲线开始呈现非线性，试件开始进入弹塑性阶段，夹层混凝土强度越高的试件，其弹性阶段越长，进入弹塑性阶段越晚。达到极限荷载以后，混凝土强度越低的试件其曲线下降段越平缓，说明其延性越好。

由图 5.11(d) 可以看出，在荷载较小时，偏心距越大，组合加固柱的跨中挠度发展越快，最早地进入弹塑性阶段。极限荷载以后，偏心距越大，其荷载–跨中挠度曲线下降越陡。这主要因为偏心距的存在导致组合加固柱截面纵向应力梯度分布，削弱了钢管对核心柱的约束。

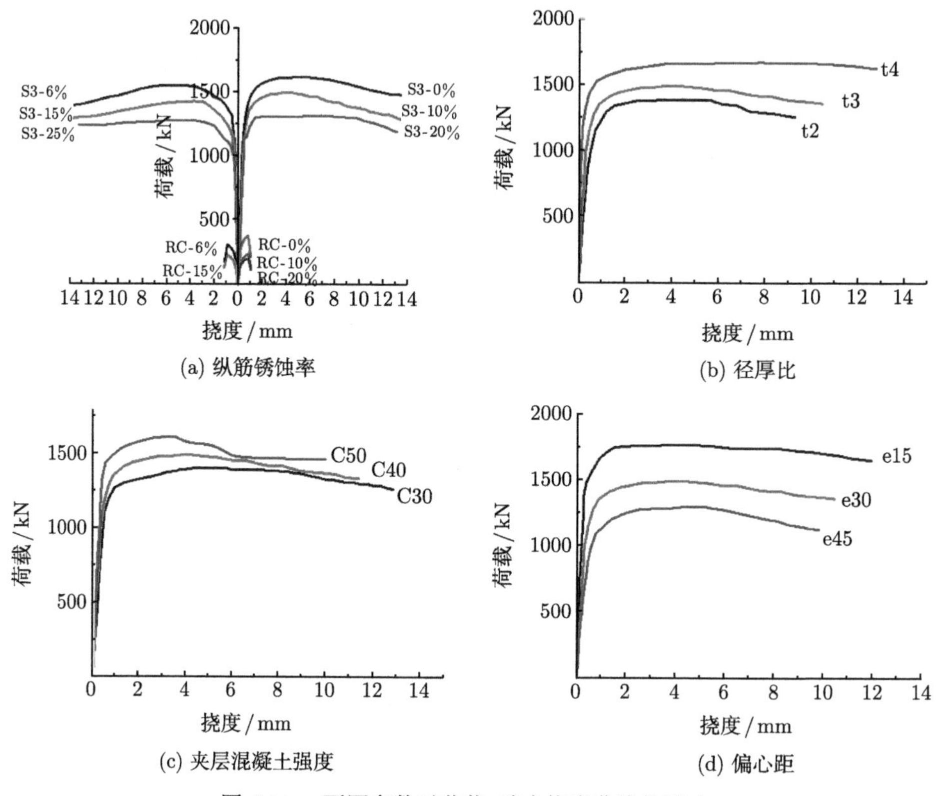

图 5.11　不同参数对荷载–跨中挠度曲线的影响

3. 荷载–应变曲线

各级荷载下组合加固柱中截面纵向应变沿截面高度的分布如图 5.12 所示，由图 5.12 可以看出，加载初期 (极限荷载的 15%前)，组合加固柱处于全截面受压状态，截面纵向应变基本沿柱高度呈线性分布。随着荷载的增加，截面各高度处应变均小幅增加，但整体一直保持沿高度线性分布，并一直保持到极限荷载之前，这表明组合加固柱在达到极限荷载之前大致符合平截面假定。极限荷载以后，组合加固柱弯曲内侧纵向压应变快速增加，而弯曲外侧纵向压应变则开始减小并转为受拉，不同高度处纵向应变的连线偏离直线出现拐点。此时，组合加固柱在屈曲处横截面无法再保持为平面。

图 5.13 给出了组合加固柱的相对荷载–横向变形系数曲线，其中横向变形系数为组合加固柱中部外表面横向应变与纵向应变的比值，图中实线表示弯曲内侧，即靠近施加力的一侧，虚线表示弯曲外侧，即远离施加力的一侧。由图 5.13 可以看出，在加载初期，组合加固柱受压侧横向变形系数为 0.20~0.30，与钢管的泊松比非常接近，但大于混凝土的泊松比，这表明在相同的纵向变形下，组合加固柱

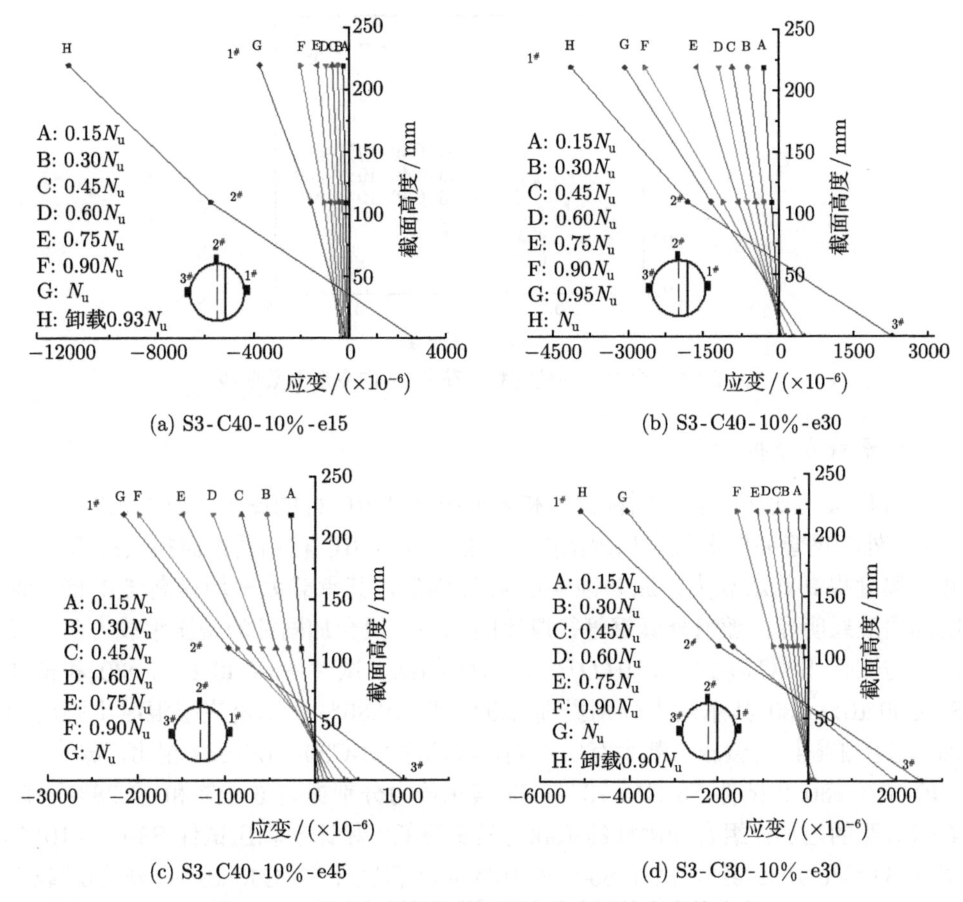

(a) S3-C40-10%-e15　(b) S3-C40-10%-e30

(c) S3-C40-10%-e45　(d) S3-C30-10%-e30

图 5.12 组合加固柱中截面纵向应变沿柱高度的分布

的横向变形与钢管相近并大于混凝土的横向变形，因此此时钢管与混凝土之间无相互作用。当荷载继续增加至极限荷载的 70%～80%时，组合加固柱的横向变形系数迅速增加，大于钢管自身的横向变形系数，这是由混凝土的膨胀变形所导致的，因为在这个阶段，钢管逐渐进入弹塑性阶段，钢管轴压刚度迅速下降，而混凝土的轴压刚度减小较慢，从而导致两者所承担荷载的重新调整，混凝土所承担荷载不断增加，混凝土应力不断加大，在高应力作用下，混凝土横向变形系数会提高，最终超过钢管的横向变形系数，从而使得内填混凝土膨胀产生的横向变形逐渐追赶上钢管的横向变形，使得钢管的横向变形超过由其自身纵向变形所引起的横向变形，此时，钢管与内填混凝土之间有相互作用，说明钢管对混凝土存在套箍约束力。由图 5.13 可知，这种约束力将一直持续到加载结束，从而使组合加固柱具备较好的延性。组合加固柱的弯曲外侧则表现出了完全不同的现象，其横向变形系数一直保持在 0.20～0.30，随着荷载的增加而未见明显改变。

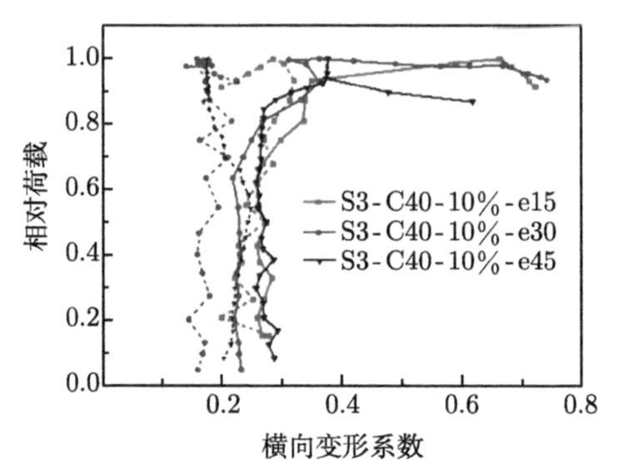

图 5.13　组合加固柱的相对荷载–横向变形系数曲线

4. 承载力分析

图 5.14 对比了组合加固柱试件和未加固锈蚀 RC 柱的偏压承载力。由图 5.14 可知：外套钢管夹层混凝土加固法能有效恢复锈蚀 RC 柱由锈蚀而损失的承载力，并大幅度提高其承载力，原锈蚀 RC 柱加固后，其承载力平均提高 5.3 倍，说明加固效果明显；随着外套钢管径厚比的减小，组合加固柱的偏压承载力明显提高；与试件 S2-C40-10%-e30 ($D/t = 123$) 相比，试件 S3-C40-10%-e30 和试件 S4-C40-10%-e30 其承载力分别提高 7.03%和 19.80%；随着夹层混凝土强度增加，组合加固柱的偏压承载力有所提高，与试件 S3-C30-10%-e30 相比，试件 S3-C40-10%-e30 和试件 S3-C50-10%-e30 其承载力分别提高 6.42%和 14.98%；随着偏心距的增加，组合加固柱的承载力显著降低，相比于轴压试件 S3-C40-10%，试件 S3-C40-10%-e15、试件 S3-C40-10%-e30 和试件 S3-C40-10%-e45 的承载力分别降低 19.94%、30.48%和 39.52%。

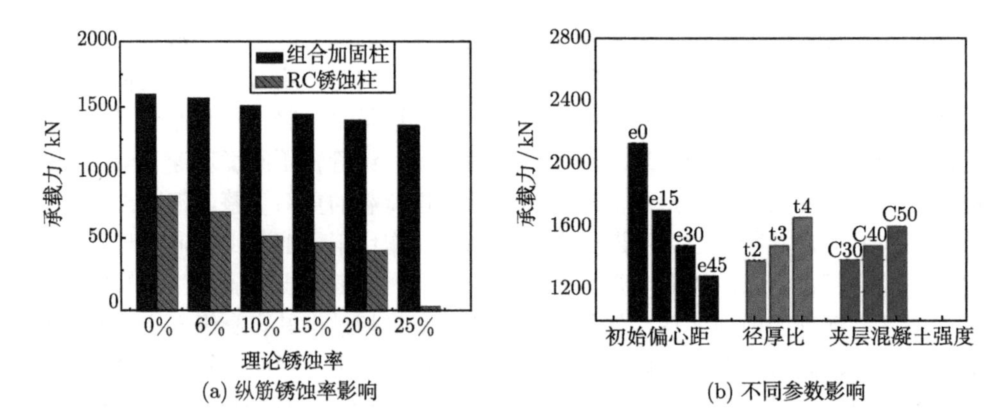

(a) 纵筋锈蚀率影响　　　　(b) 不同参数影响

图 5.14　组合加固柱的偏压承载力

5.4 氯盐环境下外套钢管夹层混凝土加固锈蚀 RC 柱耐久性研究

5.4.1 试验概述

耐久性试验分为两部分，一部分是对外套钢管外表面进行锈蚀试验，分析单面锈蚀外套钢管的力学性能退化规律；另外一部分是同时考虑外套钢管锈蚀和原 RC 柱锈蚀的组合加固柱轴压性能试验。

对于外套钢管的单面锈蚀试验，外套钢管采用外径 219mm 的 Q235 焊缝钢管，试件分组情况如下所述：① 3mm 壁厚钢管理论锈蚀率：5%、10%、15%、20%、25%。② 4mm 壁厚钢管理论锈蚀率：10%、15%。③ 2mm 壁厚钢管理论锈蚀率：10%、15%。三种壁厚的焊缝钢管的名义厚度分别为 2mm、3mm、4mm，实测厚度分别为 1.68mm、2.57mm、3.61mm。采用电化学通电加速锈蚀方法来对钢管进行锈蚀时，仅对钢管外表面进行锈蚀，采用质量锈蚀率来表征钢管的锈蚀程度。加速锈蚀试验装置如图 5.15 所示，通电锈蚀前，将钢管底端进行密封，采用海绵将钢管外壁全部包裹，再在外侧包裹一层不锈钢丝网，如图 5.15(a) 所示。将准备好的钢管放置于质量浓度为 5%的 NaCl 盐溶液中，盐溶液不溢过钢管顶部，钢管内壁不与盐溶液接触，始终保持干燥状态，从而使锈蚀只发生在钢管外壁。采用可调式稳压直流电源，电源正极与待锈蚀钢管相连，电源负极与钢管外围包裹的不锈钢丝网相连，通电装置如图 5.15(b) 所示，在达到各试件的预定目标锈蚀率后，停止通电。

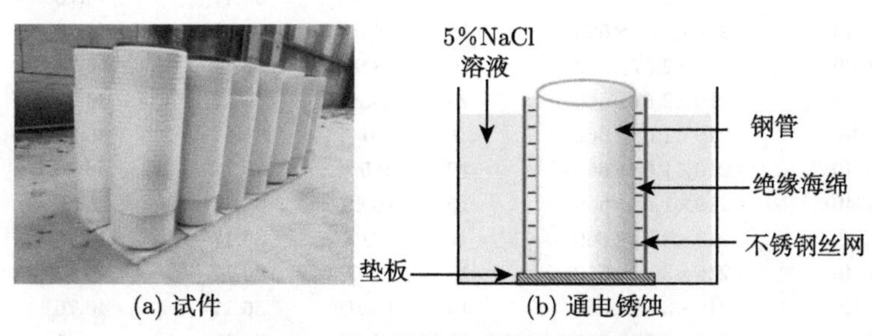

(a) 试件　　(b) 通电锈蚀

图 5.15　外套钢管加速锈蚀试验装置

按照设计尺寸切割获取标准拉伸试件，从每个锈蚀钢管试件上切割 8 个标准拉伸试件，共计切割 84 个拉伸试件。截取的标准拉伸试件内外表面锈蚀形貌对比如图 5.16 所示。由图 5.16 可以看出，试件外表面粗糙，锈蚀形态严重；而内表面依然保持未锈蚀前的光洁表面，几乎没有发生锈蚀。拉伸试验在 300kN 拉伸试验机上完成，采用位移控制加载，加载速度为 1mm/min。在试件安装标距为

100mm 的高精度位移计，荷载、应变和变形值由静态应变仪自动采集。

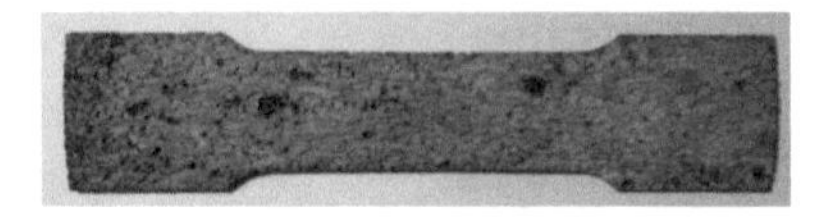

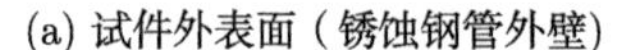

(a) 试件外表面（锈蚀钢管外壁）

(b) 试件内表面（锈蚀钢管内壁）

图 5.16　拉伸试件

对于同时考虑外套钢管锈蚀和原 RC 柱纵筋锈蚀的组合加固柱，共设计了 18 个钢管夹层混凝土加固锈蚀 RC 柱及 2 个未加固的锈蚀 RC 柱，试件设计见表 5.4。锈蚀 RC 柱的直径为 150mm，高度为 660mm，混凝土保护层厚度为 20mm，配置 6 根直径为 12mm 的钢筋 [56]，箍筋采用直径为 6mm 的光圆钢筋，箍筋间距为 120mm，柱端加密区间距为 80mm，钢筋的力学性能见表 5.5。采用电化学通电加速锈蚀方法对 RC 柱进行锈蚀，待达到理论锈蚀率为 15%时，停止通电，取出试件，采用外径为 219mm 的焊缝钢管对其进行加固，钢管壁厚考虑了 2mm、3mm、4mm，钢管锈蚀率考虑了 5%、10%、15%、20%、25%。考虑到外套钢管锈蚀率的准确测定，先对外套钢管进行锈蚀，然后采用锈蚀钢管对锈蚀 RC 柱进行加固。外套钢管内壁与锈蚀 RC 柱的间隙约为 35mm，间隙之间填充自密实混凝

表 5.4　试件设计参数

试件编号	$D \times t_0 \times L(d \times L)$/mm	η_0	η	f_{cu1}/MPa	f_{cu2}/MPa	ξ
t3-R0%-C40	219×2.57×660	0	0	36.17	46.76	0.5897
t3-R5%-C40	219×2.57×660	5	6.28	36.17	46.76	0.5897
t3-R10%-C40	219×2.57×660	10	9.51	36.17	46.76	0.5897
t3-R15%-C40	219×2.57×660	15	14.02	36.17	46.76	0.5897
t3-R20%-C40	219×2.57×660	20	18.96	36.17	46.76	0.5897
t3-R25%-C40	219×2.57×660	25	28.25	36.17	46.76	0.5897
t2-R0%-C40	219×1.68×660	0	0	36.17	46.76	0.4098
t2-R10%-C40	219×1.68×660	10	9.50	36.17	46.76	0.4098
t2-R15%-C40	219×1.68×660	15	16.49	36.17	46.76	0.4098
t4-R0%-C40	219×3.61×660	0	0	36.17	46.76	0.8708
t4-R10%-C40	219×3.61×660	10	9.91	36.17	46.76	0.8708
t4-R15%-C40	219×3.61×660	15	14.10	36.17	46.76	0.8708
t3-R10%-C30	219×2.57×660	10	10.11	36.17	40.41	0.5699
t3-R15%-C30	219×2.57×660	15	15.36	36.17	40.41	0.5699
t3-R20%-C30	219×2.57×660	20	15.64	36.17	40.41	0.5699
t3-R10%-C50	219×2.57×660	10	9.58	36.17	53.05	0.4713
t3-R15%-C50	219×2.57×660	15	18.62	36.17	53.05	0.4713
t3-R20%-C50	219×2.57×660	20	20.96	36.17	53.05	0.4713
RC-0%	150×660	—	—	36.17	—	—
RC-15%	150×660	—	—	36.17	—	—

注：η_0 和 η 分别表示外套钢管理论锈蚀率和实际锈蚀率；ξ 为未锈蚀组合加固柱套箍系数。

土，强度等级考虑 C30、C40 和 C50，组合加固柱的高度与 RC 柱相同。经实际测试，锈蚀 RC 柱混凝土的立方体抗压强度为 36.2MPa，组合加固柱的夹层混凝土强度分别为 40.6MPa、46.8MPa 和 53.1MPa，加载装置及测点布置见 2.2.1 节。

表 5.5　钢筋材料性能

直径/mm	f_y/MPa	f_u/MPa	伸长率 /%
12	475	658	25.1
6	367	412	23.4

5.4.2　锈蚀钢管的材料力学性能试验结果与分析

1. *破坏形态*

图 5.17 为不同锈蚀率的拉伸试件典型断口形貌。从图 5.17 中可以看出，试件破坏的断裂形态可分为劈裂断裂和水平断裂两种形式。对于锈蚀率较低 (低于 10%时) 的试件，断裂形态具有明显的颈缩现象和 45° 角的剪切裂痕，试件的破坏均发生在试件的中部。随着腐蚀程度的增加，缩颈现象逐渐消失，这意味着锈蚀拉伸试件的变形能力下降，破坏的断裂位置逐渐从试件中部位置向两端转移，断裂不再表现为 45° 角的剪切裂痕，而是水平向的断裂形态。不同钢管壁厚的拉伸试件，在同一锈蚀程度下，其破坏形态基本相似。

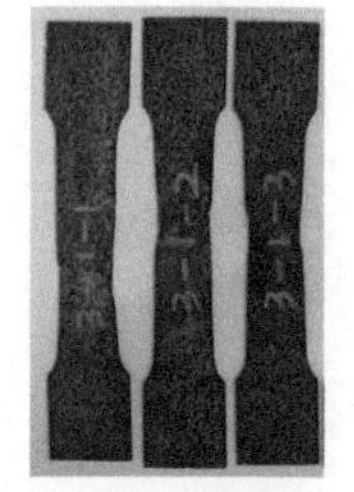
(a) 5%锈蚀率

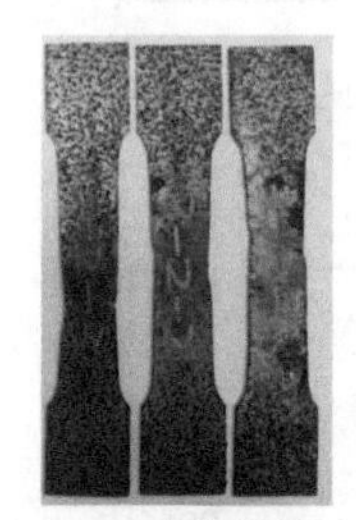
(b) 10%锈蚀率

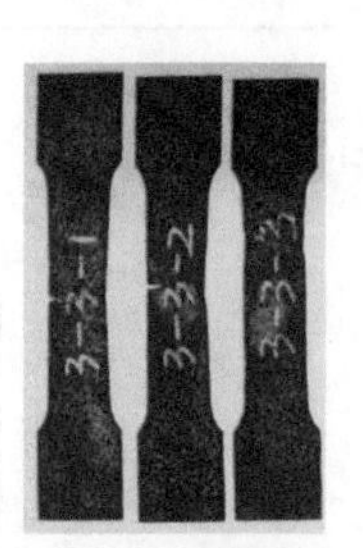
(c) 15%锈蚀率

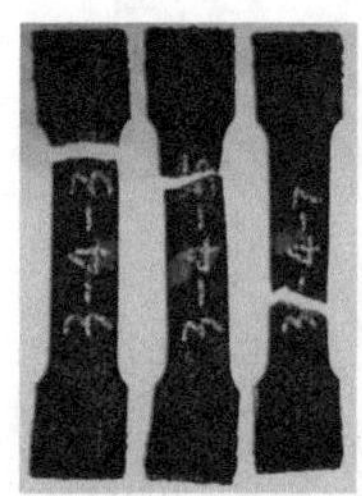
(d) 20%锈蚀率

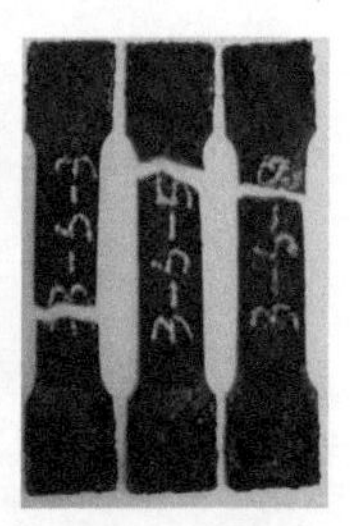
(e) 25%锈蚀率

图 5.17　壁厚为 3mm 的试件典型断口形貌

2. *应力–应变关系曲线*

将拉伸试验数据得到的荷载值换算成应力值，对于不同锈蚀程度的拉伸试件，其横截面积随着锈蚀率的增加不断减小。从钢管上截取的纵向拉伸试件，其横截面积不是一个矩形截面，而是有一定弧度的环形截面。计算从大直径管上切取纵向拉伸试样时，当 $D/b_0 \leqslant 6$ 时，其横截面积应按如下计算公式确定 [159]：

$$A_c = \left[\frac{b_0}{4} \times \sqrt{D^2 - b_0^2}\right] + \left[\left(\frac{D^2}{4}\right) \times \arcsin\left(\frac{b_0}{D}\right)\right] - \left[\frac{b_0}{4} \times \sqrt{(D-2t)^2 - b_0^2}\right]$$

$$-\left[\left(\frac{D-2t}{2}\right)^2\times\arcsin\left(\frac{b_0}{D-2t}\right)\right] \tag{5.1}$$

式中，A_c 为标准拉伸试件横截面积；b_0 为缩减平行部分上试样的宽度；D 为钢管的外径；t 为钢管的真实壁厚；反正弦函数值为弧度 (值)。

根据式 (5.1) 计算得到有弧度的拉伸试件的横截面积，图 5.18 给出了不同锈蚀率的拉伸试件典型应力–应变关系曲线。从图 5.18 中可以看出，当锈蚀率小于 10%时，拉伸试件的应力–应变关系曲线与未锈蚀试件相似，可分为 4 个阶段：弹性阶段、屈服阶段、强化阶段和缩颈阶段。与未锈蚀试件相比，锈蚀率较小的试件其屈服强度、极限强度、屈服平台和最大应变略有减小。当锈蚀率超过 10%时，屈服平台逐渐不明显，甚至完全消失，极限强度和最大应变降低严重；缩颈阶段，随着锈蚀率的增大，缩颈阶段应力–应变关系曲线呈下降趋势，锈蚀越严重则应力衰减得越快，表明试件的延性越来越差。这说明锈蚀率超过 10%的锈蚀钢管其后期变形能力较差，当锈蚀率达到一定程度时，锈蚀钢管的力学性能将严重劣化，这里将此锈蚀率定义为临界锈蚀率η_{cr}。当锈蚀率超过临界锈蚀率η_{cr} 时，钢材的应力–应变关系曲线没有屈服平台。根据图 5.18 及结果分析，取 η_{cr}=10%[160]。

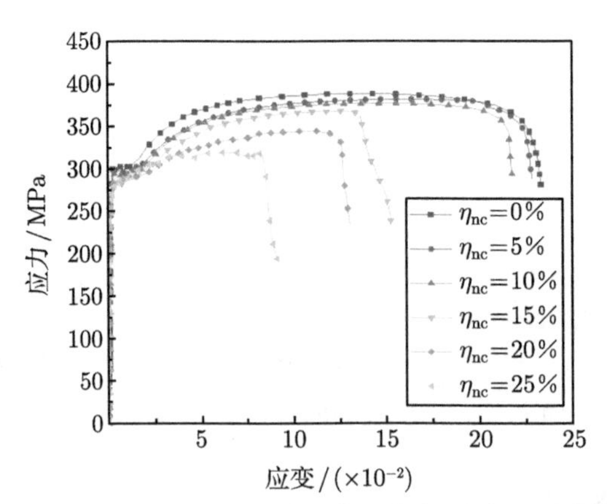

图 5.18　不同锈蚀率试件的典型应力–应变关系曲线

3. 锈蚀钢管的力学性能指标

锈蚀率对拉伸试件弹性模量的影响规律如图 5.19 所示。从图 5.19 中可以看出，随着腐蚀程度的增加，弹性模量略有降低，其标准差有增大的趋势。在理论锈蚀率为 25%时，试件的弹性模量均值仅减小 7.76%，与未锈蚀拉伸试件相比，锈蚀对钢管弹性模量影响很小。

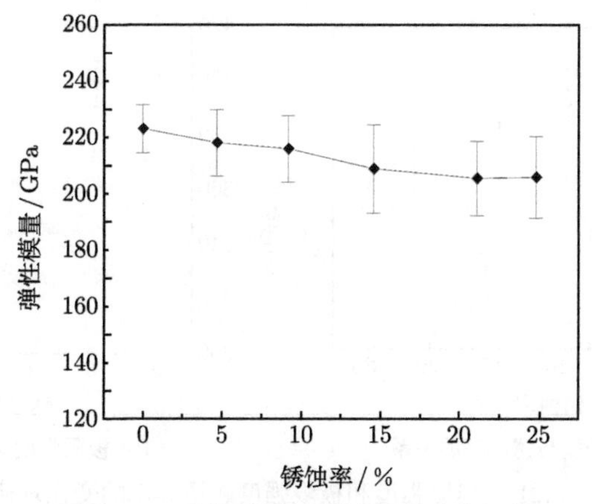

图 5.19 弹性模量随锈蚀率的变化规律

锈蚀率对拉伸试件伸长率的影响规律如图 5.20 所示。从图 5.20 中可以看出，锈蚀对试件的伸长率有显著影响，并且随着锈蚀率的增加，伸长率的标准差有增大趋势。锈蚀率在 0%~10%的范围内，试件的伸长率降低不超过 3%，且各试件的伸长率均保持在 20%以上，此时锈蚀作用对试件的伸长率影响较小。当腐蚀率超过 15%后，伸长率呈现出显著降低趋势，当锈蚀率为 15%、20%和 25%时，试件的伸长率分别降低了 35.48%、43.03%和 57.29%。

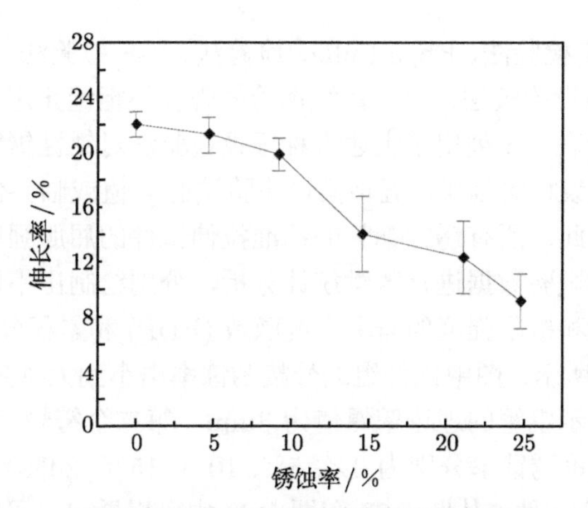

图 5.20 伸长率随锈蚀率的变化规律

锈蚀率对拉伸试件屈服强度和极限强度的影响规律如图 5.21 所示。由图 5.21(a) 和 (b) 可以看出，随着锈蚀率的增加，锈蚀钢管的屈服强度和极限强度均值呈降低趋势，两者的标准差增长趋势越来越快。

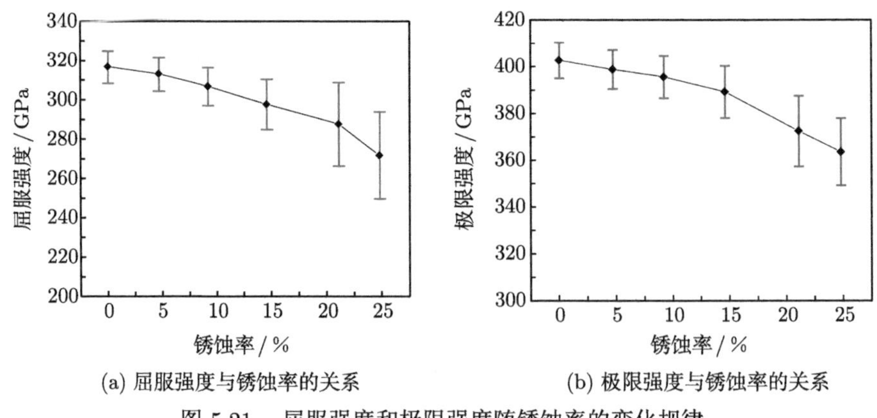

(a) 屈服强度与锈蚀率的关系 (b) 极限强度与锈蚀率的关系

图 5.21 屈服强度和极限强度随锈蚀率的变化规律

4. 锈蚀钢管强度的概率统计分析

对于某一特定锈蚀率下的多个试件，材料强度分布在某一范围内，如果确定了在特定锈蚀率下这些数据的分布模型以及模型的统计参数随锈蚀率的变化规律，就可以确定锈蚀钢管强度退化的概率模型，从而为锈蚀钢管混凝土加固柱的时变可靠性评估奠定基础。对锈蚀钢管的强度试验数据概率分布类型进行假设检验，然后确定其概率分布函数，并按概率分布的 0.05 分位值确定不同锈蚀率下锈蚀钢管的强度标准值。最后通过回归分析拟合出锈蚀钢管强度随锈蚀率变化的退化模型。

这里采用 S-W 检验法、Epps-Pulley 检验法、K-S 检验法、Lilliefer 检验法和 A-D 检验法五种假设检验法，验证锈蚀钢管的强度不拒绝正态分布，检验的显著性水平取为 0.05。表 5.6 列出了上述五种假设检验法对锈蚀钢管屈服强度和极限强度概率分布的假设检验结果，五种假设检验法的 p 值或临界值都明显大于 0.05 的显著性水平。因此，所有锈蚀钢管的标准拉伸试件的屈服强度和极限强度均不拒绝正态分布。对试验数据进行数学统计分析，分别绘制出不同锈蚀率下每组拉伸试件的屈服强度和极限强度的概率密度函数 (PDF) 和累积分布函数 (CDF)，如图 5.22 和图 5.23 所示，图中试件组编号按锈蚀率由小到大排列，标记为 3-X-Y，其中第一个数字表示钢管的理论壁厚值为 3mm，第二个符号 X 表示钢管理论锈蚀率，0~5 表示理论锈蚀率分别为 0%、5%、10%、15%、20%、25%; Y 表示第 X 锈蚀率组的第 Y 个试件。从图 5.22 和图 5.23 中可以看出，屈服强度和极限强度的 PDF 图和 CDF 图变化规律相似，随着锈蚀率的增加，屈服强度和极限强度的峰值向坐标轴左下角移动，分布形状变得更加平坦；随着锈蚀率的增加，屈服强度和极限强度均值降低，标准差增大。

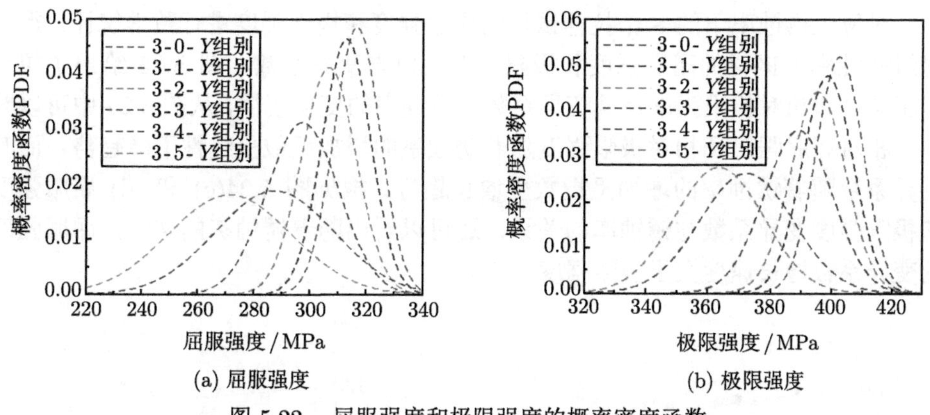

(a) 屈服强度 (b) 极限强度

图 5.22 屈服强度和极限强度的概率密度函数

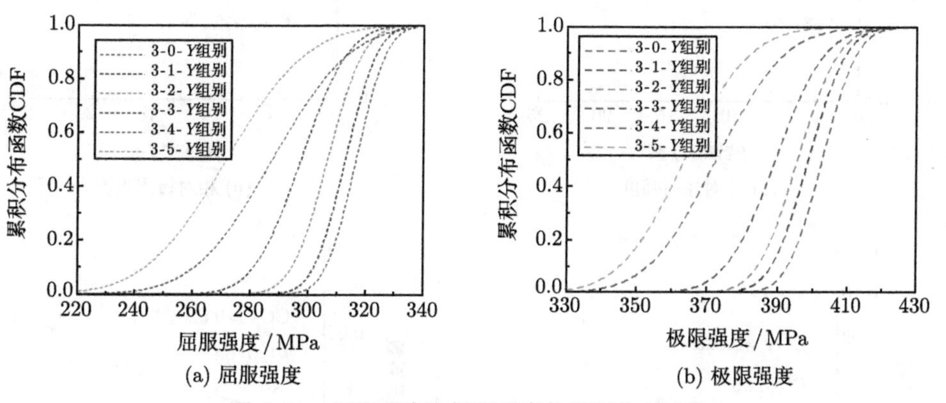

(a) 屈服强度 (b) 极限强度

图 5.23 屈服强度和极限强度的累积分布函数

表 5.6 锈蚀拉伸试件屈服强度和极限强度正态分布假设检验结果

强度	试件编号	S-W 检验		K-S 检验		A-D 检验		Lilliefer 检验		Epps-Pulley 检验	
		统计量	p 值	统计量	p 值	统计量	p 值	统计量	p 值	统计量	临界值
屈服强度	3-0-Y	0.931	0.559	0.231	0.200	0.330	0.402	0.231	0.311	0.106	0.342
	3-1-Y	0.978	0.948	0.158	0.200	0.166	0.897	0.158	0.500	0.024	0.342
	3-2-Y	0.971	0.906	0.172	0.200	0.190	0.851	0.173	0.500	0.054	0.348
	3-3-Y	0.863	0.128	0.208	0.200	0.448	0.202	0.208	0.380	0.154	0.348
	3-4-Y	0.914	0.379	0.183	0.200	0.340	0.395	0.183	0.500	0.202	0.348
	3-5-Y	0.885	0.209	0.185	0.200	0.396	0.280	0.185	0.500	0.196	0.348
极限强度	3-0-Y	0.986	0.984	0.145	0.200	0.199	0.809	0.145	0.500	0.058	0.342
	3-1-Y	0.971	0.908	0.150	0.200	0.196	0.820	0.150	0.418	0.037	0.342
	3-2-Y	0.870	0.150	0.221	0.200	0.518	0.128	0.221	0.500	0.229	0.348
	3-3-Y	0.906	0.328	0.185	0.200	0.356	0.359	0.185	0.500	0.113	0.348
	3-4-Y	0.913	0.372	0.225	0.200	0.343	0.388	0.225	0.294	0.209	0.348
	3-5-Y	0.949	0.700	0.164	0.200	0.329	0.422	0.164	0.500	0.186	0.348

对每组锈蚀率下的 8 个拉伸试件的屈服强度和极限强度进行数学统计，得到每组锈蚀率下钢材的屈服强度和极限强度均值与变异系数。图 5.24 给出了相对屈服强度和相对极限强度及其变异系数随锈蚀率的变化规律，从图 5.24 中可以看出，相对屈服强度和相对极限强度随着锈蚀率的增加近似呈线性下降趋势，而其变异系数随着锈蚀率的增加呈指数型增长趋势。根据图 5.24(c) 和 (d) 屈服强度和极限强度变异系数与锈蚀率的关系，还可以看出随着锈蚀率的增大，屈服强度的变异系数增长速度大于极限强度。

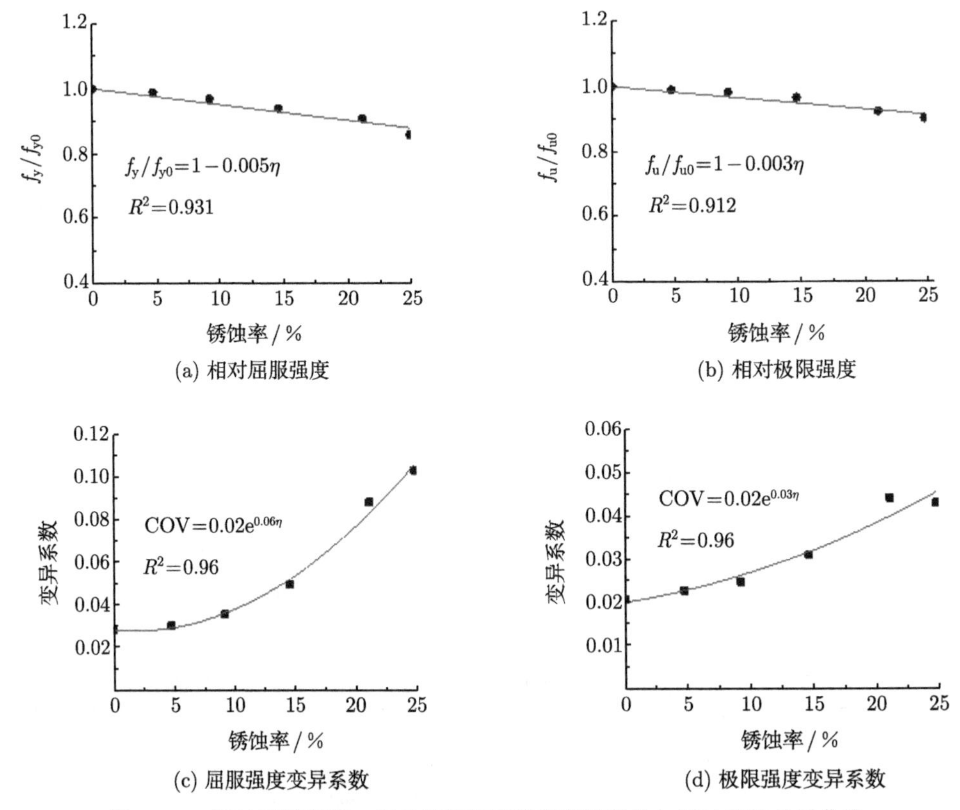

(a) 相对屈服强度

(b) 相对极限强度

(c) 屈服强度变异系数

(d) 极限强度变异系数

图 5.24 相对屈服强度、相对极限强度及其变异系数与锈蚀率的关系曲线

5.4.3 锈蚀钢管夹层混凝土加固柱轴压性能试验结果与分析

1. 破坏形态

组合加固柱典型的破坏形态如图 5.25 所示，观察各试件的破坏形态可以发现，试件的破坏形态可以分为两类，分别为剪切型破坏和腰鼓状破坏。对比外套钢管壁厚和后浇混凝土强度相同的三组试件破坏形态 (试件 t4-R0%-C40、试件 t4-R10%-C40 和试件 t4-R15%-C40；试件 t3-R10%-C30 和试件 t3-R20%-C30；

试件 t3-R10%-C50 和试件 t3-R20%-C50)，发现随着锈蚀率的增加，破坏特征由腰鼓状破坏转变为剪切型破坏。当试件的套箍约束系数较大时，试件的破坏形态呈现腰鼓状；当套箍约束系数较小时，试件的破坏形态呈现剪切型。因此，对于组合加固柱，外套钢管锈蚀会降低组合加固柱的套箍约束系数，导致组合加固柱破坏形态的变化。

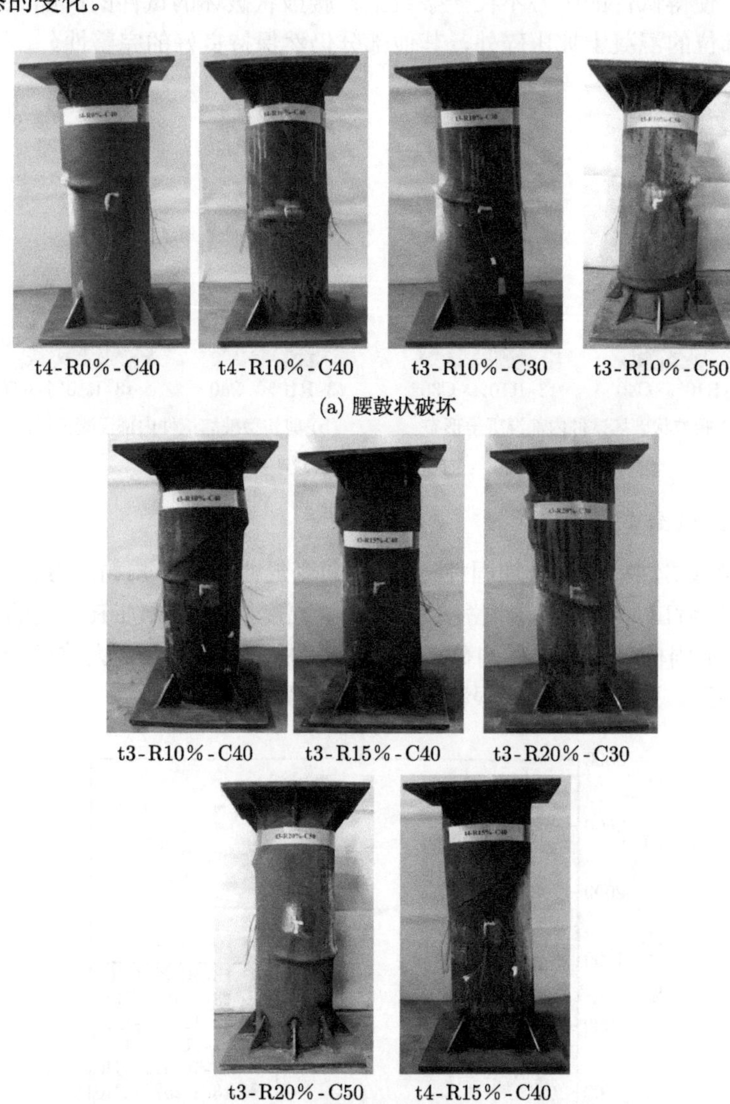

图 5.25　组合加固柱的典型破坏形态

剖开外套钢管，观察到内部混凝土的破坏形态如图 5.26 所示。从图 5.26 可以看到，内部混凝土被压溃主要发生在外套钢管向外屈曲的部位，其他部位没有明显的损坏，说明外套钢管在发生锈蚀后对核心混凝土的约束作用仍然很强。对剪切型形态破坏的试件，内部混凝土的破坏形态也表现为剪切型破坏，剪切线大致呈 45°，且混凝土沿剪切裂缝发生上下分离，剪切滑移将内部混凝土分为上下两个部分，使得试件的中心不在一条线上；腰鼓状破坏的试件的内部混凝土除在钢管屈曲部位的混凝土被压碎外，其他部分仍然保持良好的完整性。

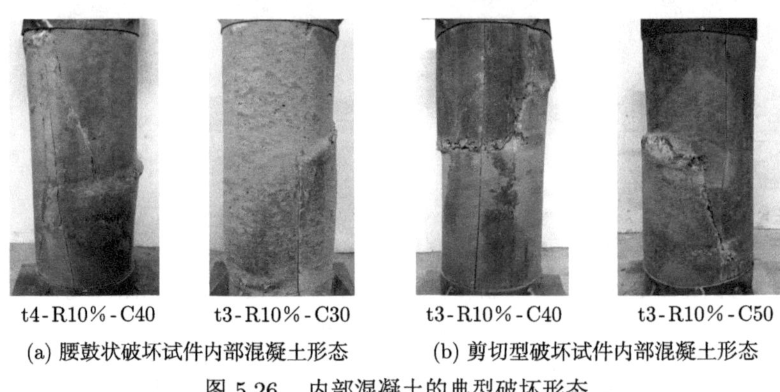

(a) 腰鼓状破坏试件内部混凝土形态　　(b) 剪切型破坏试件内部混凝土形态

图 5.26　内部混凝土的典型破坏形态

2. 荷载–纵向变形曲线

外套钢管锈蚀率对组合加固柱荷载–纵向变形曲线的影响如图 5.27 所示，从图 5.27 可以看出，钢管夹层混凝土加固法大幅度提高了锈蚀 RC 柱的承载力和延性。组合加固柱与原 RC 柱的荷载–纵向变形曲线形状相似，大致可分为三个阶段：线弹性段、弹塑性段和极限荷载后下降阶段。

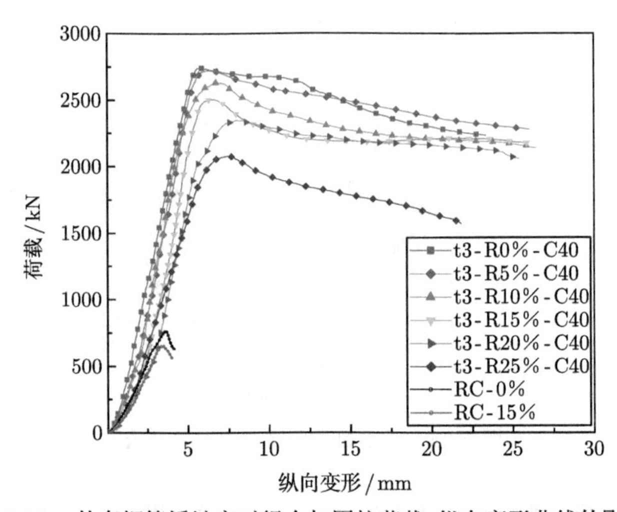

图 5.27　外套钢管锈蚀率对组合加固柱荷载–纵向变形曲线的影响

组合加固柱荷载–纵向变形曲线的线弹性段与锈蚀 RC 柱比较，斜率增大，且线弹性段可承受更大的变形量，说明外套钢管夹层混凝土加固法不仅恢复了锈蚀 RC 柱刚度，还大幅度提高了其弹性变形能力。进入弹塑性阶段，曲线较锈蚀 RC 柱更加平滑，这主要是由于钢管对核心混凝土产生了套箍约束作用，使核心混凝土处于三向受压状态，提高了核心混凝土的强度。极限荷载以后，组合加固柱纵向变形达到极限纵向变形时，虽然外套钢管已经发生局部屈曲，但组合加固柱荷载–纵向变形曲线仍未出现骤降的趋势，表明试件仍具有良好的持载能力，后期变形能力好。

外套钢管径厚比对组合加固柱荷载–纵向变形曲线的影响如图 5.28 所示。由图 5.28 可以看出，三种不同锈蚀率下，径厚比产生的影响基本相同，随着径厚比的降低，极限荷载逐渐提高。径厚比较小的试件，轴压刚度较大，4mm 钢管的组合加固柱轴压刚度明显高于 3mm 与 2mm 钢管的组合加固柱。极限荷载以后，径厚比较小的试件，其荷载–纵向变形曲线的下降段更平缓，这说明此时钢管对核心

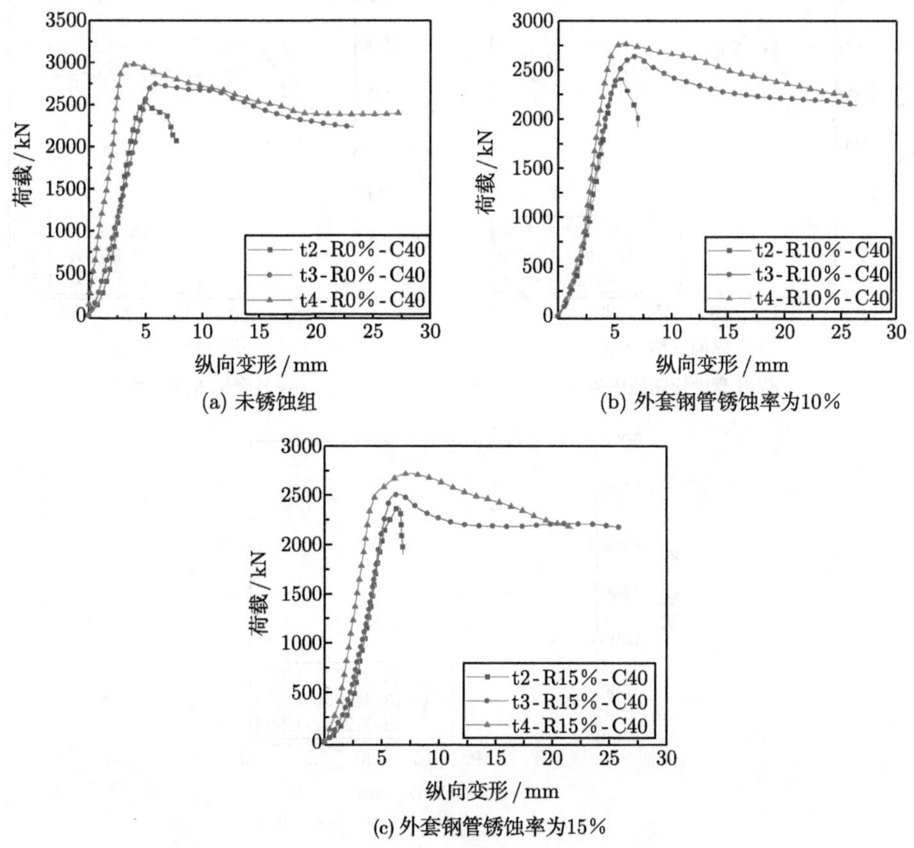

(a) 未锈蚀组

(b) 外套钢管锈蚀率为10%

(c) 外套钢管锈蚀率为15%

图 5.28 外套钢管径厚比对组合加固柱荷载–纵向变形曲线的影响

混凝土的套箍约束作用更大，延性更好。对于 2mm 钢管的组合加固柱，在极限荷载后，荷载迅速下降，其下降段与未加固 RC 柱的曲线发展趋势基本相同，这是因为外套钢管屈曲后，其对内部核心混凝土的套箍约束作用大幅度降低，导致其延性变差。

夹层混凝土强度对组合加固柱荷载–纵向变形曲线的影响如图 5.29 所示。由图 5.29 可以看出，对于组合加固柱，在钢管锈蚀率和径厚比相同的情况下，提高夹层混凝土强度可以一定程度上提高组合加固柱承载力，对刚度的影响则不显著。分析其原因，主要是组合加固柱在受压过程中，内部核心混凝土处于三向受压的应力状态，钢管处于轴向受压，环向受拉应力状态。此时，钢管对内部核心混凝土的环向约束不是由钢管主动施加，而是由于混凝土的横向挤胀作用使钢管对其产生反作用，属于被动约束。混凝土的体积变形越大，则钢管对混凝土的约束效果越明显，而混凝土的强度等级越高，则体积变形越小，外套钢管的约束作用降低。因此，提高夹层混凝土强度会在一定程度上降低其延性。

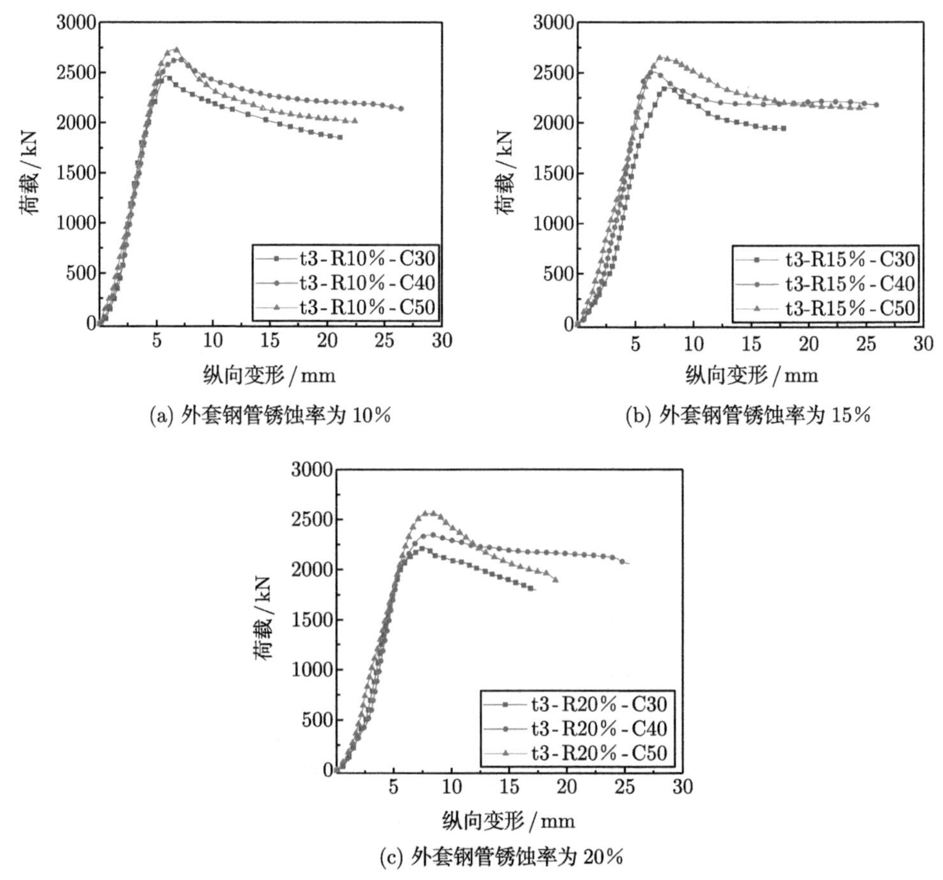

(a) 外套钢管锈蚀率为 10%

(b) 外套钢管锈蚀率为 15%

(c) 外套钢管锈蚀率为 20%

图 5.29 夹层混凝土强度对组合加固柱荷载–纵向变形曲线的影响

3. 承载力分析

图 5.30(a) 对比了不同外套钢管锈蚀率的 t3-RX-C40 系列组合加固柱及原锈蚀 RC 柱的承载力，由图 5.30(a) 可知，外套钢管夹层混凝土加固法大幅度提高了原锈蚀 RC 柱的承载力。对于外套钢管厚度为 3mm 的组合加固柱，其承载力相较于原锈蚀 RC 柱提高了 4.13 倍，即使在组合加固柱遭受锈蚀损伤后，外套钢管夹层混凝土加固法也能大幅度提高锈蚀 RC 柱的承载力，当外套钢管锈蚀率为 25%时，组合加固柱的承载力依然比原锈蚀 RC 柱提高了 3.16 倍。

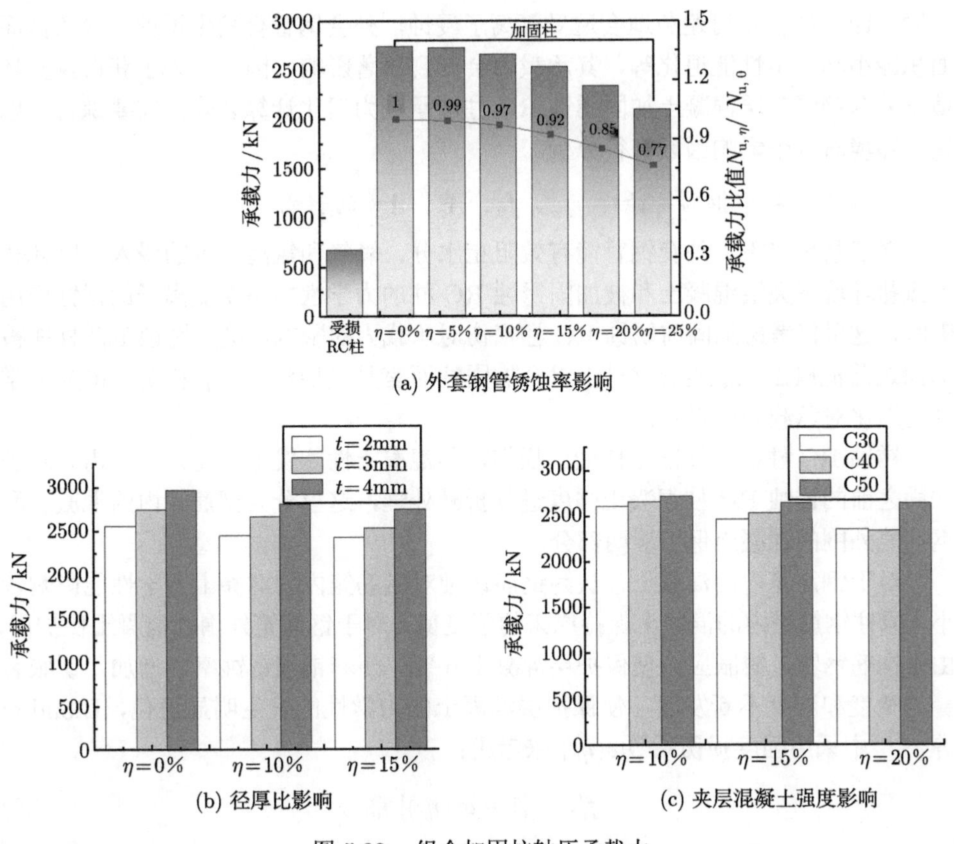

(a) 外套钢管锈蚀率影响

(b) 径厚比影响

(c) 夹层混凝土强度影响

图 5.30 组合加固柱轴压承载力

外套钢管径厚比和夹层混凝土强度对不同外套钢管锈蚀率的组合加固柱承载力的影响规律分别如图 5.30(b) 和 (c) 所示。由图 5.30(b) 和 (c) 可以看出，随着外套钢管锈蚀率的增加，组合加固柱的承载力逐渐降低，且下降趋势越来越大。外套钢管锈蚀率为 5%、10%、15%、20%及 25%的组合加固柱其承载力比未锈蚀加固柱分别下降了 0.56%、2.89%、7.72%、14.69%及 23.39%。组合加固柱的承载力随着径厚比的减小而有所增大，随着夹层混凝土强度的增大而有所增大，提高夹层混凝土强度对组合加固柱承载力的改善效果不如径厚比显著。

5.5 锈蚀钢管夹层混凝土加固柱的可靠度分析

5.5.1 承载力退化模型

对于外套钢管夹层混凝土加固锈蚀 RC 柱，其承载力主要与新旧混凝土的等效抗压强度 f_{cw}、混凝土截面面积 A_c、纵向钢筋屈服强度 f_y、纵向钢筋截面面积 A_{s2} 和套箍系数ξ 等因素有关。在氯盐环境等恶劣条件下，外套钢管夹层混凝土加固锈蚀 RC 柱不可避免地会遭受氯离子侵蚀，外套钢管会发生锈蚀，导致截面面积减小和力学性能退化等，其承载力会受到显著影响。因此，为了获得氯盐环境下外套钢管夹层混凝土加固锈蚀 RC 柱的承载力退化计算公式，需要综合考虑氯盐环境对各个影响因素进行分析。

1. 原 RC 柱中钢筋锈蚀对 f_{cw}、f_y、A_c、A_{s2} 的影响

在氯盐环境下，外套钢管能有效阻止水分、氧气和氯离子等的侵入，因此认为氯盐环境下夹层混凝土和被加固锈蚀 RC 柱的力学性能不受氯离子的侵蚀作用影响，这里仅考虑加固前锈蚀 RC 柱损伤对承载力的影响，确定锈蚀 RC 柱在被加固之前混凝土性能退化 (对于组合加固柱而言是指旧混凝土) 和锈蚀钢筋力学性能退化对承载力的影响。

锈蚀 RC 柱在被加固之前受到损伤，其混凝土性能发生退化，因此需要对被加固之前的锈蚀 RC 柱混凝土强度进行折减处理，这里分为钢筋笼内的混凝土和钢筋笼外围的混凝土保护层两部分。

对于钢筋笼内的混凝土，认为钢筋锈蚀对钢筋笼内的混凝土力学性能影响较小，原柱钢筋笼内的混凝土保持原来的强度值。对于钢筋笼外围的混凝土保护层，由于钢筋锈蚀，锈胀应力使保护层混凝土开裂，随着钢筋锈蚀率的增加，锈胀裂缝的宽度和深度不断发展，使保护层混凝土的力学性能发生明显退化，Biondini 等 [161] 中采用强度损伤系数$\omega(\eta_c)$ 来考虑：

$$f'_{c1} = [1 - \omega(\eta_c)] f_{c1} \tag{5.2}$$

式中，f'_{c1} 为受损保护层混凝土抗压强度；$\omega(\eta_c)$ 为强度损伤系数；η_c 为纵筋锈蚀率 (%)，本节纵筋锈蚀率为 15%，故η_c=15[160]。

对于强度损伤系数$\omega(\eta_c)$ 与纵筋锈蚀率η_c 的具体数学关系目前还没有统一的计算公式。根据笔者课题组已有的相关锈蚀试验结果，拟合得到了$\omega(\eta_c)$ 的关系式 [56]：

$$\omega(\eta_c) = \begin{cases} 0.06293\eta_c & (\eta_c \leqslant 15) \\ 1 & (\eta_c > 15) \end{cases} \tag{5.3}$$

因此组合加固柱新旧混凝土的等效抗压强度可以表示为

$$f_{\mathrm{cw}} = [f_{\mathrm{c1}}\left(A_{\mathrm{c1}} - A'_{\mathrm{c1}}\right) + f'_{\mathrm{c1}}A'_{\mathrm{c1}} + f_{\mathrm{c2}}A_{\mathrm{c2}}]/(A_{\mathrm{c1}} + A_{\mathrm{c2}}) \tag{5.4}$$

式中，f_{c1} 为锈蚀 RC 柱混凝土抗压强度；f_{c2} 为夹层混凝土抗压强度；A_{c1} 为锈蚀 RC 柱混凝土截面面积；A'_{c1} 为锈蚀 RC 柱保护层混凝土截面面积；A_{c2} 为夹层混凝土截面面积。

计算承载力时，对纵筋屈服强度和有效截面面积进行折减。目前，已有许多学者对锈蚀钢筋进行了研究，研究结果也大致相同，认为钢筋锈蚀不仅会导致其有效横截面面积的减小，还会导致其名义屈服强度和名义极限强度的降低 [162–164]，锈蚀钢筋强度计算公式为

$$\begin{cases} f_{\mathrm{y0}} = \left(1 - \alpha_{\mathrm{y}}\eta_{\mathrm{c}}\right) f_{\mathrm{y}} \\ f_{\mathrm{u0}} = \left(1 - \alpha_{\mathrm{u}}\eta_{\mathrm{c}}\right) f_{\mathrm{u}} \end{cases} \tag{5.5}$$

式中，f_{y0} 为锈蚀纵筋的名义屈服强度；f_{u0} 为锈蚀纵筋的名义抗拉强度；α_{y}、α_{u} 为锈蚀纵筋强度折减系数，取值范围分别为 0.012~0.017、0.011~0.018。根据笔者课题组已有的锈蚀试验结果，α_{y} 和α_{u} 分别取 0.012 和 0.011[56]。

2. 外套钢管锈蚀对套箍系数的影响

组合加固柱的外套钢管发生锈蚀后，其有效受力面积会减小，钢材自身的力学性能会退化，导致外套钢管的承载力减弱，同时外套钢管对核心混凝土的套箍约束作用也会减弱，从而导致组合加固柱承载力减小。因此，为了获得氯盐环境下钢管夹层混凝土加固锈蚀 RC 柱的承载力退化计算公式，需要合理考虑氯盐环境对套箍系数的影响。根据套箍系数，引入一个截面面积损伤因子$\alpha(\eta)$ 来考虑锈蚀对外套钢管有效截面面积的影响，引入一个强度损伤因子$\beta(\eta)$ 来考虑锈蚀对外套钢管材料强度的影响。因此，考虑外套钢管锈蚀时，组合加固柱的套箍系数表示为 [56]

$$\xi_{\mathrm{c}} = \alpha\left(\eta\right) \cdot \beta\left(\eta\right) \cdot \xi \tag{5.6}$$

式中，ξ 为未锈蚀钢管混凝土加固柱的初始套箍系数。

假定外套钢管的锈蚀是均匀的，因此$\alpha(\eta)$ 可以表示为

$$\alpha\left(\eta\right) = 1 - 0.01\eta \tag{5.7}$$

对锈蚀钢管力学性能的退化规律进行分析，强度损伤因子为

$$\beta\left(\eta\right) = 1 - 0.005\eta \tag{5.8}$$

综上，氯盐环境下外套钢管混凝土加固受损 RC 柱的承载力退化计算公式为 [56]

$$N_{\mathrm{u}} = (1.212 + B'\xi_{\mathrm{c}} + C'\xi_{\mathrm{c}}^2)f_{\mathrm{cw}}A_0 + f_{\mathrm{y0}}A_{\mathrm{s}} \tag{5.9}$$

公式计算结果见表 5.7，计算值与试验值比值的均值为 0.814，变异系数为 0.055，计算结果偏安全。

表 5.7 公式计算值与试验值对比

试件编号	$\eta/\%$	ξ	ξ_{c}	$N_{\mathrm{u,cal}}/\mathrm{kN}$	$N_{\mathrm{u,exp}}/\mathrm{kN}$	$N_{\mathrm{u,cal}}/N_{\mathrm{u,exp}}$
t3-R0%-C40	0	0.5897	0.5897	2438	2737	0.891
t3-R5%-C40	6.28	0.5897	0.5353	2285	2722	0.840
t3-R10%-C40	9.51	0.5897	0.5083	2131	2658	0.802
t3-R15%-C40	14.02	0.5897	0.4715	1976	2526	0.782
t3-R20%-C40	18.96	0.5897	0.4326	1919	2335	0.822
t3-R25%-C40	28.25	0.5897	0.3634	1884	2097	0.898
t2-R0%-C40	0	0.4098	0.4098	2242	2552	0.879
t2-R10%-C40	9.50	0.4098	0.3533	1962	2445	0.803
t2-R15%-C40	16.49	0.4098	0.3140	1825	2424	0.753
t4-R0%-C40	0	0.8708	0.8708	2602	2963	0.878
t4-R10%-C40	9.91	0.8708	0.7456	2294	2799	0.820
t4-R15%-C40	14.10	0.8708	0.6953	2129	2740	0.777
t3-R10%-C30	10.11	0.5699	0.4864	2019	2608	0.774
t3-R15%-C30	15.36	0.5699	0.4453	1861	2462	0.756
t3-R20%-C30	15.64	0.5699	0.4432	1803	2352	0.767
t3-R10%-C50	9.58	0.4713	0.4057	2241	2711	0.827
t3-R15%-C50	18.62	0.4713	0.3478	2089	2634	0.793
t3-R20%-C50	20.96	0.4713	0.3335	2033	2535	0.802
					均值:	0.814
					标准差:	0.045
					变异系数:	0.055

5.5.2 考虑抗力退化的可靠度分析

对于组合加固柱，抗力衰减主要受外套钢管锈蚀率的影响，其中，外套钢管锈蚀率随时间的变化为

$$\eta = \frac{\Delta t\,(D - \Delta t)}{t_0\,(D - t_0)} \tag{5.10}$$

为建立起氯盐环境下外套钢管夹层混凝土加固柱的抗力随时间变化的计算公式，在公式 (5.10) 中引入时间参量。文献 [165] 表明在相同锈蚀环境中钢材的锈蚀速率相等，因此，处于相同环境中、相同时间内锈蚀后钢材厚度损失相等，钢材锈蚀发展可表示为幂函数曲线：

$$\Delta t = AT^n \tag{5.11}$$

式中，Δt 为锈蚀深度；T 为暴露时间；A、n 为常数。

这里采用钢材锈蚀速率幂函数模型对已有的研究成果 [166−168] 中的数据进行拟合，得到在海洋大气环境下组合加固柱锈蚀速率模型中的常数，A 值取 0.084、n 值取 0.823，即

$$\Delta t = 0.084T^{0.823} \tag{5.12}$$

在结构的服役期内，由于材料退化 (如钢材锈蚀)、超载损坏和自然灾害等因素的影响，其抗力可能会退化。影响结构抗力的因素主要有：材料性能误差、几何参数误差和计算模型误差。组合加固柱的抗力是一个随机过程，而结构必须承受的荷载也会随着时间的推移而发生显著变化，应根据荷载在设计基准期间可能出现的最大荷载概率分布并满足一定的保证率来确定。然而，目前对于在设计基准期内最大荷载的概率分布能作出估计的荷载不多，因此，认为荷载是不随时间变化的随机变量，考虑恒载和活载叠加的简单组合。不同的荷载比已经被不同的研究人员用于可靠度分析和规范的校准，时变可靠度分析选取荷载比在 0.5~2.0。根据组合加固柱轴压承载力计算公式和可靠度相关规范，这里得到了计算材料性能误差、几何参数误差、计算模型误差和荷载误差的概率分布类型和统计参数。

1. 时变抗力概率模型

对于组合加固柱来说，影响加固后结构或构件抗力的因素包括材料性能、几何参数、计算模型的不确定性等，认为这些随机过程、随机变量的因素之间是相互独立的。

1) 材料性能参数

材料性能参数主要指材料的强度、弹性模量、应变等，对于外套钢管混凝土加固柱承载力，材料性能参数主要指外套钢管、夹层混凝土和原混凝土的强度。材料性能误差主要来源于材料质量、制作工艺、加载、环境等因素。在实际工程问题中，材料性能一般是通过标准试验方法来确定的，因此，对于材料性能，还要考虑材料实际性能与试件材料标准性能的差异。

结构构件材料性能误差用随机变量 X_f 来表示，其计算公式如下式所示：

$$X_\mathrm{f} = \frac{f_\mathrm{m}}{k_0 f_\mathrm{k}} = \frac{1}{k_0}\frac{f_\mathrm{m}}{f_\mathrm{s}}\frac{f_\mathrm{k}}{f_\mathrm{s}} = \frac{1}{k_0}\cdot X_0 \cdot X_1 \tag{5.13}$$

式中，f_m、f_s、f_k 分别为实际的材料性能指标、试件的材料性能指标和规范中规定的材料性能标准值；k_0 为规范规定的反映实际结构构件与试件的材料性能差别的系数，例如考虑温度、湿度、加载速率、试验方法等因素的各种系数。

由式 (5.13) 可以得出，X_f 平均值和变异系数分别为

$$\mu_{X_\mathrm{f}} = \frac{1}{k_0}\cdot \mu_{X_0}\cdot \mu_{X_1} = \frac{\mu_{X_0}\cdot \mu_{f_\mathrm{s}}}{k_0 f_\mathrm{k}} \tag{5.14}$$

$$\delta_{X_{\mathrm{f}}} = \sqrt{\delta_{X_0}^2 + \delta_{f_{\mathrm{s}}}^2} \tag{5.15}$$

式中，$\mu_{f_{\mathrm{s}}}$、μ_{X_0}、μ_{X_1} 分别表示试件材料性能 f_{s}、X_0 以及 X_1 的均值；$\delta_{f_{\mathrm{s}}}$、δ_{X_0} 分别代表试件材料性能 f_{s} 以及随机变量 X_0 的变异系数。

在氯盐环境下，组合加固柱的外套钢管的力学性能受氯离子影响最大，随着服役时间的增加，其力学性能不断退化。因此，外套钢管的材料性能参数应视为随时间变化的随机过程；根据锈蚀钢管力学性能退化试验研究并结合相关规范 [169] 和已有文献 [138,170] 得到锈蚀钢管退化的材料性能统计参数。而在外套钢管的包裹下内部核心混凝土在服役期间其力学性能受氯离子影响不大，可以忽略。因此，时变可靠度分析中不考虑核心新旧混凝土强度退化及其强度离散性的变化。混凝土强度服从正态分布，概率分布统计参数引用规范 [169] 和已有文献 [138, 170] 的统计数据，各参数的概率分布以及统计参数见表 5.8。

表 5.8　材料性能统计参数

统计参数	外套钢管	原混凝土 C30	夹层混凝土		
			C30	C40	C50
均值系数	1.08	1.41	1.41	1.35	1.32
变异系数	$0.02\mathrm{e}^{0.06\eta}$	0.190	0.190	0.160	0.135
分布类型	正态分布	正态分布	正态分布	正态分布	正态分布
f_{y} 或 f_{ck}	$f_{\mathrm{y}}(1\sim0.005\eta)$	36.17	40.41	46.76	53.05
f 或 f_{c}	f_0 $(1\sim0.005\eta)$	25.84	28.86	33.40	37.40

2) 几何参数

结构构件的几何参数一般指构件截面几何特征，如高度、宽度、跨度、面积等，以及由基本几何参数得出的面积矩、惯性矩等。结构构件的几何参数误差是指构件的实际尺寸偏离理论尺寸的程度，几何参数误差是一个随机变量，其不确定性用下式来表示：

$$X_{\mathrm{a}} = \frac{a_0}{a_{\mathrm{k}}} \tag{5.16}$$

式中，a_0、a_{k} 分别为构件的实际尺寸和理论尺寸。

对于组合加固柱，其几何参数主要指钢管的面积、夹层和原混凝土的面积、含钢率等，其几何参数统计见表 5.9。

表 5.9　几何参数统计

随机变量	物理意义	分布类型	均值	变异系数
D	钢管外径	正态分布	D_0	0.05
L	构件长度	正态分布	L_0	0.05
t	钢管壁厚	正态分布	t_0	0.05

3) 计算模型不定性参数

计算模型不定性是指抗力计算公式中由基本假设的近似性而导致的计算抗力与实际抗力的偏差。结构构件计算模型不定性参数按下式确定：

$$X_{\mathrm{p}}=\frac{R_0}{R_{\mathrm{c}}} \tag{5.17}$$

式中，R_0、R_{c} 分别为构件抗力的实测值与计算值。

计算模型不定性参数一般取为对数正态分布。结构构件计算模型不定性参数根据组合加固柱承载力试验值和计算值的比值来确定，均值取为 0.912，变异系数取为 0.105。

2. 荷载概率模型

组合加固柱承载力按下式验算：

$$\gamma_0 S_{\mathrm{d}}=R_{\mathrm{d}} \tag{5.18}$$

式中，γ_0 为结构重要性系数，假定安全等级为 Ⅱ 级，取γ_0=1。

在整个服役过程中，结构可能受到多种荷载的影响。为方便计算，仅考虑恒载和活载基本组合，荷载效应组合按下式确定：

$$S=\gamma_{\mathrm{G}} S_{\mathrm{GK}}+\gamma_{\mathrm{Q}} S_{\mathrm{QK}} \tag{5.19}$$

式中，S_{GK}、S_{QK} 分别为恒载效应标准值和活载效应标准值；γ_{G}、γ_{Q} 分别为恒载和活载的分项系数，取γ_{G} =1.2，γ_{Q} =1.4。

1) 恒载

组合加固柱的恒载主要包括钢管、钢筋和混凝土自重。作用在结构上的恒载是一个随机变量，考虑钢管混凝土柱恒载不拒绝服从正态分布，且在设计基准期内不随时间变化。

2) 活载

任意时刻作用在结构上的活载是一个随机变量，在某一时间内活载出现的次数同样是一个随机变量，可用泊松 (Poisson) 过程描述。令 λ 为单位时间内活载出现一次的期望值，则在服役时间 T 内活载出现 i 次的概率为

$$P(n=i)=\frac{(\lambda T)^i \cdot \exp(-\lambda T)}{i!} \tag{5.20}$$

活载在整个设计基准期内随着时间变化，为了简化计算过程，认为活载在整个服役过程中不拒绝服从极值 I 型分布，具体见表 5.10。

表 5.10　荷载统计参数

随机变量	物理意义	分布类型	均值系数	变异系数
S_{GK}	恒载效应	正态分布	1.06	0.07
S_{QK}	活载效应	极值 I 型分布	0.70	0.29

3. 时变可靠度计算

考虑结构构件在服役期内的抗力退化，结构的功能函数是一个随时间变化的函数，在服役期内任意时刻的功能函数为

$$Z(T) = R(T) - S_{\mathrm{GK}} - S_{\mathrm{QK}} \tag{5.21}$$

式中，$R(T)$ 为抗力退化函数，将服役期 $(0, T_{\mathrm{sp}}]$ 均分为 n 个时段 $(T_i, T_{i+1}]$，$i=0$，1，2，$\cdots$，$n-1$，取每个时段末的抗力作为该时段的抗力；S_{GK}、S_{QK} 分别为恒载效应和活载效应标准值 (假定与时间无关)

若在服役期 $(0, T_{\mathrm{sp}}]$ 内 $Z(T) > 0$ 恒成立，则认为结构构件在服役期内安全可靠。反之，只要在服役期内任意时刻出现 $Z(T) \leqslant 0$，则说明结构构件在该时刻发生失效，即结构在服役期内不可靠，令其失效概率为 $P_{\mathrm{f}}(0, T_{\mathrm{sp}}]$。对于外套钢管夹层混凝土加固柱，还有一种情况是锈蚀 RC 柱在加固前已经失效，这种情况不是本章考虑范围。因此，在进行可靠度计算时，假定锈蚀 RC 柱在加固前均安全可靠，采用蒙特卡罗方法计算构件在不同时段发生失效的概率，即不同服役期下的时变可靠度，其详细步骤如下所述。

(1) 根据结构失效概率的量级和精度要求，确定抽样总数为 N=10^{11}。选定荷载比ρ 和服役时间 T。

(2) 计算恒载效应和活载效应标准值。取锈蚀 RC 柱的承载力为 R_0，根据 $\gamma_{\mathrm{G}}S_{\mathrm{GK}}+\gamma_{\mathrm{Q}}S_{\mathrm{QK}} = R_0$，荷载效应比$\rho$=$S_{\mathrm{QK}}/S_{\mathrm{GK}}$，计算出恒载效应标准值 $S_{\mathrm{GK}} = R_0/(\gamma_{\mathrm{G}}+\rho\gamma_{\mathrm{Q}})$，活载效应标准值 S_{QK}=ρS_{GK}。

(3) 根据各参数所服从的分布和统计参数，生成符合各参数分布的随机数组；将产生的各参数的随机数代入极限状态函数，通过计算，得到极限状态函数值。

(4) 统计极限状态函数值小于零的次数 n_{f}，求出失效概率 $P_{\mathrm{f}} = n_{\mathrm{f}}/N$，继而求得可靠度指标$\beta$。

图 5.31 给出了外套钢管壁厚为 3mm、不同夹层混凝土强度下，荷载比对组合加固柱可靠度的影响规律。从图 5.31 中可以看出，组合加固柱的可靠度随着荷载比的增加而减小，但到了服役寿命的后期，荷载比对可靠度的影响逐渐变得不显著。夹层混凝土强度较低时，荷载比对组合加固柱整个服役寿命阶段的可靠度影响不明显。在服役寿命的前期阶段，随着夹层混凝土强度的增加，在不同荷载比作用下组合加固柱的可靠度差异较大。

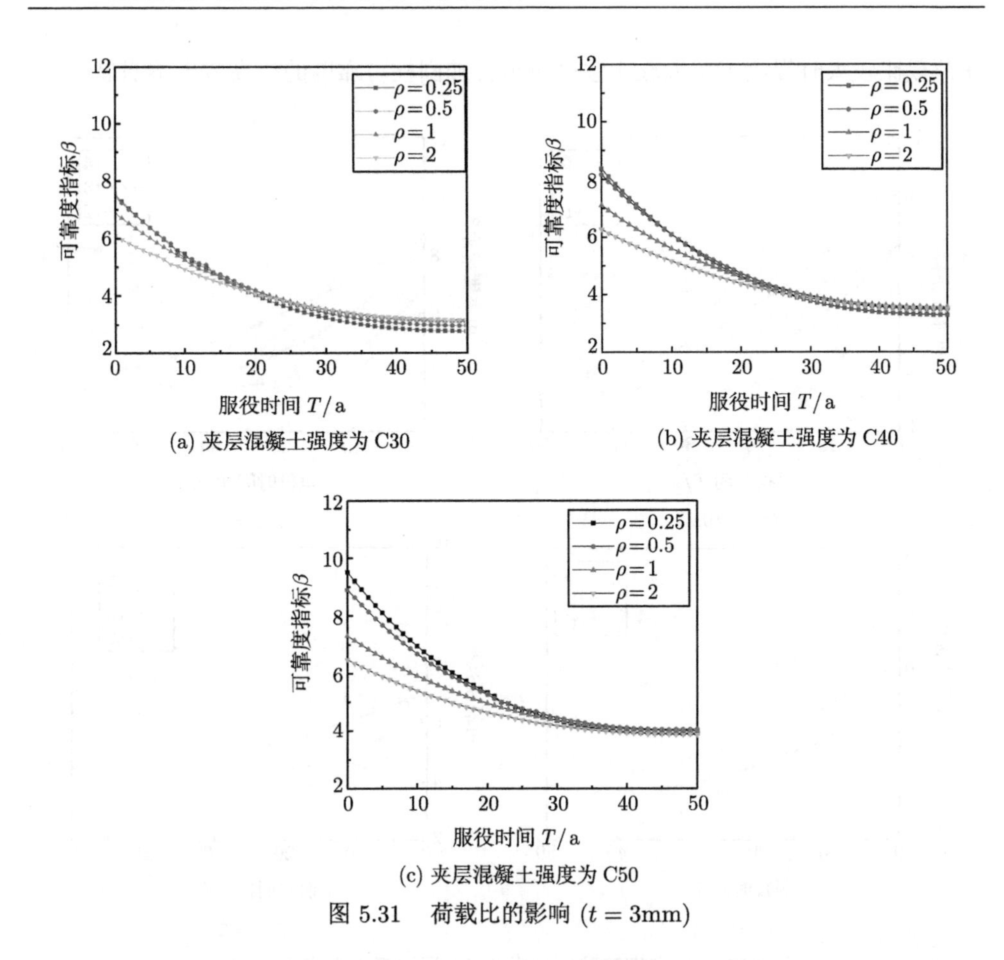

(a) 夹层混凝土强度为 C30

(b) 夹层混凝土强度为 C40

(c) 夹层混凝土强度为 C50

图 5.31 荷载比的影响 ($t = 3\text{mm}$)

图 5.32 给出了夹层混凝土强度为 C40、不同荷载比情况下，外套钢管壁厚对组合加固柱可靠度的影响规律。由图 5.32 可以看出，同一荷载比下，在服役寿命的前期，外套钢管壁厚大的组合加固柱，其可靠度明显大于外套钢管壁厚小的可靠度，并且前者的可靠度退化速度小于后者；到了服役寿命的后阶段，不同钢管壁厚的组合加固柱可靠度差值逐渐减小。随着荷载比的增加，外套钢管壁厚对组合加固柱可靠度的影响逐渐变弱。这说明增加外套钢管壁厚对组合加固柱前期服役阶段的可靠度有利，但对于后期服役阶段的可靠度影响不大。

图 5.33~ 图 5.35 给出了夹层混凝土强度对组合加固柱可靠度的影响规律，从图 5.33~ 图 5.35 中可以看出，在整个服役期，不同夹层混凝土强度的组合加固柱时变可靠度曲线几乎保持平行，说明夹层混凝土强度对组合加固柱时变可靠度的影响程度相同。随着荷载比的增加，三种夹层混凝土强度的组合加固柱之间可靠度指标值差异越来越小，且外套钢管壁厚越大，这种差异弱化的现象越明显。这说明只有在荷载比较小时，提高夹层混凝土的强度才能显著提高组合加固柱的可靠度，而

在荷载比较大时提高夹层混凝土强度对组合加固柱可靠度的提高效果不明显。

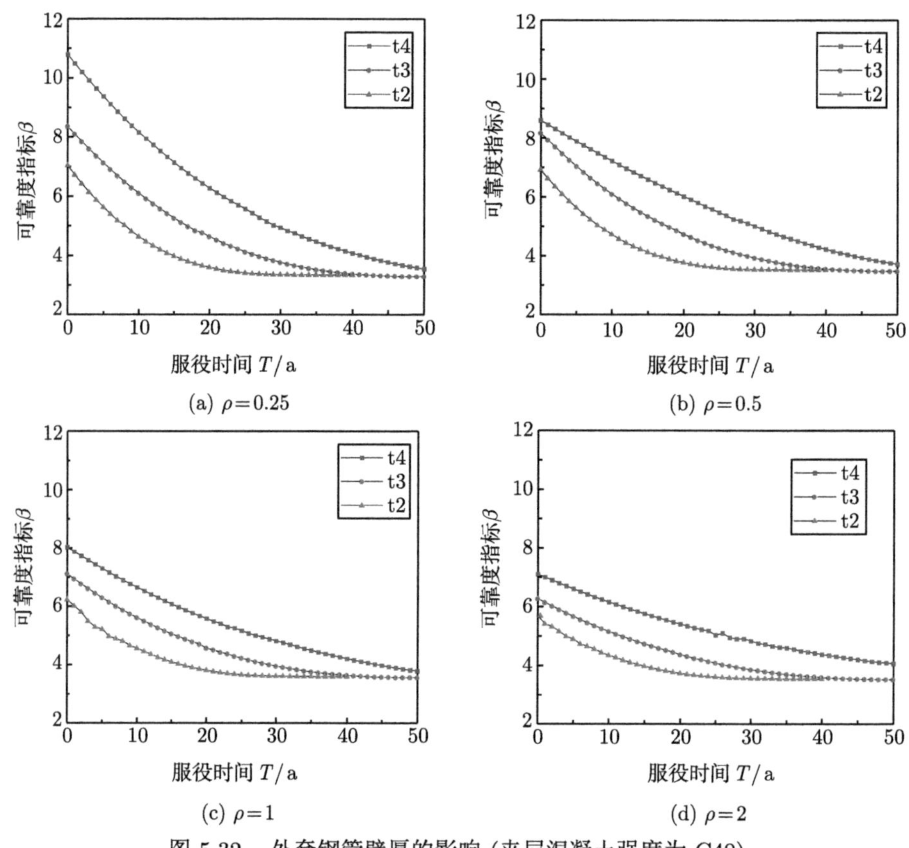

(a) $\rho=0.25$　　(b) $\rho=0.5$

(c) $\rho=1$　　(d) $\rho=2$

图 5.32　外套钢管壁厚的影响 (夹层混凝土强度为 C40)

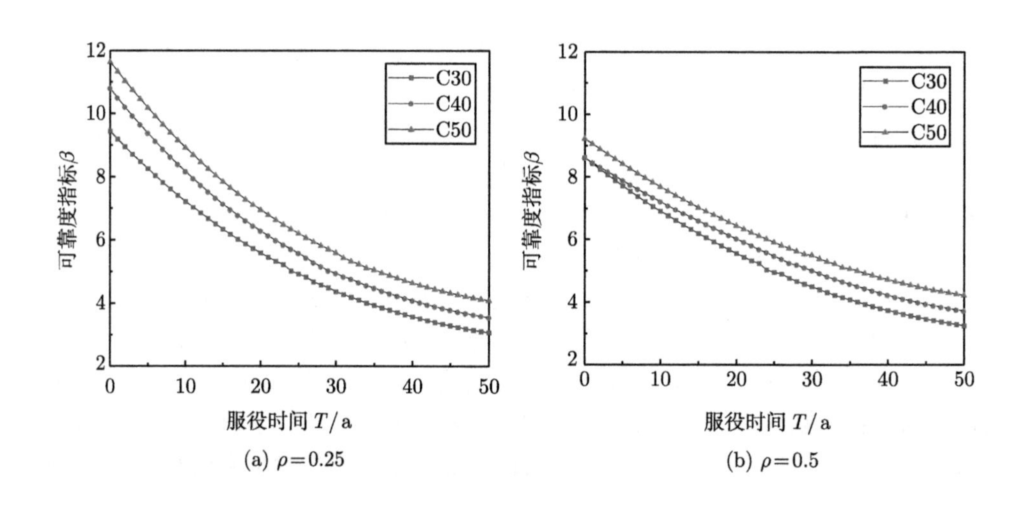

(a) $\rho=0.25$　　(b) $\rho=0.5$

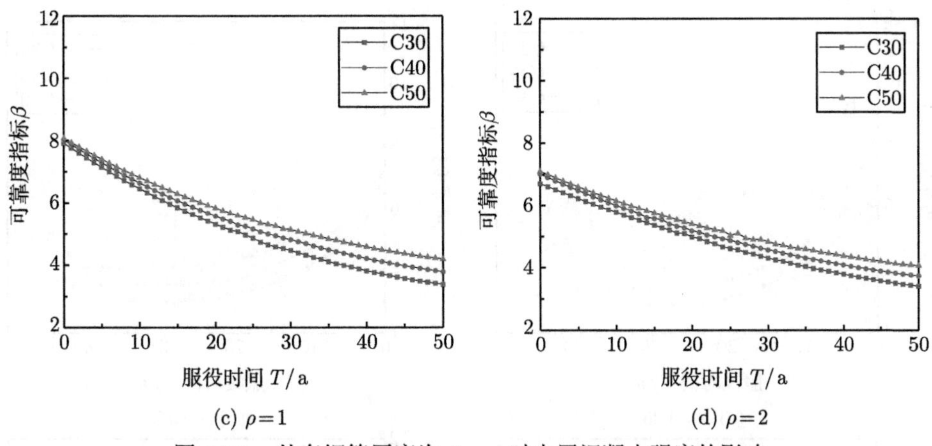

(c) $\rho=1$ (d) $\rho=2$

图 5.33 外套钢管厚度为 4mm 时夹层混凝土强度的影响

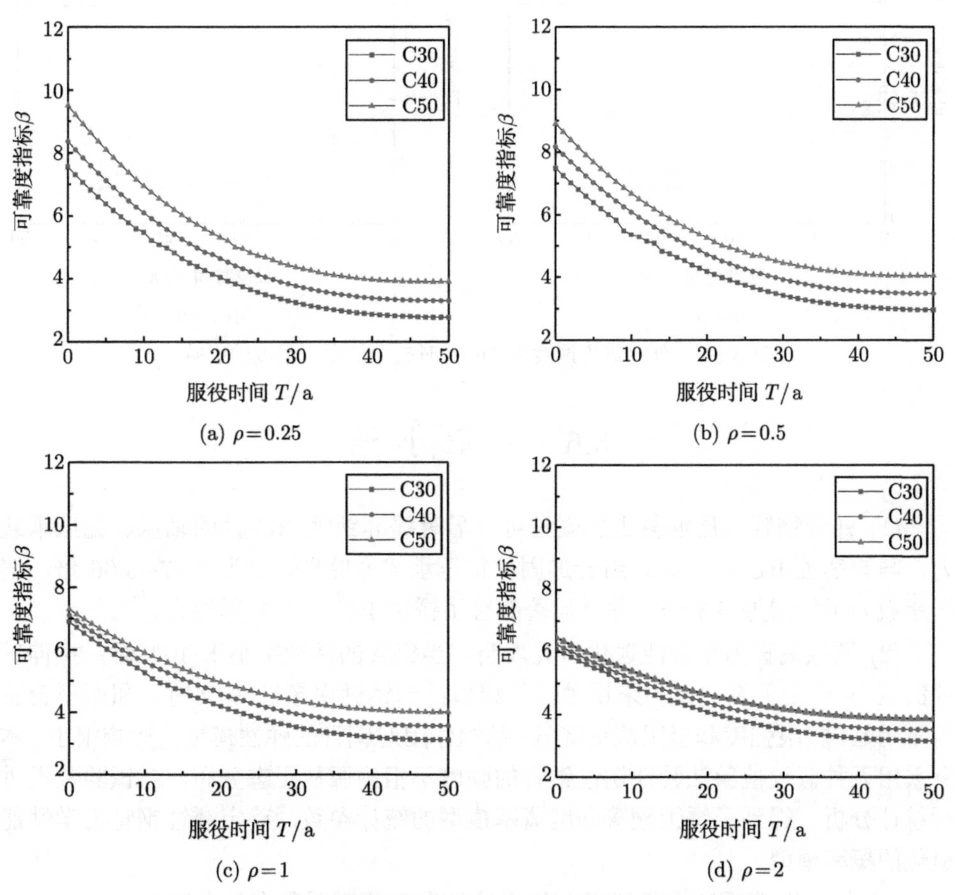

(a) $\rho=0.25$ (b) $\rho=0.5$

(c) $\rho=1$ (d) $\rho=2$

图 5.34 外套钢管厚度为 3mm 时夹层混凝土强度的影响

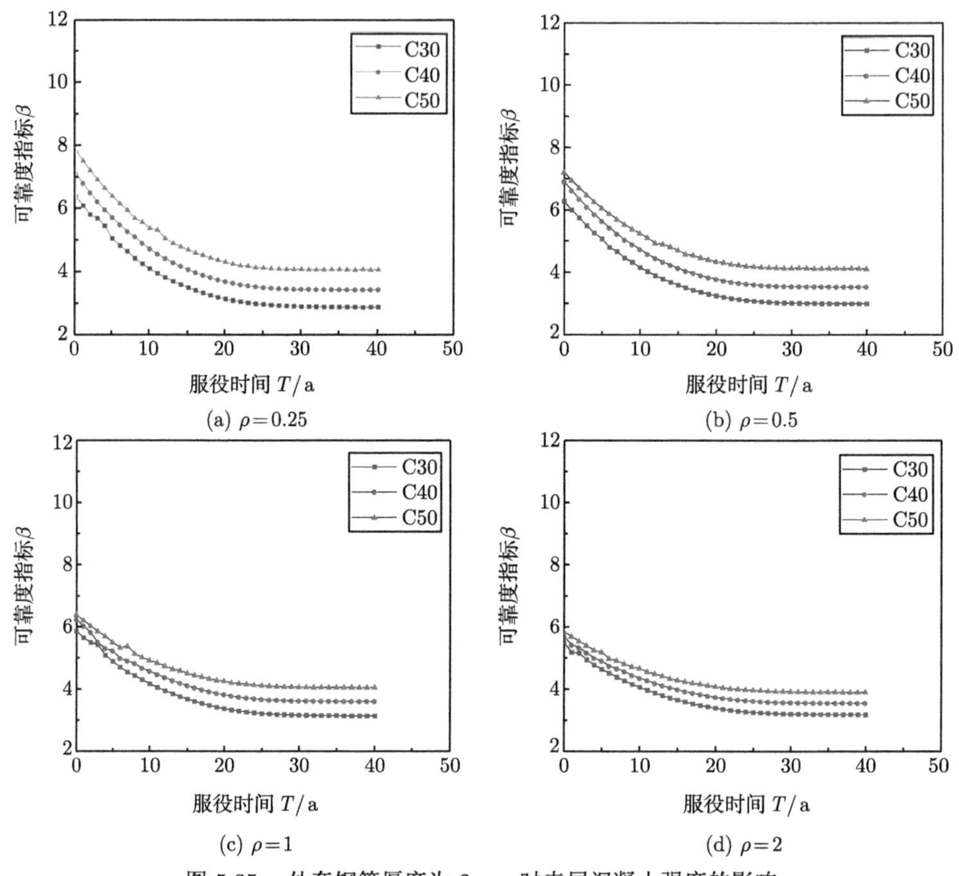

(a) $\rho=0.25$　　(b) $\rho=0.5$

(c) $\rho=1$　　(d) $\rho=2$

图 5.35　外套钢管厚度为 2mm 时夹层混凝土强度的影响

5.6　本 章 小 结

(1) 外套钢管夹层混凝土加固法可以显著提高锈蚀 RC 柱的轴压、偏压承载力，与原锈蚀 RC 柱相比，组合加固柱轴压承载力提高幅度为 3.17~5.06 倍，偏压承载力平均增加 5.3 倍，并且显著改善了锈蚀 RC 柱的变形能力。

(2) 锈蚀钢管力学性能退化研究表明，当钢管的锈蚀率小于 10%时，拉伸试件的应力–应变关系曲线与未锈蚀试件相似；当锈蚀率超过 10%时，屈服平台变得不明显，极限强度和极限应变降低；锈蚀作用对钢管的弹性模量的影响很小。本章采用五种假设检验法验证锈蚀钢管的强度不拒绝服从正态分布，对试验数据进行统计分析，得到了锈蚀钢管强度概率模型的统计参数，确定锈蚀钢管力学性能退化的概率模型。

(3) 外套钢管锈蚀会降低组合加固柱的套箍约束系数和轴向刚度，同时也会导致组合加固柱的破坏形态发生变化。随着外套钢管锈蚀率的增加，组合加固柱破坏特征可能由腰鼓状转变为剪切型。随着外套钢管锈蚀率的增加，组合加固柱承载力逐渐降低。

(4) 建立了考虑抗力退化的组合加固锈蚀 RC 柱时变可靠度模型，组合加固柱的可靠度随着荷载比的增加而减小，但到了服役寿命的后期，荷载比对可靠度的影响逐渐不显著。增加外套钢管壁厚对组合加固柱前期服役阶段的可靠度有利，但对后期服役阶段的可靠度提高影响不大。

第 6 章　外套钢管夹层混凝土加固 RC 柱抗震性能

6.1　引　　言

对于高层和超高层建筑、工业厂房等结构，RC 柱是结构承受垂直荷载和抗侧力体系的重要构件，其抗震性能非常重要。1995 年日本阪神地震发生后，大量 RC 墩柱及钢桥墩遭受了严重的毁坏，但钢管混凝土桥墩柱抗震性能良好，未发生严重损坏，这表明钢管混凝土柱具有十分优越的抗震性能，可以预计，采用外套钢管夹层混凝土加固后的 RC 柱也可能同样具备良好的抗震性能 [90,91]。对 RC 柱的抗震性能加固主要有三种途径：① 仅提高结构的水平承载力，使结构的水平承载力大于地震时的水平峰值荷载。采用这种方法加固后结构能够完全抵抗地震作用，结构一直处于弹性阶段，不发生屈服，无裂缝产生，但这种方法消耗资源巨大，不符合现阶段我国的基本国情。② 同时提高结构的水平承载力和延性，即在遭遇轻微地震作用时，结构处于弹性阶段；在遭遇设计烈度地震作用时，允许结构发生屈服，局部出现裂缝，但经过修理后可以继续使用；在遭遇强烈地震作用时，结构具有一定的耗能能力而不出现倒塌，使加固后的结构满足 “小震不坏、中震可修、大震不倒” 的设防要求，这也是我国目前普遍采用的抗震准则。③ 仅提高结构的延性，在结构的承载力提高不多时，改善结构的变形能力，一般通过使用延性较好的材料获得。通过前文研究可知，外套钢管夹层混凝土加固法既能有效提高结构承载力，又能显著提高结构延性。因此，有必要对外套钢管夹层混凝土加固 RC 柱的抗震性能进行深入的研究。

本章对外套钢管夹层混凝土加固 RC 柱的抗震性能进行系统研究，通过拟静力试验，分析轴压比、外套钢管径 (宽) 厚比、夹层混凝土强度等对组合加固柱破坏形态、滞回曲线、骨架曲线、延性、刚度退化、耗能能力、承载力退化等的影响，研究地震作用下外套钢管夹层混凝土加固 RC 柱的工作机制，揭示组合加固柱的失效机理和损伤演化规律。

6.2 外套圆钢管夹层混凝土加固 RC 圆柱抗震性能试验研究

6.2.1 试验概述

试验设计制作了 10 个试件，包括 1 个未加固的 RC 圆柱、8 个外套圆钢管夹层混凝土加固 RC 圆柱、1 个增大截面加固 RC 圆柱，主要研究参数包括不同加固方法、轴压比、夹层混凝土强度和外套钢管径厚比。试件设计参数见表 6.1。试件由混凝土墩座、柱身和柱头三部分组成，试件的整体高度为 1400mm，有效高度为 850mm，柱墩部分的高度为 450mm，柱头的高度为 200mm，试验中原 RC 圆柱的直径为 154mm，组合加固柱的外套钢管外径为 219mm。为了防止试验时柱墩先破坏，柱墩部分配制较多钢筋，可视为刚性支座，以模拟柱身的固端约束，加固柱尺寸如图 6.1 所示。工程实际中采用外套钢管夹层混凝土加固时，需要将外套钢管和柱墩相连接。本研究提出过一种适用于外套钢管夹层混凝土加固柱的生根技术：采用加劲肋将外套钢管和厚钢板焊接，厚钢板为两块半圆对接，中间圆孔直径和外套钢管外径相同，加固时可以起到定位钢管的作用，厚钢板与基础用锚栓固定，实际工程应用表明该生根技术构造简单，传力可靠。本试验试件与外套圆钢管夹层混凝土加固 RC 圆柱轴压、偏压等为同一批试件，材料性能与 RC 圆柱配筋见前文。

表 6.1 试件参数设计

试件编号	$L\times D\times t$ /mm	n	A_s /mm^2	A_{c1} /mm^2	A_t /mm^2	A_{c2} /mm^2	f_{cu1} /MPa	f_{cu2} /MPa
RC-0.3	—	0.30	687	18626	0	0	32.93	—
SERC-0.3	—	0.30	687	18626	1206	26612	32.93	45.07
CFST-3.25-C50-0.05	850×219×3.25	0.05	687	18626	2203	16839	32.93	50.35
CFST-3.25-C50-0.15	850×219×3.25	0.15	687	18626	2203	16839	32.93	50.35
CFST-3.25-C50-0.30	850×219×3.25	0.30	687	18626	2203	16839	32.93	50.35
CFST-3.25-C50-0.45	850×219×3.25	0.45	687	18626	2203	16839	32.93	50.35
CFST-1.80-C50-0.30	850×219×1.80	0.30	687	18626	1228	16839	32.93	50.35
CFST-3.90-C50-0.30	850×219×3.90	0.30	687	18626	2635	16839	32.93	50.35
CFST-3.25-C40-0.30	850×219×3.25	0.30	687	18626	2203	16839	32.93	43.01
CFST-3.25-C60-0.30	850×219×3.25	0.30	687	18626	2203	16839	32.93	61.26

注：n 为试验轴压比。

试件加载装置如图 6.2 所示。通过柱墩预留孔和两端固定装置，将试件在水平和竖直方向固定于地槽上。试验过程中，首先对试件施加一定比例的轴向力，由 1500kN 液压千斤顶施加于柱端，千斤顶上端设有滑动小车，以保证试验过程中轴向力始终竖向垂直于试件，滑动小车上端为分配梁，由其将力传递给反力架。低周反复水平力由 600kN 高精度拉压千斤顶施加，水平千斤顶由高精度静态液压伺服控制台控制。

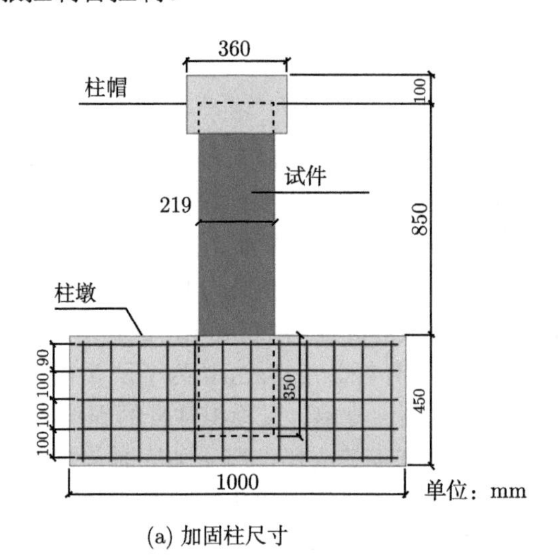

(a) 加固柱尺寸

(b) 加固柱照片

图 6.1　加固柱示意图

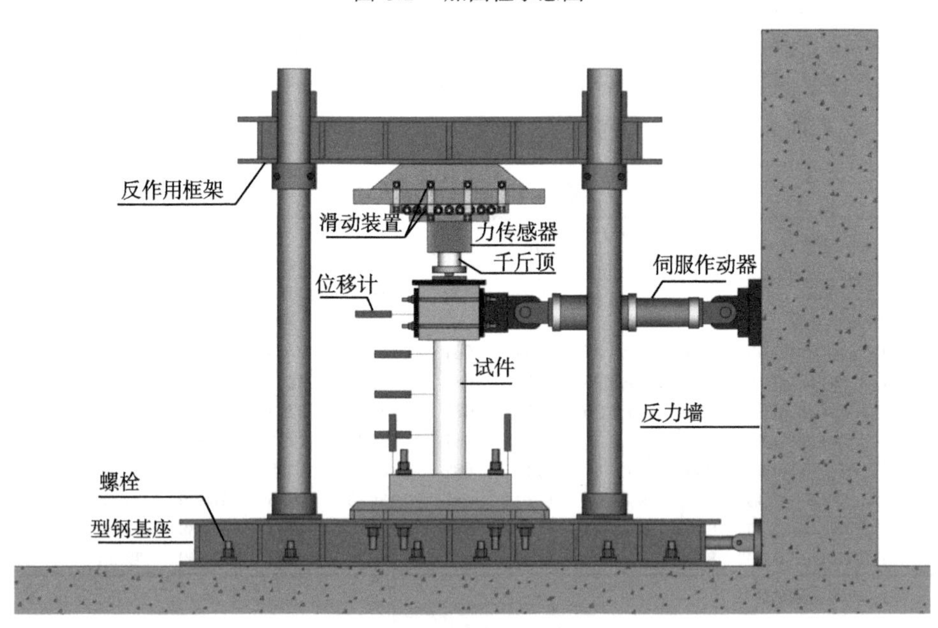

图 6.2　加载装置示意图

试验中采用位移控制进行加载，利用侧移率来表征位移的大小，侧移率为柱头加载点处水平位移与加载点至柱底固定端距离的比值。对于组合加固柱，加载前期每次循环侧移率增长 0.25%，直至 1%，每级循环一次；之后每次侧移率增长 0.5%，每级循环两次，直至 3%；最后每次侧移率增长 1%，每级循环两次，直至破坏。对于原 RC 柱和增大截面加固柱，加载前期每次循环侧移率增长 0.25%，直至 1%，每级循环一次；之后每次侧移率增长 0.5%，每级循环一次，直至 3%；最后每次侧移率增长 1%，每级循环一次，直至破坏。

试验的量测主要包括以下内容：① 柱头加载处的水平位移，由加载点同等高度处设置的大量程位移计实时测得；支墩水平位移，用以修正支座微小位移带来的影响。② 轴向荷载值由竖向传感器测得，水平往复荷载由水平传感器实时测得。③ 外套钢管固定端纵、横向应变，外套钢管测点布置在距离柱端 3cm 处，每个截面粘贴 8 片应变片，纵、横向各 4 片应变片。所有数据均由 DH3816 采集系统进行采集。

6.2.2 试验结果与分析

1. *破坏形态*

对于原 RC 圆柱，加载初期试件外观无明显变化，卸载后残余变形较小；在位移达到 2.5mm 左右时，在受拉侧首先出现水平裂缝，但在反向加载过程中裂缝可以闭合；随着水平位移的增大，裂缝数量增多，位置向柱高方向发展，且裂缝宽度有所增加，反向加载过程中无法全部闭合，随后柱脚部位少量表皮混凝土开始剥落。试件最大位移仅为 4mm，变形能力较差。破坏时，柱端混凝土出现大块剥落，水平承载能力大幅下降，试件宣告破坏。试件破坏形态如图 6.3(a) 所示。

(a) RC 圆柱

(b) 增大截面加固 RC 圆柱

(c) 组合加固柱

图 6.3 试件破坏形态

对于增大截面加固 RC 圆柱，加载初期试件处于弹性阶段，柱端位移较小，试件外观无明显变化。随着水平位移的逐渐增大，每级循环水平极限荷载逐渐增大，在水平位移达到 8mm 左右时，试件受拉侧柱脚位置开始出现水平裂缝，在此后的反向加载过程中，裂缝可以闭合，同时另一侧也开始出现水平裂缝。随着水平位移的不断增大，原有水平裂缝也不断发展，且沿柱高向上开始不断出现新的水平裂缝。当水平位移达到 16mm 左右时，试件柱脚部位表面混凝土开始不断剥落。最终随着水平裂缝的增加，沿柱身出现纵向裂缝，混凝土开始大块剥落，试件宣告破坏。试件柱顶最大水平位移为 30mm 左右，试件变形能力较好。试件破坏形态如图 6.3(b) 所示。

对于外套圆钢管夹层混凝土加固 RC 圆柱，加载初期试件处于弹性阶段，水平位移较小，加载与卸载的水平荷载–侧移率曲线基本呈线性关系，且卸载残余应变较小。随着侧移率的不断增大，试件逐渐进入屈服阶段，试件残余应变开始增大，组合加固柱柱底防锈漆开始剥落。水平位移为屈服位移的 2~3 倍时，组合加固柱外套钢管受压侧出现微弱鼓曲，但在随后的反向过程中鼓曲又被拉平，同时受压另一侧也出现了鼓曲。随着侧移率的进一步增加，柱底钢管鼓曲向截面四周发展，呈现“象脚”状外突环。最终由于试件变形过大，轴向千斤顶出现较大转动，试验宣告结束。典型试件的破坏形态如图 6.3(c) 所示。

2. 滞回曲线

图 6.4 为各试件的滞回曲线，其中横轴表示试件的侧移率，纵轴表示加载点的水平荷载。由图 6.4 可知，与 RC 圆柱相比，外套圆钢管夹层混凝土加固 RC 圆柱和增大截面加固 RC 圆柱的滞回曲线较为饱满，水平极限荷载均有大幅提升。所有外套圆钢管夹层混凝土加固 RC 圆柱的滞回曲线形状较为相似，较增大截面加固 RC 圆柱更为饱满，表现出更好的耗能能力。

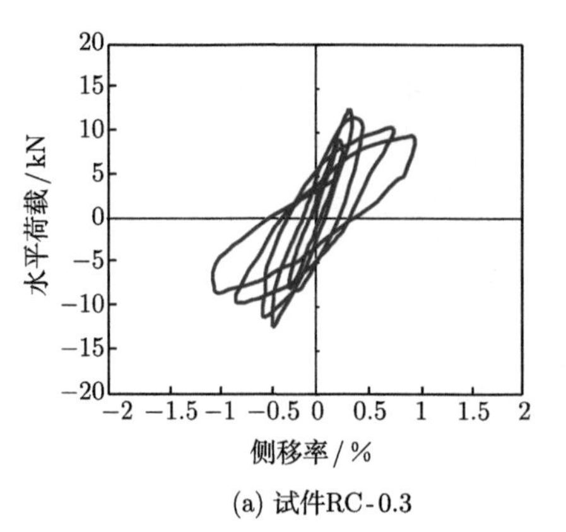

(a) 试件RC-0.3

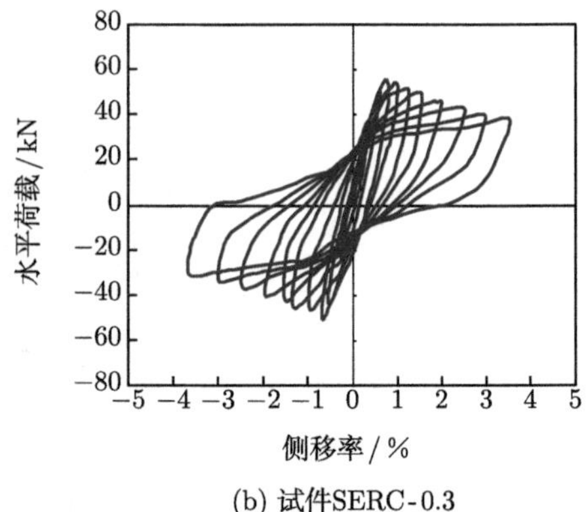

(b) 试件SERC-0.3

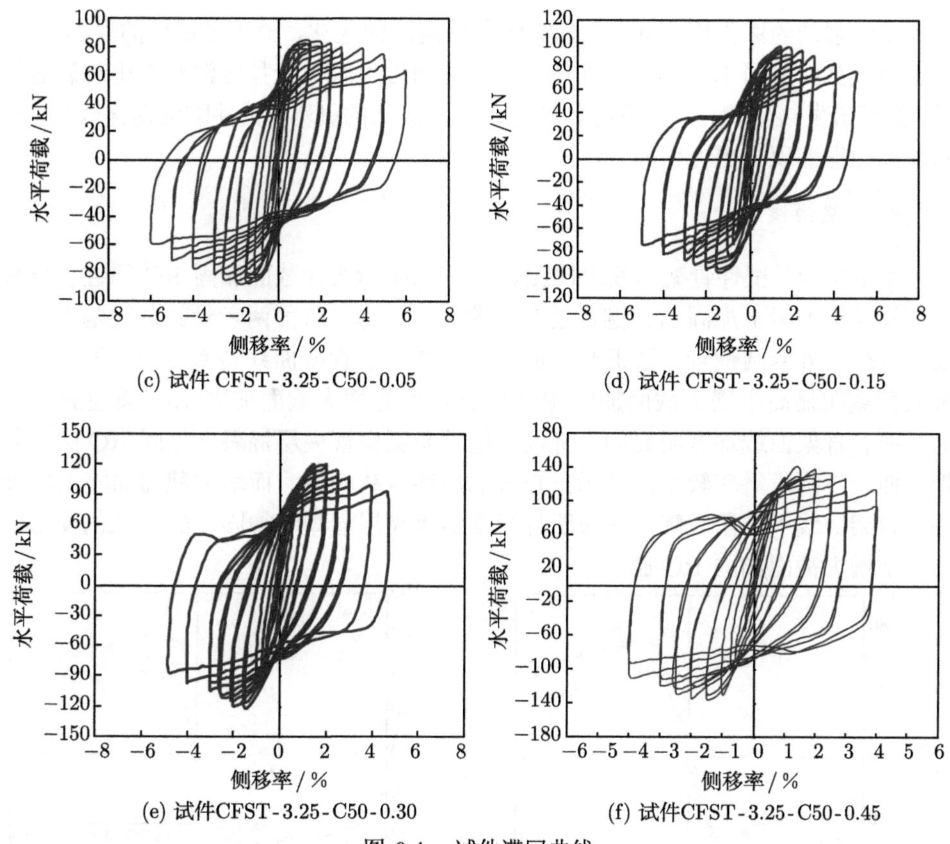

(c) 试件 CFST-3.25-C50-0.05

(d) 试件 CFST-3.25-C50-0.15

(e) 试件CFST-3.25-C50-0.30

(f) 试件CFST-3.25-C50-0.45

图 6.4 试件滞回曲线

对于外套圆钢管夹层混凝土加固 RC 圆柱，在侧移率的峰值较小时，试件处于弹性阶段，加载曲线斜率变化较小，卸载后的残余应变也较小，一个正反循环加载形成的滞回环不明显，外套钢管对内部混凝土的约束作用较弱。随着侧移率峰值的逐渐增大，外套钢管进入屈服阶段，滞回曲线出现一定程度的捏缩。侧移率峰值对应的水平荷载开始下降，在卸载过程中，侧移率峰值后的滞回曲线下降较陡，荷载下降迅速，但侧移率变化不明显，且残余应变增大。此后，滞回曲线出现较为明显的拐点，水平荷载随侧移率的增加开始增大，基本呈线性变化，随着反向钢管进入屈服阶段，水平荷载不随侧移率的增加而增大。但随着继续循环加载，滞回曲线捏缩趋势越来越明显，最后呈现出较为明显的梭形曲线。

外套圆钢管夹层混凝土加固 RC 圆柱和增大截面加固 RC 圆柱的滞回曲线表现出一定程度的捏缩趋势，是由加载过程中试件的抗弯刚度退化所引起的。对于外套圆钢管夹层混凝土加固 RC 圆柱，当侧移率的峰值较大时，在一个正向加载过程中，受压侧的钢管已经进入屈服阶段，另一侧的混凝土由于受拉而出现水平裂缝，但外套钢管的约束作用限制了裂缝的发展，并在反向加载过程中对混凝土起到了较强的约束作用，可有效地延缓试件刚度的退化，改善了试件的滞回性能。对于增大截面加固 RC 圆柱，在侧移率的峰值较大时，受拉侧混凝土出现裂缝较早，且裂缝发展较快，并伴有柱脚部位表皮混凝土的剥落，试件刚度退化较快，滞回曲线的捏缩现象更为明显。

3. 骨架曲线

图 6.5 为各试件骨架曲线对比图。图 6.5(a) 为增大截面加固 RC 圆柱和外套圆钢管夹层混凝土加固 RC 圆柱的骨架曲线，在弹性阶段两者骨架曲线基本都呈线性特征，外套圆钢管夹层混凝土加固 RC 圆柱的骨架曲线斜率稍大，但其水平极限荷载明显高于增大截面加固 RC 圆柱，约为增大截面加固 RC 圆柱的 1.31 倍。两者骨架曲线均有明显的下降段，但外套圆钢管夹层混凝土加固 RC 圆柱其骨架曲线下降段斜率较小，显示出较好的后期承载能力，而增大截面加固 RC 圆柱的骨架曲线下降段较陡，这表明外套圆钢管夹层混凝土加固 RC 圆柱的变形能力优于增大截面加固 RC 圆柱。

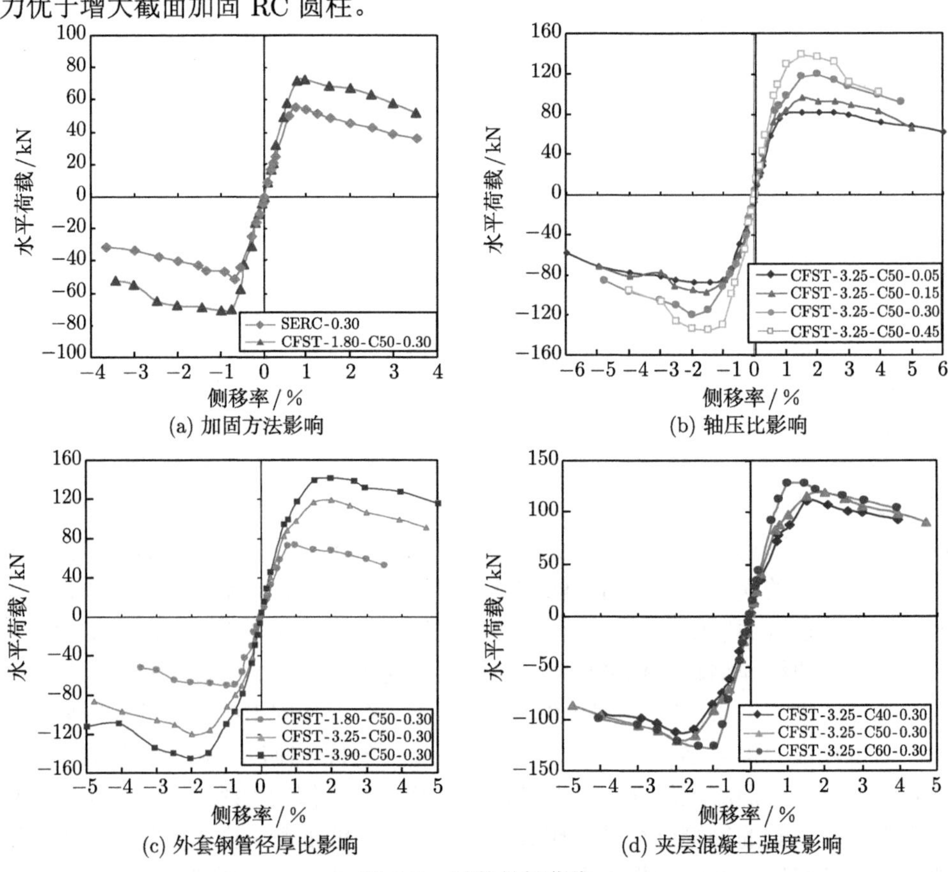

(a) 加固方法影响　(b) 轴压比影响

(c) 外套钢管径厚比影响　(d) 夹层混凝土强度影响

图 6.5　试件骨架曲线

图 6.5(b) 为轴压比对外套圆钢管夹层混凝土加固 RC 圆柱骨架曲线的影响。在弹性阶段，各试件骨架曲线基本相同，但轴压比对试件的水平极限荷载影响显著。其中试件 CFST-3.25-C50-0.45 的水平极限荷载为 141.5kN，试件 CFST-3.25-C50-0.05 仅为 84.6kN。轴压比较大的试件，其水平极限荷载较大，但加载后期荷载下降速度也较快；轴压比较小的试件虽水平极限荷载较小，但具有良好的变形能力，加载后期荷载下降较为缓慢。

图 6.5(c) 为外套钢管径厚比对外套圆钢管夹层混凝土加固 RC 圆柱骨架曲线的影响。外套钢管径厚比较小的试件，在弹性阶段的骨架曲线斜率较大，且水平极限荷载也较大，荷载下降较为缓慢。其中试件 CFST-3.90-C50-0.30 的水平极限荷载为 143.82kN，而试件 CFST-1.80-C50-0.30 仅为 72.9kN，表明外套钢管径厚比的改变是影响试件受力性能的重要因素。

图 6.5(d) 为夹层混凝土强度对外套圆钢管夹层混凝土加固 RC 圆柱骨架曲线的影响。其中试件 CFST-3.25-C40-0.30、试件 CFST-3.25-C50-0.30 与试件 CFST-3.25-C60-0.30 的水平极限荷载分别为 110.83kN、119.97kN、132.16kN。夹层混凝土强度较大的试件，其水平极限荷载较大，曲线下降段较陡，试件的延性有所降低。夹层混凝土强度较小的试件，其水平极限荷载有所降低，但骨架曲线下降段较为平缓，试件变形能力有所改善。但从整体上看，夹层混凝土强度对骨架曲线的影响并不显著。

4. 延性分析

延性是指结构或构件在强度没有明显退化情况下的非弹性变形能力，是评价结构或构件抗震性能的重要参数，也是评定加固柱抗震性能提高的重要指标。这里采用位移延性系数来量化试件的延性，即极限侧移率与屈服侧移率之比，其计算公式为

$$\mathrm{DI}=\frac{\Delta_{\mathrm{u}}}{\Delta_{\mathrm{y}}} \tag{6.1}$$

式中，Δ_{u} 和 Δ_{y} 分别为极限侧移率和屈服侧移率。

对于原 RC 圆柱，屈服侧移率 Δ_{y} 取最外侧受拉钢筋屈服时或受压区混凝土最外侧纤维达到极限应变时对应的柱顶侧移率，而极限侧移率 Δ_{u} 为荷载下降至极限荷载的 85%时对应的柱顶侧移率。对于外套圆钢管夹层混凝土加固 RC 圆柱，屈服侧移率 Δ_{y} 取最外侧钢管受拉屈服时对应的柱顶侧移率，而极限侧移率 Δ_{u} 同样取荷载下降至极限荷载的 85%时对应的柱顶侧移率。

表 6.2 给出了所有试件的屈服侧移率、极限侧移率和延性系数，其中，括号内为反向加载循环的对应值。分析可知，增大截面加固 RC 圆柱和外套圆钢管夹层混凝土加固 RC 圆柱的屈服侧移率均稍大于 RC 圆柱，但极限侧移率均远大于

RC 圆柱，试件变形能力改善显著。试件 CFST-1.80-C50-0.30 与试件 SERC-0.3 加固用钢量基本相同，其延性系数分别为 3.55(4.62) 和 2.77(2.56)，由此可见，在加固用钢量基本相同的情况下，外套圆钢管夹层混凝土加固 RC 圆柱的延性有较大提高，与增大截面加固 RC 圆柱相比具有较好的延性。对于外套圆钢管夹层混凝土加固 RC 圆柱，轴压比越大，延性系数越小，随着轴压比在 0.05~0.45 变化，延性系数从 5.32(5.21) 降至 3.73(3.63)。外套钢管径厚比越小，则试件延性越好，外套钢管径厚比为 56.2 时试件的延性系数达到了 5.38(3.91)。夹层混凝土强度对延性也有一定影响，夹层混凝土强度越大，则试件的延性越差。这主要由两方面原因造成：一方面，夹层混凝土强度越大，则脆性越显著，延性变差；另一方面，夹层混凝土强度的增大降低了外套钢管对内部混凝土的约束作用。双重作用导致夹层混凝土强度对试件延性有较为明显的影响。

表 6.2 抗震试验结果

编号	$P_{\max}$/kN	Δ_{y}/%	Δ_{u}/%	DI
RC-0.3	12.56(−12.23)	0.42(−0.35)	0.68(−0.64)	1.71(1.83)
SERC-0.3	55.8(−50.84)	0.63(−0.57)	1.67(−1.47)	2.77(2.56)
CFST-3.25-C50-0.05	84.6(−87.68)	0.84(−0.86)	4.45(−4.47)	5.32(5.21)
CFST-3.25-C50-0.15	97.24(−97.60)	0.91(−0.84)	3.87(−3.73)	4.64(4.45)
CFST-3.25-C50-0.30	119.97(−120.47)	0.93(−0.88)	3.60(−3.29)	4.14(3.72)
CFST-3.25-C50-0.45	141.5(−134.62)	0.90(−0.92)	2.81(−3.33)	3.73(3.63)
CFST-1.80-C50-0.30	72.9(−69.96)	0.76(−0.72)	2.70(−3.34)	3.55(4.62)
CFST-3.90-C50-0.30	143.82(−146.30)	0.83(−0.87)	5.35(−3.41)	5.38(3.91)
CFST-3.25-C40-0.30	110.83(−112.15)	0.91(−0.95)	3.78(−3.84)	4.79(4.06)
CFST-3.25-C60-0.30	132.16(−126.08)	0.89(−0.81)	2.88(−2.60)	3.65(3.20)

5. 刚度退化

试件在水平反复荷载作用下，随着位移及循环的增加，试件的刚度有所减小。刚度退化会引起结构或构件抗震性能的减弱，因此有必要对试件刚度退化情况进行深入研究。通常采用环线刚度来反映结构或构件刚度的变化。环线刚度 $K_{\mathrm{h}j}$ 定义为

$$K_{\mathrm{h}j}=\sum_{i=1}^{n}P_{j,i}\Big/\sum_{i=1}^{n}\Delta_{j,i} \tag{6.2}$$

式中，$K_{\mathrm{h}j}$ 为第 j 级加载时对应的环线刚度；n 为每级循环对应的循环次数；$P_{j,i}$ 为第 j 级加载时对应的峰值荷载；$\Delta_{j,i}$ 为第 j 级加载时对应的峰值侧移率。同时，为了反映每次循环时的刚度变化情况，引入割线刚度 $K_{\mathrm{s}i}$，割线刚度 $K_{\mathrm{s}i}$ 定义为

$$K_{\mathrm{s}i}=(|+P_i|+|-P_i|)/(|+\Delta_i|+|-\Delta_i|) \tag{6.3}$$

式中，$K_{\mathrm{s}i}$ 为第 i 次加载时的割线刚度；$\pm\Delta_i$ 为第 i 次加载时正反向对应的峰值点侧移率；$\pm P_i$ 为第 i 次加载时对应的峰值点荷载。

图 6.6 为各试件的环线刚度退化–侧移率关系曲线，其中反向加载为了与滞回曲线相对应，绘图时环线刚度取为负值。由图 6.6 可知，所有试件的环线刚度随着峰值侧移率的增大而减小，在加载早期环线刚度退化速率较大，加载后期由于刚度较小，退化速率减缓。由图 6.6(a) 可知，与原 RC 圆柱相比，外套圆钢管夹层混凝土加固 RC 圆柱和增大截面加固 RC 圆柱的环线刚度均有大幅提高，加固效果显著。各级峰值侧移率下，外套圆钢管夹层混凝土加固 RC 圆柱的环线刚度均大于加固用钢量基本相同的增大截面加固 RC 圆柱，其初始刚度为增大截面加固 RC 圆柱的 1.37 倍，在退化趋势基本一致的情况下，表明外套圆钢管夹层混凝土加固 RC 圆柱的受力性能明显优于增大截面加固 RC 圆柱。由图 6.6(b) 可知，随着轴压比的增大，试件的初始刚度有明显上升，正向环线刚度由 13.58kN/mm 增大到 21.38kN/mm。在侧移率达到 3%之前，各级峰值侧移率下试件的环线刚度随轴压比的增大而增大。但轴压比较大的试件，其环向刚度退化较快，在加载后期，随着侧移率的增大，不同轴压比试件的环线刚度趋于相同。由图 6.6(c) 可知，

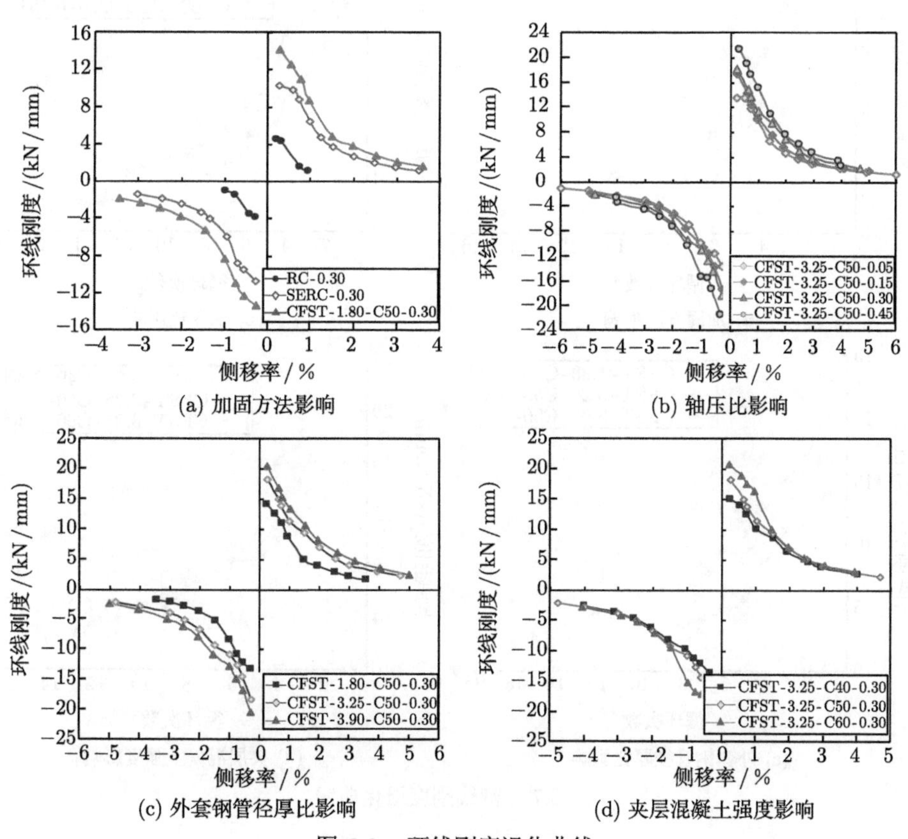

图 6.6 环线刚度退化曲线

随着外套钢管径厚比的减小，各级峰值侧移率下试件的环线刚度增大；外套钢管径厚比较大的试件，其环线刚度退化较快，这是由于外套钢管径厚比的增大，一方面降低了试件的刚度，另一方面削弱了外套钢管对核心混凝土的约束作用，造成在侧移率增加时试件刚度退化严重。由图 6.6(d) 可知，夹层混凝土强度越大，试件的初始刚度越大，但试件的环线刚度退化速率也较快，在侧移率达到 2%以后，夹层混凝土强度不同的试件，其环线刚度趋于相同。

图 6.7 为各试件的割线刚度退化曲线。由图 6.7 可知，各试件割线刚度退化曲线规律基本一致，随着循环次数的增加，割线刚度逐渐减小。由于本次试验在侧移率不大于 1%时的循环为单次循环，故在侧移率达到 1%之前，试件的割线刚度变化规律与环线刚度具有同样的特征。但在侧移率达到 1%以后，由于对于同一峰值位移循环 2 次，试件的割线刚度–循环次数曲线呈现出较为明显的阶梯状。这

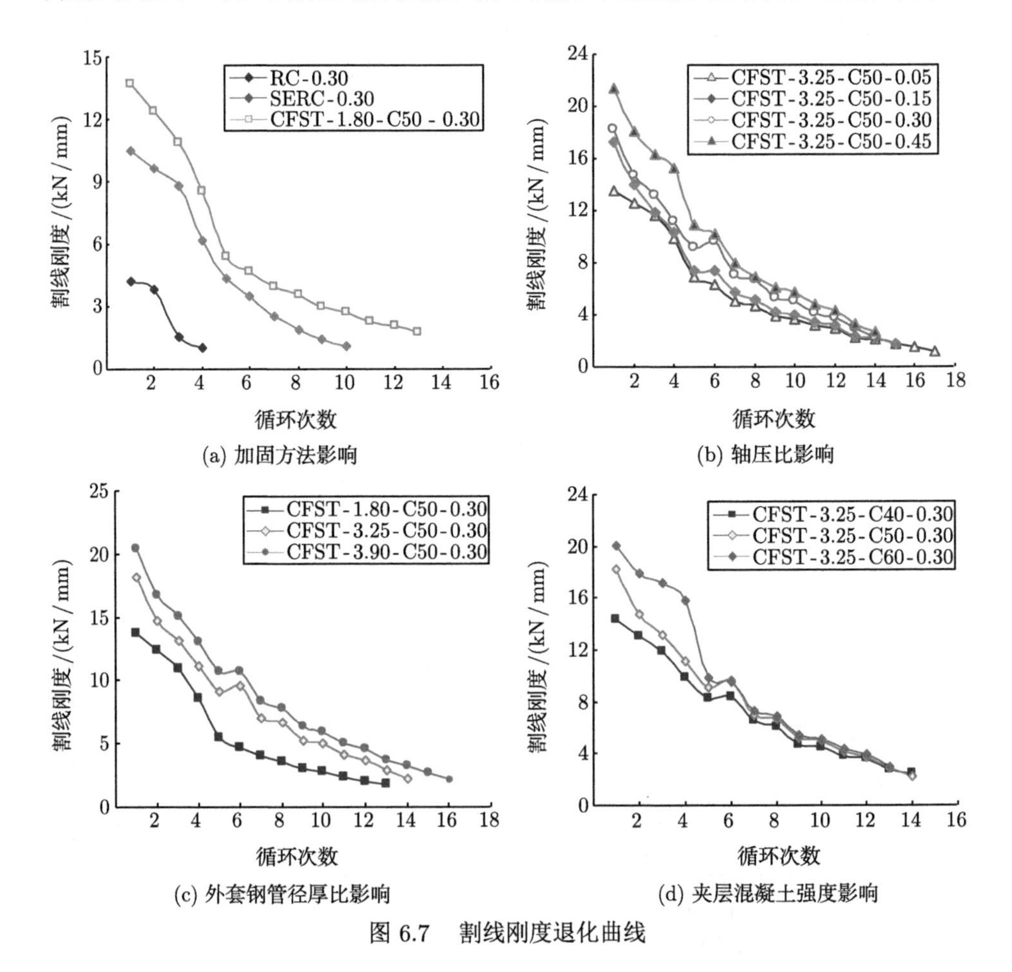

(a) 加固方法影响

(b) 轴压比影响

(c) 外套钢管径厚比影响

(d) 夹层混凝土强度影响

图 6.7 割线刚度退化曲线

表明在同级加载下试件的割线刚度随循环次数的增加而减小，但幅值不大。这是因为在多个循环过程中，虽然峰值侧移率没有增加，但由于疲劳作用，钢管对核心混凝土的约束作用减弱，混凝土原有的裂缝也会有所发展，造成了在同等级循环下试件刚度的退化，同时又由于为低周反复荷载，疲劳作用有限，故刚度减小幅值不大。不同加固方法、轴压比、外套钢管径厚比及夹层混凝土强度对试件割线刚度退化曲线的影响规律基本与环线刚度一致。

6. 耗能能力

在水平往复荷载作用下，在一个加载–卸载–反向加载–反向卸载过程中，荷载–侧移率曲线与侧移率轴所围成的面积即表示试件吸收或耗散能量的大小。滞回环的面积则表示试件耗散能量的多少，可用于表征试件的耗能能力。每个位移加载循环的滞回环与侧移率坐标轴所包络的面积即为本次循环的耗能量 Q_k，如图 6.8 所示，可按下式进行计算：

$$Q_k = S_{ABCDEFG} = \sum_{i=1}^{n} \frac{1}{2}(P_{i+1} + P_i)(\Delta_{i+1} - \Delta_i) \tag{6.4}$$

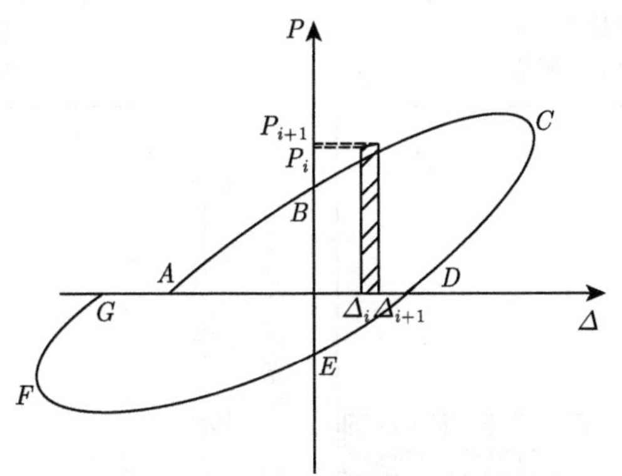

图 6.8 试件累积耗能计算示意

累积耗能则为从加载到破坏各个循环耗能的总和，即

$$E = \sum_{n=1}^{m} E_n \tag{6.5}$$

图 6.9 给出了各试件的累积耗能–侧移率曲线。由图 6.9(a) 可知，对于不同的加固方法，在加固用钢量基本相同的情况下，外套圆钢管夹层混凝土加固 RC 圆柱的曲线斜率较大，耗能性能明显优于增大截面加固 RC 圆柱，其最终耗能量约为增大截面加固 RC 圆柱的 1.45 倍。对于外套圆钢管夹层混凝土加固 RC 圆柱，曲线变化规律基本一致，在侧移率较小时，曲线较为平缓，累积耗能增加量以及总量均较小；加载后期，随着侧移率的增加，曲线斜率逐渐增大，累积耗能总量快

速增长。由图 6.9(b) 可知，在其他参数基本相同时，试件轴压比越大，则曲线越陡，累积耗能增长越快；但轴压比较大的试件破坏较早，最终累积耗能总量并没有明显提高。由图 6.9(c) 可知，外套钢管径厚比对试件曲线影响最为显著，径厚比越小，则曲线斜率越大，最终的累积耗能总量越大，径厚比较小的试件，其耗能性能明显变优。由图 6.9(d) 可知，夹层混凝土强度较大的试件，其累积耗能–侧移率曲线前期斜率稍大，后期规律变化不明显。

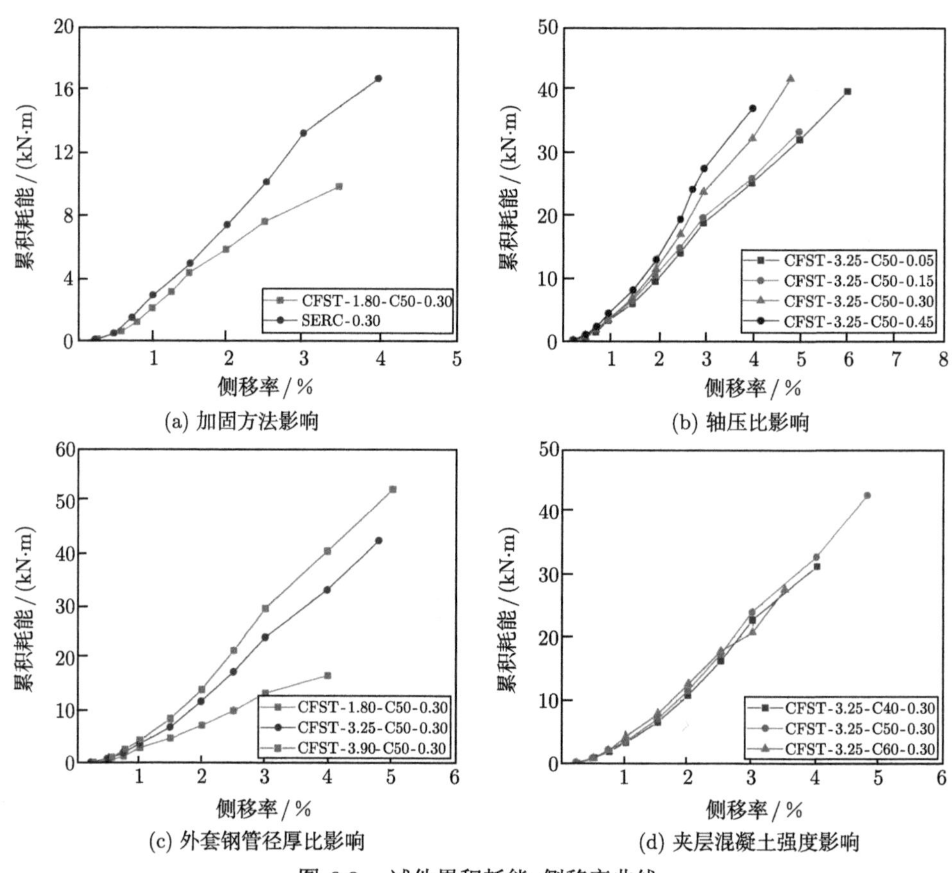

图 6.9 试件累积耗能–侧移率曲线

6.3 外套圆钢管夹层混凝土加固 RC 方柱抗震性能试验研究

6.3.1 试验概述

试验设计制作了 15 个试件，包括 1 个未加固的 RC 方柱和 14 个外套圆钢管夹层混凝土加固 RC 方柱，主要研究参数包括轴压比、夹层混凝土强度和外套钢管径厚比。RC 方柱的截面尺寸为 150mm×150mm，长度为 800mm，纵向钢筋为 4 根直径为 12mm 的 HRB 335 级钢筋，配筋率为 2.01%，箍筋均采用ϕ6@150。试验中 RC 方柱采用 C25 等级混凝土，夹层混凝土强度等级分别为 C30、C40、C50。外套钢管外径为 273mm，钢管径厚比分别为 130、86.4、65.9。考虑试验轴压比和设计轴压比的差别，本章将原 RC 方柱的轴压比取为 0.30，组合加固柱的轴压比分别取为 0.07、0.15、0.30、0.45。试件参数如表 6.3 所示。钢筋的力学性能见表 6.4，钢管的力学性能见表 6.5。加载制度选用变幅位移控制加载方法：对于组合加固柱，加载前期，进行单循环加载，每次循环侧移率小幅增长，增长幅度为 0.25%。当侧移率达到 1%之后，增幅为 0.5%，每级循环两次，直到试件破坏为止。对于 RC 方柱，侧移率增幅和组合加固柱相同，但每级位移只循环一次。

表 6.3 试件参数设计

试件编号	$L \times D \times t$/mm	f_{cu1}/MPa	f_{cu2}/MPa	n
RC-0.30	800×150×0	31.52	—	0.30
S2-0.07-C40	800×273×2.10	31.52	44.87	0.07
S2-0.15-C40	800×273×2.10	31.52	44.87	0.15
S2-0.30-C40	800×273×2.10	31.52	44.87	0.30
S2-0.45-C40	800×273×2.10	31.52	44.87	0.45
S3-0.07-C40	800×273×3.16	31.52	44.87	0.07
S3-0.15-C40	800×273×3.16	31.52	44.87	0.15
S3-0.30-C40	800×273×3.16	31.52	44.87	0.30
S3-0.45-C40	800×273×3.16	31.52	44.87	0.45
S4-0.07-C40	800×273×4.14	31.52	44.87	0.07
S4-0.15-C40	800×273×4.14	31.52	44.87	0.15
S4-0.30-C40	800×273×4.14	31.52	44.87	0.30
S4-0.45-C40	800×273×4.14	31.52	44.87	0.45
S3-0.30-C30	800×273×3.16	31.52	36.63	0.30
S3-0.30-C50	800×273×3.16	31.52	54.69	0.30

表 6.4 钢筋的力学性能

钢筋类型	直径 /mm	屈服强度/MPa	极限强度/MPa	伸长率 /%	弹性模量 /GPa
ϕ6	6.00	310	396	25.0	198
Φ12	12.00	395	485	21.9	203

表 6.5 钢管的力学性能

$D \times t$/mm	厚度/mm	屈服强度/MPa	极限强度/MPa	伸长率 /%	弹性模量/GPa
273×2.10	2.10	369	455	25.4	209
273×3.16	3.16	350	442	27.6	208
273×4.14	4.14	340	438	22.0	205

6.3.2 试验结果与分析

1. 破坏形态

对于 RC 方柱，在加载初期，试件外观无变化，当侧移率为 0.75%时，距离柱脚 30mm 处受拉侧出现细微的水平裂纹，反向加载裂纹能够闭合。随着水平位移增加，水平裂纹的数量和宽度都增加，形成一条直观的水平裂缝且不能随着反向加载而闭合，在侧移率为 1.5%时，RC 方柱的纵筋应变超过 2000，水平荷载达到最大值，继续加载，水平荷载急剧下降，伴随柱脚混凝土剥落，最后因轴向力无法保持而停止加载，RC 方柱的破坏形态如图 6.10(a) 所示。

(a) RC 方柱

(b) 组合加固柱

图 6.10 试件破坏形态

(a) 夹层混凝土

(b) 原 RC 方柱

图 6.11 组合加固柱内部破坏形态

对于组合加固柱，在加载初期，试件处于弹性阶段，外观无明显变化，当侧移率达到 0.75%时，受压区纵向应变片的读数超过了 2000，说明外套钢管的端部开始进入塑性，但原 RC 方柱的纵筋的应变均未达到 2000，说明此时原 RC 方柱钢筋还处于弹性阶段。随着水平位移的不断增大，外套钢管的屈服高度上升，同时，底部环向应变片的读数开始迅速增大，表明底部受压区核心混凝土的变形超过了外套钢管的变形，外套钢管开始对核心混凝土提供约束力。当侧移率为 1%~2%时，水平荷载达到最大值，继续加载，水平荷载逐渐降低，当侧移率为 2.5%左右时，外套钢管受压侧出现微弱鼓曲，鼓曲位置位于柱底距基座约 30mm 处，但在随后的反向加载过程中鼓曲又被拉平，同时处于受压另一侧的钢管也出现了鼓曲。当侧移率为 2%时，原 RC 方柱纵筋的应变超过 2000，表明原 RC 方柱的钢筋强度得到发挥。随着水平位移的进一步增加，柱底钢管鼓曲向截面四周发展，同时传出混凝土被压碎的声音。试件在达到极限荷载之后，破坏发展迅速，在侧移率超过 4%时，外套钢管被拉断。试件呈现出典型的压弯破坏特征，组合加固柱的破坏形态如图 6.10(b) 所示。试验结束后，将试件 S3-0.30-C40 的外套钢管剖开，发现柱脚部位夹层混凝土在往复荷载下开裂，轻轻敲击混凝土便掉落，而塑性铰以上部位的混凝土外观无明显变化。剖开后试件的破坏形态如图 6.11 所示。

2. 滞回曲线

对于 RC 方柱，由于剪切破坏和钢筋的粘结破坏，其滞回曲线表现出明显的捏缩现象，如图 6.12(a) 所示。组合加固柱的滞回曲线较为饱满，表现出良好的耗能能力，如图 6.12(b)~(f) 所示。在侧移率较小时，组合加固柱处于弹性状态，滞回曲线基本呈线性特征，卸载之后，试件的残余变形较小，滞回曲线基本闭合接近为一条直线，外套钢管的纵向应变和横向应变随荷载呈现对称循环变化，在前期加载过程中，外套钢管对核心混凝土的约束作用没有表现出来。随着循环侧移率峰值的增加，滞回环逐渐由直线扩大为环状，环状面积随着侧移率的增大而逐渐增大。当外套钢管屈服后，侧移率峰值对应的水平荷载还能继续增大，滞回曲线面积继续增大。在卸载过程中，水平荷载–侧移率曲线的斜率更加陡峭，试件残余变形增大，相应的外套钢管残余应变也增大。

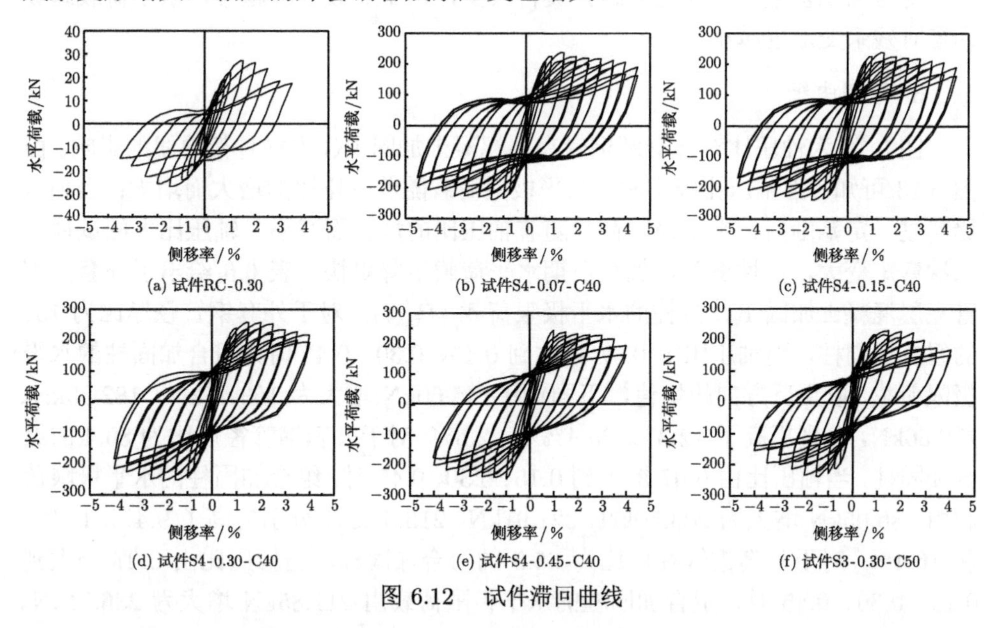

图 6.12 试件滞回曲线

外套圆钢管夹层混凝土加固 RC 方柱滞回曲线在加–卸载过程中呈现出以下特点：

(1) 在相同侧移率下，由于试件刚度的退化，第二次循环的曲线斜率比第一次循环的曲线斜率小。当侧移率超过 3%后，组合加固柱的滞回曲线均表现出一定的捏缩现象，外套钢管径厚比越大的试件其出现捏缩现象越早。分析原因如下：在侧移率较大时，对组合加固柱正向加载，由于塑性铰区域外套钢管早已屈服，产生了较大的塑性变形，且与混凝土的粘结作用已被破坏，该区域受拉混凝土裂缝开展较宽；当水平荷载卸载为零时，尽管有恒定的竖向轴力作用，但残余变形较大，混凝土裂缝未能完全闭合，由于塑性铰区域的受拉钢管已经产生了较大的塑性变形，虽然此时处于受压状态，但总变形仍呈增长趋势；继续反向加载时，原来受压的部分开始受拉，受拉的部分开始受压，由于原受拉区混凝土裂缝尚未完全闭合，钢管的残余变形导致钢管和混凝土之间出现空隙，受压区混凝土首先需克服这些附加变形才能开始受压，这些原因导致试件变形增长较快，滞回曲线呈平缓状态。但这些附加变形被完全克服以后，外套钢管对核心混凝土又开始产生约束作用，变形增长速度放缓，滞回曲线出现拐点，导致出现捏缩现象。当水平荷载反复作用时，捏缩现象越来越明显。

(2) 试件加载到既定侧移率开始卸载时，卸载刚度逐渐减小，刚开始卸载时荷载降低很快，恢复变形少，随后曲线趋向平缓，恢复变形加快，表现为承载能力的恢复早于变形的恢复，即变形恢复滞后现象。轴压比越大，则相同侧移率下混凝土受压面积也越大，受拉裂缝开展得较少，水平荷载下降越缓，水平荷载卸载为零时残余变形也越小。

3. 骨架曲线

图 6.13 为轴压比对外套圆钢管夹层混凝土加固 RC 方柱骨架曲线的影响。由图 6.13 可知，当轴压比较小时，水平极限荷载随着轴压比的增大而增大；当轴压比超过一定范围后，水平极限荷载随着轴压比的增大而减小。轴压比大的试件其二次弯矩变大，延性变差，加载后期水平荷载下降更快。表 6.6 给出了外套圆钢管夹层混凝土加固 RC 方柱的水平极限荷载 ($P_{\max}$)。对于外套钢管径厚比为 130 的组合加固柱，当轴压比由 0.07 增大到 0.15、0.30、0.45 时，组合加固柱的水平极限荷载 (取正反方向的均值，下同) 由 145.60kN 增大为 163.45kN、182.55kN、178.56kN，分别提高了 12.3%、25.4%和 22.6%。对于外套钢管径厚比为 86.4 的组合加固柱，当轴压比由 0.07 增大到 0.15、0.30、0.45 时，组合加固柱的水平极限荷载由 186.05kN 增大为 203.50kN、221.91kN、216.65kN，分别提高了 9.4%、19.3%和 16.4%。对于外套钢管径厚比为 65.9 的组合加固柱，当轴压比由 0.07 增大到 0.15、0.30、0.45 时，组合加固柱的水平极限荷载由 211.85kN 增大为 236.71kN、254.95kN、243.37kN，分别提高了 11.7%、20.3%和 14.9%。

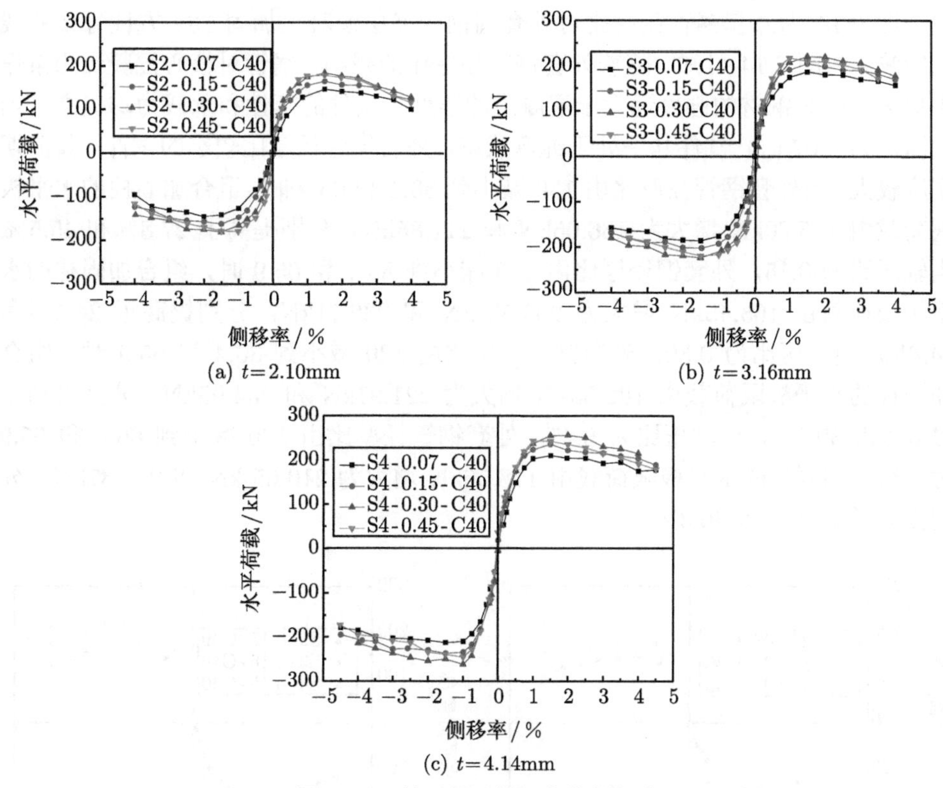

图 6.13 轴压比对骨架曲线的影响

表 6.6 抗震试验结果

试件编号	$P_{\max}$/kN	Δ_y/%	Δ_u/%	DI	$W_{2.5}$/(kN·m)	$\Sigma W_{3.5}$ /(kN·m)
RC-0.3	27.10	0.89	2.50	2.81	0.71	2.66
S2-0.07-C40	145.60	0.58	3.43	5.91	3.47	18.44
S2-0.15-C40	163.45	0.59	3.28	5.55	4.53	21.48
S2-0.30-C40	182.55	0.55	3.03	5.50	5.09	24.74
S2-0.45-C40	178.56	0.56	2.95	5.26	4.89	23.66
S3-0.07-C40	186.05	0.57	3.92	6.88	5.13	28.61
S3-0.15-C40	203.50	0.58	3.83	6.60	6.20	34.02
S3-0.30-C40	221.91	0.59	3.63	6.15	6.70	35.79
S3-0.45-C40	216.65	0.60	3.22	5.36	6.50	35.13
S4-0.07-C40	211.85	0.61	4.42	7.24	6.45	34.54
S4-0.15-C40	236.71	0.62	4.19	6.76	7.08	35.72
S4-0.30-C40	254.95	0.61	3.91	6.41	7.69	37.48
S4-0.45-C40	243.37	0.63	3.74	5.94	7.51	36.63
S3-0.30-C30	209.24	0.60	3.71	6.18	6.50	34.56
S3-0.30-C50	234.18	0.54	2.76	5.11	6.81	36.08

注：$W_{2.5}$ 表示侧移率为 2.5%时第一次循环的耗能；$\Sigma W_{3.5}$ 表示侧移率达到 3.5%时的累积耗能。

图 6.14 为外套钢管径厚比对外套圆钢管夹层混凝土加固 RC 方柱骨架曲线的影响。由图 6.14 可知，随着外套钢管径厚比的减小，钢管对核心混凝土约束作用更大，同时钢材的强度远大于混凝土的强度，试件的延性和承载力均提高。当轴压比为 0.07 时，试件几乎处于纯弯状态，外套钢管径厚比较小的试件，其前期刚度较大，当外套钢管径厚比由 130 减小到 86.4 和 65.9 时，组合加固柱的水平极限荷载由 145.60kN 增大为 186.05kN 和 211.85kN，分别提高了 27.8%和 45.5%。当轴压比为 0.15，外套钢径厚比由 130 减小到 86.4 和 65.9 时，组合加固柱的水平极限荷载由 163.45kN 增大为 203.50 kN 和 236.71kN，分别提高了 24.5%和 44.8%。当轴压比为 0.30，外套钢管径厚比由 130 减小到 86.4 和 65.9 时，组合加固柱的水平极限荷载由 182.55kN 增大为 221.91kN 和 254.95kN，分别提高了 21.6%和 39.7%。当轴压比为 0.45，外套钢管径厚比由 130 减小到 86.4 和 65.9 时，组合加固柱的水平极限荷载由 178.56kN 增大为 216.65 kN 和 243.37kN，分别提高了 21.3%和 36.3%。

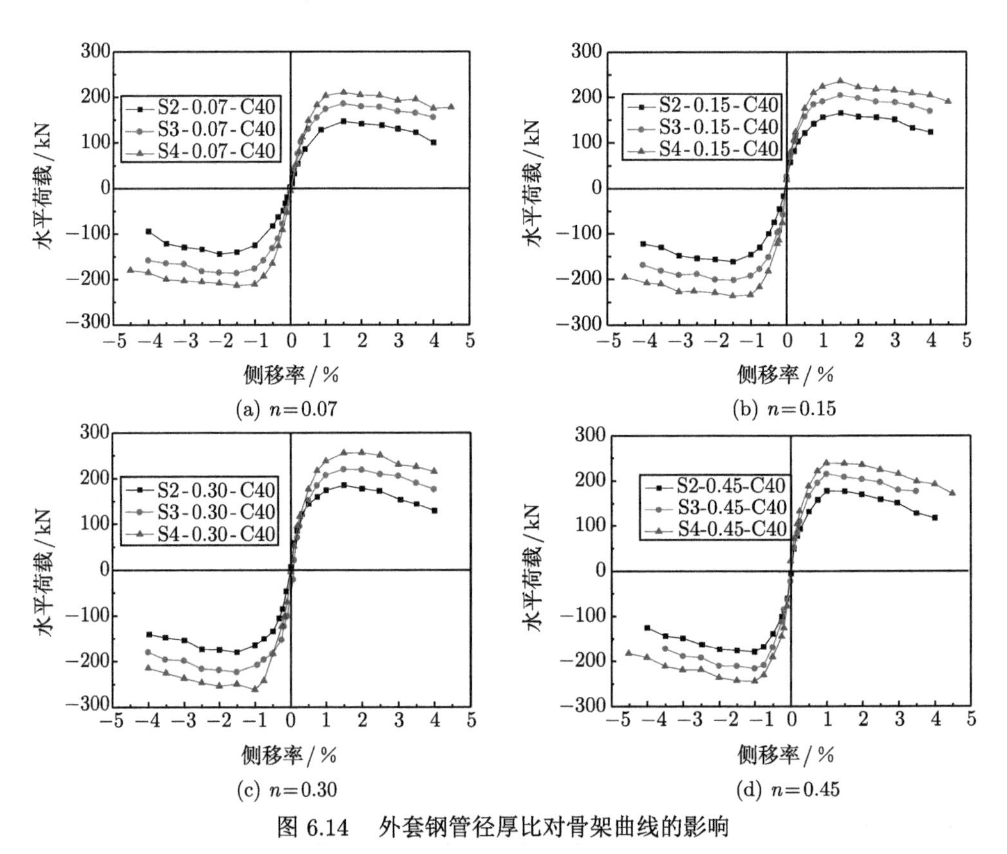

图 6.14　外套钢管径厚比对骨架曲线的影响

图 6.15 为夹层混凝土强度对外套圆钢管夹层混凝土加固 RC 方柱骨架曲线

的影响。当夹层混凝土强度提高时，试件的前期刚度变大，水平极限荷载提高，但强度高的混凝土，其塑性性能降低，表现为试件骨架曲线下降段的斜率变大，同时夹层混凝土强度提高时，外套钢管对其约束作用降低，因此夹层混凝土强度对曲线的影响不显著，当夹层混凝土强度从 36.63MPa 提高到 44.87MPa 和 54.69MPa 时，组合加固柱的水平极限荷载由 209.24 kN 增大为 221.91kN 和 234.18kN，分别提高了 6.1%和 11.9%。

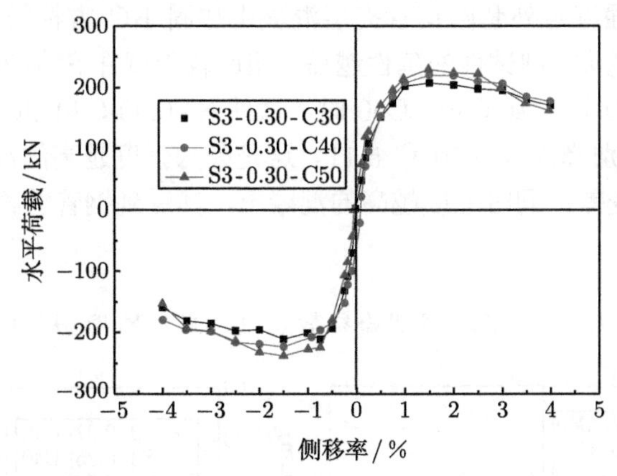

图 6.15 夹层混凝土强度对骨架曲线的影响

4. 延性分析

采用与前文相同的方法定义延性系数，计算的延性系数见表 6.6。由表可知，轴压比对外套圆钢管夹层混凝土加固 RC 方柱的延性有重要影响。在外套钢管径厚比为 130 时，轴压比由 0.07 增大为 0.15、0.30 和 0.45，组合加固柱的延性系数由 5.91 变为 5.55、5.50 和 5.26，分别降低了 6.1%、6.9%和 11.0%；在外套钢管径厚比为 86.4 时，轴压比由 0.07 增大为 0.15、0.30 和 0.45，组合加固柱的延性系数由 6.88 变为 6.60、6.15 和 5.36，分别降低了 4.1%、10.6%和 22.1%；在外套钢管径厚比为 65.9 时，轴压比由 0.07 增大为 0.15、0.30 和 0.45，组合加固柱的延性系数由 7.24 变为 6.76、6.41 和 5.94，分别降低了 6.6%、11.5%和 18.0%。这是因为轴压比的大小决定了混凝土受压面的大小，在相同的水平荷载作用下，轴压比大的试件其混凝土受压面积也越大，截面中性轴距离受压区边缘较远，截面的延性系数较小，同时轴压比较大时，由轴向力引起的二阶弯矩较大，试件骨架曲线下降段更陡峭。

外套钢管径厚比是影响外套圆钢管夹层混凝土加固 RC 方柱延性的重要因素。径厚比较小的钢管能提供更高的约束力，增强混凝土的延性。在轴压比为 0.07，外套钢管径厚比由 130 减小到 86.4 和 65.9 时，组合加固柱的延性系数由 5.91 增大为 6.88 和 7.24，分别提高了 16.4%和 22.5%；在轴压比为 0.15，外套钢管径厚比由 130 减小到 86.4 和 65.9 时，组合加固柱的延性系数由 5.55 增大为 6.60 和 6.76，分别提高了 18.9%和 21.8%；在轴压比为 0.30，外套钢管径厚比由 130 减小到 86.4 和 65.9 时，组合加固柱的延性系数由 5.50 增大为 6.15 和 6.41，分别提高了 11.8%和 16.5%；在轴压比为 0.45，外套钢管径厚比由 130 减小到 86.4 和 65.9 时，组合加固柱的延性系数由 5.26 增大为 5.36 和 5.94，分别提高了 1.9%和 12.9%。

夹层混凝土强度对外套圆钢管夹层混凝土加固 RC 方柱的延性有一定影响。夹层混凝土强度越大，则试件的延性越差。相比较于试件 S3-0.30-C30，夹层混凝土强度等级由 C30 增大到 C40、C50 时，试件 S3-0.30-C40 和 S3-0.30-C50 的延性系数由 6.18 分别降低为 5.50 和 5.11。这是因为强度越高的混凝土，其脆性越明显，试件延性变差，同时强度越高的混凝土，其受到钢管的约束作用也减弱。

5. 刚度退化

图 6.16~图 6.18 反映了不同试验参数对试件环线刚度退化的影响。图 6.16 为

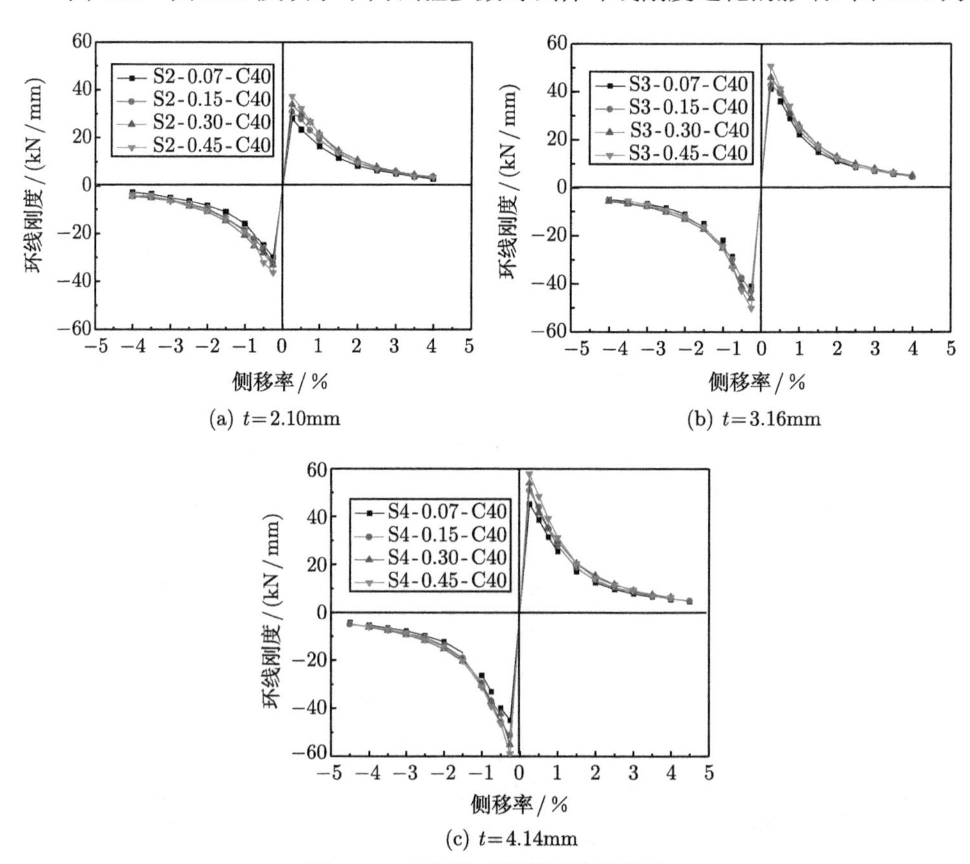

(a) t=2.10mm

(b) t=3.16mm

(c) t=4.14mm

图 6.16 轴压比对环线刚度的影响

轴压比对试件环线刚度的影响。尽管外套钢管径厚比不同，但是轴压比对试件环线刚度的影响呈现出相同的规律，在加载初期，轴压比较大的试件，其混凝土受压面积增大，同时外套钢管更早地对核心混凝土提供约束，试件的环线刚度越大，轴压比过大加速了钢管的局部屈曲，对混凝土的约束效果降低，试件环线刚度的退化加快。在加载后期侧移率达到 4%时，当外套钢管径厚比相同时，不同轴压比下试件的环线刚度趋于相同。

图 6.17 为外套钢管径厚比对试件环线刚度的影响。在加载前期外套钢管发挥套管作用之前，由于钢材的弹性模量大于混凝土的弹性模量，外套钢管径厚比较小的试件，其早期刚度较大；在侧移率达到 0.75%左右时，外套钢管屈服，同时混凝土的横向变形大于钢管的变形，套箍约束作用开始出现，径厚比较小的钢管对混凝土的约束作用更强，试件的刚度更大；在加载后期，由于钢管鼓曲，对混凝土的约束作用降低，钢管径厚比对刚度的影响逐渐降低，不同试件的环线刚度差别不大。

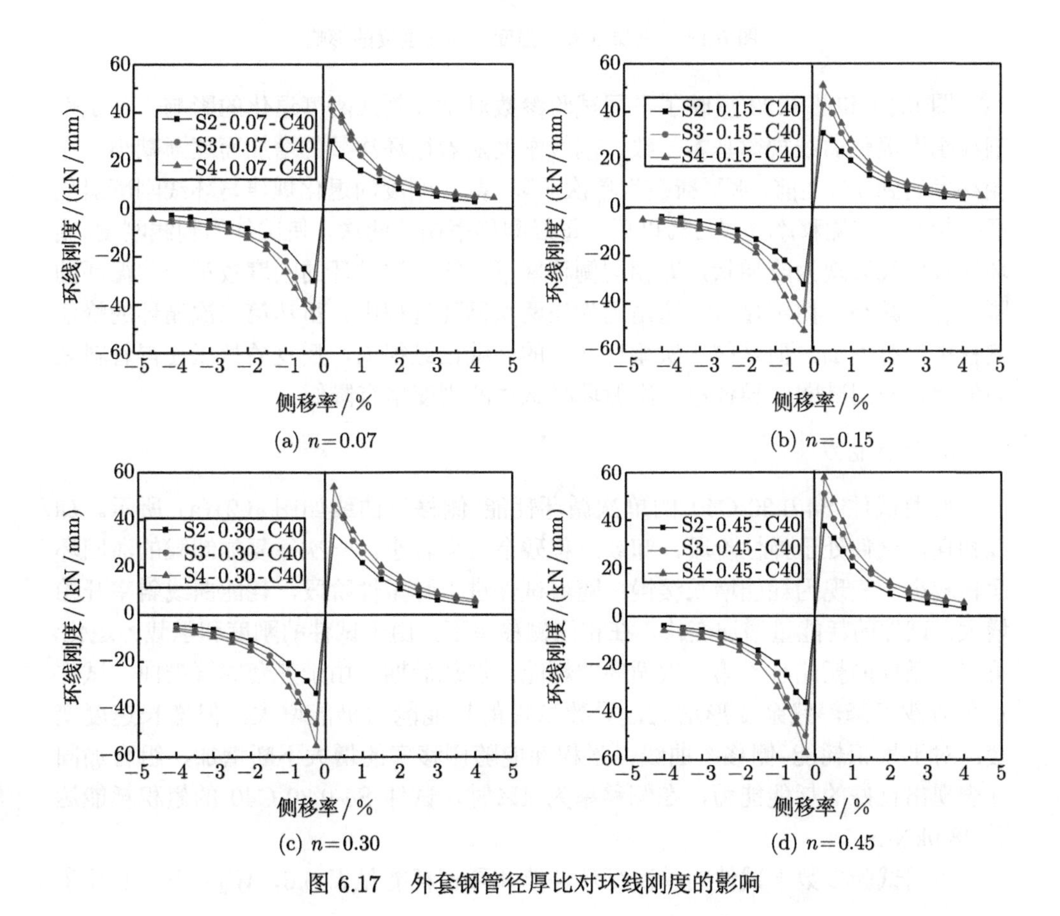

图 6.17 外套钢管径厚比对环线刚度的影响

图 6.18 为夹层混凝土强度对试件环线刚度的影响。夹层混凝土强度越高，其弹性模量也越大，表现为试件的前期刚度变大，但强度越高的混凝土，其塑性降低，导致刚度退化较快，因此夹层混凝土强度对试件的环线刚度影响不大。

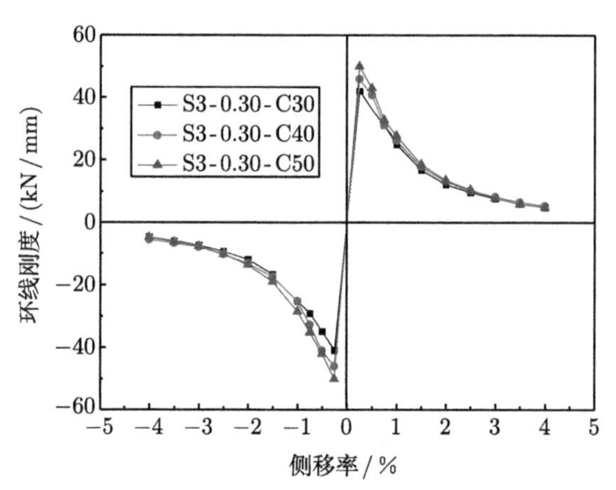

图 6.18　夹层混凝土强度对环线刚度的影响

图 6.19 和图 6.20 反映了不同试验参数对试件割线刚度退化的影响。各试件割线刚度退化曲线规律基本一致，割线刚度随着循环次数的增加而逐渐减小，在侧移率达到 1%之前，水平荷载为单次循环，割线刚度的退化规律与环线刚度退化规律相似。在侧移率超过 1%以后，每级侧移率循环两次，使试件的割线刚度–循环次数曲线表现为阶梯状，即相同侧移率下，第二次循环的刚度较第一次循环的刚度有所减小，但不显著。这是因为在两次循环过程中，虽然第二次循环的峰值侧移率没有增加，但是前一次循环产生的裂缝已经很大，反复的拉压使得骨料之间的相互作用减弱，导致第二次循环时试件的刚度略有降低。

6. 耗能能力

典型试件 S4-0.30-C40 的单次循环耗能–侧移率曲线如图 6.21(a) 所示。加载初期，试件处于弹性阶段，卸载过程残余应变较小，一次往复加卸载的滞回环面积较小，表现为耗能增长缓慢；随着试件进入弹塑性阶段，耗能曲线斜率开始增大，试件的耗能量增加变快，在相同侧移率下，由于试件的刚度和承载力退化，第二次循环的耗能小于第一次循环的耗能；加载后期，由于外套钢管鼓曲，试件水平荷载下降，残余变形增大，导致试件的耗能能力仍能增大，但增长速度变缓。对于累积耗能–侧移率曲线，累积耗能随侧移率的增大不断增加，组合加固柱表现出良好的耗能能力，在侧移率为 4%时，试件 S4-0.30-C40 的累积耗能达到 48.9kN·m。

不同试验参数下试件的单次循环耗能和累积耗能见表 6.6，$W_{2.5}$ 表示侧移率

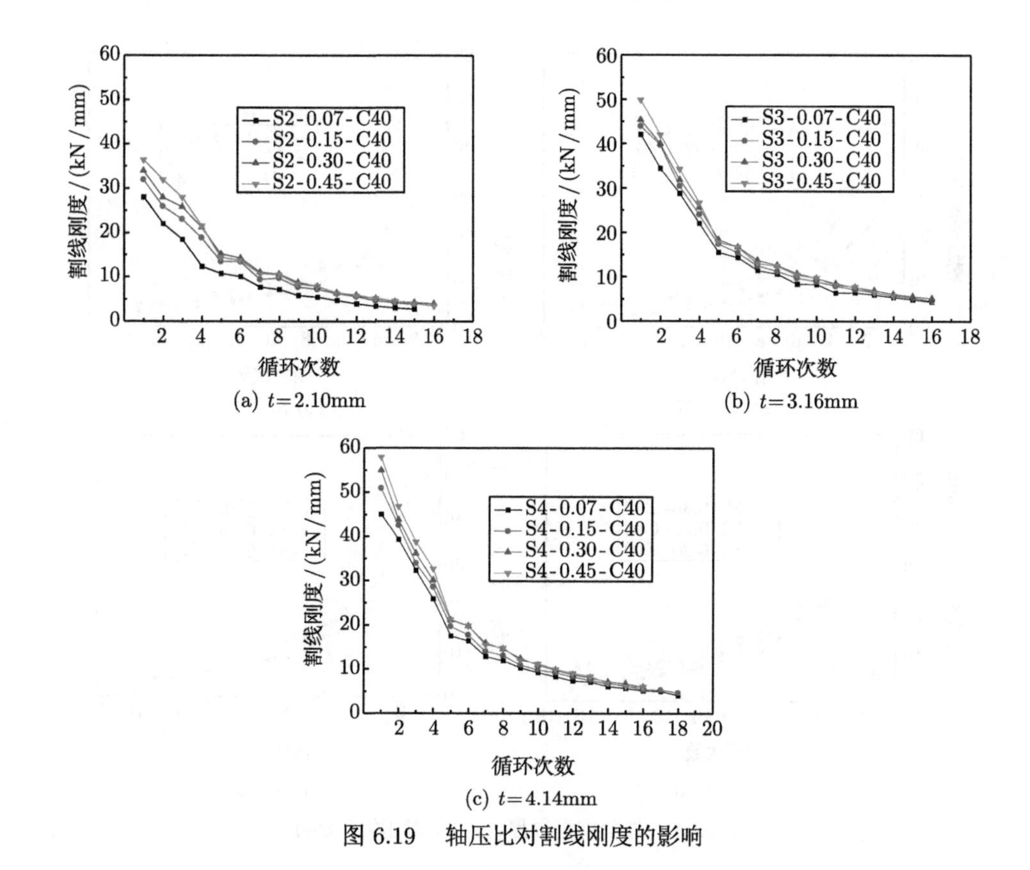

(a) t=2.10mm

(b) t=3.16mm

(c) t=4.14mm

图 6.19 轴压比对割线刚度的影响

为 2.5%时第一次循环的耗能，$\Sigma W_{3.5}$ 表示侧移率达到 3.5%时的累积耗能。由表 6.6 可知，轴压比对外套圆钢管夹层混凝土加固 RC 方柱的耗能能力有显著影响。当轴压比增大时，组合加固柱的单次循环耗能和累积耗能均有所增大，但轴压比过高时，试件的水平极限荷载降低，水平荷载卸载为零时的残余变形也越少，单次循环耗能和累积耗能也有所减小。当外套钢管径厚比为 130，轴压比由 0.07 提高到 0.15、0.30 和 0.45 时，试件的单次循环耗能由 3.47kN·m 增大为 4.53kN·m、5.09kN·m 和 4.89kN·m，分别提高了 30.5%、46.7%和 40.9%，累积耗能由 18.44kN·m 增大为 21.48kN·m、24.74kN·m 和 23.66kN·m，分别提高了 16.5%、34.2%和 28.3%；当外套钢管径厚比为 86.4，轴压比由 0.07 提高到 0.15、0.30 和 0.45 时，试件的单次循环耗能由 5.13 kN·m 增大为 6.20kN·m、6.70kN·m 和 6.50kN·m，分别提高了 20.9%、30.6%和 26.7%，累积耗能由 28.61kN·m 增大为 34.02kN·m、35.79kN·m 和 34.13kN·m，分别提高了 18.9%、25.1%和 19.3%；当外套钢管径厚比为 65.9，轴压比由 0.07 提高到 0.15、0.30 和 0.45 时，试件的单次循环耗能由 6.45 kN·m 增大为 7.08kN·m、7.69kN·m 和 7.51kN·m，分别提高

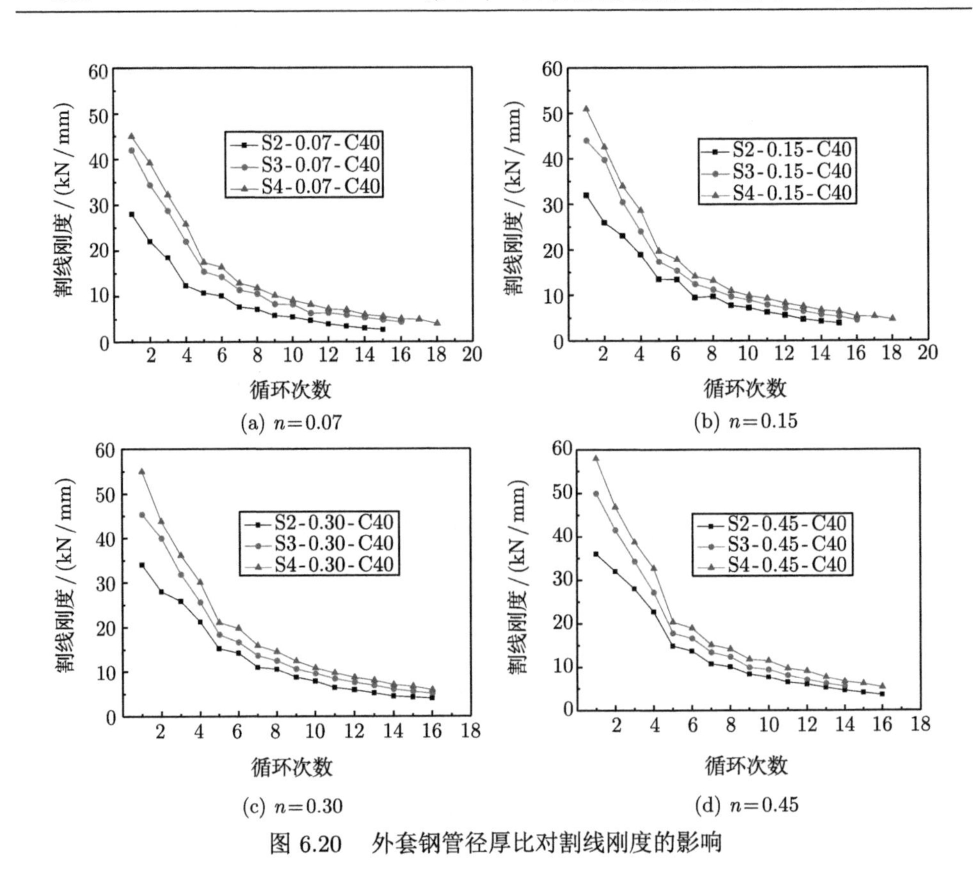

图 6.20　外套钢管径厚比对割线刚度的影响

了 9.8%、19.2%和 16.4%，累积耗能由 34.54kN·m 增大为 35.72kN·m、37.48kN·m 和 36.63kN·m，分别提高了 3.4%、8.5%和 6.1%。

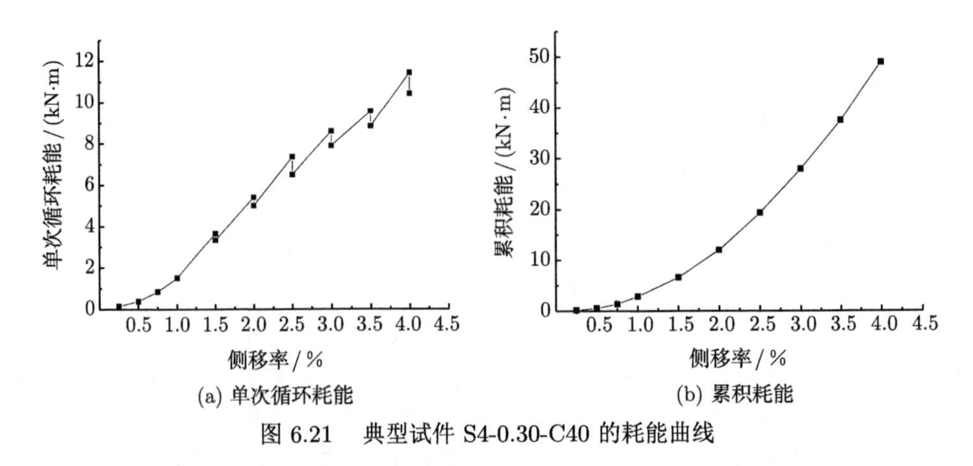

图 6.21　典型试件 S4-0.30-C40 的耗能曲线

外套钢管径厚比对外套圆钢管夹层混凝土加固 RC 方柱的耗能能力有显著影

响。一方面钢材的耗能能力大于混凝土的耗能能力，另一方面径厚比较小的钢管能延缓自身的鼓曲，也能对核心混凝土提供更强的约束力，因此当外套钢管径厚比减小时，组合加固柱的单次循环耗能和累积耗能均显著提高。当轴压比为 0.07，外套钢管径厚比由 130 减小到 86.4 和 65.9 时，组合加固柱的单次循环耗能由 3.47kN·m 增大为 5.13kN·m 和 6.45kN·m，分别提高了 47.8%和 85.9%，累积耗能由 18.44kN·m 增大为 28.61kN·m 和 34.54kN·m，分别提高了 55.2%和 87.3%；当轴压比为 0.15，外套钢管径厚比由 130 减小到 86.4 和 65.9 时，组合加固柱的单次循环耗能由 4.53kN·m 增大为 6.20kN·m 和 7.08kN·m，分别提高了 36.9%和 56.3%，累积耗能由 21.48kN·m 增大为 34.02kN·m 和 35.72kN·m，分别提高了 58.4%和 66.3%；当轴压比为 0.30，外套钢管径厚比由 130 减小到 86.4 和 65.9 时，组合加固柱的单次循环耗能由 5.09kN·m 增大为 6.70kN·m 和 7.69kN·m，分别提高了 31.6%和 51.1%，累积耗能由 24.74kN·m 增大为 35.79kN·m 和 37.48kN·m，分别提高了 44.7%和 51.5%；当轴压比为 0.45，外套钢管径厚比由 130 减小到 86.4 和 65.9 时，组合加固柱的单次循环耗能由 4.89kN·m 增大为 6.50kN·m 和 7.51kN·m，分别提高了 32.9%和 53.6%，累积耗能由 23.66kN·m 增大为 35.13kN·m 和 36.63kN·m，分别提高了 48.5%和 54.8%。

夹层混凝土强度对外套圆钢管夹层混凝土加固 RC 方柱的耗能能力影响不显著。强度高的混凝土弹性模量大，其水平极限荷载也较大，但是承载力退化也更快。轴压比为 0.30，当夹层混凝土强度由 36.62 MPa 提高到 44.87MPa 和 54.69MPa 时，组合加固柱的单次循环耗能由 6.50kN·m 增大为 6.70kN·m 和 6.81kN·m，分别提高了 3.1%和 4.8%，累积耗能由 34.56kN·m 增大为 35.79 kN·m 和 36.08kN·m，分别提高了 3.6%和 4.4%。

7. 承载力退化

拟静力试验中常用同级承载力退化系数和承载力退化系数来表征构件承载力的变化，同级承载力退化系数为同一级加载各次循环所得峰值点承载力与该级的第一次循环所得的峰值点承载力的比值，同级承载力退化系数除了与刚度退化有关，还与加载制度有关。选用承载力退化系数反映试件在整个加载过程中的承载力退化特征，承载力退化系数α_j 定义为

$$\alpha_j = P_j/P_{\rm u} \tag{6.6}$$

式中，α_j 为第 j 次循环对应的承载力退化系数；P_j 为第 j 次循环峰值侧移率对应的承载力；$P_{\rm u}$ 为加载过程中各个峰值点承载力最大值，即试件的水平极限荷载。

图 6.22 为典型试件的承载力退化系数–侧移率关系曲线。由图 6.22 可知，各试件的承载力退化系数随侧移率的变化规律基本一致，具体可以分为三个阶段：

① 在侧移率达到 1%之前，每级侧移率仅循环一次，水平荷载随着侧移率的增加而增大，但增幅有所减小，这是由混凝土在反复拉压下产生的损伤所导致；② 在侧移率为 1%～2%时，各试件的外套钢管均已屈服，在受压区产生套箍约束作用，试件均达到水平极限荷载；③ 在侧移率超过 2.5%以后，外套钢管鼓曲，对核心

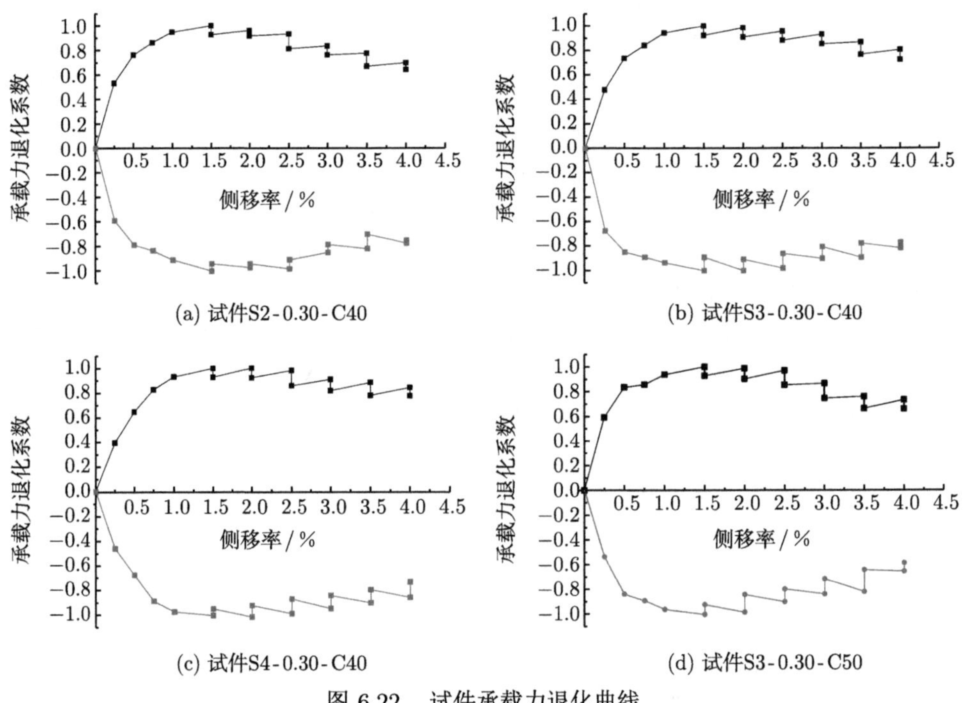

(a) 试件S2-0.30-C40　　(b) 试件S3-0.30-C40

(c) 试件S4-0.30-C40　　(d) 试件S3-0.30-C50

图 6.22　试件承载力退化曲线

混凝土的约束作用减弱，同时混凝土裂缝不断开展，宽度增大，混凝土受压区有效面积减小，混凝土承担的荷载降低，同时反复拉压使裂缝被磨平，骨料咬合力降低，这些因素均导致组合加固柱的承载力不断退化。

承载力退化曲线的另一个特征是，每级侧移率下第一次循环的承载力要大于上一级侧移率下第二次循环的承载力，而刚度则随着循环次数的增加而不断减小。这与刚度退化系数随循环次数增加而持续减小的规律不同，也说明承载力的退化并不全取决于刚度的退化。在试件进入屈服阶段以后，由于往复作用而在试件底部区域形成塑性铰，在水平往复荷载作用下塑性铰区域的混凝土裂缝反复开裂和闭合，裂缝表面粗糙度逐渐降低，引起试件刚度退化。但在进入下级加载循环时，原有的混凝土裂缝持续发展，形成了新的骨料咬合，在一定程度上弥补了前期往复循环带来的刚度退化，但也导致了在这一级加载循环下，第二次循环的承载力退化幅值增大。混凝土在外套钢管的约束作用下，这一开裂补偿刚度退化的现象

更为明显。

6.4　外套方钢管夹层混凝土加固 RC 方柱抗震性能试验研究

6.4.1　试验概述

试验设计制作了 10 个试件，包括 1 个未加固的 RC 方柱、1 个增大截面加固 RC 方柱和 8 个外套方钢管夹层混凝土加固 RC 方柱。RC 方柱的截面尺寸为 150mm×150mm，组合加固柱截面尺寸为 220mm×220mm。试验研究参数为：加固方法、外套钢管宽厚比、夹层混凝土强度、轴压比。表 6.7 给出了试件设计参数。本试验试件与外套方钢管夹层混凝土加固 RC 方柱轴压、偏压等为同一批试件，材料性能与原柱配筋见前文。

表 6.7　试件参数设计

试件编号	$L \times D \times t$/mm	n	f_{cu1}/MPa	f_{cu2}/MPa
ERC-n0.3	850×150×0	0.3	32.6	—
ARC-n0.3	850×240×0	0.3	32.6	52.1
C50-t1.78-n0.3	850×220×1.78	0.3	32.6	52.1
C50-t3.80-n0.3	850×220×3.80	0.3	32.6	52.1
C50-t2.80-n0.3	850×220×2.80	0.3	32.6	52.1
C50-t2.80-n0.07	850×220×2.80	0.07	32.6	52.1
C50-t2.80-n0.15	850×220×2.80	0.15	32.6	52.1
C50-t2.80-n0.45	850×220×2.80	0.45	32.6	52.1
C40-t2.80-n0.3	850×220×2.80	0.3	32.6	48.8
C60-t2.80-n0.3	850×220×2.80	0.3	32.6	61.1

6.4.2　试验结果与分析

1. 破坏形态

对于增大截面加固 RC 方柱，加载初始阶段，试件柱端水平位移较小，试件处于弹性状态，外观无明显的变化。随着水平位移的不断增加，受拉侧开始出现水平裂缝，在反向荷载作用下，裂缝又闭合。在循环荷载作用下，裂缝不断发展，两侧均出现裂缝，随着水平位移的增加，新的裂缝不断出现。当裂缝扩展到一定程度时，与试件拉压两侧相垂直的两侧混凝土开始出现 45° 斜向裂缝，当反向加载时，出现反向的 45° 裂缝。在水平荷载作用下，裂缝不断扩展，形成贯通的长裂缝，正反和反向的 45° 斜裂缝相互交错形成“X”形裂缝。水平位移继续增加，拉压两侧柱脚的混凝土开始剥落，随后沿着柱脚周围形成环状的剥落区域，试件宣告破坏。破坏形态如图 6.23(a) 所示，破坏时裂缝较大。

对于外套方钢管夹层混凝土加固 RC 方柱，其破坏形态基本一致，如图 6.23(b) 所示。当水平位移较小时，加载与卸载的水平荷载–侧移率基本呈线性关系，组合加固柱处于弹性状态。随着水平位移的增加，外套钢管进入弹塑性状态，其柱脚翼缘铁锈开始脱落，并伴随有混凝土开裂声响。当水平位移达到屈服位移的 2~3 倍时，柱脚外套钢管受压侧翼缘发生局部屈曲，但随后的卸载和反向加载使屈服部分被重新拉平，并在另一侧翼缘形成局部屈曲。水平位移继续增大，柱脚屈曲范围不断扩大，且逐渐向腹板发展，到组合加固柱破坏时，屈曲现象急剧发展，柱脚最终形成一个四周外凸的灯笼状鼓曲，其位置距基座 50~70mm，表明此时柱脚的混凝土已经基本压碎。最终，由于试件变形过大，试验宣告结束。组合加固柱的破坏形态属于典型的压弯破坏。试件破坏后，所有试件均未出现焊缝开裂现象，尽管出现了外套钢管局部屈曲现象，但是因为局部屈曲变形有限，对核心混凝土仍具有较好的套箍约束作用。试验结束后，切割开外套钢管进行查看，发现柱脚处的混凝土压碎，裂缝贯通到原 RC 方柱，表明新旧混凝土粘结性能较好，表现了良好的整体工作性能。

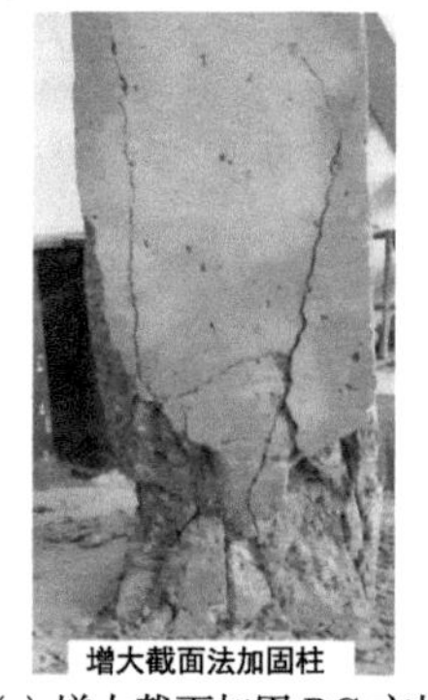

(a) 增大截面加固 RC 方柱

(b) 外套方钢管夹层混凝土加固 RC 方柱

图 6.23　试件破坏形态

2. 滞回曲线

图 6.24 分别给出了原 RC 方柱、增大截面加固 RC 方柱和外套方钢管夹层混凝土加固 RC 方柱的滞回曲线。其中，侧移率正轴表示正向加载和卸载，负轴表示反向加载和卸载。RC 方柱的滞回曲线呈梭形。与 RC 方柱相比，增大截面加固 RC 方柱循环次数增多，水平极限荷载得到大幅度提高，但滞回曲线表现出捏缩现象。

所有外套方钢管夹层混凝土加固 RC 方柱的滞回曲线表现出基本相同的特征。与增大截面加固 RC 方柱和未加固的 RC 方柱相比，均表现出较为饱满的滞回特性，具有较好的耗能能力。在水平位移较小时，组合加固柱处于弹性状态，滞回曲线呈线性特征，卸载之后，试件的残余变形较小，滞回曲线闭合接近为一条直线。随着循环峰值侧移率的增加，滞回环逐渐由直线扩大为环状，环状面积随着侧移率的增加而逐渐增大。当外套钢管屈服时，侧移率峰值对应的水平荷载还能继续增大，滞回曲线面积继续增大。在卸载过程中，曲线斜率增大，试件残余变形增大，相应的外套钢管残余应变也增大。外套钢管屈服之后，水平荷载反复循环几次后，滞回曲线出现拐点，随着侧移率峰值的增大，荷载开始下降，滞回曲线呈现显著的梭形特征。当夹层混凝土开裂时，原来承担的部分剪力转移到旧混凝土和钢筋骨架上，此时处于最外侧的外套钢管仍然起着抗剪作用，并保证夹层混凝土不会因为破碎而剥落，从而延迟组合加固柱的破坏。

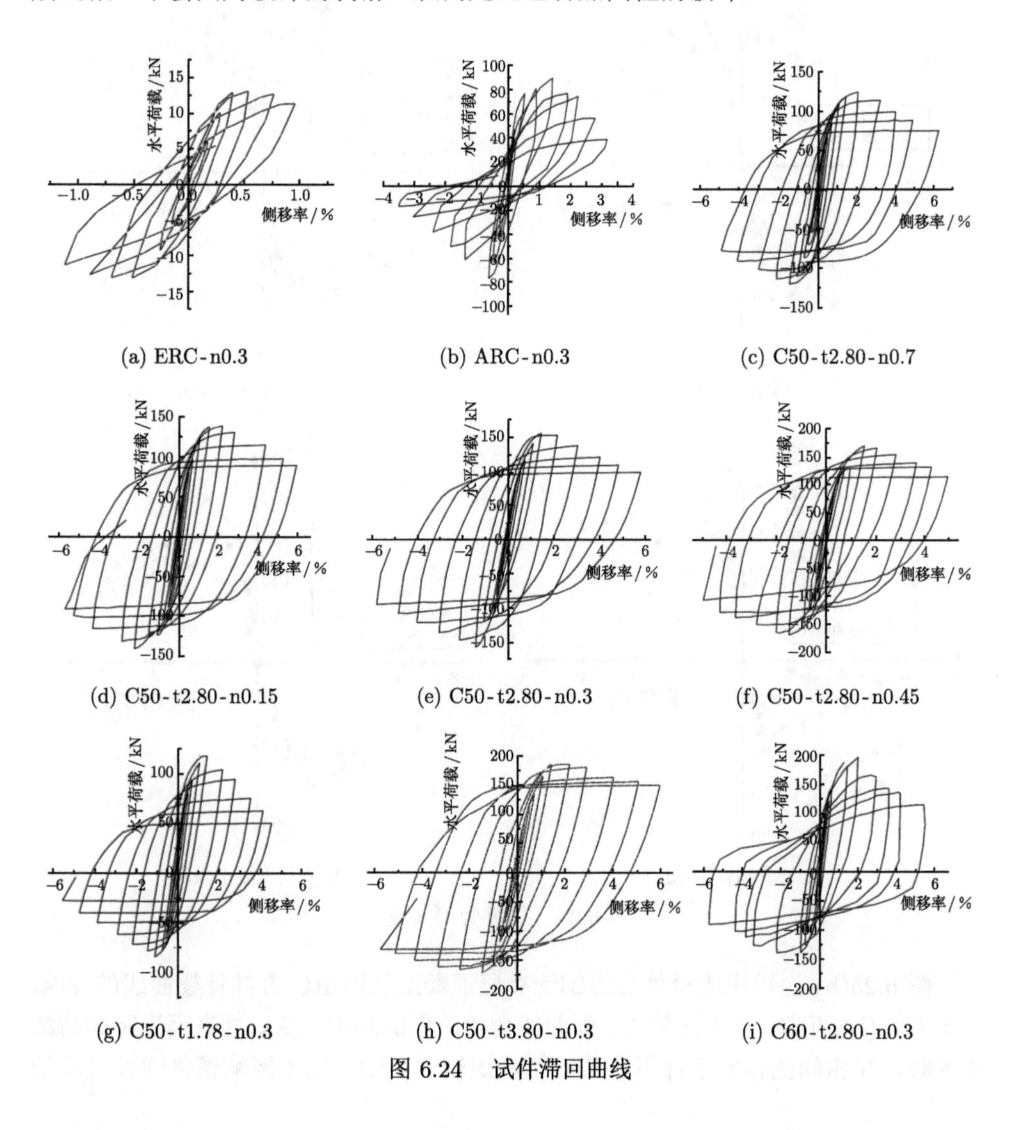

(a) ERC-n0.3　(b) ARC-n0.3　(c) C50-t2.80-n0.7

(d) C50-t2.80-n0.15　(e) C50-t2.80-n0.3　(f) C50-t2.80-n0.45

(g) C50-t1.78-n0.3　(h) C50-t3.80-n0.3　(i) C60-t2.80-n0.3

图 6.24　试件滞回曲线

3. 骨架曲线

图 6.25(a) 为增大截面加固 RC 方柱和外套方钢管夹层混凝土加固 RC 方柱的骨架曲线对比图。由图 6.25(a) 可知，在初始阶段两者均处于弹性阶段，骨架曲线基本呈线性特征。组合加固柱骨架曲线的极限侧移率和水平极限荷载明显高于增大截面加固 RC 方柱。两者的骨架曲线均有明显的下降段，但组合加固柱的骨架曲线下降段较为平缓，表现出了良好的延性。

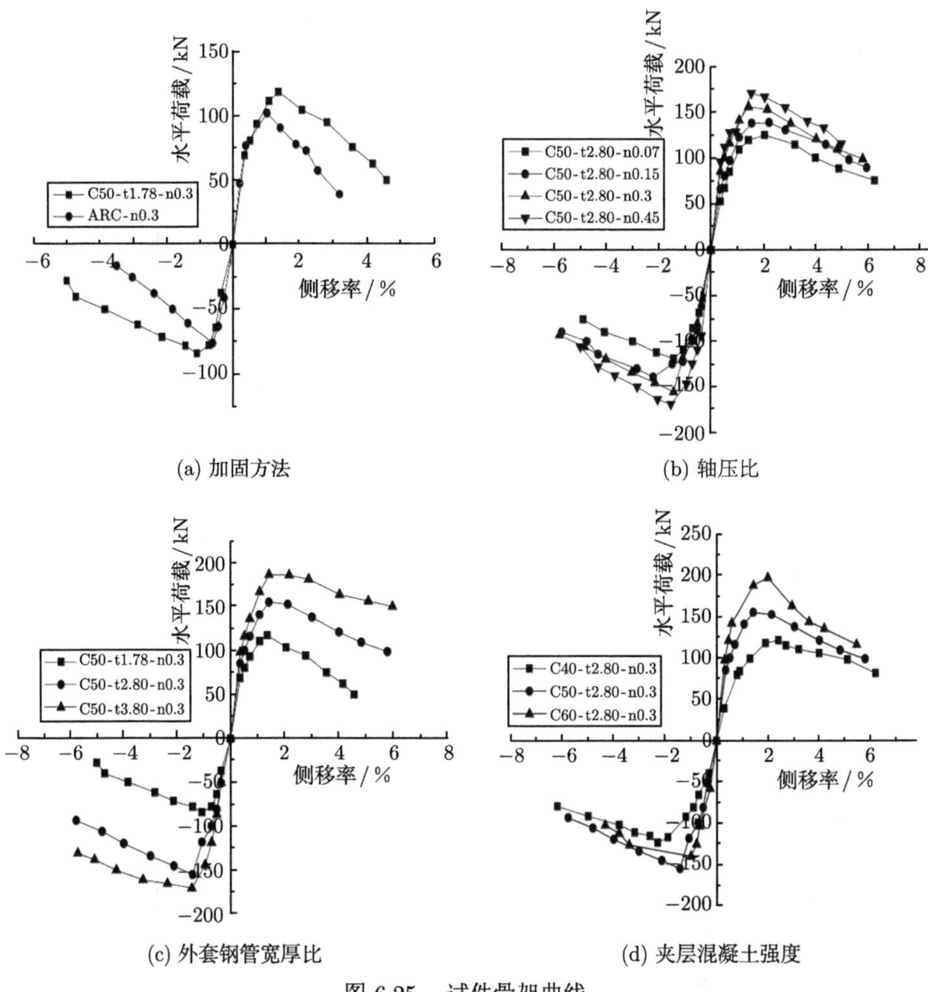

(a) 加固方法　　(b) 轴压比

(c) 外套钢管宽厚比　　(d) 夹层混凝土强度

图 6.25　试件骨架曲线

图 6.25(b) 为轴压比对外套方钢管夹层混凝土加固 RC 方柱骨架曲线的影响。由图 6.25(b) 可知，轴压比越大，则曲线初始阶段的斜率越大，这是因为竖向荷载较大时，在相同侧移率条件下，其附加弯矩较大。轴压比不影响试件弹性阶段的

抗弯刚度，其原因包括两方面：一方面，虽然随着轴压比的增大，混凝土受压面积不断增大，使组合加固柱的抗弯刚度有所提高，但是提高幅度较小；另一方面，当轴压比增大时，混凝土的初始应力增大，使混凝土的弹性模量有一定程度的降低，进而减小了组合加固柱的抗弯刚度，两者相互抵消，因此轴压比对试件的抗弯刚度影响较小。轴压比越大，则水平极限荷载越大。达到极限荷载之后，骨架曲线均有较为平缓的下降段，具有良好的后期承载能力。相对而言，轴压比越小，则试件下降段曲线越平缓。

图 6.25(c) 为外套钢管宽厚比对外套方钢管夹层混凝土加固 RC 方柱骨架曲线的影响。由图 6.25(c) 可知，组合加固柱在加载初始阶段处于弹性状态，骨架曲线斜率相差不大，外套钢管宽厚比越小，则试件的弹性阶段越长，曲线斜率略大于钢管宽厚比大的试件。外套钢管宽厚比越小，则试件的水平极限荷载越大，骨架曲线的下降段越平缓。外套钢管宽厚比影响了外套钢管对核心混凝土的套箍约束作用。外套钢管宽厚比越小，则对试件的延性贡献越大，同时钢管对核心混凝土的套箍约束作用也增强了核心混凝土的变形能力。此外，外套钢管宽厚比越小，则抵抗局部屈曲的能力越大，延缓了局部屈曲的发生。

图 6.25(d) 为夹层混凝土强度对外套方钢管夹层混凝土加固 RC 方柱骨架曲线的影响。由图 6.25(d) 可知，夹层混凝土强度越大，则试件水平极限荷载越大，但同时其曲线下降段越陡峭，这是由混凝土材料本身的脆性引起的；夹层混凝土强度越小，则试件的极限荷载越小，其下降段曲线越平缓。夹层混凝土强度不仅影响组合加固柱的水平极限荷载，而且影响骨架曲线的形状。

4. 延性分析

表 6.8 给出了增大截面加固 RC 方柱和外套方钢管夹层混凝土加固 RC 方柱的屈服侧移率、极限侧移率和延性系数。由表 6.8 可知，组合加固柱的延性系数大于增大截面加固 RC 方柱，表明在加固用钢量相同的条件下，钢材以外套钢管的形式存在，其延性性能高于以钢筋骨架的方式存在。轴压比越大的试件其延性系数越小，延性性能越差。轴压比越大，则截面应变梯度越小，当轴压比足够大时，截面应变接近于轴压短柱，当轴压比足够小时，截面应变接近于受弯构件。在竖向荷载作用下，组合加固柱产生纵向压应变，在水平荷载作用下，受压侧压应变越大，则竖向荷载越大，外套钢管屈服越早，外套钢管的屈服决定着屈服侧移率的大小。如果认为材料的极限压应变是恒定的，则极限压应变与竖向荷载产生的压应变的差值也就决定着试件极限侧移率的大小。轴压比越大，则竖向荷载越大，极限侧移率与屈服侧移率的差值越小，因此组合加固柱的延性系数越小。另一方面，轴压比越大，则由竖向荷载引起的二阶弯矩越大，水平荷载–侧移率骨架曲线下降段越陡峭。因此，试件轴压比越大，则延性性能越低。外套钢管

宽厚比越小，则试件的延性系数越大，延性性能越好。夹层混凝土强度越大，则试件延性系数越小，延性性能越差。各个影响因素相比而言，轴压比的影响最显著。提高夹层混凝土强度，可以改善试件水平极限荷载，但降低了试件的延性。减小外套钢管宽厚比，不仅可以提高试件的水平极限荷载，而且可以改善其延性性能。

表 6.8 抗震试验结果

试件编号	$P_{\max}$/kN	Δ_{y}/%	Δ_{u}/%	DI
ARC-n0.3	88.8	0.54	1.82	2.40
C50-t1.78-n0.3	101.2	0.74	2.05	2.80
C50-t3.80-n0.3	179.1	0.87	3.58	4.12
C50-t2.80-n0.3	155.7	0.82	3.12	3.80
C50-t2.80-n0.07	122.4	0.83	3.39	4.08
C50-t2.80-n0.15	139.0	0.85	3.43	4.01
C50-t2.80-n0.45	169.7	0.79	2.80	3.52
C40-t2.80-n0.3	122.8	0.86	3.37	3.92
C60-t2.80-n0.3	169.2	0.78	2.48	3.18

5. 刚度退化

图 6.26 分别给出了增大截面加固 RC 方柱和外套方钢管夹层混凝土加固 RC 方柱的环线刚度–侧移率曲线，纵坐标表示环线刚度，横坐标表示侧移率，第三象限的环线刚度和侧移率分别表示反方向加载值。在加载过程中，所有试件的环线刚度随循环次数和侧移率的增长而表现出明显的退化现象，环线刚度退化曲线形状近似于双曲线，前期环线刚度退化较快，后期环线刚度退化较慢。外套钢管屈服前，环线刚度退化趋势明显，屈服后环线刚度退化趋势趋于平缓。加固方法、轴压比、外套钢管宽厚比和夹层混凝土强度对环线刚度的退化均有影响。

由图 6.26(a) 可知，组合加固柱的最大环线刚度明显大于增大截面加固 RC 方柱，两者刚度退化规律基本一致，但组合加固柱在相同侧移率条件下，其对应的环线刚度始终大于增大截面加固 RC 方柱，表明在加固用钢量相同的条件下，组合加固柱具有较高的抗变形能力。从环线刚度退化趋势上看，组合加固柱环线刚度退化速率较慢。

由图 6.26(b) 可知，在相同侧移率条件下，轴压比越小，则组合加固柱的初始刚度越小，环线刚度退化趋势越缓慢。由图 6.26(c) 可知，在相同侧移率条件下，环线刚度随着外套钢管宽厚比的减小而增大，环线刚度的退化趋势随着外套钢管宽厚比的减小而减缓。由图 6.26(d) 可知，在相同侧移率条件下，夹层混凝土强度越大，环线刚度就越大，环线刚度的退化趋势随着夹层混凝土强度的提高而加快。

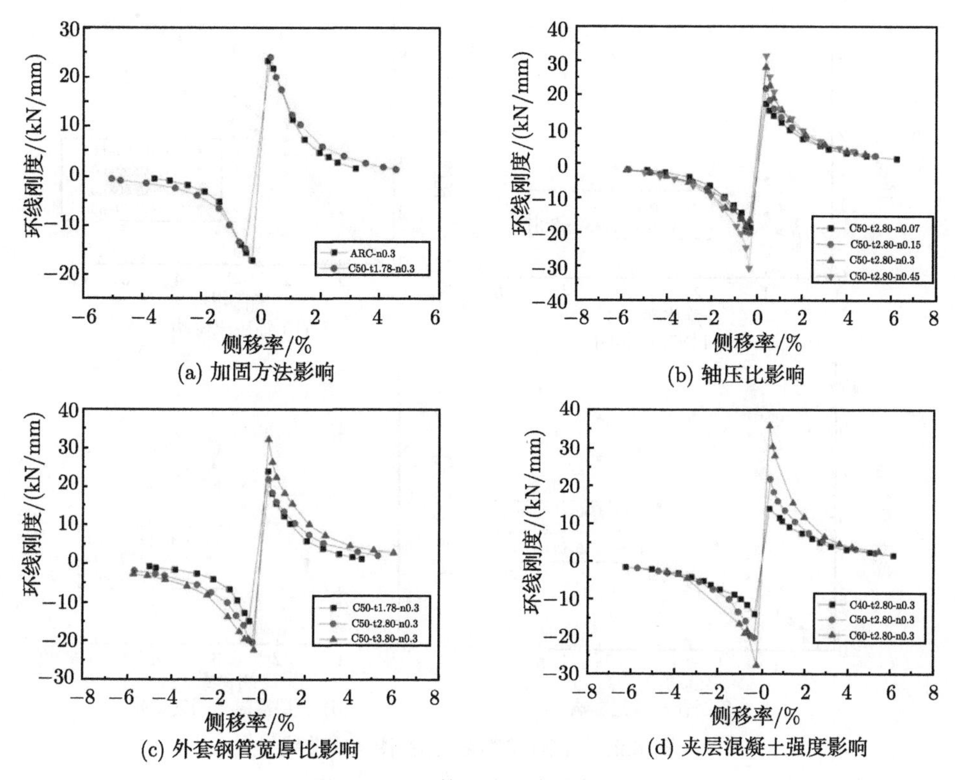

(a) 加固方法影响

(b) 轴压比影响

(c) 外套钢管宽厚比影响

(d) 夹层混凝土强度影响

图 6.26 试件环线刚度退化曲线

6. 耗能性能

图 6.27 给出了单循环的加载耗能曲线。由图 6.27 可知，随着侧移率的增加，试件的耗能性能不断提高，增大截面加固 RC 方柱和外套方钢管夹层混凝土加固 RC 方柱均表现出较优越的耗能能力。当侧移率较大时，组合加固柱的单循环耗能–侧移率关系曲线变化基本趋于一致。在加载初始阶段，曲线较为平缓，每个循环耗能能量均较小，这是由于加载初始阶段试件处于弹性阶段，水平荷载卸载之后，无残余变形，滞回环较小，此时的耗能主要由材料的内摩擦承担。随着试件进入弹塑性阶段，试件开始出现残余变形，耗能曲线继续上升，其曲线斜率开始增大，试件的耗能性能增长较快。当夹层混凝土开裂时，混凝土裂缝的张开与闭合、外套钢管的拉伸与压缩、外套钢管与夹层混凝土的摩擦等因素，耗散了能量。在相同的峰值侧移率作用下，后一个循环耗能量均小于前者，这是试件进入屈服之后，每次循环带来的刚度退化所引起的。加载后期，由于峰值侧移率对应水平荷载的下降，滞回曲线的面积增加缓慢，单循环耗能增长趋势减弱。

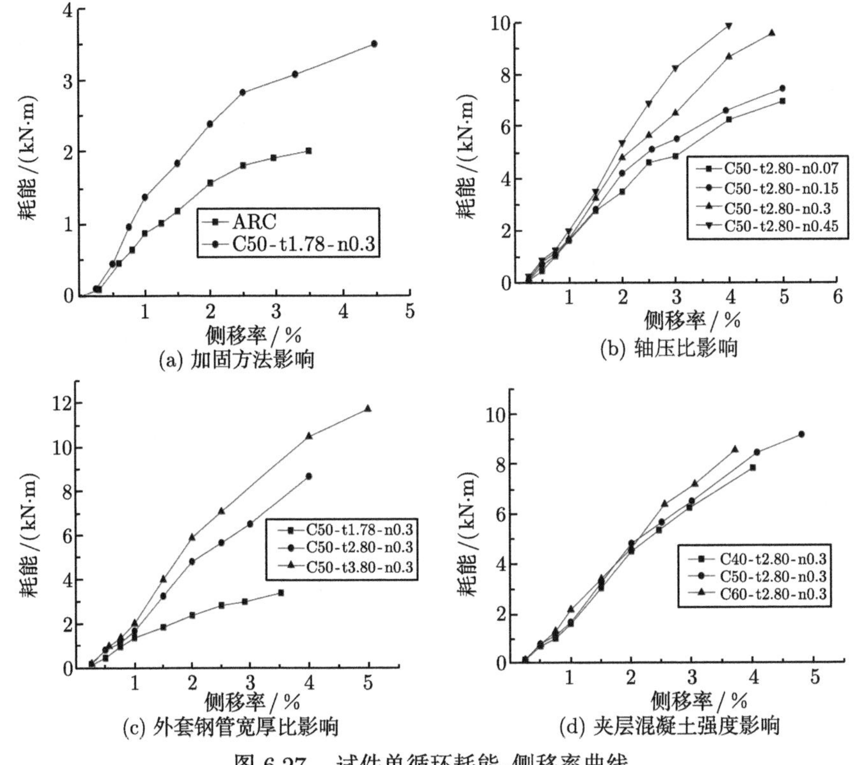

图 6.27 试件单循环耗能–侧移率曲线

7. 承载力退化

图 6.28 给出了各个试件承载力退化曲线，纵坐标表示承载力退化系数，横坐标表示侧移率，第二象限表示侧移率反向的承载力退化系数。从图 6.28 中可以观察到，组合加固柱的承载力退化系数随侧移率的变化规律基本一致，均呈下降趋势。同级承载力退化与刚度退化有关，但整体上承载力退化并不完全取决于刚度的退化。在同一级荷载作用下混凝土裂缝的张开与闭合导致内摩擦减小，刚度退

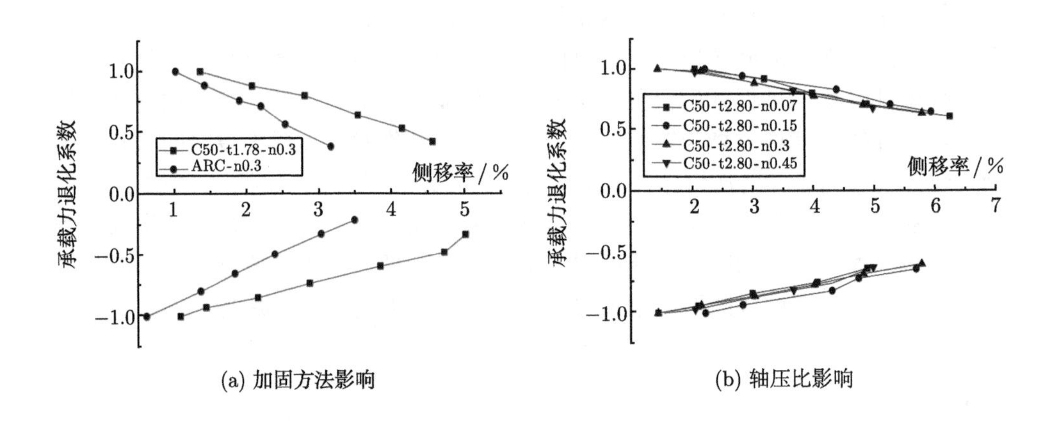

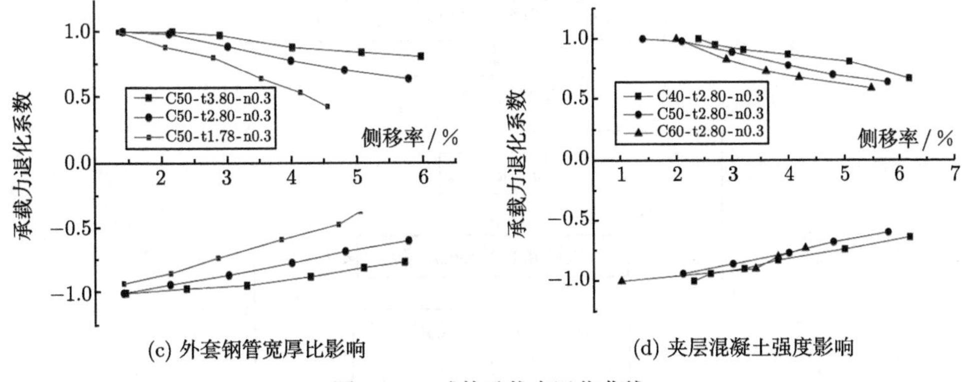

(c) 外套钢管宽厚比影响

(d) 夹层混凝土强度影响

图 6.28 试件承载力退化曲线

化，但进入下一级低周反复水平荷载循环时，原有的混凝土裂缝持续发展，形成新的骨料咬合，在一定程度上弥补了前几级低周反复水平荷载循环带来的刚度退化。这种刚度补偿现象，在组合加固柱中由于外套钢管的套箍约束作用而表现得更为明显。

6.5 数值分析

6.5.1 纤维模型法

1. 弯矩–曲率关系计算

这里以外套圆钢管夹层混凝土加固 RC 方柱为例，计算组合加固柱的弯曲–曲率曲线。采用前文的纤维模型方法对弯矩 (M)–曲率 (ϕ) 关系曲线进行计算，计算框图如图 6.29 所示，计算结果如图 6.30 所示。图 6.30(a) 为外套钢管径厚比对组合加固柱的弯矩–曲率关系曲线的影响，由图 6.30(a) 可知，随着外套钢管径厚比的减小，M-ϕ 曲线弹性阶段刚度增大，组合加固柱的屈服弯矩和极限弯矩均提高，极限弯矩对应的曲率也增大。图 6.30(b) 为钢管屈服强度对组合加固柱弯矩–曲率关系曲线的影响，由图 6.30(b) 可知，随着外套钢管屈服强度的增大，组合加固柱的屈服弯矩和极限弯矩也均增大，但 M-ϕ 曲线弹性阶段刚度差别不大，这是因为强度等级对钢材弹性模量的影响不显著。图 6.30(c) 为轴压比对组合加固柱弯矩–曲率关系曲线的影响，由图 6.30(c) 可知，当轴压比较小时，极限弯矩随轴压比的增大而提高，当轴压比过大时，极限弯矩随轴压比的增大而降低。轴压比越大，则极限弯矩对应的曲率越小，后期弯矩下降也越快。图 6.30(d) 为夹层混凝土强度对组合加固柱弯矩–曲率关系曲线的影响，由图 6.30(d) 可知，随着夹层混凝土强度的增大，组合加固柱的极限弯矩也增大，但提高幅度不大。同时，增大夹层混凝土强度会导致截面延性的降低。

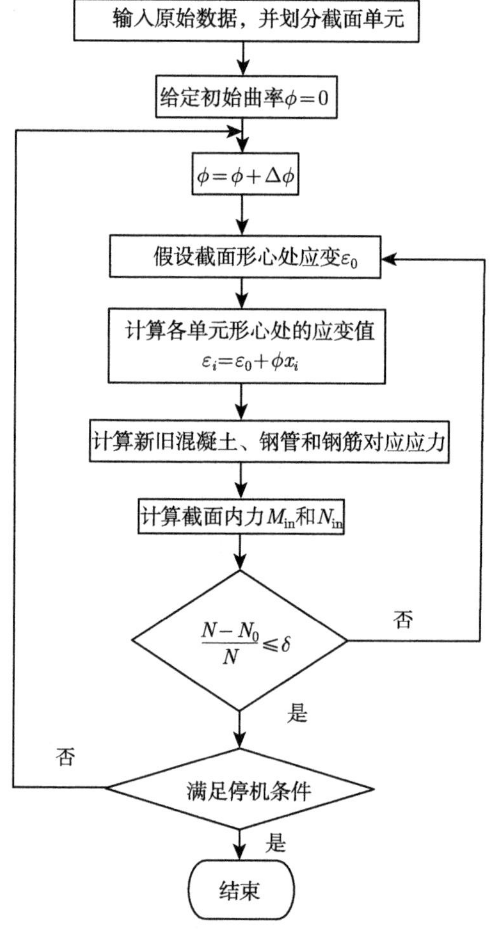

图 6.29　弯矩–曲率曲线计算框图

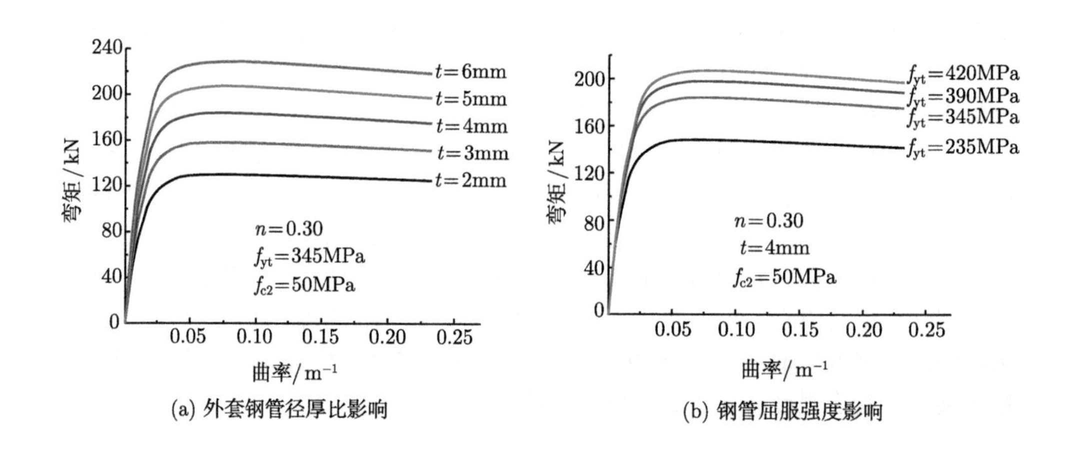

(a) 外套钢管径厚比影响　　　　(b) 钢管屈服强度影响

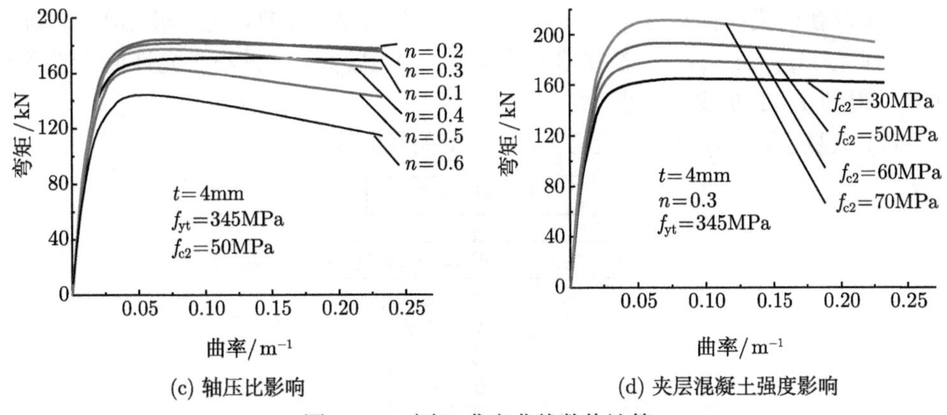

图 6.30 弯矩–曲率曲线数值计算

2. 骨架曲线计算

外套钢管夹层混凝土加固柱在轴向压力和水平荷载的作用下，考虑二阶效应，侧向荷载和轴向荷载均能产生弯矩，柱底的弯矩为

$$M_{\mathrm{b}} = PL + N\varDelta \tag{6.7}$$

可得

$$P = \frac{M_{\mathrm{b}} - N\varDelta}{L} \tag{6.8}$$

对其进行荷载–侧移率关系曲线的全过程计算时，沿组合加固柱高度方向将构件分为 m 小段，有 m+1 个结点，并假设每一小段内各截面的曲率为线性变化。其计算思想为根据结点处截面所受内力，由前面计算所得的 M-ϕ 曲线查出其各截面的曲率，这样就把曲率沿构件长度的分布简化为折线形分布，用图乘法可求出构件任意截面处的侧移率。计算过程采用分级增加曲率法，即以构件嵌固端截面处的曲率为控制参数，通过逐级增加曲率的方法最终得到水平荷载–侧移率 (P-$\varDelta$) 关系曲线。骨架曲线计算程序框图如图 6.31 所示，其具体计算步骤如下所述：

(1) 输入构件原始参数，并沿柱高方向将其分为 n 段。

(2) 读入前期计算得到的 M-ϕ 曲线。

(3) 柱端截面曲率ϕ_{b} 从零开始计算，每级递加，ϕ_{b}=ϕ_{b}+$\Delta\phi$，并由 M-ϕ 曲线关系得到 M_{b}。

(4) 假定初始变形曲线$\varDelta_{i,0}$ ($i = 1, 2, \cdots, n$)，第一次计算时的变形曲线采用曲率沿柱高线性分布，之后每次计算取上一次的变形曲线。

(5) 由式 (6.8) 计算出水平力 P，并由 P、M_{b} 和$\varDelta_{i,0}$ 根据式 (6.7) 计算各结点的弯矩 M_i，由 M-ϕ 曲线得到ϕ_i；按梯形积分法求出各结点的变形，据此得到新的挠曲曲线$\varDelta_{i,1}$ ($i = 1, 2, \cdots, n$)。

(6) 以新的挠曲曲线$\Delta_{i,1}$ $(i=1,2,\cdots,n)$ 为基准，重复以上步骤 (5)，得到新的挠曲曲线$\Delta_{i,2}$, $\Delta_{i,3},\cdots$；若柱顶侧移率$\Delta_{n,k}$ 与$\Delta_{n,k-1}$ 之差小于允许值，则停止计算，得到 P-Δ 曲线上一点。

(7) 重复步骤 (3)～(6)，就可得到 P-Δ 关系曲线。

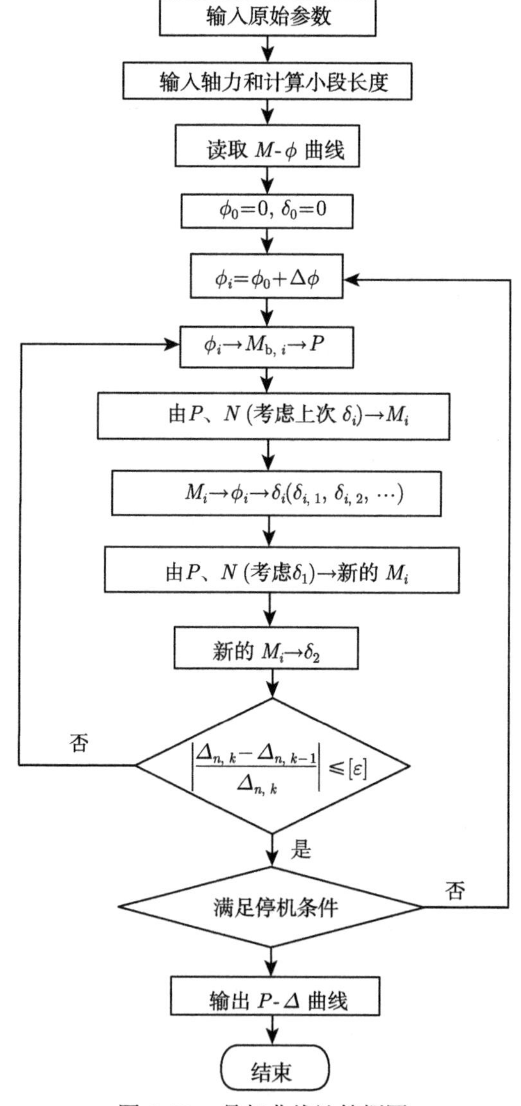

图 6.31　骨架曲线计算框图

图 6.32 给出了各试件数值计算的骨架曲线与试验骨架曲线的比较，主要计算结果与试验值的对比列于表 6.9 中，通过计算值与试验值的比较，可以看出以下规律：①水平极限荷载的计算值 ($P_{\max,c}$) 与试验值 ($P_{\max,e}$) 之比的平均值为 0.929,

均方差为 0.032。试件水平极限荷载的计算值要小于试验值，计算结果偏安全。这主要是因为数值计算没有考虑混凝土的抗拉强度，同时纤维模型法计算值普遍偏低。②位移延性系数的计算值 ($DI_{\Delta,c}$) 与试验值 ($DI_{\Delta,e}$) 之比的平均值为 1.215，均方差为 0.089。试件位移延性系数的计算值普遍大于试验值，这主要是因为试验中后期外套钢管鼓曲，导致对混凝土的约束作用降低，荷载和刚度下降较快。③组合加固柱的数值计算结果与试验结果吻合较好，能从总体上反映组合加固柱的抗震性能。这说明计算时所用约束混凝土模型合理，可用本书的程序对组合加固柱的骨架曲线进行分析。

表 6.9 计算结果与试验结果对比

试件编号	$P_{\max,e}$/kN	$P_{\max,c}$ /kN	$P_{\max,c}/P_{\max,e}$	$DI_{\Delta,e}$	$DI_{\Delta,c}$	$DI_{\Delta,c}/DI_{\Delta,e}$
S2-0.07-C40	145.60	142.37	0.978	5.91	8.15	1.379
S2-0.15-C40	163.45	153.44	0.939	5.55	7.17	1.292
S2-0.30-C40	182.55	166.11	0.910	5.50	6.80	1.236
S2-0.45-C40	178.56	164.02	0.919	5.26	5.85	1.112
S3-0.07-C40	186.05	180.89	0.972	6.88	9.06	1.317
S3-0.15-C40	203.50	191.74	0.942	6.60	7.55	1.144
S3-0.30-C40	221.91	198.84	0.896	6.15	6.80	1.106
S3-0.45-C40	216.65	194.22	0.896	5.36	6.22	1.160
S4-0.07-C40	211.85	210.03	0.991	7.24	9.82	1.356
S4-0.15-C40	236.71	223.46	0.944	6.76	8.08	1.195
S4-0.30-C40	254.95	232.04	0.910	6.41	7.60	1.186
S4-0.45-C40	243.37	222.22	0.913	5.94	6.81	1.146
S3-0.30-C30	209.24	188.11	0.899	6.18	7.14	1.155
S3-0.30-C50	234.18	211.38	0.903	5.11	6.25	1.223

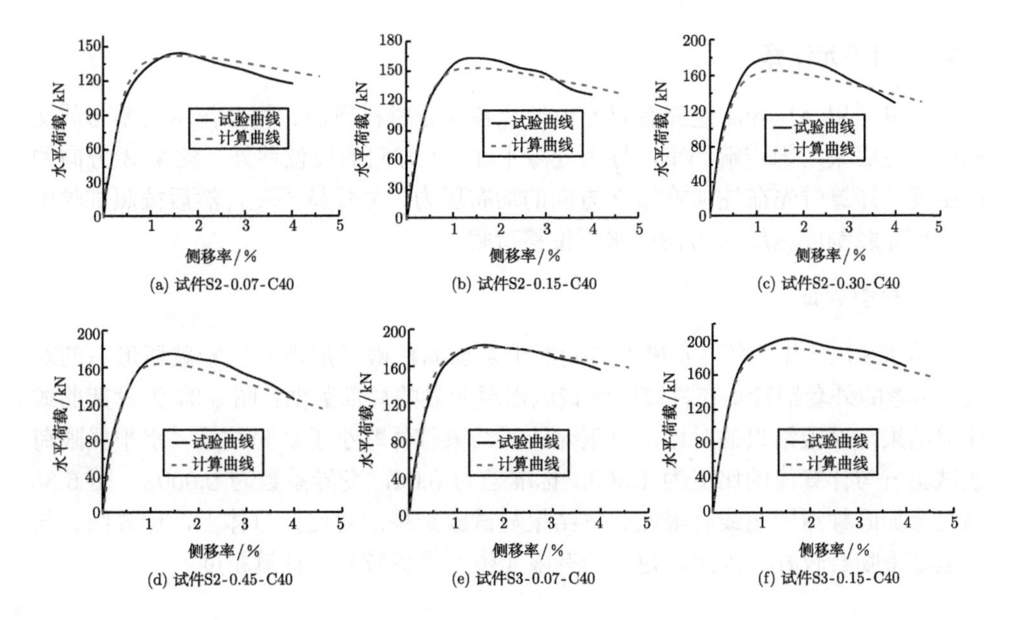

(a) 试件S2-0.07-C40 (b) 试件S2-0.15-C40 (c) 试件S2-0.30-C40
(d) 试件S2-0.45-C40 (e) 试件S3-0.07-C40 (f) 试件S3-0.15-C40

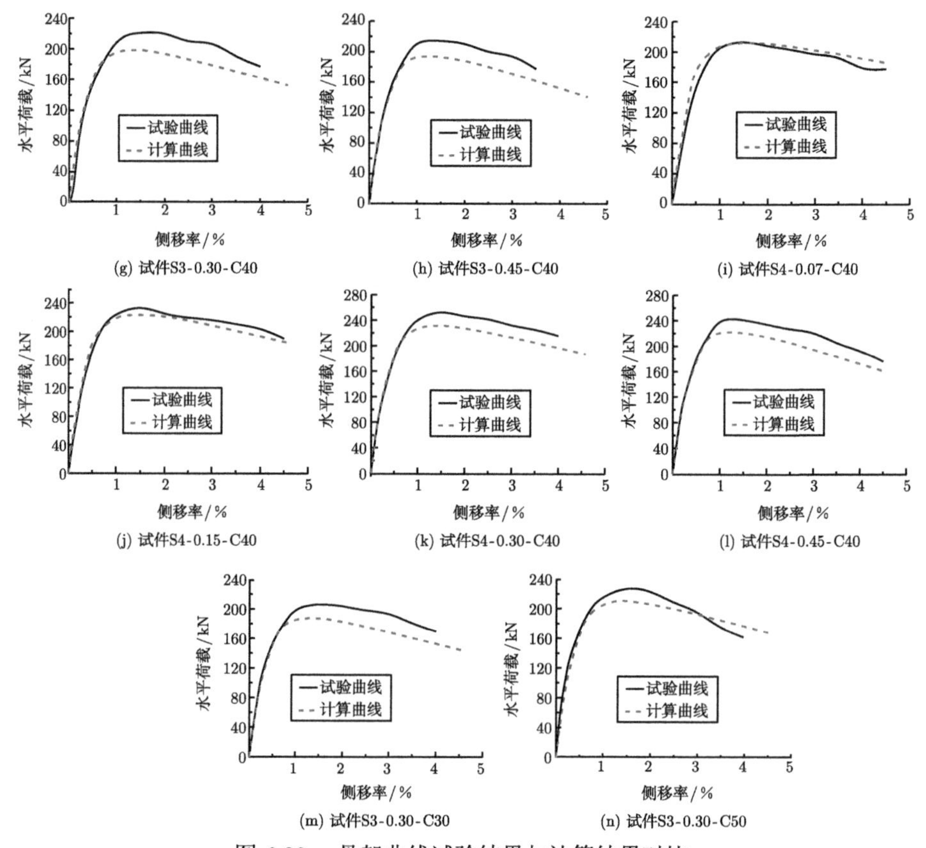

(g) 试件S3-0.30-C40　(h) 试件S3-0.45-C40　(i) 试件S4-0.07-C40

(j) 试件S4-0.15-C40　(k) 试件S4-0.30-C40　(l) 试件S4-0.45-C40

(m) 试件S3-0.30-C30　(n) 试件S3-0.30-C50

图 6.32　骨架曲线试验结果与计算结果对比

6.5.2 有限元计算

这里采用 Abaqus 建立有限元模型，各部分材料属性、相互作用关系与前文相同。柱底采用固定端约束，柱顶处除了 1、2 方向的线位移外，约束 3 方向的自由度，计算时先在柱顶施加 2 方向的均布压力，并保持不变，然后按照试验中的位移加载制度施加 1 方向的水平位移荷载。

1. 模型验证

图 6.33 给出了有限元模拟得到的组合加固柱破坏形态与试验破坏形态的对比，两者的外套钢管均在柱脚塑性铰区出现明显的局部鼓曲；图 6.34 为骨架曲线计算结果与试验结果的对比，有限元计算结果整体略小于试验结果，水平极限荷载试验值与计算值的比值为 1.069，标准差为 0.04，变异系数为 0.0002；图 6.35 为组合加固柱滞回曲线有限元计算结果与试验结果的对比，总体上，计算结果与试验结果吻合较好。因此，建立的有限元模型具备较高的计算精度。

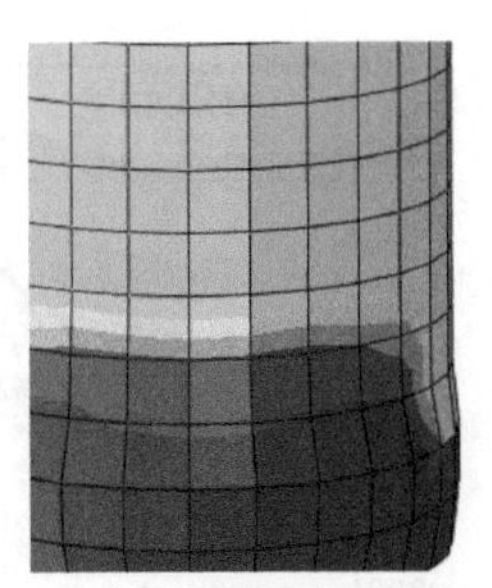

图 6.33 组合加固柱破坏形态对比

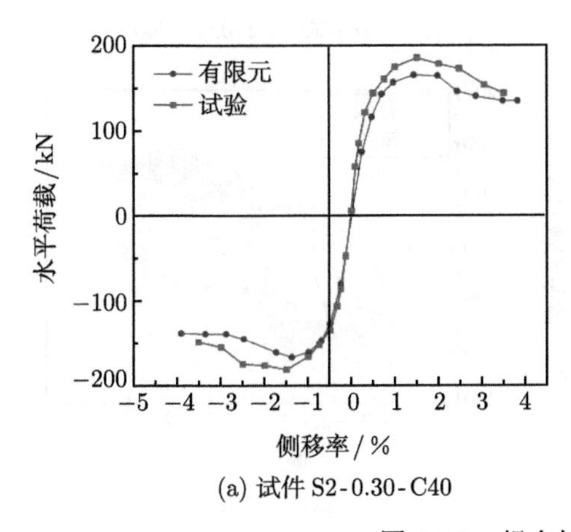

(a) 试件 S2-0.30-C40

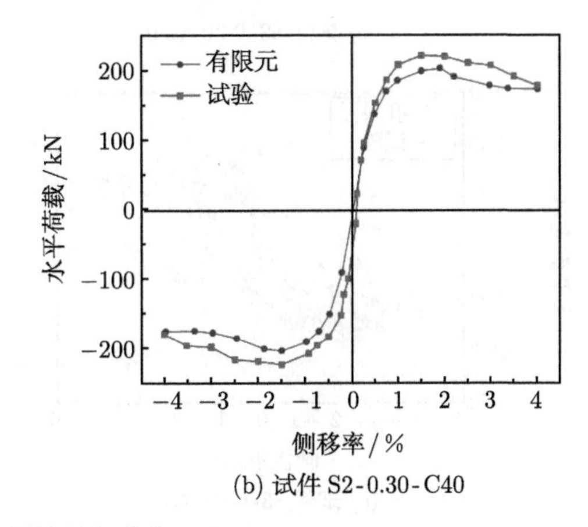

(b) 试件 S2-0.30-C40

图 6.34 组合加固柱骨架曲线对比

2. 计算结果

1) 参数分析

基于建立的有限元模型进行参数分析，研究参数考虑外套钢管径厚比、钢材屈服强度、轴压比、夹层混凝土强度。其中，钢管径厚比为 136.5、91、68.3、54.6 和

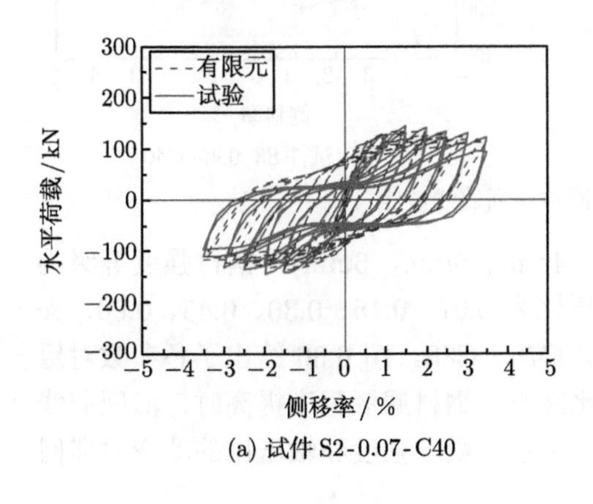

(a) 试件 S2-0.07-C40

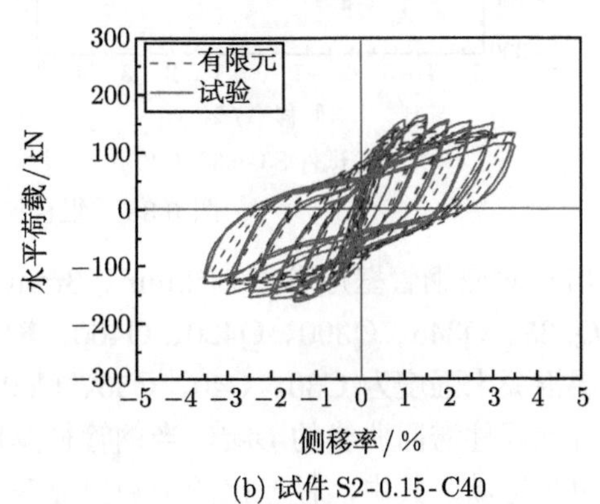

(b) 试件 S2-0.15-C40

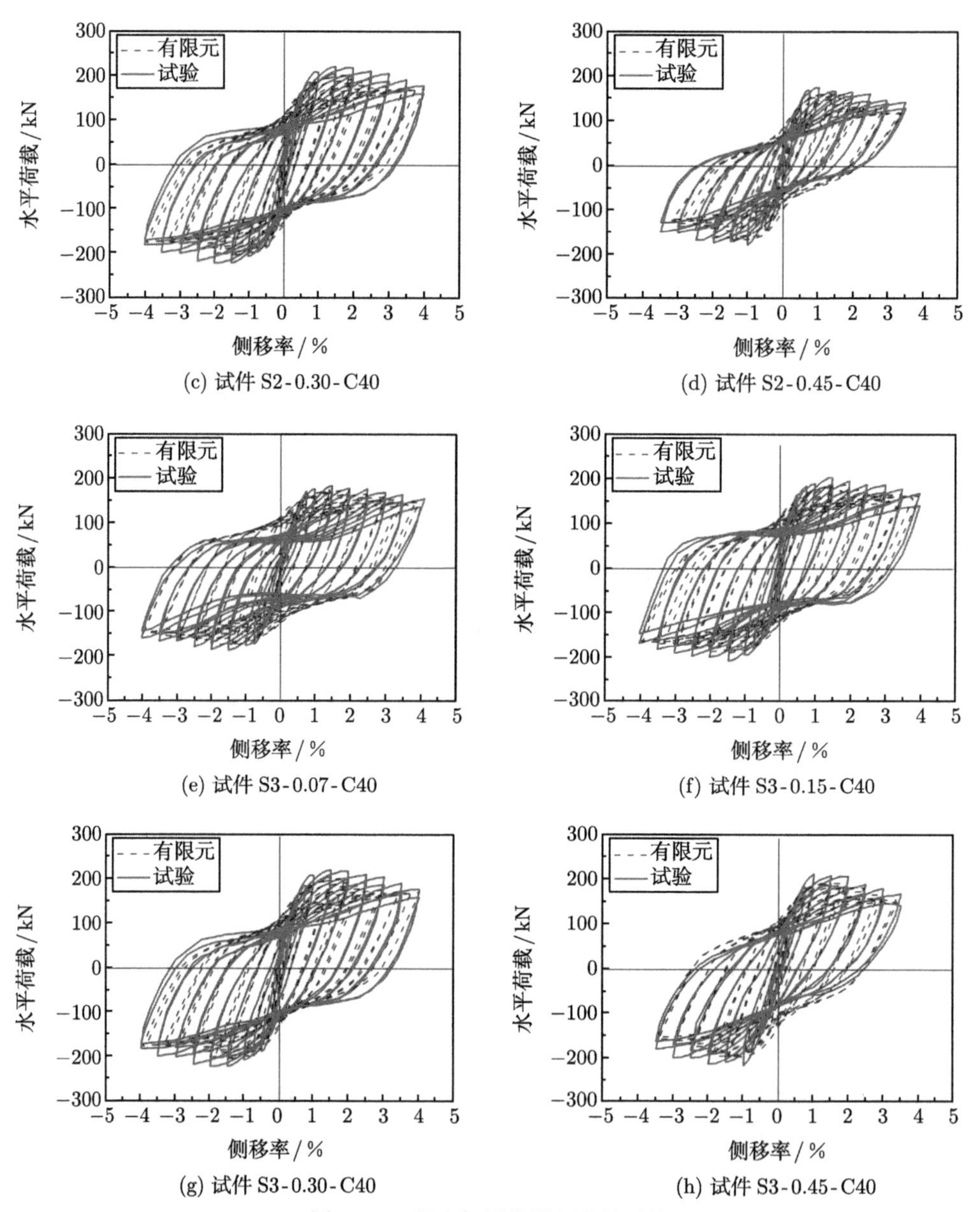

(c) 试件 S2-0.30-C40　(d) 试件 S2-0.45-C40

(e) 试件 S3-0.07-C40　(f) 试件 S3-0.15-C40

(g) 试件 S3-0.30-C40　(h) 试件 S3-0.45-C40

图 6.35　组合加固柱滞回曲线对比

45.5(对应钢管壁厚分别为 2mm、3mm、4mm、5mm、6mm)，钢材强度等级为 Q235、Q345、Q390、Q420、Q460，轴压比为 0.07、0.15、0.30、0.45、0.60，夹层混凝土强度为 C30、C40、C50、C60、C70、C80。图 6.36 给出了各参数对组合加固柱滞回曲线的影响，当钢管径厚比减小、钢材屈服强度提高时，滞回曲线更加饱满，其中，径厚比的影响更显著。夹层混凝土强度和轴压比的改变对滞回曲线饱满程度影响较小。

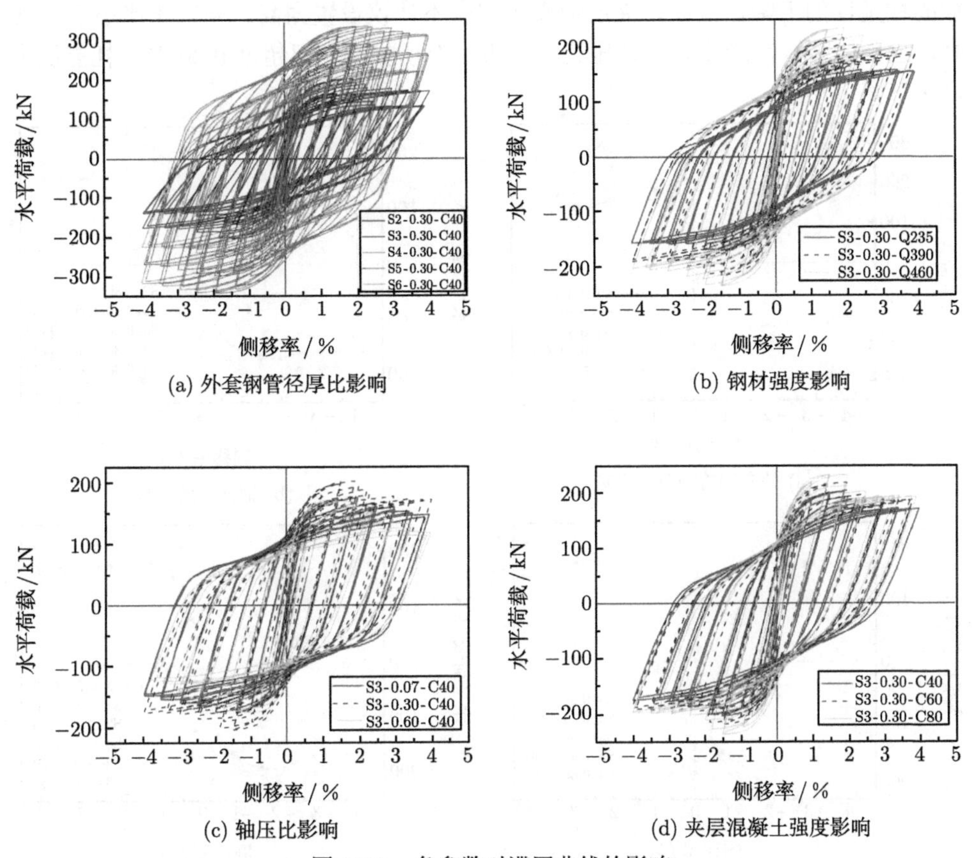

(a) 外套钢管径厚比影响

(b) 钢材强度影响

(c) 轴压比影响

(d) 夹层混凝土强度影响

图 6.36 各参数对滞回曲线的影响

图 6.37 表示各参数对组合加固柱骨架曲线的影响，钢管厚度每增加 1mm，则组合加固柱的水平极限荷载提升约 50kN，随钢管壁厚的增大近似呈线性增加。当钢材屈服强度改变时，曲线弹性段的刚度几乎没有变化，这是由于钢材的弹性模量均相等。随着轴压比的增大，组合加固柱的水平极限荷载表现出先增大后减小的趋势。夹层混凝土强度提高时，组合加固柱水平极限荷载和刚度均有所提升，但延性下降。

图 6.38 为各参数对组合加固柱耗能能力的影响。相比其他参数，钢管径厚比的改变对耗能能力影响最大，随着径厚比的减小，组合加固柱的耗能能力显著提高。因此，当需要大幅度提高原 RC 柱的耗能能力时，最优方案为减小钢管的径厚比。当钢材每提升一个强度等级时，组合加固柱耗能能力分别提升 10.9%、3.6%、1.5%、2.9%，当钢材强度等级大于 Q345 时，钢材屈服强度的提高对耗能能力的提升较小。夹层混凝土强度每提高一个等级，组合加固柱耗能能力分别提高 3.1%、

0.7%、1.1%、1.3%、1.7%，提升幅度较小，且夹层混凝土强度的提升可导致组合加固柱延性的下降，因此，夹层混凝土强度不建议设置太高。当轴压比小于 0.30 时，组合加固柱耗能能力随轴压比的增大而有所提高，但超过 0.30 时，耗能能力显著下降。

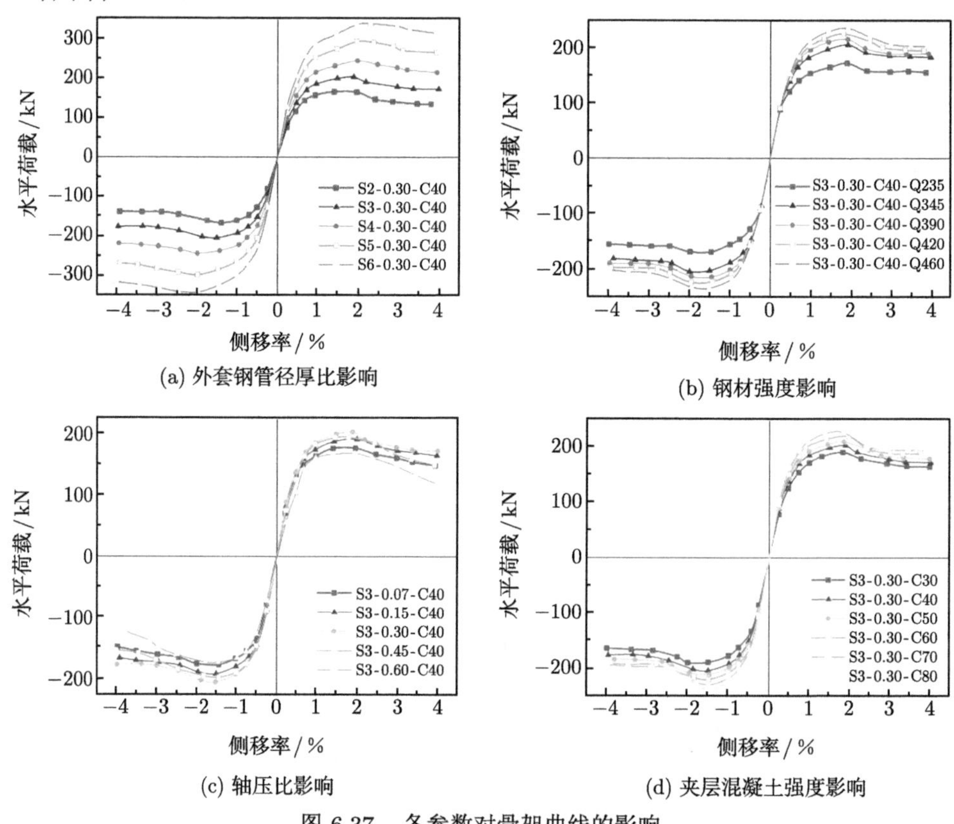

(a) 外套钢管径厚比影响　　(b) 钢材强度影响

(c) 轴压比影响　　(d) 夹层混凝土强度影响

图 6.37　各参数对骨架曲线的影响

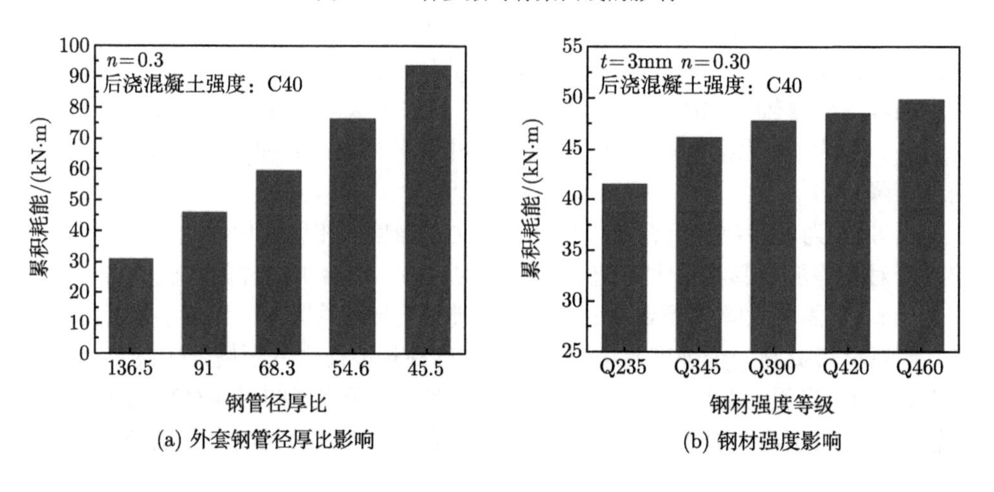

(a) 外套钢管径厚比影响　　(b) 钢材强度影响

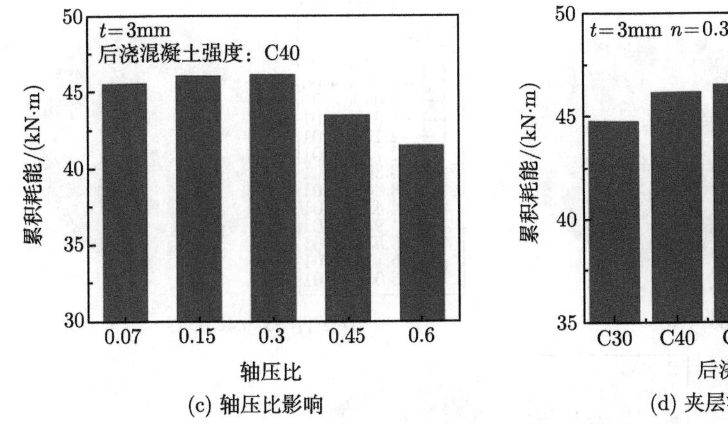

(c) 轴压比影响

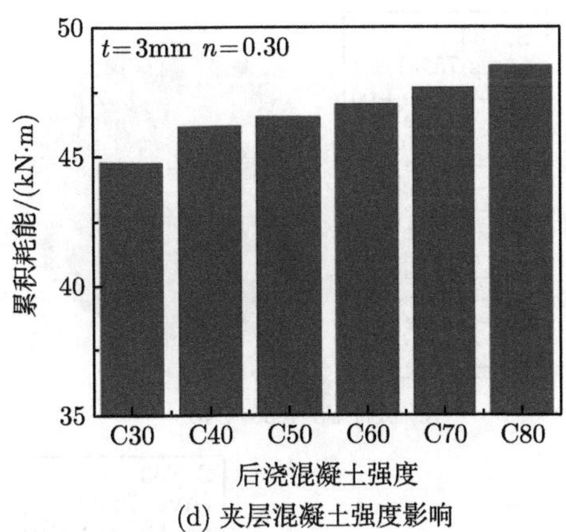

(d) 夹层混凝土强度影响

图 6.38 各参数对耗能能力的影响

2) 应力云图

图 6.39 给出了水平荷载达到峰值时组合加固柱核心混凝土的纵向应力分布状态，其中，正值代表受拉，负值代表受压。不同轴压比下，核心混凝土纵向应力存在显著差别。当轴压比从 0.07 增加至 0.15、0.30 时，截面受压区边缘压应力从 65.8MPa 增加至 67.3MPa 和 68.1MPa，受拉区边缘拉应力从 2.8MPa 减少至 2.5MPa 和 1.8MPa；当轴压比继续增加至 0.45 和 0.60 时，截面受压区边缘压应力下降为 66.8MPa 和 63.8MPa，受拉区边缘拉应力减少至 0.8MPa 和 0.5MPa。轴压比不超过 0.45 时，受压区边缘压应力相比其他区域最大，当轴压比达到 0.60 时，截面上压应力最大值向截面中部移动。受拉区边缘拉应力在不同轴压比情况下均大于受拉区其他位置处的应力。随着轴压比的增大，混凝土受压区面积逐渐扩大。当轴压比为 0.30 时，受压区面积近似等于受拉区面积。与轴压比分别为 0.07、0.15、0.45、0.60 时的水平极限荷载相比，轴压比为 0.30 时，组合加固柱

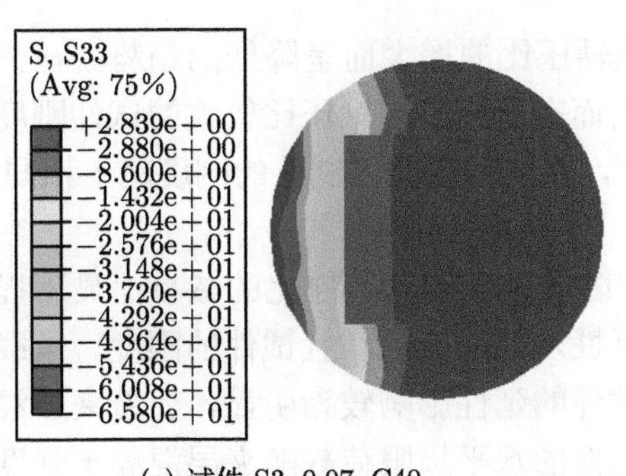

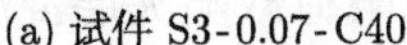

(a) 试件 S3-0.07-C40

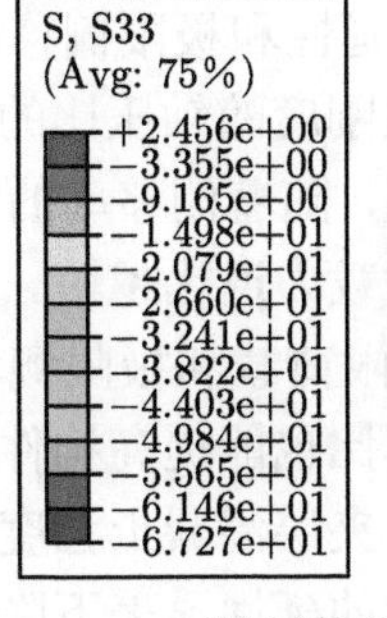

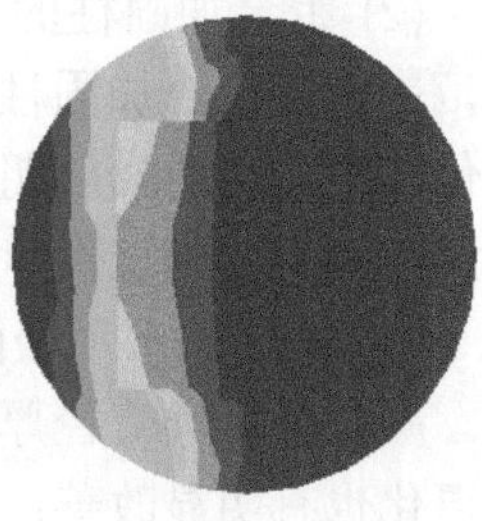

(b) 试件 S3-0.15-C40

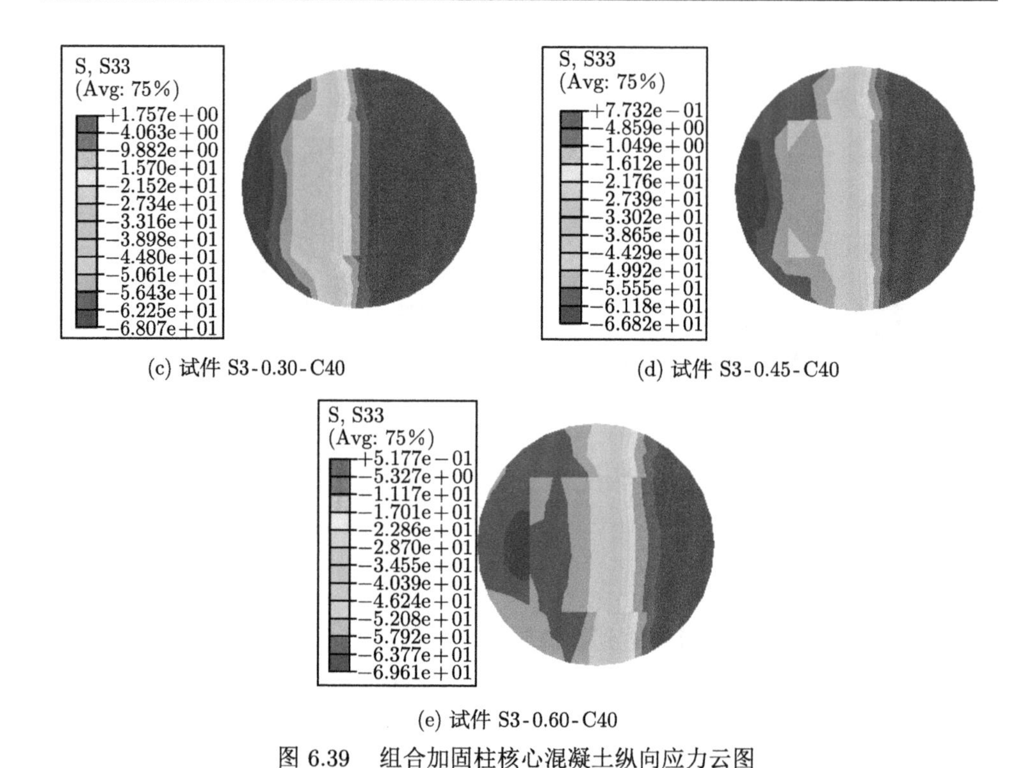

(c) 试件 S3-0.30-C40　　(d) 试件 S3-0.45-C40

(e) 试件 S3-0.60-C40

图 6.39　组合加固柱核心混凝土纵向应力云图

水平极限荷载最大。由此可知，当混凝土受压区高度和受拉区高度相等时，组合加固柱水平极限荷载达到最大。

6.6 本章小结

(1) 外套钢管夹层混凝土加固法可显著提高 RC 柱的抗震性能，组合加固柱较 RC 柱滞回曲线更为饱满，承载力、耗能性能及延性均有较大幅度提升。在加固用钢量基本相同的情况下，外套钢管夹层混凝土加固柱的抗震性能明显优于增大截面加固柱。

(2) 组合加固柱的延性和极限侧移率随轴压比的增大而呈降低的趋势。在弹性范围内，组合加固柱刚度随轴压比的增大而有所提高，轴压比较大的试件刚度退化较快，在加载后期，随着侧移率的增大，不同轴压比下试件的刚度趋于相同，轴压比越大，则试件承载力退化越快。

(3) 试件的水平极限荷载和极限侧移率随着外套钢管径厚比的减小而显著提高。减小外套钢管径厚比也能提高构件的延性及耗能能力，且试件的刚度、承载力退化也有明显改善；夹层混凝土强度对试件的延性影响较为明显，随着夹层混凝土强度的增大，试件的延性显著下降。试件的水平极限荷载随夹层混凝土强度的增大而增大，但变化幅值不大。夹层混凝土强度高的试件前期刚度较大，但刚度退化也更快；夹层混凝土强度等级对试件的耗能能力影响不显著。

(4) 以外套圆钢管夹层混凝土加固 RC 方柱为例，采用纤维模型法对组合加固柱的弯矩–曲率关系和骨架曲线进行了模拟计算，计算曲线与试验曲线吻合较好，水平极限荷载的计算值与试验值之比的平均值为 0.929，均方差为 0.032，计算值相比试验值偏小，计算结果偏于安全；采用有限元法进行模拟计算，分析结果表明，外套钢管径厚比的改变相比于其他参数对组合加固柱抗震性能影响最大，外套钢管径厚比减小时，组合加固柱水平极限荷载和耗能能力显著提高。

参 考 文 献

[1] 金伟良, 赵羽习. 混凝土结构耐久性研究的回顾与展望 [J]. 浙江大学学报 (工学版), 2002, 36(4): 371-380, 403.

[2] 卢亦焱. CFRP 与钢复合加固混凝土结构 [M]. 北京: 科学出版社, 2020.

[3] Li C Q, Melchers R E. Time-dependent risk assessment of structural deterioration caused by reinforcement corrosion[J]. ACI Structural Journal, 2005, 102(5): 754-762.

[4] 住房和城乡建设部 2022 年政府信息公开工作年度报告. https://www.mohurd.gov.cn/gongkai/gknb/index.html.

[5] 国内腐蚀状况及控制战略研究课题组. 国内腐蚀状况及控制战略研究成果发布 [J]. 石油化工腐蚀与防护, 2016, 33(5): 12.

[6] 卢亦焱. 混凝土结构加固设计原理 [M]. 北京: 高等教育出版社, 2016.

[7] 周希茂, 苏三庆, 赵明, 等. 增大截面法加固钢筋混凝土框架的设计与展望 [J]. 世界地震工程, 2009, 25(1): 153-158.

[8] Vandoros K G, Dritsos S E. Concrete jacket construction detail effectiveness when strengthening RC columns[J]. Construction and Building Materials, 2008, 22(3): 264-276.

[9] Minafò G. A practical approach for the strength evaluation of RC columns reinforced with RC jackets[J]. Engineering Structures, 2015, 85: 162-169.

[10] Lam L, Teng J G. Design-oriented stress-strain model for FRP-confined concrete[J]. Construction and Building Materials, 2003, 17(6-7):471-489.

[11] 岳清瑞. 我国碳纤维 (CFRP) 加固修复技术研究应用现状与展望 [J]. 工业建筑, 2000, 30(10): 23-26.

[12] 卢亦焱, 黄银燊, 张号军, 等. FRP 加固技术研究新进展 [J]. 中国铁道科学, 2006, 27(3): 34-42.

[13] Choi E, Chung Y, Park J, et al. Behavior of reinforced concrete columns confined by new steel-jacketing method[J]. ACI Structural Journal, 2010, 107(6): 654-662.

[14] 陆洲导, 刘长青, 张克纯, 等. 外包钢套法加固钢筋混凝土框架节点试验研究 [J]. 四川大学学报 (工程科学版), 2010, 42(3): 56-62.

[15] 潘立. 高强材料置换外周截面加固混凝土柱试验研究 [J]. 建筑结构, 2014,44(11):1-7, 19.

[16] 陈尚建, 刘海波, 欧阳普英, 等. 置换混凝土法在结构加固设计中的应用 [J]. 武汉大学学报 (工学版), 2008, 41(S1): 77-79.

[17] 钟善桐. 钢管混凝土结构 [M]. 3 版. 北京: 清华大学出版社, 2003.

[18] 聂建国, 陶慕轩, 黄远, 等. 钢–混凝土组合结构体系研究新进展 [J]. 建筑结构学报, 2010, 31(6): 71-80.

[19] 卢亦焱. 外套钢管混凝土加固 RC 柱技术研究进展 [J]. 建筑结构学报, 2021,42(12):90-100.

[20] Sezen H, Miller E A. Experimental evaluation of axial behavior of strengthened circular reinforced-concrete columns[J]. Journal of Bridge Engineering, 2011, 16(2): 238-247.

[21] Priestley M, Seible F, Xiao Y, et al. Steel jacket retrofitting of reinforced-concrete bridge columns for enhanced shear-strength.1.Theoretical considerations and test design[J]. ACI Structural Journal, 1994, 91(4): 394-405.

[22] Priestley M, Seible F, Xiao Y, et al. Steel jacket retrofitting of reinforced-concrete bridge columns for enhanced shear-strength.2.Test-results and comparison with theory[J]. ACI Structural Journal, 1994, 91(5): 537-551.

[23] 徐进, 蔡健. 圆形钢套管加固方形混凝土柱轴心受压性能 [J]. 东南大学学报 (自然科学版), 2006, 36(4): 580-584.

[24] 蔡健, 徐进. 圆形钢套管加固混凝土柱的极限承载力 (英文)[J]. 华南理工大学学报 (自然科学版), 2007, 35(10): 78-83.

[25] 卢亦焱, 赵晓博, 李杉, 等. 外套钢管夹层混凝土加固 RC 短柱轴压承载力统一计算方法研究 [J]. 建筑结构学报, 2022, 43(12): 70-81.

[26] 李蕾. 外套钢管混凝土加固轴心受压混凝土柱计算分析 [D]. 武汉: 武汉大学, 2008.

[27] 邵亚南. 外套钢管自密实混凝土加固混凝土中长圆柱轴心受压性能研究 [D]. 武汉: 武汉大学, 2010.

[28] 张学朋. 外套圆钢管自密实混凝土加固 RC 圆柱基本力学性能研究 [D]. 武汉: 武汉大学, 2011.

[29] 刘芳园. 外套方钢管自密实混凝土加固 RC 方形短柱轴压性能研究 [D]. 武汉: 武汉大学, 2011.

[30] 殷晓三. 外套方钢管自密实混凝土加固 RC 方柱基本性能研究 [D]. 武汉: 武汉大学, 2012.

[31] 卢亦焱, 龚田牛, 张学朋, 等. 外套钢管自密实混凝土加固钢筋混凝土圆柱轴压受力分析 [J]. 工程力学, 2013, 30(9): 158-165.

[32] 卢亦焱, 龚田牛, 张学朋, 等. 外套钢管自密实混凝土加固钢筋混凝土圆形截面短柱轴压性能试验研究 [J]. 建筑结构学报, 2013, 34(6): 121-128.

[33] 薛继锋, 卢亦焱, 梁鸿俊, 等. 钢管自密实混凝土加固钢筋混凝土圆形短柱承载力研究 [J]. 武汉大学学报 (工学版), 2014, 47(6): 769-773.

[34] 薛继锋. 钢管自密实混凝土加固 RC 方柱受压力学性能研究 [D]. 武汉: 武汉大学, 2015.

[35] Lu Y Y, Liang H J, Li S, et al. Axial behavior of RC columns strengthened with SCC filled square steel tubes[J]. Steel and Composite Structures, 2015, 18(3): 623-639.

[36] 卢亦焱, 沈炫, 何楂, 等. CFRP-圆钢管自密实混凝土复合加固 RC 方形短柱轴压性能试验研究 [J]. 土木工程学报, 2015, 48(11): 1-8.

[37] 卢亦焱, 梁鸿骏, 李杉, 等. 方钢管自密实混凝土加固钢筋混凝土方形截面短柱轴压性能试验研究 [J]. 建筑结构学报, 2015, 36(7): 43-50.

[38] 何楂. CFRP-圆钢管自密实混凝土复合加固 RC 方形短柱轴压性能研究 [D]. 武汉: 武汉大学, 2013.

[39] 薛继锋, 卢亦焱, 汪兴萌. 钢管自密实混凝土加固柱偏压性能有限元分析 [J]. 武汉大学学报 (工学版), 2015, 48(1): 59-63.

[40] Liang H J, Lu Y Y, Hu J Y, et al. Experimental study and confinement analysis on

RC stub columns strengthened with circular CFST under axial load[J]. International Journal of Steel Structures, 2018, 18(5): 1577-1588.

[41] Lu Y Y, Liu Z Z, Li S, et al. Effect of the outer diameter on the behavior of square RC columns strengthened with self-compacting concrete filled circular steel tube[J]. International Journal of Steel Structures, 2019, 19(3): 1042-1054.

[42] 廖健聪, 卢亦焱, 李杉, 等. 外套方钢管自密实混凝土加固 RC 方柱轴压性能受力分析 [J]. 混凝土, 2019, (8): 47-53.

[43] 王玉虎. 方钢管自密实混凝土加固 RC 圆柱试验及优化设计研究 [D]. 武汉: 武汉大学, 2019.

[44] Zhao X B, Liang H J, Lu Y Y, et al. Size effect of square steel tube and sandwiched concrete jacketed circular RC columns under axial compression[J]. Journal of Constructional Steel Research, 2020, 166(Mar.): 105912.1-105912.22.

[45] 李杉, 赵芹, 卢亦焱, 等. 方钢管夹层混凝土加固受损 RC 柱偏压性能研究 [J]. 武汉理工大学学报, 2020, 42(8): 51-56.

[46] 王玉虎, 卢亦焱, 李伟捷, 等. 加载方式对钢管自密实混凝土加固 RC 圆柱受力性能影响的研究 [J]. 混凝土, 2020, (2): 33-37, 44.

[47] 赵晓博. 外套方钢管自密实混凝土加固 RC 圆柱受压性能研究 [D]. 武汉: 武汉大学, 2021.

[48] Zhao X B, Lu Y Y, Liang H J, et al. Optimal design of reinforced concrete columns strengthened with square steel tubes and sandwiched concrete[J]. Engineering Structures, 2021, 244: 112723, 1-112723, 17.

[49] 殷晓三, 梁鸿骏, 卢亦焱, 等. 钢套管混凝土加固 RC 柱轴压受力全过程分析 [J]. 应用基础与工程科学学报, 2022, 30(3): 566-578.

[50] 卢亦焱, 杨帆, 张学朋. 外套钢管夹层混凝土加固 RC 圆柱轴压性能研究 [J]. 武汉理工大学学报 (交通科学与工程版), 2022, 46(2): 259-263.

[51] 梁鸿骏. 钢管自密实混凝土加固锈蚀 RC 圆柱基本力学性能研究 [D]. 武汉: 武汉大学, 2016.

[52] 陈新玲. 钢管自密实混凝土加固锈蚀 RC 圆柱轴压性能研究 [D]. 武汉: 武汉大学, 2015.

[53] Hu J Y, Liang H J, Lu Y Y. Behavior of steel-concrete jacketed corrosion-damaged RC columns subjected to eccentric load[J]. Steel and Composite Structures, 2018, 29(6): 689-701.

[54] Liang H J, Jiang Y J, Lu Y Y, et al. Strength prediction of corrosion reinforced concrete columns strengthened with concrete filled steel tube under axial compression[J]. Steel and Composite Structures, 2020, 37(4): 481-492.

[55] 蒋燕鞠, 卢亦焱, 梁鸿骏, 等. 轴心受压下钢管混凝土加固锈蚀 RC 圆柱受力全过程分析 [J]. 土木工程与管理学报, 2021, 38(3): 140-145, 179.

[56] 蒋燕鞠. 氯盐环境下钢管混凝土加固受损 RC 柱可靠度分析研究 [D]. 武汉: 武汉大学, 2021.

[57] 胡潇, 钱永久. 圆形钢套管加固钢筋混凝土短柱轴心受压试验研究 [J]. 四川建筑科学研究, 2013, 39(6): 96-98.

[58] 胡潇, 钱永久. 圆形钢套管加固钢筋混凝土短柱轴心受压承载力研究 [J]. 四川建筑科学研究, 2014, 40(1): 109-113.

[59] 胡潇. 圆形钢套管加固钢筋混凝土短柱受压性能分析及承载力研究 [D]. 成都: 西南交通大学, 2015.

[60] 胡潇, 钱永久. 考虑二次受力圆形钢套管加固钢筋混凝土短柱轴心受压承载力研究 [J]. 工程抗震与加固改造, 2013, 35(5): 36-41.

[61] 胡潇, 钱永久. 圆形钢套管加固钢筋混凝土短柱的轴心受压性能 [J]. 公路交通科技, 2013, 30(6): 100-108.

[62] He A, Cai J, Chen Q J, et al. Behaviour of steel-jacket retrofitted RC columns with preload effects[J]. Thin-Walled Structures, 2016, 109: 25-39.

[63] 刘浪. 二次受力下圆形钢套管加固钢筋混凝土短柱轴心受压性能研究 [D]. 成都: 成都理工大学, 2016.

[64] He A, Cai J, Chen Q J, et al. Axial compressive behaviour of steel-jacket retrofitted RC columns with recycled aggregate concrete[J]. Construction and Building Materials, 2017, 141: 501-516.

[65] 何岸. 钢套管再生混凝土加固柱力学性能研究 [D]. 广州: 华南理工大学, 2017.

[66] 何岸, 蔡健, 陈庆军, 等. 钢套管再生混凝土加固柱轴压试验 [J]. 西南交通大学学报, 2018, 53(6): 1187-1194, 1204.

[67] 蔡健, 徐进. 圆形钢套管加固混凝土中长柱轴压承载力研究 [J]. 铁道科学与工程学报, 2005, (4): 62-67.

[68] 刘飞宇. 外套方钢管自密实混凝土加固 RC 方形中长柱轴压性能研究 [D]. 武汉: 武汉大学, 2011.

[69] 卢亦焱, 薛继锋, 张学朋, 等. 外套钢管自密实混凝土加固钢筋混凝土中长圆柱轴压性能试验研究 [J]. 土木工程学报, 2013, 46(2): 100-107.

[70] Lu Y Y, Zhu T, Li S, et al. Axial behaviour of slender RC circular columns strengthened with circular CFST jackets[J]. Advances in Civil Engineering, 2018, 2018(PT.7): 1-11.

[71] Li W J, Liang H J, Lu Y Y, et al. Axial behavior of slender RC square columns strengthened with circular steel tube and sandwiched concrete jackets[J]. Engineering Structures, 2019, 179: 423-437.

[72] 徐进, 蔡健. 圆形钢套管加固混凝土柱偏心受压性能研究 [J]. 工业建筑, 2007, 405(8):14-17.

[73] 李文峰. 外套钢管自密实混凝土加固混凝土圆柱偏心受压性能研究 [D]. 武汉: 武汉大学, 2010.

[74] 吴皓. 外套方钢管自密实混凝土加固混凝土方柱偏心受压性能研究 [D]. 武汉: 武汉大学, 2011.

[75] Lu Y Y, Liang H J, Li S, et al. Eccentric strength and design of RC columns strengthened with SCC filled steel tubes[J]. Steel and Composite Structures, 2015, 18(4): 833-852.

[76] Lu Y Y, Liang H J, Li S, et al. Numerical and experimental investigation on eccentric loading behavior of RC columns strengthened with SCC filled square steel tubes[J].

Advances in Structural Engineering, 2015, 18(2): 295-309.

[77] 卢亦焱, 徐贞珍, 梁鸿骏, 等. 外套圆钢管自密实混凝土加固 RC 方柱偏压性能试验研究及有限元分析 [J]. 建筑结构学报, 2015, 36(S2): 42-49.

[78] 卢亦焱, 薛继锋, 龚田牛, 等. 钢管自密实混凝土加固钢筋混凝土圆形短柱偏压性能研究 [J]. 工程力学, 2015, 32(8): 164-171, 181.

[79] 王云虎, 卢亦焱, 薛继峰, 等. 圆形钢管自密实混凝土加固 RC 方柱偏压性能有限元分析 [J]. 混凝土, 2015, (6): 50-53.

[80] 王云虎. 外套钢管自密实混凝土对 RC 方柱轴压性能影响研究 [D]. 武汉: 武汉大学, 2016.

[81] 金璐. 钢管自应力自密实混凝土加固锈蚀 RC 圆柱偏压性能研究 [D]. 武汉: 武汉大学, 2016.

[82] 李杉, 梁鸿骏, 卢亦焱, 等. 钢管混凝土加固钢筋混凝土方形截面偏压短柱受力性能分析 [J]. 建筑结构学报, 2016, 37(12): 126-135.

[83] Zhang F, Lu Y Y, Li S, et al. Eccentrically compressive behaviour of RC square short columns reinforced with a new composite method [J]. Steel and Composite Structures, 2018, 27(1): 95-108.

[84] 卢亦焱, 肖羚玮, 李杉, 等. 方钢管自密实混凝土加固 RC 方柱偏压性能有限元分析 [J]. 混凝土, 2019(5): 14-19.

[85] 张帆, 卢亦焱, 李杉, 等. CFRP-钢管混凝土加固 RC 短柱偏压性能试验 [J]. 华中科技大学学报 (自然科学版), 2018, 46(7): 7-12.

[86] 汪兴萌. 二次受力下钢管自密实混凝土加固 RC 方柱偏压性能研究 [D]. 武汉: 武汉大学, 2016.

[87] 蒙何彬. 钢套管再生混凝土加固柱偏压力学性能研究 [D]. 广州: 华南理工大学, 2017.

[88] 陈庆军, 黎哲, 蒙何彬, 等. 钢套管再生混凝土加固钢筋混凝土柱偏压性能 [J]. 湖南大学学报 (自然科学版), 2018, 45(3): 29-38.

[89] 龚田牛. 钢管 (CFRP-钢管) 自密实混凝土加固 RC 方柱抗震性能研究 [D]. 武汉: 武汉大学, 2015.

[90] 卢亦焱, 易斯, 李杉, 等. 圆钢管自密实混凝土加固钢筋混凝土柱抗震性能试验研究 [J]. 建筑结构学报, 2018, 39(10):65-74.

[91] Yan Y H, Liang H J, Lu Y Y, et al. Behaviour of RC columns strengthened with SCC-filled steel tubes under cyclic loading[J]. Engineering Structures, 2019, 199(Nov.15): 109603.1-109603.19.

[92] Lu Y Y, Yi S, Liang H J, et al. Seismic behavior of RC square columns strengthened with self-compacting concrete-filled CFRP-steel tubes[J]. Journal of Bridge Engineering, 2019, 24(2): 4018119.

[93] He A, Cai J, Chen Q J, et al. Seismic behaviour of steel-jacket retrofitted reinforced concrete columns with recycled aggregate concrete[J]. Construction and Building Materials, 2018, 158: 624-639.

[94] 黄培州. 钢套管再生混凝土加固柱抗震性能研究 [D]. 广州: 华南理工大学, 2016.

[95] Youm K S, Lee H E, Choi S. Seismic performance of repaired RC columns[J]. Magazine of Concrete Research, 2006, 58(5): 267-276.

[96] 鲁伟. 加固受损钢筋混凝土桥墩抗震性能的试验研究 [D]. 广州: 广东工业大学, 2013.

[97] 李松, 邓军, 李雪琼. 加固钢筋混凝土桥墩抗震性能的有限元分析 [C]// 中国土木工程学会纤维增强复合材料 (FRP) 及工程应用专业委员会第八届全国建设工程 FRP 应用学术交流会论文集. 哈尔滨: 工业建筑杂志社有限公司, 2013: 130-133.

[98] 李雪琼. 加固受损钢筋混凝土桥墩抗震性能的数值分析研究 [D]. 广州: 广东工业大学, 2013.

[99] 中华人民共和国住房和城乡建设部, 国家市场监督管理总局. 混凝土物理力学性能试验方法标准: GB/T 50081—2019[S]. 北京: 中国建筑工业出版社, 2019.

[100] 国家市场监督管理总局, 中国国家标准化管理委员会. 钢及钢产品力学性能试验取样位置及试样制备: GB/T 2975—2018[S]. 北京: 中国标准出版社, 2018.

[101] 国家市场监督管理总局, 中国国家标准化管理委员会. 金属材料 拉伸试验 第 1 部分: 室温试验方法: GB/T 228.1—2021[S]. 北京: 中国标准出版社, 2021.

[102] 中华人民共和国住房和城乡建设部. 混凝土结构试验方法标准: GB/T 50152—2012[S]. 北京: 中国建筑工业出版社, 2012.

[103] 樊华, 顾瑞南, 宋启根. 喷射混凝土加固小偏心受压柱的二次受力研究 [J]. 工业建筑, 1997, (10): 11-15.

[104] 季强, 苏三庆, 张心斌. 用外包钢筋混凝土法加固 RC 柱性能的试验研究 [J]. 工业建筑, 2005, (S1): 945-947.

[105] 尧国皇, 韩林海. 钢管初应力对钢管混凝土构件轴压刚度和抗弯刚度的影响 [J]. 工业建筑, 2004, (7): 57-60.

[106] 余勇, 吕西林, Kiyoshi T, 等. 轴心受压方钢管混凝土短柱的性能研究：Ⅱ 分析 [J]. 建筑结构, 2000, (2): 43-46.

[107] Yamamoto T, Kawaguchi J, Morino S. Experimental study of scale effects on the compressive behavior of short concrete-filled steel tube columns[J]. Composite Construction in Steel and Concrete, 2002: 879-890.

[108] Sakino K, Nakahara H, Morino S, et al. Behavior of centrally loaded concrete-filled steel-tube short columns[J]. Journal of Structural Engineering-ASCE, 2004, 130(2): 180-188.

[109] Wu Y F, Wang L M. Unified strength model for square and circular concrete columns confined by external jacket[J]. Journal of Structural Engineering, 2009, 135(3): 253-261.

[110] 丁发兴, 付磊, 龚永智, 等. 方钢管混凝土轴压短柱的力学性能研究 [J]. 深圳大学学报 (理工版), 2014, 31(6): 583-592.

[111] 周绪红, 刘界鹏. 钢管约束混凝土柱的性能与设计 [M]. 北京: 科学出版社, 2010.

[112] 韩林海. 钢管混凝土结构——理论与实践 [M]. 2 版. 北京: 科学出版社, 2007.

[113] Tao Z, Wang Z B, Yu Q. Finite element modelling of concrete-filled steel stub columns under axial compression[J]. Journal of Constructional Steel Research, 2013, 89: 121-131.

[114] Hassanein M F, Kharoob O F. Analysis of circular concrete-filled double skin tubular slender columns with external stainless steel tubes[J]. Thin-Walled Structures, 2014, 79: 23-37.

[115] Du Y S, Chen Z, Xiong M X. Experimental behavior and design method of rectangular concrete-filled tubular columns using Q460 high-strength steel[J]. Construction and

Building Materials, 2016, 125: 856-872.

[116] Li G C, Chen B W, Yang Z J, et al. Experimental and numerical behaviour of eccentrically loaded high strength concrete filled high strength square steel tube stub columns[J]. Thin-Walled Structures, 2018, 127: 483-499.

[117] Papanikolaou V K, Kappos A J. Confinement-sensitive plasticity constitutive model for concrete in triaxial compression[J]. International Journal of Solids and Structures, 2007, 44(21): 7021-7048.

[118] Yu T, Teng J G, Wong Y L, et al. Finite element modeling of confined concrete-I: Drucker-Prager type plasticity model[J]. Engineering Structures, 2010, 32(3): 665-679.

[119] 钟善桐. 钢管混凝土统一理论：研究与应用 [M]. 北京: 清华大学出版社, 2006.

[120] Ma C K, Apandi N M, Yung S C S, et al. Repair and rehabilitation of concrete structures using confinement: A review[J]. Construction and Building Materials, 2017, 133: 502-515.

[121] Gao F, Zhou H, Liang H J, et al. Structural deformation monitoring and numerical simulation of a supertall building during construction stage[J]. Engineering Structures, 2020, 209: 110033.

[122] Wang Y Y, Yang Y L, Zhang S M. Static behaviors of reinforcement-stiffened square concrete-filled steel tubular columns[J]. Thin-Walled Structures, 2012, 58: 18-31.

[123] Uy B, Bradford M A. Elastic local buckling of steel plates in composite steel-concrete members[J]. Engineering Structures, 1996, 18(3): 193-200.

[124] 杨晓冰. 矩形钢管混凝土柱局部屈曲性能研究 [D]. 西安: 西安建筑科技大学, 2002.

[125] Mander J B, Priestley M, Park R. Theoretical stress-strain model for confined concrete[J]. Journal of Structural Engineering-ASCE, 1988, 114(8): 1804-1826.

[126] Attard M M, Setunge S. Stress-strain relationship of confined and unconfined concrete[J]. ACI Materials Journal, 1996, 93(5): 432-442.

[127] CEB-FIP. Fib Model Code for Concrete Structures[S]. Paris: International Federation for Structural Concrete(fib), 2010.

[128] Samani A K, Attard M M. A stress-strain model for uniaxial and confined concrete under compression[J]. Engineering Structures, 2012, 41: 335-349.

[129] Dong C X, Kwan A K H, Ho J C M. A constitutive model for predicting the lateral strain of confined concrete[J]. Engineering Structures, 2015, 91: 155-166.

[130] 徐秉业, 刘信声, 沈新普. 应用弹塑性力学 [M]. 2 版. 北京: 清华大学出版社, 2017.

[131] 顾维平. 钢管混凝土柱的应力分析 [J]. 建筑科学, 1987, (2): 14-21.

[132] 卢亦焱, 赵晓博, 李杉, 等. 外套钢管夹层混凝土加固混凝土柱轴压承载力统一计算方法 [P]. CN202111076720.2, 2022-09-13.

[133] 蔡绍怀, 顾万黎. 钢管混凝土长柱的性能和强度计算 [J]. 建筑结构学报, 1985, (1): 32-40.

[134] 谭克锋, 蒲心诚. 钢管超高强混凝土长柱及偏压柱的性能与极限承载能力的研究 [J]. 建筑结构学报, 2000, 21(2): 12-19.

[135] Han L H. Tests on concrete filled steel tubular columns with high slenderness ratio[J]. Advances in Structural Engineering, 2000, 3(4): 337-344.

[136] 顾威, 赵颖华. CFRP 钢管混凝土轴压长柱试验研究 [J]. 土木工程学报, 2007, 40(11): 23-28.

[137] 吉伯海, 周文杰, 王晓亮. 钢管轻集料混凝土中长柱轴压性能的试验研究 [J]. 建筑结构学报, 2007, 28(5): 118-123.

[138] 韩林海. 钢管混凝土结构——理论与实践 [M]. 3 版. 北京: 科学出版社, 2018.

[139] 中华人民共和国住房和城乡建设部. 钢结构设计标准: GB 50017—2017[S]. 北京: 中国建筑工业出版社, 2017.

[140] Liao F Y, Han L H, Tao Z. Behaviour of CFST stub columns with initial concrete imperfection: Analysis and calculations[J]. Thin-Walled Structures, 2013, 70: 57-69.

[141] 王志滨, 高扬虹, 池思源, 等. 中空夹层薄壁钢管混凝土柱偏心受压性能研究 [J]. 建筑结构学报, 2018, 39(5): 124-131.

[142] 曹万林, 牛海成, 周中一, 等. 圆钢管高强再生混凝土柱重复加载偏压试验 [J]. 哈尔滨工业大学学报, 2015, 47(12): 31-37.

[143] 钱稼茹, 张扬, 张微敬. 双钢管高强混凝土短柱偏心受压性能试验 [J]. 清华大学学报 (自然科学版), 2015, 55(1): 1-7.

[144] 郭全全, 李芊, 章沛瑶, 等. 钢管混凝土叠合柱偏心受压承载力的计算方法 [J]. 土木工程学报, 2014, 47(5): 56-63.

[145] 陈宗平, 郑述芳, 李启良, 等. 方钢管再生混凝土长柱偏心受压承载性能试验研究 [J]. 建筑结构学报, 2012, 33(9): 21-29.

[146] 刘习超, 查晓雄. 椭圆形钢管混凝土构件性能的研究 : 纯弯和压弯构件 [J]. 建筑钢结构进展, 2011, 13(1): 15-19.

[147] 蒋丽忠, 周旺保, 唐斌. 钢管混凝土格构柱偏压承载能力分析的数值方法 [J]. 计算力学学报, 2010, 27(1): 127-131.

[148] 陈宝春, 欧智菁, 王来永, 等. 钢管混凝土偏心受压承载力试验分析 [J]. 福州大学学报 (自然科学版), 2002, 30(6): 838-844.

[149] Portolés J M, Romero M L, Bonet J L, et al. Experimental study of high strength concrete-filled circular tubular columns under eccentric loading[J]. Journal of Constructional Steel Research, 2011, 67(4): 623-633.

[150] McCann F, Gardner L, Qiu W. Experimental study of slender concrete-filled elliptical hollow section beam-columns[J]. Journal of Constructional Steel Research, 2015, 113: 185-194.

[151] 中国工程建设标准化协会. 外套钢管混凝土加固混凝土柱技术规程: T/CECS 1217—2022[S]. 北京: 中国计划出版社, 2022.

[152] 姜超, 丁豪, 顾祥林, 等. 锈蚀钢筋混凝土梁正截面受弯破坏模式及承载力简化计算方法 [J]. 建筑结构学报, 2022, 43(6): 1-10.

[153] 周建庭, 王蔚丞, 杨俊, 等. UHPC 加固锈蚀钢筋混凝土柱轴心受压性能试验研究 [J]. 混凝土, 2021, (12): 44-50.

[154] 蒋欢军, 刘小娟. 锈蚀钢筋混凝土柱基于变形的性能指标研究 [J]. 建筑结构学报, 2015, 36(7): 115-123.

[155] 卢朝辉, 李海, 赵衍刚, 等. 锈蚀钢筋混凝土梁抗剪承载力预测经验模型 [J]. 工程力学, 2015, 32(S1): 261-270.

[156] 陈昉健, 易伟建. 近场地震作用下锈蚀钢筋混凝土桥墩的 IDA 分析 [J]. 湖南大学学报 (自然科学版), 2015, 42(3): 1-8.

[157] 张建仁, 张克波, 彭晖, 等. 锈蚀钢筋混凝土矩形梁正截面抗弯承载力计算方法 [J]. 中国公路学报, 2009, 22(3): 45-51.

[158] 赵羽习, 金伟良. 钢筋与混凝土粘结本构关系的试验研究 [J]. 建筑结构学报, 2002, (1): 32-37.

[159] ASTM International. Standard Test Methods and Definitions for Mechanical Testing of Steel Products A370-19[S]. ASTM International, Philadelphia, 2019.

[160] Jiang Y J, Song B, Hu J Y, et al. Time-dependent reliability of corroded circular steel tube structures: Characterization of statistical models for material properties[J]. Structures, 2021, 33: 792-803.

[161] Biondini F, Vergani M. Damage modeling and nonlinear analysis of concrete bridges under corrosion: bridge maintenance, safety, management, resilience and sustainability[C]//Biondini F, Frangopol D M. 6th International Conference on Bridge Maintenance, Safety and Management (IABMAS): 2012, 949-957.

[162] Lee H S, Cho Y S. Evaluation of the mechanical properties of steel reinforcement embedded in concrete specimen as a function of the degree of reinforcement corrosion[J]. International Journal of Fracture, 2009, 157(1-2):81-88.

[163] Cairns J, Plizzari G A, Du Y G, et al. Mechanical properties of corrosion-damaged reinforcement[J]. ACI Materials Journal, 2005, 102(4): 256-264.

[164] Qiao D, Nakamura H, Yamamoto Y, et al. Evaluation method of tensile behavior of corroded reinforcing bars considering radius loss[J]. Journal of Advanced Concrete Technology, 2015, 13(3): 135-146.

[165] 史炜洲, 童乐为, 陈以一, 等. 腐蚀对钢材和钢梁受力性能影响的试验研究 [J]. 建筑结构学报, 2012, 33(7): 53-60.

[166] 王光耀, 张国强, 郑晓梅. 金属材料腐蚀基础数据库 [J]. 北京化工大学学报 (自然科学版), 1995, 22(2):71-75.

[167] 刘学庆. 海洋环境工程钢材腐蚀行为与预测模型的研究 [D]. 青岛: 中国科学院研究生院 (海洋研究所), 2004.

[168] 祁庆琚. 金属腐蚀数据库的研究进展与展望 [J]. 四川化工, 2006, (1): 31-34.

[169] 住房和城乡建设部. 建筑结构可靠度设计统一标准: GB 50068—2018[S]. 北京: 中国建筑工业出版社, 2018.

[170] 李继华, 林忠名. 建筑结构概率极限状态设计 [D]. 北京: 中国建筑工业出版社, 1990.

[171] 龚哲. 圆形钢套管加固钢筋混凝土短柱小偏心受压性能研究 [D]. 成都: 成都理工大学, 2016.